高等学校规划教材

中国石油和化学工业优秀教材

石油化工工艺学

SHIYOU HUAGONG GONGYIXUE

邹长军 主编

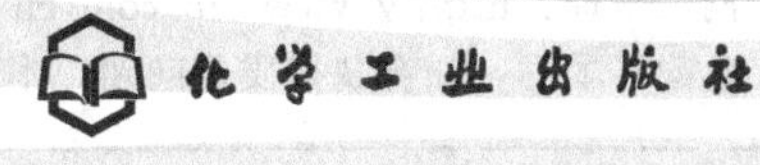

·北京·

本书首先从原油形成、开采和炼制等化工上游加工过程开始进行简要介绍，然后采用产业链方式，按照原料碳数从小到大顺序逐一阐述。突出 C_1～C_6 及重芳烃典型产品生产工艺。此外，还对石油化工车间管理、绿色化学工艺等内容进行了介绍。

本书突出石油天然气特色，可作为石油化工类高等院校化学工程与工艺专业教材，也可作为化学和相关专业的化学工艺课程教材，并可供从事化工生产、管理和设计的工程技术人员阅读。

图书在版编目（CIP）数据

石油化工工艺学/邹长军主编．—北京：化学工业出版社，2010.10（2023.9 重印）
高等学校规划教材
ISBN 978-7-122-09339-4

Ⅰ．石…　Ⅱ．邹…　Ⅲ．石油化工-工艺学-高等学校-教材　Ⅳ．TE65

中国版本图书馆 CIP 数据核字（2010）第 160581 号

责任编辑：徐雅妮　　　　文字编辑：孙凤英
责任校对：边　涛　　　　装帧设计：史利平

出版发行：化学工业出版社（北京市东城区青年湖南街 13 号　邮政编码 100011）
印　　装：北京印刷集团有限责任公司
787mm×1092mm　1/16　印张 17　字数 455 千字　　2023 年 9 月北京第 1 版第10次印刷

购书咨询：010-64518888　　售后服务：010-64518899
网　　址：http://www.cip.com.cn
凡购买本书，如有缺损质量问题，本社销售中心负责调换。

定　　价：40.00 元

版权所有　违者必究

前　言

随着石油炼制装置的大型化发展，目前新建和扩建的石化项目几乎都是“炼化—化工一体化”。石油化工产品的应用已经深入到国防、国民经济和人民生活等各个领域。尤其在发展中国家，石油化工产品的需求正在迅速扩大，今后石油化工仍将继续迅速发展。为了满足石油化工行业人才培养的需要，编者收集了大量资料并结合多年教学、科研经验编写了该教材。

本书在阐述各类化工过程时，按照石油原料碳数从小到大的顺序描述，这样不仅使本书内容与现代石油化学工业装置的设计与生产工艺保持一致，还使本书在使用过程中条理更清晰，更有利于读者掌握，以期达到“抵近人才市场”培养模式的目的。考虑到石油化工行业特点和时代发展要求，本书在编写过程中强调低碳节能、清洁安全等内容，增强读者节能减排的绿色化工意识。

本书由西南石油大学邹长军主编，并与田强、吴旭、葛菊、李丹、唐全武和张辉共同编写第3章～第7章，四川民族学院廖文菊编写绪论、第1章和第8章，西南石油大学张辉编写第2章，吉林化工学院谭乃迪编写第9章。王宏达绘制了全书工艺流程图。在编写过程中，中石油四川石油化工有限公司孙然功高级工程师和西南石油大学赵立志教授提出了许多宝贵意见和建议，在此深表谢意。

限于时间和编者水平，疏漏在所难免，恳请读者批评指正。

编　者
于西南石油大学
2010年6月

目录

绪论

石油化工又称石油化学工业，指化学工业中以石油为原料生产化学品的领域，广义上也包括天然气化工。随着石油化工的高速发展，使大量化学品的生产从传统的以煤及农林产品为原料，转移到以石油及天然气为原料。石油化工已成为化学工业中的基干工业，在国民经济中占有极重要的地位。

以石油及天然气生产的化学品品种极多、范围极广。石油化工原料主要为来自石油炼制过程产生的各种石油馏分和炼厂气，以及油田气、天然气等。石油馏分（主要是轻质油）通过烃类裂解、裂解气分离可制取乙烯、丙烯、丁二烯等烯烃和苯、甲苯、二甲苯等芳烃，芳烃亦可来自石油轻馏分的催化重整。石油轻馏分和天然气经蒸汽转化、重油经部分氧化可制取合成气，进而生产合成氨、合成甲醇等。从烯烃出发，可生产各种醇、酮、醛、酸类及环氧化合物等。随着科学技术的发展，上述烯烃、芳烃经加工可生产合成树脂、合成橡胶、合成纤维等高分子产品及一系列制品，如表面活性剂等精细化学品，因此石油化工的范畴已扩大到高分子化工和精细化工的大部分领域。

石油化工的发展与石油炼制工业、以煤为基本原料生产化工产品和三大合成材料的发展有关。1920 年实现由丙烯生产异丙醇，这被认为是第一个石油化工产品。20 世纪 50 年代，在裂化技术基础上开发了以制取乙烯为目的的烃类水蒸气高温裂解（简称裂解）技术，裂解工艺的发展为石油化工提供了大量原料。石油化工高速发展的主要原因是有可靠的、先进的生产技术和广阔的应用。原料、技术、应用三个因素的综合，实现了石油化工的快速发展，完成了化学工业发展史上的一次飞跃。随着低碳技术的进步，目前石油化工向着采用新技术、节能、优化生产操作、综合利用原料、向下游产品延伸等方向发展。

石油化工是近代发达国家的重要基干工业。由石油和天然气出发，生产出一系列中间体、塑料、合成纤维、合成橡胶、合成洗涤剂、溶剂、涂料、农药、染料、医药等与国计民生密切相关的重要产品。

金属、无机非金属材料和高分子合成材料，被称为三大材料。除合成材料外，石油化工还提供了绝大多数的有机化工原料，在化工范畴内，除化学矿物提供的化工产品外，石油化工生产的原料，在各个部门大显身手。

农业是我国国民经济的基础产业。石化工业提供的氮肥占化肥总量的 80%，农用塑料薄膜的推广使用、农药的合理使用以及大量农业机械所需各类燃料，形成了石化工业支援农业的主力军。

在国民经济持续快速发展的良好宏观环境和国际石油化工规模化发展的推动下，近 10 年来，我国石油化学工业呈现持续快速增长。主要化工产品市场活跃，产销两旺，装置高负荷运行，技术创新成果不断涌现，发展模式日渐国际化，逐步形成了自己的发展特点。

① 总体实力明显增强，主要产品能力产量跃居世界前列。快速发展的国民经济，带动了作为国家支柱产业之一的石油和化学工业的快速发展，主要产品产量的年增长率超过

GDP的增长率，使我国一跃而成为世界石油和化工生产大国，居世界第二位，仅次于美国。

② 市场需求旺盛，进口增幅减缓，但仍产不足需。由于我国宏观经济处于新一轮景气周期上升期，石油和化工产品旺销，产量增长远满足不了消费需求增长，主要石油石化装置都长期处于高负荷运行。以石化的标志性产品乙烯为例，国内生产满足率不足50%。

③ 增长方式由速度型向集约型推进。进入21世纪，我国石油和化工行业的经济增长方式正在发生着质的转变，由片面追求速度规模的加快增大，逐步注意到投资效益的最佳化、资源利用的最优化、结构与布局的合理化，以达到提高竞争能力的目标。根据石油和化学工业的特点，结合世界石化工业发展的模式，园区建设已成为我国石油化工发展的主要模式，全国已建成一批极具发展潜力的化工工业园。其中，最为成功的是上海化工园区。它吸引了大批跨国石油石化公司前来投资，不仅规模大，技术先进，而且在一体化建设经营管理的理念指导下，有效降低了化工建设投资，采用循环经济组织生产，优化了资源利用，降低了生产成本。目前，江苏南京、山东淄博、福建泉港、浙江宁波、镇海、广东茂名、南海等一批化学工业园区将成为我国石油和化工发展的重要基地。2010年，全国将形成燕山石化、上海石化、扬子石化、茂名石化、独山子石化、镇海石化、天津石化以及辽宁抚顺石化8个年产量百万吨级乙烯基地，全国乙烯生产能力可达1700万～1800万吨/年，并都以石油炼制与化工一体化方式建设。炼油产业将形成20多个具有较强市场竞争力的年加工原油千万吨级加工基地，2010年原油加工能力达4亿吨/年，平均规模达到570万吨/年。近年来，集约式的发展将促进我国从石油化工生产大国逐步向强国迈进。

④ 技术创新和重大装备自制供应能力大幅度提高，形势喜人。近年来，石油石化生产领域的技术创新成果不断涌现，装备自制供应能力大大提高。石化技术及装备在经历20世纪60～80年代成套引进，90年代部分引进，进一步到21世纪初自主研发成果大量在工程中应用，改扩工程主要依靠自主力量建设的喜人局面。

⑤ 重视节能、安全、环保，实现可持续发展。近年来能源安全日益成为我国经济实现可持续发展关注的重点。为此，国家制定了一系列有关能源安全的法律法规，节约能源消耗和降污减排已列为宏观调控指标。石油和化工行业是高耗能和容易产生污染的产业，是节能减排的重点行业。为此，节能减排已成为近年来石油和化工行业发展中的重要内容。

以石油和天然气原料为基础的石油化学工业，产品应用已深入国防、国民经济和人民生活各领域，市场需要尤其在发展中国家，正在迅速扩大，所以今后石油化工仍将得到继续发展。为了适应近年原料价格波动，石油化工企业正在采取多种措施。例如，生产乙烯的原料多样化，使烃类裂解装置具有适应多种原料的灵活性；石油化工和炼油的整体化结合更为密切，以便于利用各种原料；工艺技术的改进和新催化剂的采用，提高产品收率，降低生产过程的能耗及原料消耗；调整产品结构，发展精细化工，开发具有特殊性能、技术密集型新产品和新材料，以提高经济效益，并对石油化工生产环境污染进行防治等。

第1章 化学工艺基础

化学工艺又称化工技术或化学生产技术，指将原料经过化学反应转变为产品的方法和过程。化学生产技术通常是针对一定的产品或原料提出的，例如乙烯的生产、甲醇的合成、煤气化等。因此，对产品而言具有特殊性，但就单元操作所涉及的内容一般有：原料和生产方法的选择，流程组织，所用设备（反应器、分离器、热交换器等）的作用、结构和操作，催化剂及其他物料的影响，操作条件的确定，生产控制，产品规格及副产品的分离和利用，以及安全技术和技术经济等共性问题。现代化学生产技术的发展趋势是：基础化学工业生产的大型化，原料和副产物的充分利用，新原料路线和新催化剂（包括新反应）的采用，能源消耗的降低，环境污染的防治，生产控制自动化，生产的最优化等。其目的在于低排放、少耗能、高效生产的环境友好化学工艺，也称绿色化学工艺或低碳化工技术。

1.1 化工生产工艺流程

化工生产工艺流程指由若干个单元过程（反应过程和分离过程、动量和热量的传递过程等）按一定顺序组合起来，完成从原料变成为目的产品的生产过程。化工工艺流程的组织是确定各单元过程的具体内容、顺序和组合方式，并以工艺流程图解的形式表示出整个生产过程。

1.1.1 工艺流程

每一个化工产品都有自己特有的工艺流程。即便是同一种产品，由于选定的工艺路线不同，则工艺流程中各个单元过程的具体内容和相关联的方式也可能不同。此外，工艺流程的组成也与其实施工业化的时间、地点、资源条件、技术条件等有密切关系。但是，如果对一般化工产品的工艺流程进行分析、比较之后，发现组成整个流程的各个单元过程或工序所起的作用有共同之处，即组成流程的各个单元的基本功能具有一定的规律性。按一般化工产品生产过程的划分和它们在流程中所起的作用，可概括为以下几个过程。

① 生产准备过程——原料工序　包括反应所需的主要原料、氧化剂、还原剂、溶剂、水等各种辅助原料的储存、净化、干燥以及配制等。为了使原料符合进行化学反应所要求的状态和规格，根据具体情况，不同的原料需要进行净化、提浓、混合、乳化或粉碎（对固体原料）等多种不同的预处理。

② 催化剂准备过程——催化剂工序　包括反应使用的催化剂和各种助剂的制备、溶解、储存、调制等。

③ 反应过程——反应工序　指化学反应进行的场所，全流程的核心。经过预处理的原料，在一定的温度、压力等条件下进行反应，以达到所要求的反应转化率和收率。反应类型

是多样的，可以是氧化、还原、复分解、磺化、异构化、聚合等。通过化学反应来获得目的产物或其混合物。以反应过程为主，还要附设必要的加热、冷却、反应产物输送以及反应控制等。

④ 分离过程——分离工序　不仅指将反应生成的产物从反应系统分离出来，进行精制、提纯，得到目的产品的过程。还包括将未反应的原料、溶剂以及随反应物带出的催化剂、副反应产物等分离出来的过程。尽可能实现原料、溶剂等物料的循环使用。分离精制的方法很多，常用的有冷凝、吸收、吸附、冷冻、蒸馏、精馏、萃取、膜分离、结晶、过滤和干燥等。对于不同生产过程，可采用不同的分离精制方法。

⑤ 回收过程——回收工序　对反应过程生成的副产物，或一些少量的未反应原料、溶剂，以及催化剂等物料均应有必要的精制处理以回收使用，因此要设置一系列分离、提纯操作，如精馏、吸收等。

⑥ 后加工过程——后处理工序　将分离过程获得的目的产物按成品质量要求进行必要的加工制作，以及储存和包装出厂的过程。

⑦ 辅助过程　除了上述六个主要生产过程外，在流程中还包括为回收能量而设的过程（如废热利用）、为稳定生产而设的过程（如缓冲、稳压、中间储存）、为治理三废而设的过程（如废气焚烧）以及产品储运过程等。这些虽属于辅助过程，但也不可忽视。

化工过程通常包括多步反应转化过程，因此除了起始原料和最终产品外，尚有多种中间产物生成，原料和产品也可能是多个。因此化工过程虽然是上述步骤相互交替，但化工工程师还是以化学反应为中心，将反应与分离有机地组织起来。

1.1.2　工艺流程的组织原则与评价方法

对化工工艺流程进行评价的目的是根据工艺流程的组织原则来衡量被考察的化工生产过程是否达到最佳效果。对新设计的工艺流程，可以通过评价，不断改进，不断完善，使之成为一个优化组合的流程；对于既有的化工产品工艺流程，通过评价可以清楚该工艺流程有哪些特点，存在哪些不合理或可以改进的地方，与国内外相似工艺过程相比，又有哪些技术值得借鉴等，由此确立改进工艺流程的措施和方案，使其得到不断优化。

在化工生产中评价工艺流程的标准不仅是技术上先进，经济上合理，安全上可靠，而且还应是符合国情，切实可行的。因此，评价和组织工艺流程时应遵循以下原则。

(1) 物料及能量的充分利用原则

① 尽量提高原料的转化率和主反应的选择性。为了达到此目的，应采用先进的技术、合理的单元操作、安全可靠的设备，选用最适宜的工艺条件和高效催化剂。

② 充分利用原料。对未转化的原料应采用分离、回收等措施循环使用以提高总转化率。副反应物也应加工成副产品。对采用的溶剂、助剂等也应建立回收系统，减少废物的产生和排放。对废气、废液（包括废水）、废渣应考虑综合利用，以免造成环境污染。

③ 认真研究换热流程及换热方案，最大限度地回收热量。如尽可能采用交叉换热、逆流换热，注意安排好换热顺序，提高传热效率等。

④ 注意设备位置的相对高低，充分利用位能输送物料。如高压设备的物料可自动进入低压设备，减压设备可以靠负压自动抽进物料，高位槽与加压设备的顶部设置平衡管可有利于进料等。

(2) 工艺流程的连续化、自动化原则

对大批量生产的产品，工艺流程宜采用连续操作，且设备大型化和仪表自动化控制，以提高产品产量，降低生产成本和计算机控制；对精细化工产品以及小批量、多品种产品的生产，工艺流程应有一定的灵活性、多功能性，以便于改变产量和更换产品品种。

(3) 对易燃易爆因素采取安全措施原则

对一些因原料组成或反应特性等因素而存在的易燃、易爆等危险性，在组织流程时要采取必要的安全措施。可在设备结构上或适当的管路上考虑安装防爆装置，增设阻火器、保安氮气等。另外，工艺条件也要作相应的严格规定，安装自动报警系统及联锁装置以确保安全生产。

(4) 合理的单元操作及设备布置

要正确选择合适的单元操作。确定每一个单元操作中的流程方案及所需设备的形式，合理安排各单元操作与设备的先后顺序。要考虑全流程的操作弹性和各个设备的利用率，并通过调查研究和生产实践来确定弹性的适宜幅度，尽可能使各台设备的生产能力相匹配，以免造成浪费。

根据上述工艺流程的组织原则，就可以对某一工艺流程进行综合评价。主要内容是根据实际情况讨论该流程有哪些地方采用了先进的技术并确认其合理性；论证流程中有哪些物料和热量充分利用的措施及其可行性；工艺上确保安全生产的条件等流程具有的特点。此外，也可同时说明因条件所限还存在有待改进的问题。

1.2 化工过程的主要效率指标

1.2.1 生产能力和生产强度

(1) 生产能力

生产能力是指一个设备、一套装置或一个工厂在单位时间内生产的产品量或处理的原料量，单位为千克/时（kg/h）、吨/天（t/d）、万吨/年（10kt/a）。生产能力一般有两种表示方法，一种是以产品产量表示，即在单位时间（年、日、小时、分等）内生产的产品数量。如年产80万吨乙烯装置表示该装置生产能力为每年可生产乙烯80万吨。另一种是以原料处理量表示，此种表示方法也称为“加工能力”。如一个处理原油规模为每年1000万吨的炼油，也就是该厂生产能力为每年可处理原油1000万吨，将它炼制为各种品牌的油品。

化工过程有化学反应以及热量、质量和动量传递等过程，在许多设备中可能同时进行上述几种过程，需要分析各种过程各自的影响因素，然后进行综合和优化，找出最佳操作条件，使总过程速率加快，才能有效提高设备生产能力。设备和装置在最佳条件下可达到的最大生产能力，称为设计能力。由于技术水平不同，同类设备和装置的设计生产能力可能不同，使用设计生产能力大的设备或装置能够降低投资和成本，提高生产效率。

(2) 生产强度

生产强度即设备的单位体积（或面积）的生产能力，单位为 $kg/(h \cdot m^3)$、$t/(d \cdot m^3)$ 或 $kg/(h \cdot m^2)$、$t/(d \cdot m^2)$ 等，主要用于比较相同反应过程或物理加工过程的设备或装置的优劣。设备中进行的过程速率高，其生产强度就高。

在分析对比催化反应器的生产强度时，通常要看在单位时间内，单位体积催化剂或单位质量催化剂所获得的产品量，亦即催化剂的生产强度、时空收率，单位为 $kg/(h \cdot m^3 cat)$ 或 $kg/(h \cdot kgcat)$。

(3) 有效生产周期（开工因子）

$$开工因子=全年开工生产天数/365$$

开工因子通常在0.9左右，开工因子大意味着停工检修带来的损失小，即设备先进可靠，催化剂寿命长。

1.2.2 转化率、选择性和收率

化工过程的核心是化学反应，提高反应的转化率、选择性和产率是提高化工过程效率的关键。

(1) 转化率

转化率（conversion）是指某一反应物参加反应而转化的数量占该反应物起始量的分率或百分率，用符号 X 表示。其定义式为：

$$X=\frac{\text{某一反应物的转化量}}{\text{该反应物的起始量}}\times 100\%$$

转化率数值的大小说明该种原料在反应过程中转化的程度，转化率愈大，则说明该种原料参加反应的量就愈多。一般情况下，通入反应系统中的每一种原料都难以全部参加化学反应，所以转化率通常是小于100%的。

对于同一反应，若反应物不仅只有一个，那么，不同反应组分的转化率在数值上可能不同。对于反应：

$$v_A A+v_B B \longrightarrow v_R R+v_S S$$

反应物A和B的转化率分别是：

$$X_A=(n_{A,0}-n_A)/n_{A,0}\times 100\%$$

$$X_B=(n_{B,0}-n_B)/n_{B,0}\times 100\%$$

式中　X_A，X_B——分别为组分A和组分B的转化率；

$n_{A,0}$，$n_{B,0}$——分别为组分A和组分B的起始量，mol；

n_A，n_B——分别为组分A和组分B的剩余量，mol；

v_A，v_B，v_R，v_S——化学计量系数。

对于有多种反应物参加的反应，人们常常对关键反应物的转化率感兴趣，所谓关键反应物指的是反应物中价值最高的组分，为使其尽可能转化，常使其他反应组分过量。对于不可逆反应，关键组分的转化率最大为100%；对于可逆反应，关键组分的转化率最大为其平衡转化率。

计算转化率时，反应物的起始量确定很重要。对于间歇过程，以反应开始时装入反应器的某反应物料量为起始量；对于连续过程，一般以反应器进口物料中某反应物的量为起始量。但对于采用循环流程，则有单程转化率和全程转化率之分。

单程转化率指原料每次通过反应器的转化率，例如原料中组分A的单程转化率为：

$$X_A=\frac{\text{组分A在反应器中的转化量}}{\text{反应器进口中组分A的量}}\times 100\%$$

$$=\frac{\text{组分A在反应器中的转化量}}{\text{新鲜原料中组分A的量}+\text{循环物料中组分A的量}}\times 100\%$$

全程转化率（总转化率）指新鲜原料进入反应系统到离开该系统所达到的转化率，例如原料中组分A的全程转化率为：

$$X_A=\frac{\text{组分A在反应器中的转化量}}{\text{新鲜原料中组分A的量}}\times 100\%$$

（2）选择性

对于复杂反应体系，同时存在着生成目的产物的主反应和生成副产物的多个副反应，只用转化率来衡量是不够的，因为，尽管有的反应体系原料转化率很高，但大多数转变成副产物，目的产物很少，意味着许多原料浪费了。所以还需要结合选择性这一指标来评价反应过程的效率。选择性（selectivity）是指体系中转化成目的产物的某反应物的量与参加所有反应而转化的该反应物的总量之比，用符号 S 表示。其定义式为：

$$S=\frac{\text{转化为目的产物的某反应物的量}}{\text{该反应物的转化总量}}$$

$$S=\frac{\text{实际所得目的产物量}}{\text{按某反应物的转化总量计算应得到的产物理论量}}$$

在复杂反应体系中，选择性是个很重要的指标，它表达了主、副反应进行程度的相对大小，能确切反映原料的利用是否合理。

(3) 收率

收率（产率，yield）是指从产物角度来描述反应过程的效率，符号为 Y。其定义式为：

$$Y=\frac{\text{转化为目的产物的某反应物的量}}{\text{该反应物的起始量}}\times 100\%$$

根据转化率、选择性和收率的定义可知，相对于同一反应物而言，三者有以下关系：

$$Y=SX$$

对于无副反应的体系，$S=1$，故收率在数值上等于转化率，转化率越高则收率越高；有副反应的体系，$S<1$，希望在选择性高的前提下转化率尽可能高。但是，通常使转化率提高的反应条件往往会使选择性降低，所以不能单纯追求高转化率或高选择性，要兼顾两者，使目的产物的收率最高。

(4) 质量收率

质量收率（mass yield）指投入单位质量的某原料所能生产的目的产物的质量，即

$$Y_{\mathrm{m}}=\frac{\text{目的产物的质量}}{\text{某原料的起始质量}}\times 100\%$$

1.2.3 平衡转化率和平衡产率

可逆反应达到平衡时的转化率称为平衡转化率，此时所得产物的产率为平衡产率。平衡转化率和平衡产率是可逆反应所能达到的极限值（最大值），但是，反应达平衡往往需要相当长的时间。随着反应的进行，正反应速率降低，逆反应速率升高，所以净反应速率不断下降直到零。在实际生产中应保持较高的净反应速率，不能等待反应达到平衡，所以实际转化率和产率比平衡值低。若平衡产率高，则可获得较高的实际产率。工艺学的任务之一是通过热力学分析，寻找提高平衡产率的有利条件，并计算出平衡产率。

1.2.4 原子经济性

传统的化学过程中，评价化学反应的一个重要指标是目的产物的选择性（或目的产物的收率）。但在多数情况下，尽管一个化学反应的选择性很高甚至达到 100%，这个反应仍可能产生大量废物。例如，曾获诺贝尔化学奖的 Wittig 反应：

$$(C_6H_5)_3P^+(CH_3)Br \longrightarrow (C_6H_5)_3P{=}CH_2 \xrightarrow{R^1R^2C{=}O} R^1R^2C{=}CH_2 + (C_6H_5)_3PO$$

在 Wittig 反应中溴甲基三苯基膦分子中仅有一个亚甲基被利用，因此无论这个反应的选择性有多高，总有大量的氧化三苯膦和溴盐废物。可见单纯的选择性指标不能评价一个化学反应是否产生废物以及废物的量是多少。

为了科学衡量在一个化学反应中，生成一定量目的产物所伴生的废物量，美国斯坦福大学 Trost 于 1991 年提出了“原子经济性”的概念，并为此获得 1998 年美国“总统绿色化学挑战奖”的学术奖。原子经济性（atom economy）是指反应物中的原子有多少进入了产物。用数学式表示为：

$$AE=\frac{\sum_i P_i M_i}{\sum_j F_j M_j}\times 100\%$$

式中 P——目的产物分子中原子的数目；

F——原料分子中原子的数目；

M——各原子的相对原子质量。

原子利用率的概念与原子经济性概念相同，用于衡量化学反应的原子利用程度，其定义式为：

$$原子利用率=\frac{目的产物的量}{各反应物的量之和}\times 100\%$$

一个反应的原子经济性高，则反应可能的废物量少；如果一个反应具有100%的原子经济性，就意味着原料和产物分子含有相同的原子，原料中的原子100%转化为产物，有可能实现废物的“零排放”。但应指出的是，原子经济性反应不一定是高选择性反应，原子经济性需与选择性配合才能表达一个化学反应的合成效率即主、副产物的比例，因为对于原子经济性为100%的反应，原料是否完全转化为产物与反应的选择性有关。原子经济性计算实例如下。

【例1-1】 环氧乙烷的生产方法是在银催化剂上乙烯直接氧化而成，试计算该反应的原子经济性。

$$CH_2{=}CH_2+0.5O_2 \longrightarrow \underset{\diagdown O \diagup}{CH_2{-}CH_2}$$

$$AE=\frac{2\times 12+4\times 1+1\times 16}{2\times 12+4\times 1+0.5\times 2\times 16}=100\%$$

【例1-2】 环氧丙烷的传统生产方法是氯醇法和哈康法，均经两步反应生产环氧丙烷。假设每一步的转化率和选择性均为100%，试计算这两条合成路线的原子利用率。

解：(1) 氯醇法

$$C_3H_6+Cl_2+H_2O \longrightarrow CH_3ClCHCH_2OH+HCl$$

$$CH_3ClCHCH_2OH+\frac{1}{2}Ca(OH)_2 \longrightarrow C_3H_6O+\frac{1}{2}CaCl_2+H_2O$$

总反应为

$$C_3H_6+Cl_2+\frac{1}{2}Ca(OH)_2 \longrightarrow C_3H_6O+\frac{1}{2}CaCl_2+HCl$$

	C_3H_6	Cl_2	$\frac{1}{2}Ca(OH)_2$	C_3H_6O	$\frac{1}{2}CaCl_2$	HCl
物质量/(g/mol)	42	71	37	58	55.5	36.5
目的产物/g				58		
废物量/g					55.5	36.5

$$原子利用率=\frac{58}{42+37+71}=38.7\%$$

(2) 哈康法(异丁烷法)

$$(CH_3)_3CH+O_2 \longrightarrow (CH_3)_3C{-}O{-}OH$$

$$(CH_3)_3C{-}O{-}OH+CH_3CH{=}CH_2 \longrightarrow C_3H_6O+(CH_3)_3COH$$

总反应为

$$(CH_3)_3CH+CH_3CH{=}CH_2+O_2 \longrightarrow C_3H_6O+(CH_3)_3COH$$

	$(CH_3)_3CH$	$CH_3CH{=}CH_2$	O_2	C_3H_6O	$(CH_3)_3COH$
物质量/(g/mol)	58	42	32	58	74
目的产物/g				58	
废物量/g					74

$$原子利用率=\frac{58}{42+32+58}=43.9\%$$

1.3 反应条件对化学平衡和反应速率的影响

反应温度、压力、浓度、反应时间、原料纯度和配比等众多条件是影响反应速率和平衡的重要因素，关系到生产过程效率。

1.3.1　温度的影响

（1）温度对化学平衡的影响

对于不可逆反应不需考虑化学平衡，而对于可逆反应，其平衡常数与温度的关系为：

$$\lg K=-\frac{\Delta H^{\ominus}}{2.303RT}+C$$

式中，K 为平衡常数；$\Delta H^{\ominus}$ 为标准反应焓差；R 为气体常数；T 为反应温度；C 为积分常数。

对于吸热反应，$\Delta H^{\ominus}>0$，K 值随着温度升高而增大，有利于反应，产物的平衡产率增加；对于放热反应，$\Delta H^{\ominus}<0$，K 值随着温度升高而减小，平衡产率降低。故对于放热反应只有降低温度才能使平衡产率增高。

（2）温度对反应速率的影响

反应速率是指单位时间、单位体积某反应物组分的消耗量，或某产物的生成量。反应速率方程通常可用浓度的幂函数来表示。

例如对于反应：

$$a\mathrm{A}+b\mathrm{B}\rightleftharpoons d\mathrm{D}$$

其反应速率方程为

$$r=\vec{k}C_{\mathrm{A}}^{a}C_{\mathrm{B}}^{b}-\overleftarrow{k}C_{\mathrm{D}}^{d}$$

式中，$\vec{k}$、$\overleftarrow{k}$ 分别为正、逆反应速率常数，又称比反应速率。

反应速率常数与温度的关系见阿伦尼乌斯方程，即

$$k=A\exp\left(\frac{-E}{RT}\right)$$

式中，k 为反应速率常数；A 为指前因子或频率因子；E 为活化能；R 为气体常数；T 为反应温度。

由上式可知，k 总是随温度的升高而增加。

对于不可逆反应，逆反应速率忽略不计，故产物生成速率随温度的升高而加快。

对于可逆反应，正、逆反应速率之差即为产物生成的净速率。温度升高时，正、逆反应速率常数均增大，所以正、逆反应速率都提高，那么净速率是否增加呢？

经过对速率方程的分析可知：对于吸热的可逆反应，净速率 r 随温度的升高而增高；对于放热的可逆反应，净速率随温度的变化有三种可能性，即

$$\left(\frac{\partial r}{\partial T}\right)_C>0,\ \left(\frac{\partial r}{\partial T}\right)_C=0,\ \left(\frac{\partial r}{\partial T}\right)_C<0$$

当温度较低时，净反应速率随温度的升高而增加；当温度超过某一值后，净反应速率开始随温度的升高而下降。净速率有一个最大值，此最大值对应的温度称为最佳反应温度（T_{OP}）。理论上讲，放热可逆反应在最佳反应温度下进行时净反应速率最大。对于不同的转化率 X，T_{OP}值是不同的，随转化率的升高，T_{OP}下降。活化能不同，T_{OP}也不同。

1.3.2　浓度的影响

根据反应平衡移动原理，反应物浓度越高，越有利于平衡向产物方向移动。当有多种反应物参加反应时，往往是廉价易得的反应物过量，使价高或难得的反应物更多地转化为产物，从而提高其利用率。

反应物浓度愈高，反应速率愈快。一般在反应初期，反应物浓度高，反应速率大，随着反应的进行，反应物逐渐消耗，反应速率逐渐下降。

提高溶液浓度的方法有：对于液相反应，应采用能提高反应物溶解度的溶剂，或者在反

应中蒸发或冷冻部分溶剂等；对于气相反应，可适当压缩或降低惰性物的含量等。

对于可逆反应，反应物浓度与其平衡浓度之差是反应推动力，此推动力越大则反应速率越高。所以，在反应过程中不断从反应区域中取出生成物，使反应远离平衡，既保持了高速率，又使平衡不断向产物方向移动，这对于受平衡限制的反应，是提高产率的有效方法之一。

1.3.3 压力的影响

一般来说，压力对液相和固相反应的平衡影响较小。气体的体积受压力影响较大，故压力对气相物质参加的反应平衡影响较大，其规律为：分子数增加的反应，降低压力可以提高平衡产率；分子数减少的反应，提高压力可以提高平衡产率；分子数不变的反应，在一定的压力范围内，加压可减小气体反应体积，提高设备处理能力，且对加快反应速率也有一定好处，但压力过高，能耗增大，设备投资高，反而不经济。

惰性气体的存在，可降低反应物的分压，对反应速率不利，但有利于提高分子数，增加反应的平衡产率。

1.4 石油化工催化剂

催化技术是现代化学工业、石油化学工业、石油炼制工业、环境保护工业的核心技术之一。催化技术包括催化剂（由催化材料开发出来的）和催化工艺，其核心是催化剂。现代石油化工生产已广泛使用催化剂，在石油化工过程中，催化过程约占 94%以上，这一比例还在不断增长。采用催化方法生产，可以大幅度降低生产成本，提高产品质量，同时还能合成用其他方法不能制得的产品。石油化工许多重要产品的技术突破都与催化技术的发展有关。因此，可以这样说，没有现代催化科学的发展和催化剂的广泛应用，就没有现代的石油化工。

18 世纪中期，铅室法制造硫酸首次使用了工业催化剂。差不多过了近一个世纪，才出现了“催化”这个概念。20 世纪初期，以煤炭为原料（转化成水煤气）的工业催化过程的成功，如氨的工业合成、甲醇及其高级同系物的高压合成，揭开了催化发展的新纪元。到 20 世纪 30 年代中期，石油的大量开采和利用，使人们发现石油是比煤炭更好的化工原料。利用炼厂气丙烯催化水合制异丙醇，开创了石油化工催化工艺的历史。

每当发现一个新的催化剂，常常可以使某一产品的生产条件大大趋向缓和，同时生产成本大幅度降低，或者得到具有新性能的产物。催化剂的开发和应用，可促进技术革新和生产发展，并能改造老装置的面貌。例如，催化裂化采用结晶分子筛催化剂后，使催化裂化进入了一个新阶段，改变了裂化产物的分布，实现了“分子形状选择性”的催化作用，提高了催化效率，取得了良好的经济效果。

1.4.1 催化剂的基本特征

催化剂又叫触媒。在一个反应中因加入了某种物质而使化学反应速率明显加快，但该物质在反应前后的数量和化学性质不变，这种物质称为催化剂。催化剂的作用在于它与反应物生成不稳定中间化合物，改变了反应途径，活化能得以降低。由阿伦尼乌斯方程可知，活化能降低可使反应速率常数 k 增大，从而加速反应。一般将能明显降低反应速率的物质称为负催化剂或阻化剂，而工业上用得最多的是加快反应速率的催化剂。

催化剂有以下三个基本特征。

① 催化剂是参与了反应的，但在反应终了时，催化剂本身未发生化学性质和数量的变化。因此催化剂在生产过程中可以在较长时间内使用。

② 催化剂只能缩短达到化学平衡的时间（即加速作用），但不能改变平衡。即当反应体

系的始末状态相同时，无论有无催化剂存在，该反应的自由能变化、热效应、平衡常数和平衡转化率均相同。因此催化剂不能使热力学上不可能进行的反应发生；催化剂是以同样的倍率同时提高正、逆反应速率的，能加速正反应速率的催化剂，必然也能加速逆反应速率。因此，对于那些受平衡限制的反应体系，必须在有利于平衡向产物方向移动的条件下来选择和使用催化剂。

③ 催化剂具有明显的选择性，特定的催化剂只能催化特定的反应。催化剂的这一特性在石油化工领域中起了非常重要的作用，因为有机反应体系往往同时存在许多反应，选用合适的催化剂，可使反应向需要的方向进行。对于副反应在热力学上占优势的复杂体系，可选用只加速主反应的催化剂，导致主反应在动力学竞争上占优势，达到抑制副反应的目的。

1.4.2 催化剂的分类

按催化反应体系的物相均一性可将催化剂分为：均相催化剂和非均相催化剂。

均相催化剂与其催化的反应物处于同一种物态（固态、液态或者气态）。例如，反应物是气体，催化剂也是一种气体。四氧化二氮是一种惰性气体，被用来作为麻醉剂。然而，当它与氯气和日光发生反应时，就会分解成氮气和氧气。这时，氯气就是一种均相催化剂，它把本来很稳定的四氧化二氮分解成了组成元素。

多相催化剂与其所催化的反应物处于不同的状态。例如，生产人造黄油时，通过固态镍（催化剂），能够把不饱和的植物油和氢气两种物料转变成饱和的脂肪。固态镍是一种多相催化剂，被它催化的反应物则是液态（植物油）和气态（氢气）。

按反应类别可将催化剂分为：加氢、脱氢、氧化、裂化、水合、聚合、烷基化、异构化、芳构化、羰基化、卤化等众多催化剂。

按反应机理可将催化剂分为：氧化还原型催化剂、酸碱催化剂等。

按使用条件下的物态可将催化剂分为：金属催化剂、金属氧化物催化剂、硫化催化剂、酸催化剂、碱催化剂、配合物催化剂和生物催化剂等。

催化剂有的是单一化合物，有的是配合物或混合物，在石油化工中应用较为广泛的是多相固体催化剂。

1.4.3 选择催化剂的基本条件

为了在生产中能更多地得到目的产物、减少副产物、提高质量，并具有合适的工艺操作条件，要求催化剂必须具备以下特性：

① 具有良好的活性，特别是在低温下的活性；

② 对反应过程，具有良好的选择性，尽量减少或不发生不需要的副反应；

③ 具有良好的耐热性和抗毒性；

④ 具有一定的使用寿命；

⑤ 具有较高的机械强度，能够经受开停车和检修时物料的冲击；

⑥ 制造催化剂所需要的原材料价格便宜，并容易获得。

催化剂要达到上述要求，首先取决于催化剂的化学和物理性能，制备过程中，也必须采用合适的工艺条件和操作方法。

1.4.4 催化剂的化学组成

金属、金属氧化物、硫化物、羰基化物、氯化物、硼化物以及盐类，都可用作催化剂原料。适用的催化剂常常包括一种以上金属或者盐类。催化剂一般都由活性组分、助催化剂与载体等三部分组成。

（1）活性组分——主催化组分

活性组分指的是对一定化学反应具有催化活性的主要物质，一般称为该催化剂的活性组分或活性物质。例如，加氢用的镍催化剂，其镍为活性组分。

（2）助催化剂

助催化剂是催化剂中的少量物质，这种物质本身没有催化性能，但能提高活性组分的活性、选择性、稳定性和抗毒能力，一般称为助催化剂（又称添加剂）。例如，脱氢催化剂，其中的 CaO、MgO 或 ZnO 就是助催化剂。

在镍催化剂中加入 Al_2O_3 和 MgO 可以提高加氢活性。但当加入钡、钙、铁的氧化物时，则对苯加氢的活性下降。单独的铜对甲醇的合成无活性，但当它与氧化锌、氧化铬组合时，就成为合成甲醇的良好助催化剂。在催化裂化中，单独使用 SiO_2 或 Al_2O_3 催化剂时，汽油的生成率较低，如果两者混合作催化剂时，则汽油的生成率可提高。

（3）载体

载体是把催化剂活性组分和其他物质载于其上的物质。载体是催化剂的支架，又叫催化活性物质的分散剂。它是催化剂组分中含量最多，也是催化剂不可缺少的组成部分。载体能提高催化剂的机械强度和热传导性，增大催化剂的活性、稳定性和选择性，降低催化剂成本。特别是对于贵重金属催化剂，对降低成本作用更为显著。

石油化工所用的催化剂，多数属于固体载体催化剂。最常用的载体有 Al_2O_3、SiO_2、MgO、分子筛、硅藻土以及各种黏土等。载体有的是微粒子，是比表面积大的细孔物质；有的是粗粒子，是比表面积小的物质。根据构成粒子的状况，可大致分为微粒载体、粗载体和支持物三种。在工业生产中由于反应器形式不同，所以载体具有各种形状和大小。

① 固定床反应器，用直径 4～10mm 的圆柱、球形、粒状或环状等载体。

② 流化床反应器，用 20～150μm 或更大直径的微球颗粒载体。

③ 移动床反应器，用 1～2μm 的粒状或微球载体。

④ 液相悬浮床反应器，用 1μm 粉状或 1～2mm 粒子的载体。

载体与催化剂活性组分组合的方法很多，工业上常采用的组合方法有混合法、浸渍法、离子交换法、沉淀法、共沉淀法、液相吸附法、喷雾法、吸附法等。各种方法均有特点，至于选取何种方法，取决于载体的性质，催化剂组分的物理、化学性质，以及工业催化剂的经济效果等。当确定催化剂组分时，必须考虑原料的来源与经济性，如许多贵重金属元素具有良好的催化性能，但是其来源困难、价格昂贵、成本太高，所以大多采用一般金属盐类。采用最多的是硝酸盐类，其次是硫酸盐类、草酸盐类，少部分用氯化物。

1.4.5 催化剂的物理性质

催化剂的物理性质，如机械强度、形状、直径、密度、比表面、孔容积、孔隙率等都是十分重要的。它不仅影响催化剂的使用寿命，而且还与催化剂的催化活性密切相关，所以一个良好的催化剂，也应该同时具有良好的物理性质。

（1）催化剂的机械强度

催化剂的机械强度是催化剂的一个重要性质。随着石油化工工艺过程的发展，对催化剂的机械强度提出了更高的要求。如果在使用过程中，催化剂的机械强度不好，催化剂将破碎或粉化，结果导致催化剂床层压降增加，催化效能也会随之下降。催化剂的机械强度大小与下列因素有关。

① 组成催化剂的物质性质　如烃类蒸气转化制合成气的二段炉催化剂，当采用水泥作载体的镍催化剂时，温度为 1200～1300℃。在这样的高温下，不仅容易引起催化剂的收缩与熔结，而且水泥容易破裂，使催化剂机械强度下降，因此，通常采用耐高温的铝镁尖晶石作载体。

② 制备催化剂的方法　对于载体催化剂，采用不同的成型方法和成型设备，其催化剂的机械强度是不一样的。例如，用挤压成型制得的催化剂，其机械强度一般不如压片成型催

化剂。环状催化剂的机械强度不如柱状催化剂。

③ 催化剂的机械强度　还与使用时的升温快慢、还原和操作条件、气流组成等有关。例如，粒状催化剂，当升温脱除游离水时，遇到剧烈升温，表面水分将迅速蒸发，造成催化剂表面局部存在过高的水蒸气分压，使催化剂表面破裂。

（2）催化剂的比表面积

当以1g催化剂为标准，计算其表面积时，称为催化剂的比表面积，以符号S_0表示，单位为m^2/g。

催化剂的比表面积可用下式计算：

$$S_0=\frac{V_m N_A \sigma}{22.4\times 1000W}$$

式中　V_m——单分子层覆盖所需气体的体积（单分子层饱和吸附量），mL；

N_A——阿伏加德罗常数，6.023×10^{23}；

W——催化剂样品质量，g；

σ——吸附分子的截面积，m^2。

不同的催化剂具有不同的比表面积，如铁催化剂，$S_0=8\sim16m^2/g$，裂化用催化剂$S_0=200\sim600m^2/g$。用不同的制备方法制备同一种催化剂，其比表面积也相差很大，如ZnO-Cr_2O_3（高压法甲醇合成）催化剂，用湿法制备时$S_0=5\sim6m^2/g$（未还原前），用共沉淀法制备时$S_0=70\sim80m^2/g$。催化剂比表面积的大小与催化剂的活性有关，通常是比表面积越大活性越高，但不成正比例关系，因此催化剂的比表面积只是作为表示各种处理对催化剂总表面积改变程度的一个参数。

（3）催化剂的孔容积

为了比较催化剂的孔容积，用单位质量催化剂所具有的孔体积来表示。通常以每克催化剂中，颗粒内部微孔所占据的体积作为孔容积，以符号V_s表示，单位为mL/g。

催化剂的孔容积实际上是催化剂内部许多微孔容积的总和。

各种催化剂均具有不同的孔容积。测定催化剂的孔容积，是为了帮助人们选定合适的孔结构，以便提高催化反应速率。

（4）催化剂的形状和粒度

在石油化工生产中，所用的固体催化剂有各种不同的形状，常用的有环状、球状、条状、片状、粒状、柱状和不规则形状等。催化剂的形状取决于催化剂的操作条件和反应器类型。例如，烃类蒸气转化反应是将催化剂装在直径为10cm左右、高9m左右的管式反应器中，为了减少床层的阻力降，将催化剂制成环状有利。当反应为内扩散控制的气-固相催化反应时，一般将催化剂制成小圆柱状或小球状。

催化剂粒度大小的选择，一般由催化反应的特征与反应器的结构以及催化剂的原料来决定。例如，固定床反应器常用柱状或球状等直径在4mm以上的颗粒，流化床反应器常用3～4mm或更大粒径的球状催化剂，沸腾床常用直径为20～150μm或更大的微球颗粒催化剂，悬浮床常用直径为1～2mm的球形颗粒。总之，选择何种粒度的催化剂，既要考虑反应的特征，又要从工业生产实际出发。

（5）催化剂的密度

表示催化剂密度的方式有三种，即堆积密度、假密度与真密度。

① 堆积密度　是指单位堆积体积内催化剂的质量，用符号ρ_0表示，计算公式为$\rho_0=m/V_{堆}$，单位为kg/L。堆积体积是指催化剂本身的颗粒体积（包括颗粒内的气孔）以及颗粒间的空隙。催化剂的堆积密度通常都是指催化剂活化还原前的堆积密度。催化剂堆积密度的大小与催化剂的颗粒形状、大小、粒度分布、装填方式有关。

工业生产中常用的测定方法是用一定容器按自由落体方式，放入1L催化剂，然后称量催化剂质量，经计算即得其堆积密度。

② 假密度　按上法取1L催化剂，将对催化剂不浸润的液体（如汞）注入催化剂颗粒间的空隙，由注入的不浸润液体的体积，即可算出催化剂空隙的体积。1L催化剂的质量除以催化剂空隙的体积，则为该催化剂的假密度，用符号 ρ_{ϕ} 表示。计算公式为：

$$\rho_{\phi}=\frac{m}{V_{堆}-V_{隙}}$$

测定催化剂的假密度，其目的是计算催化剂的孔容积和孔隙率。

③ 真密度　将催化剂（1L）颗粒之间的空隙及颗粒内部的微孔，用某种气体（如氮）或液体（如苯）充满，用1L减去所充满的气体或液体的体积，即为催化剂的真实体积。以此体积除以质量，即为真密度，以符号 ρ_{t} 表示，单位为kg/L。计算公式为：

$$\rho_{t}=\frac{m}{V_{真}}$$

（6）催化剂的孔隙率

催化剂的孔隙率是指在催化剂颗粒之间没有空隙，一定体积催化剂内所有孔体积的百分数，以符号 θ 表示，计算公式为：

$$\theta=\frac{\frac{1}{\rho_{\phi}}-\frac{1}{\rho_{t}}}{\frac{1}{\rho_{\phi}}}$$

（7）催化剂的寿命

催化剂从开始使用到经过再生也不能恢复其活性的时间，即为催化剂寿命。

每种催化剂都有其随时间而变化的活性曲线（或叫生命曲线），通常分成熟期、不变活性期、累进衰化期等三个阶段，如图1-1所示。

① 成熟期（诱导期）　一般情况下，催化剂开始使用时，其活性都会有所升高，这种现象可以看成是活性过程的延续。到一定时间即可达到稳定的活性，即催化剂成熟了，这一时期一般并不太长，如图1-1中线段Ⅰ所示。

② 不变活性期（稳定期）　只要遵循最合适的操作条件，催化剂活性在一段时间内基本上稳定，即催化反应将按着基本不变的速率进行。催化剂的不变活性期是比较长的，催化剂的寿命就是指这一时期，如图1-1中线段Ⅱ所示。催化剂不变活性期的长短与使用催化剂的种类有关，可以从很短的几分钟到几年，催化剂的不变活性期越长越好。催化剂的寿命既决定于催化剂本身的特性（抗毒性、耐热性等），又取决于操作条件，要求在运转操作中选择最适宜的操作条件。

③ 衰退期　催化剂随着使用时间的增长，催化剂的活性将逐渐下降，即开始衰老。当催化剂的活性降低到不能再使用时，必须再生使其活化。如果再生无效，就要更换新的催化剂，如图1-1中线段Ⅲ所示。

不同的催化剂，对于这三个时期，无论其性质和时间长短都是各不相同的。催化剂的寿命愈长，生产运转周期愈长，它的使用价值就愈大。但是，对催化剂寿命的要求不是绝对的，如长直链烷烃脱氢的铂催化剂，在活性极高状态下，寿命只有40d。对容易再生或回收的催化剂，与其长时期在低活性下操作，不如在短时间内高活性下操作，这样从经济角度来衡量是合理的。

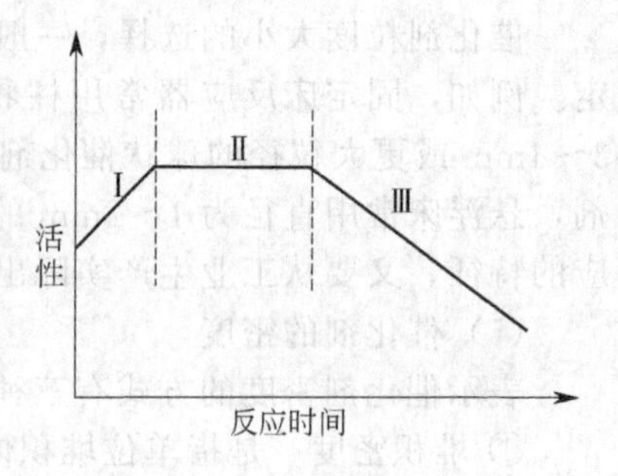

图1-1　催化剂的活性曲线
Ⅰ—成熟期；Ⅱ—不变活性期；
Ⅲ—衰退期

1.4.6　催化剂的活性与选择性

（1）活性

催化剂的活性是衡量催化剂催化效能的标准，根据使用的目的不同，催化剂活性的表示方法也不一样。活性的表示方法可一般分为两类：一类是在工业上衡量催化剂生产能力的大小；另一类是供实验室筛选催化活性物质或进行理论研究。工业催化剂的活性，通常是以单位重量催化剂在一定条件下，在单位时间内所得的生成物质量来表示，其单位为 kg/(kg·h)。工业催化剂的活性，也可用在一定条件下（温度、压力、反应物浓度、空速等）反应物转化的百分率（转化率）表示活性的高低。

$$转化率=\frac{转化了的反应物的物质的量}{通过催化剂床层反应物的物质的量}\times 100\%$$

转化率越高，表示催化剂的活性越大。

（2）选择性

当化学反应在理论上可能有几个反应方向（如平行反应）时，通常催化剂在一定条件下，只对某一个反应方向起加速作用。这种性能称为催化剂的选择性。

催化剂的选择性通常以转化为目的产物的原料对参加反应原料的摩尔分数表示，如下式所示：

$$S=\frac{生成目的产物所消耗的原料物质的量}{通过催化剂层转化的物质的量}\times 100\%$$

由于在工业生产过程中除主反应外，常伴有副反应，因此选择性总是小于100%。

1.4.7　催化剂中毒与再生

（1）催化剂中毒

在使用过程中，催化剂的活性与选择性可能由于外来微量物质（如硫化物）的存在而下降，这种现象叫做催化剂中毒，外来的微量物质叫做催化剂毒物。催化剂毒物主要来自原料及气体介质，毒物可能在催化剂制备过程中混入，也可能来自其他方面的污染。

催化剂中毒可分为可逆中毒和不可逆中毒两类。当毒物在催化剂活性表面上以弱作用力吸附时，可用简单的方法使催化活性恢复，这类中毒叫做可逆中毒，或叫暂时中毒。当毒物与表面结合很强，不能用一般方法将毒物除去时，这类中毒叫做不可逆中毒，或叫永久中毒。

在工业生产中，预防催化剂中毒和使已中毒的催化剂恢复活性是人们十分关注的问题。在一个新型催化剂投入工业生产以前，需给出毒物的种类和允许的最高浓度。毒物一般允许含量为百万分之几（ppm），甚至十亿分之几（ppb）。对于可逆中毒的催化剂，通常可以用氢气、空气或水蒸气再生。当反应产物在催化剂表面沉淀时，可造成催化剂活性下降，这对于催化剂的活性表面来说只是一种简单的物质遮盖，并不破坏活性表面的结构，因此只要将沉淀物烧掉，就可以使催化剂活性再生。

（2）催化剂再生

催化剂再生是指催化剂在生产运行中，暂时中毒而失去大部分活性时，可采用适当的方法（如燃烧或分解）和工艺操作条件进行处理，使催化剂恢复或接近原来的活性。工业上常用的再生方法有如下几种。

① 蒸汽处理　如镍基催化剂处理积炭时，用蒸汽吹洗催化剂床层，可使所有的积炭全部转化为氢和二氧化碳。因此，工业上常用加大原料中的蒸汽含量，对清除积炭、脱除硫化物等均可收到较好的效果。

② 空气处理　当炭或烃类化合物吸附在催化剂表面，并将催化剂的微孔结构堵塞时，可通入空气进行燃烧，使催化剂表面上的炭及其焦油状化合物与氧反应。例如，原油加氢脱硫，当铁铜催化制表面吸附一定量的炭或焦油状物时，活性显著下降。采用通入空气的办

法，可将吸附物烧尽，恢复催化剂活性。

③ 氢或不含毒物的还原性气体处理　当原料气体中含氧或氧化物浓度过高时，催化剂受到毒害，通入氢气、氮气，催化剂即可获得再生。用加氢办法，也是除去催化剂中含焦油状物质的一个有效途径。

④ 酸或碱溶液处理　加氢用的骨架镍催化剂中毒后，通常采用酸或碱溶液恢复活性。

催化剂的再生操作可以在固定床、流化床或移动床内进行，再生操作取决于许多因素。当催化剂的活性下降比较慢，例如能允许数月或一年后再生时，可采用固定床再生。对于反应周期短、需要进行频繁再生的催化剂，最好采用移动床或流化床连续再生，如石油馏分流化床催化裂化催化剂的再生。移动床或流化床再生需要两个反应器，设备投资较高，操作也较复杂，然而这种方法能使催化剂始终保持着新鲜的表面，为催化剂充分发挥催化效能提供了条件。

1.4.8　催化剂的使用技术

为了更好地发挥催化剂的作用，除了选取合适的催化剂外，在使用过程中还需要按其基本规律精心操作。

(1) 催化剂的装填方法

催化剂的装填方法取决于催化剂的形状与床层的形式，对于条状、球状、环状催化剂，其强度较差容易粉碎，装填时要特别小心。对于列管床层，装填前必须将催化剂过筛，在反应管最下端先铺一层耐火球和铁丝网，防止高速气流将催化剂吹走。在装填过程中催化剂应均匀撒开然后耙平，使催化剂均匀分布。为了避免催化剂从高处落下造成破碎，通常采用装有加料斗的布袋装料，加料斗架于人孔外面。当布袋装满催化剂时缓慢提起，并不断移动布袋，直到最后将催化剂装满为止。不管用什么方法装填催化剂，最后都要对每根装有催化剂的管子进行阻力降测定，以保证在生产运行时每根管子的气量分布均匀。

(2) 催化剂的活化

许多固体催化剂在出售时的状态一般是较稳定的，但这种稳定状态不具有催化性能，催化剂使用厂必须在反应前对其进行活化，使其转化成具有活性的状态。

不同类型的催化剂要用不同的活化方法，有还原、氧化、酸化、热处理等，每种活化方法均有各自的活化条件和操作要求，应该严格按照操作规程进行活化，才能保证催化剂发挥作用。

催化剂的升温还原活化，实际上是催化剂制备过程的继续，升温还原将使催化剂表面发生不同的变化，如结晶体的大小、孔隙结构等，其变化直接影响催化剂的使用性能。用于加氢或脱氢等反应的催化剂，常常是先制作成金属盐或金属氧化物，然后在还原性气体下活化(还原)。

催化剂的活化，必须达到一定温度后才能进行。铁、铅、镍、铜等金属催化剂一般在200～300℃下用氢气或其他还原性气体，将其氧化物还原为金属或低价氧化物。因此，从室温到还原完成，都要对催化剂床层逐渐提升温度。催化剂从室温到还原开始，在外热供应下进行稳定、缓慢的升温，平稳地脱除催化剂表面所吸附的水分（即表面水）。这段时间的升温速率一般控制在每小时30～50℃。为了使催化剂床层径向温度均匀分布，升温到一定温度时还要恒温一段时间，特别是在接近还原温度时，恒温更显得重要。还原开始后，大多数催化剂放出热量，对于放热量不大的催化剂，一般采用原料气作为还原气，在还原的同时也进行了催化过程。

催化剂升温所用的还原介质气氛因催化剂不同而不同，如氢、一氧化碳等均可作为还原介质。催化剂的还原温度也各不同，每一种金属催化剂都有一个合适的还原温度与还原时间。不管哪种催化剂，在升温还原过程中，温度必须均匀地升降。为了防止温度急剧升降，可采用惰性气体（氮气、水蒸气等）稀释还原介质，以便控制还原速率。还原时一般要求催化剂层要薄，采用较大的空速，在合适的较低的温度下还原，并尽可能在较短的时间内得到足够的还原度。

催化剂经还原后，在使用前不应再暴露于空气中，以免剧烈氧化引起着火或失活。因此，还原活化通常就在催化剂反应的床层中进行，还原以后即在该反应器中进行催化反应。已还原的催化剂，在冷却时常常会吸附一定量的活性状态的氢，这种氢碰到空气中的氧就能产生剧烈的氧化作用，引起燃烧。因此，当停车检修时，常用纯氮气充满反应器床层，以保护催化剂不与空气接触。

(3) 催化剂操作温度的控制

在催化反应中，温度不仅对目的产物收率和反应速率影响很大，而且还能影响催化剂的性能与寿命。对于不可逆反应，在其他工艺条件不变时，大多数情况下升高温度，反应速率增大，所以无论是放热或吸热反应，都应该在尽可能高的温度下进行，以加快反应速率，获得较高的收率。但是，任何一种催化剂都有一个温度控制的上限和下限，温度过高会加快催化剂表面结晶长大而使活性下降。因此，要严格控制温度在催化剂活性温度范围内。

对可逆吸热反应，如烃类蒸气转化，提高温度可提高反应产率，又可增大反应速率，因此应在尽可能高的温度下反应。但是，由于反应器材质及催化剂的强度、积炭、床层阻力降等因素的影响，反应温度不能无限度地提高。对可逆放热反应，催化反应开始时，提高温度有利于反应速率增加，但到一定数值后，再提高温度时，受催化剂性能的影响反应速率反而下降。因此，对于一定的反应混合物，在一定的温度下能达到最大反应速率，催化剂的活性能力又发挥得最大（不影响其老化与使用寿命），则该温度为催化剂的最佳温度。

(4) 催化剂储存

石油化工生产用的许多催化剂都是有毒、易燃，并且具有吸水性，一旦受潮，其活性将会降低。因此，对未使用的催化剂一定要妥善保管，要做到密封储存、远离火源且放在干燥处。在搬运、装填、使用催化剂时也要加强防护，并轻装轻卸，防止破碎。

由于催化剂活化后在空气中常容易失活，有些甚至容易燃烧，所以催化剂常以尚未活化的状态包装作为商品。商品催化剂多是装于圆形容器中，包装量为10～100kg，要注意防潮，且保证在80℃以下不会自燃。

1.5 石油化工工艺计算

由于石油化工生产都是在一定的条件下进行的，所以原料预处理、化学反应、分离、干燥等过程，都会碰到物料的数量关系与热量传递问题，即物料计算、热量计算及其他计算。

物料衡算和热量衡算是石油化工工艺的基础内容之一，通过物料、热量衡算，可得出生产过程的原料消耗指标、热负荷和产品产率等，为设计和选择反应器以及其他设备的尺寸、类型、台数提供定量依据。并且可以核查生产过程中各物料量及有关数据是否正常，有否泄漏，热量回收、利用水平和热损失的大小等，从而查出生产上的薄弱环节和限制部位，为改善操作和进行系统的最优化提供依据。

1.5.1 反应过程的物料衡算

输入物料的总质量＝输出物料的总质量＋系统内积累的物料质量

(1) 间歇过程

以每批生产时间为基准。

输入物料量：每批投入的所有物料质量的总和（包括反应物、溶剂、充入的气体、催化剂等）。

输出物料量：该批卸出的所有物料质量的总和（包括目的产物、副产物、剩余反应物、抽出的气体、溶剂、催化剂等）。

投入料总量与卸出料总量之差为残存在反应器内的物料量及其他机械损失。

（2）稳定流动过程

系统中各点的参数（温度、压力、浓度和流量等）不随时间而变化，系统中没有积累。

输入系统的物料总质量＝输出系统的物料总质量

$$组分衡算(\sum m_i)_{入}=(\sum m_i)_{出}+\Delta m_i$$

（3）原子衡算

输入物料中所有原子的物质的量之和＝输出物料中所有原子的物质的量之和

物料衡算步骤：

① 绘出流程的方框图，确定衡算系统；
② 写出化学反应方程式并配平；
③ 选定衡算基准，以计算方便为原则；
④ 收集或计算必要的各种数据；
⑤ 设未知数，列方程式组，联立求解；
⑥ 计算和核对；
⑦ 报告计算结果。

1.5.2 反应过程的热量衡算

稳态流动反应过程的热量衡算：

输入该系统的能量＝输出该系统的能量

稳态流动反应过程是一类最常见的恒压过程，在该系统内无能量积累。

输入该系统的能量＝输入物料的内能 U_{in}＋环境传入的热量 Q_p

输出该系统的能量＝输出物料的内能 U_{out}＋系统对外做的功 W

热量衡算步骤：

① 首先要确定衡算对象，即明确系统及其周围环境的范围；
② 选定物料衡算基准，物料、热量衡算方程式要联立求解，均应有同一物料衡算基准；
③ 确定温度基准，多以 298K（或 273K）为基准温度；
④ 注意物质的相态，计算相应的焓变。

思考题与习题

1-1 按一般化工产品生产过程和作用划分，化工工艺流程可概括为哪几个过程？

1-2 在化工生产中评价和组织工艺流程应遵循哪些原则？

1-3 某石化公司苯乙烯车间每年苯乙烯的生产能力为 40000t，年工作时间 8000h，原料乙苯的纯度为 98%，甲苯含量 2%（质量分数）。以反应乙苯计的苯乙烯产率为 90%、苯产率为 3%、甲苯产率为 5%、焦油产率为 2%。以通入乙苯计的苯乙烯产率为 40%、乙苯与水蒸气比为 1∶1.5（质量），试对乙苯脱氢炉进行物料衡算。

1-4 催化剂的基本特征有哪些？催化剂的评价指标有哪些？

1-5 简述催化剂的化学组成与性能关系。

第2章 石油天然气的形成与加工

2.1 石油的形成

2.1.1 石油天然气的组成及分类

石油是石蜡族烷烃、环烷烃和芳香烃等不同烃类以及各种氧、硫、氮的化合物所组成的可燃的有机液态矿物。未经加工的石油也称原油。

2.1.1.1 *石油的元素组成*

组成石油的化学元素主要是碳、氢、硫、氮、氧。一般石油中的碳含量为84%～87%，氢含量为11%～14%，两者在石油中以烃的形式出现，占石油成分的97%～99%。剩下的硫、氮、氧及微量元素的总含量一般只有1%～4%。但是在个别情况下，主要由于硫分增多，该比例可达3%～7%。除上述五种元素外，在石油中还发现了Fe、Ca、Mg、(Si)、Al、V、Ni、Cu、Sb、Mn、Sr、Ba、B、Co、Zn、Mo、Pb、Sn、(Na)、K、P、Li、Cl、Bi、Ge、Ag、As、Gd、Au、Ti、Cr、Cd（有括号者，表示不是所有石油灰分都含有的元素）微量元素，构成了石油灰分，即石油燃烧后的残渣。由于石油的性质不同，灰分含量变化很大，从十万分之几到万分之几，胶质和沥青质含量多的石油往往灰分含量也多。这些元素近似自然界有机物的元素组成，说明石油与原始有机质存在着明显的亲缘关系。

2.1.1.2 *石油的化合物组成*

组成原油的化合物主要是烃类，在石油中占80%以上。其他非烃类则以含硫、含氮、含氧化合物的形态存在于胶质和沥青质中，一般含量为10%～20%，是石油的杂质部分。

石油中的烃类有很多种，按其本身化学结构的不同可分为三大类，即烷烃、环烷烃、芳香烃。

石油中的非烃化合物主要包括含硫、含氮、含氧化合物，它们对石油的质量鉴定和炼制加工有着重要影响。

(1) 含硫化合物

硫是石油的重要组成元素之一。它在石油中的含量变化甚大，从万分之几到百分之几。硫在石油中可以呈元素硫以游离状态悬浮于石油之中，或多呈硫化氢和有机含硫化合物出现。

石油中所含的硫是一种有害杂质，因为它容易产生硫化氢、硫化铁、亚硫酸或硫酸等化合物，对金属设备造成严重腐蚀，所以含硫量常作为评价石油质量的一项重要指标。一般产于砂岩中的石油含硫量较少，产于碳酸盐岩系和膏盐岩系中的石油含硫量则较高。

(2) 含氮化合物

石油中的含氮量一般在万分之几至千分之几。我国大多数原油含氮量均低于千分之五。石油中主要为含氮的杂环化合物，其中有意义的是卟啉化合物。生物色素（即动物的血红素和植物的叶绿素）都含卟啉化合物，因此石油中卟啉化合物的存在就成为石油生物成因的重要证据之一。同时当温度高于180～200℃时，卟啉化合物要分解破坏，由此也说明了石油是在较低温度下生成的。此外，卟啉化合物又是还原环境的一种标志，故石油中卟啉化合物的存在，还说明石油是在还原环境中形成的。

(3) 含氧化合物

目前在石油中已鉴定出50多种含氧化合物。石油中的含氧量只有千分之几，个别可高达2%～3%。氧在石油中均以有机化合物状态存在，可分为酸性氧化物和中性氧化物两类。前者有环烷酸、脂肪酸及酚，总称石油酸；后者有醛、酮等，含量极少。石油酸中，以环烷酸最重要，约占石油酸的90%左右。石油中的环烷酸含量因地而异，一般多在1%以下。因为环烷酸和酚能溶于水，如果油田水中有环烷酸及其盐类、酚及其衍生物，可作为含氧的直接标志。

2.1.1.3　原油的组分

原油的组分是指组成原油的物质成分。为了了解原油的性质及其变化，利用不同的方法将原油的组成分成性质相近的“组”，这些组称为原油的组分。一般分为下列几组。

(1) 油质

油质为石油的主要组分，一般含量65%～100%，它是烃类化合物组成的淡色黏性液体。它的溶解性强，可溶于石油醚、苯、氯仿、乙醚、四氯化碳等有机溶剂中。油质不能被硅胶等吸附剂吸附，显天蓝色荧光。油质含量高，石油的质量相对较好。

(2) 胶质

胶质一般是黏性的或玻璃状的半固体或固体物质。颜色由淡黄、褐红到黑色的均有。其主要成分是烃类化合物，此外也含有一定数量的含氧、氮、硫的化合物。胶质溶解性较差，只能溶解于石油醚、苯、氯仿、四氯化碳等溶解性较强的溶剂中。它的特性是能被硅胶吸附。密度较小的石油一般含胶质4%～5%，密度较大的可达20%或更高。

(3) 沥青质

沥青质为暗褐色至黑色的脆性固体物质。它不溶于石油醚及酒精，而溶于苯、三氯甲烷及二硫化碳等有机溶剂中，也可被硅胶吸附。在石油中含量较少，一般在1%左右。

(4) 碳质

碳质是一种非烃类化合物的物质，不溶于有机溶剂，以碳元素的状态分散在石油内，含量很少，也叫残炭。

2.1.1.4　原油的分类

原油的分类方式不止一种。由于原油中的非烃类物质对原油的很多性质都有着重大影响，因此根据原油中某些非烃物质的含量，可对原油进行分类。

(1) 按胶质-沥青质含量分类

胶质-沥青质在原油中形成胶体结构，它对原油流动性具有很重要的作用，可形成高黏度的原油等。

① 少胶原油——原油中胶质-沥青质含量在8%以下；

② 胶质原油——原油中胶质-沥青质含量在8%～25%之间；

③ 多胶原油——原油中胶质-沥青质含量在25%以上。

我国多数油田产出的原油属少胶原油或胶质原油。

(2) 按含蜡量分类

原油中的含蜡量常影响其凝固点，一般含蜡量越高，其凝固点越高，它对原油的开采和运输都会带来很多麻烦。

① 少蜡原油——原油中含蜡量在1%以下；

② 含蜡原油——原油中含蜡量在1%～2%之间；

③ 高含蜡原油——原油中含蜡量在2%以上。

我国各油田生产的原油含蜡量相差很大，有的属少蜡原油，但多数属高含蜡原油。

(3) 按硫的含量分类

原油中若含有硫，或腐蚀钢材，或对炼油不利，经燃烧生成的二氧化硫也会污染环境，对人畜有害。欧美国家规定石油产品必须清除硫以后才能出售。

① 少硫原油——原油中硫的含量在0.5%以下；

② 含硫原油——原油中硫的含量在0.5%以上。

我国生产的原油，多数是少硫原油。

2.1.1.5 天然气的成分与性质

“天然气”一词的含义，有广义与狭义之分。广义而言，自然界一切天然产出的气体，都可称为天然气。但石油地质学所指的是狭义的天然气，它指蕴藏于地表以下以烃类混合物为主的可燃气体或其水合物。天然气一般无色，可有汽油气味或带硫化氢气味，易燃，易爆。

与液态石油的组成相比，天然气的组成比较简单，分为烃类和非烃两大类。天然气的烃类组成十分简单，主要成分为低分子烷烃。以甲烷为主，其含量一般大于70%；乙烷次之，其含量一般小于10%；丙烷及丁烷含量更少。此外，某些类型天然气可含有少量的碳五与碳六（也称为汽油蒸气）。在常温、常压下，甲烷、乙烷、丙烷及异丁烷呈气态，正丁烷呈液态（沸点+15℃）。天然气中的非烃种类较多，常见的有H_2S、CO_2、N_2、CO、H_2，有时也有He、Ne、Kr、Xe等惰性稀有气体。非烃气体在天然气中含量一般很低，但某些气藏可以有很高的非烃气含量。

2.1.2 油气藏形成的基本条件

2.1.2.1 油气成因现代模式

人类对于石油和天然气成因的认识，是在整个自然科学迅速发展的推动下，在勘探及开采油气藏的实践中逐步加深的。由于石油及天然气的化学成分比较复杂，又是流体，现在找到的油气藏往往不是它们最初生成的地方，这就为研究油气成因问题增加了许多难度。长期以来，关于油气成因问题，在原始物质、客观环境及转化条件等方面都有过许多激烈的争论。

18世纪70年代以来，对油气成因问题的认识，基本上可归纳为无机生成和有机生成两大学派。前者认为石油和天然气是在地下深处高温高压条件下由无机物变成的；后者主张油气是在地质历史上由分散在沉积岩中的动、植物有机体转化而成。后来，人们通过对近代沉积中烃类生成过程的观察研究，应用“将今论古”的对比方法，得出结论：石油有机生成的现代科学理论是比较符合客观实际的。

沉积有机质是油气生成的物质条件，但是要使这些有机物质有效地保存并向石油转化，还需要适当的环境条件。这些环境条件可以归纳为两个方面：一是古地理环境与地质条件，二是物理化学条件。

(1) 古地理环境与地质条件

要形成大量油气，一是要有让大量生物长时期繁盛的古地理环境，二是要有使这些动植物尸体得到有效埋藏保存的地质条件。

我们知道，水生生物利于成油而陆生高等植物利于成煤。大量利于成油的水生生物长时期繁盛的环境，需要稳定的水体、丰富的养料、一定的光照和温度。原始有机质易被氧化，地表的有机质难于保存，但在长期被淹没的水体下，虽有氧化但较微弱，利于有机质的保存。根据对现代沉积物和古代沉积岩的调查，浅海区、海湾、潟湖、内陆湖泊的深湖——半深湖区，是满足上述条件的主要地区。

海洋中的滨海地区，潮汐、波浪作用强烈，海水进退频繁，不利于生物繁殖和有机质沉积保存。而深海区生物生长条件较差，生物较少，浅表水体的生物尸体下沉到海底需要很长的时间，这期间易被氧化散失。而且由于离岸较远，陆源物质沉积甚少，这都不利于有机质的沉积与保存。唯有浅海地区，有供水生生物生长的陆源有机营养物随河流输入。水体深度适中，并可保持一定的阳光和温度，这些条件都有利于生物生长，加之这些地区离岸较远、水体宁静，有利于动植物尸体保存。同时，浅海地区也是黏土、细粒灰岩等极细粒沉积物的重要沉积场所，这就为大量繁盛、快速代谢的动植物尸体的掩埋保存提供了有利条件。在海湾与潟湖地区，因水体较闭塞、无底流，处于缺氧乏浪环境，也有利于有机质的保存。内陆湖泊的深湖——半深湖地区，也具有与浅海类似的利于生物繁盛与堆积保存的环境。各种资料和研究都证明，古地理条件下的浅海区、海湾、潟湖、内陆湖泊的深湖——半深湖区，是地球上油气生成的最主要的地区。上述地区中靠近河流入海、入湖的三角洲地带，更是适宜于生物繁盛与有机质保存的最有利地区。这种地区稳定存在的时期越长，则形成的富含有机质的细粒沉积物厚度就越大，其潜在的生油量就越多。

(2) 物理化学条件

有机质向油气转化是一个复杂的过程。对现代沉积物和古代沉积岩的大量研究，以及一些特定条件下的实验资料，已揭示出有机质向油气转化的过程和特点。在这个转化过程中，细菌作用、温度、压力、催化剂等是必不可少的理化条件。

在海相和湖相沉积盆地的发育过程中，原始有机质伴随其他矿物质沉积后，随着埋藏深度逐渐加大，经受地温不断升高，在缺氧的还原条件下，有机质逐步向油气转化。由于在不同深度范围内，各种能源条件显示不同的作用效果，致使有机质的转化反应性质及主要产物都有明显的区别，表明原始有机质向石油天然气转化的过程具有明显的阶段性。油气成因的现代模式将该过程划分为四个逐步过渡的阶段：生物化学生气阶段、热催化生油气阶段、热裂解生凝析气阶段及深部高温生气阶段。现将油气成因的现代模式概括如下。

① 生物化学生气阶段　当原始有机质堆积到盆底之后，开始了生物化学生气阶段。这个阶段的深度范围是从沉积界面到数百乃至1500m深处，与沉积物的成岩作用阶段基本相符，温度介于10～60℃之间，以细菌活动为主。生物起源的沉积有机质主要由类脂化合物、蛋白质、碳水化合物及木质素等生物化学聚合物组成。在缺乏游离氧的还原环境内，厌氧细菌非常活跃，部分有机质被完全分解造成CO_2、CH_4、NH_3、H_2S和H_2O等简单分子；而生物体则被选择性分解，转化为分子量更低的生物化学单体（如苯酚氨基酸、单糖、脂肪酸等）。这些新生产物会互相作用形成结构复杂的地质聚合物“腐泥质”和“腐殖质”。前者富含脂肪族结构，后者由多缩合核、支承碳链和官能团（$-COOH$、$-OCH_3$、$-NH_2$、$-OH$等）组成，通过杂原子键或碳键连接在一起，它们都成为干酪根的前身；另外，可溶于酸、碱的物质消失，胶质、沥青质和少量液态烃等可溶于有机溶剂的馏分略有增加，矿物介质（如铁和硫酸盐）则被还原为低价化合物（菱铁矿、黄铁矿）。上述这些变化导致沉积物中有机质的总量减少。

在这个阶段，有机质除形成少量烃类和挥发性气体以及早期低熟石油外，大部分成为干酪根保存在沉积岩中。由于细菌的生物化学降解作用，所生成的烃类除树脂体等生成的未熟-低熟凝析油外，以甲烷为主，缺乏轻质（C_4～C_8）正烷烃和芳香烃。只是到了本阶段后期，埋藏深度加大，温度接近60℃，开始生成少量液态石油。这个阶段生成的生物化学气，或称细菌气，甲烷的含量在 95%以上；甲烷碳同位素含量异常低，为其典型特征。它们可以聚集成特大型气藏，埋藏深度浅，温度、压力较低，易于勘探和开发。

② 热催化生油气阶段　随着沉积物埋藏深度超过 1500～2500m，进入后生作用阶段前期，有机质经受的地温升至 60～180℃。促使有机质转化的最活跃因素是热催化作用。随深度的加大，压力升高，岩石更加紧密，黏土矿物吸附力增大，按物质组分的吸附性能不断进行重新分布：分子结构复杂的脂肪酸、沥青质和胶质集中在吸附层内部，烃类集中在外部，依次为芳香烃、环烷烃和正烷烃。黏土矿物的这种催化作用可以降低有机质的成熟温度，促使干酪根发生热降解，杂原子（O、N、S）的键破裂，产生二氧化碳、水、氮、硫化氢等挥发性物质，同时获得低分子液态烃和气态烃。所以，在热催化作用下，有机质能够大量转化为石油和湿气，成为主要的生油时期，在国外常称为“生油窗”。

该阶段产生的烃类已经成熟，在化学结构上与原始有机质有明显区别，而与石油非常相似。需要指出，有机质成熟的早晚及生烃能力的强弱，还要考虑有机质本身的性质。在其他条件相同的情况下，树脂体和高含硫的海相有机质往往成熟较早；藻质体生烃能力最强；腐殖型有机质同样可以成为生油气母质，只不过成熟较晚、生气较多而已。

③ 热裂解生凝析气阶段　当沉积物埋藏深度超过 3500～4000m，则进入后生作用阶段后期，地温达到 180～250℃，超过了烃类物质的临界温度，除继续断开杂原子官能团和侧链，生成少量水、二氧化碳和氮外，主要反应是大量 C—C 链裂解（包括环烷烃的开环和破裂），液态烃急剧减少。C_{25} 以上高分子正烷烃含量渐趋于零，只有少量低碳原子数的环烷烃和芳香烃；相反，低分子正烷烃剧增（主要是甲烷及其气态同系物），在地下深处呈气态，采至地面时随温度、压力降低，反而凝结为液态轻质石油（即凝析油），并伴有湿气，进入了高成熟阶段。但石油焦化即干酪根残渣热解生成的气体量是有限的。

④ 深部高温生气阶段　当深度超过 6000～7000m，沉积物已进入变生作用阶段，达到有机质转化的末期。温度超过了 250℃，以高温高压为特征，已形成的液态烃和重质气态烃强烈裂解，变成热力学上最稳定的甲烷；干酪根残渣释出甲烷后进一步缩聚，H/C 原子比降至 0.45～0.3，接近甲烷生成的最低限，所以出现了全部沉积有机质热演化的干气甲烷和碳沥青或石墨。以上将有机质向油气转化的整个过程大致划分为四个阶段，油气生成过程见图 2-1。

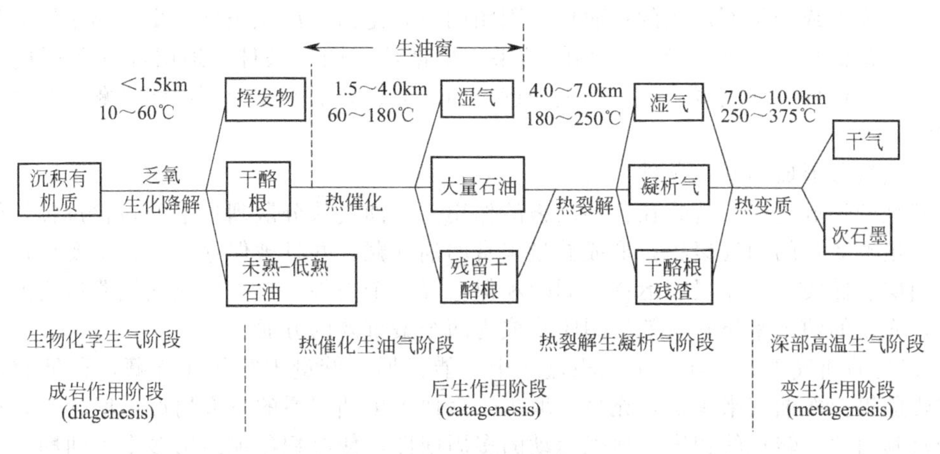

图 2-1　油气成因模式图

对不同的沉积盆地而言，由于其沉降历史、地温历史及原始有机质类型的不同，其中的有机质向油气转化的过程不一定全都经历这四个阶段，有的可能只进入了前两个阶段，尚未达到第三阶段；而且，每个阶段的深度和温度界限也可能略有差别。甚至在地质发展史较复杂的沉积盆地，例如经历过数次升降作用，生油岩中的有机质可能由于埋藏较浅尚未成熟就遭遇上升，直到再度沉降埋藏到相当深度，待达到成熟温度后，有机质方才生成大量石油，即所谓“二次生油”。

2.1.2.2 油气藏的形成

(1) 圈闭与油气藏的基本概念

油气一旦在生油层中生成便开始运移。在生油岩中生成的、呈分散状态的油气，经过初次运移，进入到储集层中；在储集层中又经过二次运移进入到具有圈闭条件的地方聚集起来而形成油气藏。

所谓圈闭，是指适于聚集、保存油气，并使之形成油气藏的场所。更确切地说圈闭是由三部分组成的：①适合于储存油气的储集层；②防止油气逸散的盖层；③从各方面阻止油气继续运移，造成油气聚集的遮挡物，它可以是盖层本身的弯曲变形，如背斜，也可以是另外的遮挡物，如断层、岩性变化等。总之，圈闭是具备油气聚集条件的场所，但是，圈闭中不一定都有油气。一旦有足够数量的油气进入圈闭，充满圈闭或占据圈闭的一部分，便可形成油气藏。

正确识别和评选有利油气聚集的圈闭，对打开地下油气藏宝库具有决定性的作用。所谓油气藏，就是指单一圈闭内具有独立压力系统和统一油水（或气水）界面的油气聚集场所，是地壳中最基本的油气聚集单位。更具体地说就是：一定数量的运移着的油气，由于遮挡物的作用阻止了它们继续运移，而在储集层的某一部分富集起来，形成油气藏。

油气藏的重要特点是在“单一的圈闭中”，所谓“单一”，主要是指受单一要素控制，在单一的储集层中，在同一面积内，具有统一的压力系统，统一油、气、水边界。

根据上述两条基本原则和关于圈闭及油气藏的概念，我们把油气藏分为构造油气藏和地层油气藏两大类。

所谓构造油气藏，是指油气在构造圈闭中的聚集。构造圈闭是指由于地壳运动使地层发生变形或变位而形成的圈闭。因为构造运动可以形成各种各样的构造圈闭，由此形成的油气藏也就不同。据此，又可将其分为背斜油气藏、断层油气藏、裂缝性油气藏以及刺穿接触油气藏等。所谓地层油气藏是指油气在地层圈闭中的聚集。地层圈闭是指因储集岩性横向变化或由于纵向沉积连续性中断而形成的圈闭条件。地层圈闭与构造圈闭的区别在于：构造圈闭是由于地层变形或变位而形成的；而地层圈闭则主要是由于沉积条件改变，储集层岩性岩相变化，或者是储集层上下不整合接触的结果。根据地层圈闭条件，地层油气藏可进一步分为：原生砂岩体地层油气藏、地层不整合遮挡油气藏、地层不整合超覆油气藏以及生物礁块油气藏等。

(2) 油气藏形成的基本条件

油气藏的形成过程，就是在各种因素的作用下，油气从分散到集中的转化过程。能否有丰富的、足够数量的油气聚集，形成储量丰富的油气藏，并且被保存下来，主要决定于是否具备生油层、储集层、盖层、运移、圈闭和保存等六个条件。对于研究油气藏形成的基本条件而言，充足的油气来源和有效的圈闭将成为两个最重要的方面。

① 充足的油气来源　在一个沉积盆地中，能否形成储量丰富的油气藏，充足的油气来源是重要前提。而油气来源是否充足，取决于盆地内生油层系的发育情况、所含原始有机质的多少及其向油气转化的程度。地壳运动的多周期性，使沉积盆地经历多个生油期，在剖面上出现多生油层系。衡量油气来源丰富程度的具体标志是生油凹陷面积的大小及凹陷持续时间的长短（生油层系的厚薄）。据世界上61个特大油气田所在大的12个含油气盆地统计显示，生油凹陷面积大，持续时间长，可以形成巨厚的多回旋性的生油层系及多生油期，具备丰富的油气来源，这也是形成储量丰富的大油气藏的物质基础。

但是，需要指出的是，不能因此就认为较小的盆地就没有丰富的油气资源。面积大小固然重要，但那并不是唯一的决定因素。有些盆地面积虽然较小，但沉积岩厚度大，含油岩系所占的比例大，圈闭有效面积大，生油层总厚度大，油源丰富，也可形成丰富的油气聚集。

油源的丰富程度除与生油岩的体积有关外，还与生油岩的埋藏深度，以及生油岩与储集岩的接触关系、配合情况等有密切关系。换言之，油源的丰富程度决定于生油岩的体积、有机质数量和类型、生油岩的成熟度（有机质转化为油气的程度），以及生油岩排出石油和天然气的能力（给油率）等综合因素。这是研究油气资源评价时必须全面考虑的。

② 有利的生、储、盖组合　油气田的勘探实践证明，生油层、储集层、盖层的密切配合，是形成丰富的油气聚集，特别是形成巨大油气藏必不可少的条件之一。有利的生、储、盖组合其含义是指生油层中生成的油气能及时地运移到储集层中，即具有良好的输送通道，畅通的排出条件；同时盖层的质量和厚度又能保证运移至储集层中的油气不会逸散。这是形成大油气藏极其重要的条件。

生、储、盖的组合型式在时间上（纵向上）和空间分布上（横向上）都有一定的变化规律。前者主要受地壳周期性运动的影响，后者取决于盆地的构造运动、古地貌和沉积条件。常见的生、储、盖组合型式有互层状、指状交叉、砂岩透镜体等。

不同的生、储、盖组合具有不同的油气输送通道和不同的输导能力，因此富集油气的条件也就不同。例如，生油层与储集层为互层状的组合型式，由于生油层与储集层直接接触的面积大，储集层上、下生油层中生成的油气可以及时地、不受限制地向储集层中输送，对油气生成及富集最为有利。当储集层中有背斜存在时，油气则可从四周向背斜中聚集，形成丰富的油气藏。又如生油层和储集层为指状交叉的组合型式时，由于生油层和储集层的接触局限于指状交叉地带，在这一地带的输导条件与互层相似。但对于远离交叉带的一侧，由于附近缺乏储集层，输导能力受到一定的限制；而在另一侧，由于只有储集层，附近缺乏生油层，油气来源也受到一定限制。故其输导条件和油气富集条件都比互层差。

再如，当生油层中存在砂岩透镜体时，从接触关系来看，应该是油气的输导条件最为有利。但是，在这种情况下，油气输导的机理至今还没有被充分地解释清楚。因为，在油气生成的主要阶段之前，砂岩透镜体早已被水充满，要使油气进入透镜体，必须同时有等量的水被排出。J. K. 罗伯特认为，生油层中的油气是从砂岩透镜体的底部进入透镜体的，而透镜体内原有的水从上部排出。

上述三种生、储、盖组合的型式与油气初次运移和富集的关系基本上可以说明生、储、盖组合型式对油气藏形成的影响，但这些都只是被简化了的理想情况，在实际当中，必须充分考虑具体的地质条件。

③ 有效的圈闭　如前所述，圈闭由储集层、盖层和遮挡物组成，它具备聚集油气的能力，是形成油气藏的必要条件。但是，大量油气勘探实践证明，在具有油气来源的前提下，并非所有圈闭都聚集油气。有的圈闭只含水，属于“空”的，也就是说，它对油气聚集而言是无效的。由此可见，由于各个圈闭所处的地质环境差异，所经历的地质历史不同，它们聚集油气的有效性也不同。所谓研究圈闭的有效性，就是指在具有油气来源的前提下，研究圈闭聚集油气的实际能力。由于不同因素的影响，圈闭聚集油气的实际能力表现为不同的情况：有的圈闭只对聚集天然气有效，而对石油无效，形成纯气藏；有的圈闭对聚集油气都有效，而形成油气藏；也有的圈闭对聚集油气都无效，只含水，形成“空圈闭”。影响圈闭有效性的主要因素有如下几个方面。

a. 圈闭形成时间与油气运移时间的对应关系　只有那些在油气区域性运移以前或同时形成的圈闭，对油气的聚集才是有效的。

b. 圈闭所在位置与油源区的相应关系　一般情况下，圈闭所在位置距油源区越近，越有利于油气聚集，圈闭的有效性越高。

c. 水压梯度和流体性质对圈闭有效性的影响　在水压梯度和流体密度差的作用下，圈闭对油聚集的有效性与对气聚集的有效性是不同的。对石油的聚集条件往往比对天然气聚集的条件要求高，同一圈闭可能对天然气聚集有效而对石油聚集无效。

在自然界还有许多因素会破坏圈闭的有效性，使油气藏无法保存。如断裂活动、剥蚀作用、强烈的水动力冲刷，以及生物、化学作用等。

从以上叙述可以看出，影响圈闭有效性的因素很多，在油气勘探的实践中，我们必须结合盆地的沉积发育史和构造发展史，具体分析各个圈闭的形成时间、空间位置、有效容积、水压梯度和流体性质，以及保存条件等，才能对圈闭的有效性作出正确判断。

④ 必要的保存条件　在地质历史中已经形成的油气藏能否完整保存至今，决定于在油气藏形成以后的漫长地质历史中，油气藏是否遭到破坏，以及破坏的程度如何。因此，必要的保存条件是油气藏存在的重要前提。油气藏保存条件的影响因素，归纳起来可包括以下几个方面。

a. 地壳运动对油气藏保存条件的影响　地壳运动可以导致油气藏保存条件的完全破坏。如果地壳运动破坏了圈闭条件，储集层遭到剥蚀风化，油气全部流失，破坏了原有的油气藏。

b. 岩浆活动对油气藏保存条件的影响　一般来说，岩浆岩的活动对油气藏的保存是不利的。因为高温的岩浆侵入油气藏会把油气烧掉，破坏圈闭，最终导致油气藏的破坏。不过，岩浆的破坏作用只产生在其活动的当时，当其冷凝之后，不仅失去了破坏作用，而且在其他有利条件配合下，它本身也可成为良好的储集层或遮挡条件。

c. 水动力对油气藏保存条件的影响　水动力环境对油气藏的保存条件有重要影响。活跃的水动力环境可以把油气从圈闭中冲走，导致油气藏的破坏。因此，一个相当稳定的水动力环境是油气藏保存的重要条件之一。

当然，影响油气藏保存条件的因素还有很多，如热变质作用、生物化学作用等，都会直接影响油气藏的保存。

综上所述，尽管油气藏的形成是一个复杂的问题，它所需要的条件是多方面的，但是，最基本的条件则是要有充足的油气来源，有利的生、储、盖组合，有效的圈闭以及必要的保存条件等四个方面。只有具备了这四个基本条件，油气藏才有可能形成并长期保存下来。

2.2　石油的开采与储运

2.2.1　石油钻井

地质工作者用地震和其他地球物理方法进行地质普查，初步判明可能含有油气的构造位置后，必须通过打探井的方法予以验证。此外，还可在钻井过程中通过各种录井方法和地球物理测井方法最终确定含油面积、油藏储量、地层压力、地层岩石物性等地质要素，为油气田的开发提供可靠的依据。油气井是石油和天然气从地下流到地面的通道。要尽可能多地开采出地下石油，就必须在油气田开发过程中钻足够数量的生产井。

2.2.2　石油开采

(1) 自喷采油

油田开发过程中，油井一般都会经历自喷采油阶段。自喷采油是利用地层自身的能量将原油举升到井口，再经地面管线流到计量站。自喷采油设备简单、管理方便、产量高、不需要人工补充能量，可以节省大量的动力设备和维修管理费用，是个简单、经济、高效的采油方法。

(2) 气举采油

气举采油是从地面将高压气体注入油井中，降低油管内气、液混合物的密度，从而降低井底流压的一种机械采油方法。利用气体的膨胀能举升井筒中液体，使停喷、间喷或自喷能力差的油井恢复生产或增强生产能力。气举井与自喷井有许多相似之处，其井筒流动规律基本相同。自喷井依靠油层本身的能量生产，而气举井的主要能量来自于高压气体。气举采油的优点很多，如排液量范围大、举升深度大、井下无机械磨损件、操作管理方便等。

(3) 有杆泵采油

有杆泵（rod pump）采油（抽油）是最古老，也是国内外应用最广泛的机械采油方法，在各种人工举升方法中目前仍居首要地位。有杆泵结构简单、适应性强、寿命长。典型的有杆抽油装置由三部分组成：抽油机、抽油杆和抽油泵，如图 2-2 所示（游梁式抽油机）。抽油机是地面驱动设备。抽油泵是井下设备，借助于柱塞的上下往复运动，使油管柱中的液体增压，将其抽吸至地面。抽油杆柱是传递动力的连接部件。就整个生产系统而言，还包括供给流体的油层、作为举升通道的油管柱及其配件、环空及井口装置等。

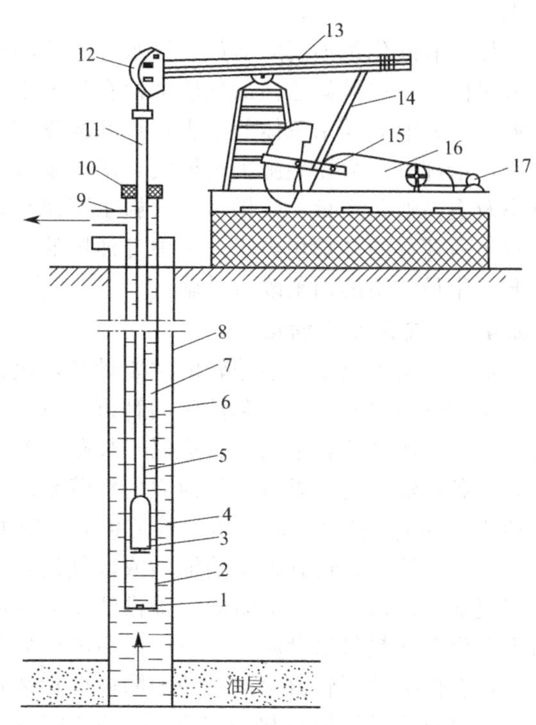

图 2-2 典型有杆抽油装置

1—吸入阀；2—泵筒；3—排出阀；4—柱塞；5—抽油杆；6—动液面；7—油管；8—套管；9—三通；10—盘根盒；11—光杆；12—驴头；13—游梁；14—连杆；15—曲柄；16—减速器；17—电动机

(4) 无杆泵采油

无杆泵（rodless pump）采油也是油田生产中常见的机械采油方式。无杆泵采油无需抽油杆柱，减少了抽油杆柱断脱和磨损带来的作业及修井费用，适用于开采特殊井身结构的油井。随着我国各大油田相继进入中后开采期，地质条件越来越复杂，无杆泵将会得到更广泛的应用。无杆泵采油主要有潜油电泵、水力活塞泵、射流泵及螺杆泵采油等。

2.2.3 油井增产原理

油田开发及石油开采过程一般可分为三个阶段：一次采油、二次采油和三次采油。

一次采油是指利用油藏天然能量进行开采的过程，这是大多数油藏开发要经历的第一个阶段。早期，很多油藏都是用一次采油方法开采到经济极限产量后废弃。其采油机理是：随着油藏压力下降，液体和岩石的体积膨胀，地层能量把油藏流体驱入井筒。压力降到原油的饱和压力时，溶解在油中的气体释放、膨胀，又能驱出部分原油。气顶膨胀和重力排驱也能促使原油流入生产井。天然水侵既能驱替油藏孔隙中的原油，又能弥补原油开采造成的压力下降，但其后期产水率很高。不同油藏的一次采收率相差极大，一次采收率主要取决于油藏类型、岩石和原油的性质及开采机理。

二次采油是指向油层补充流体以保持地层能量的采油方法，如将气体注入气顶、将水注入油层或靠近油水界面的含水层。以前油藏能量衰竭时才进行二次采油。现在为保持油藏压力，维持较长时间的高产和稳产，许多油藏在开发初期就进入了二次采油阶段。二次采油达到经济极限时，油藏中还存留着大量的原油。为了获得更高的采收率，需要进行三次采油。

三次采油是指采用物理、化学、生物等方法改变油藏岩石及流体的性质，提高水驱后油藏采收率的方法。由于投资多、注入流体价格高，三次采油风险很大，但采收率提高幅度也大。

压裂和酸化是油气井增产、注水井增注的重要手段，是通过降低流动阻力来提高产量或注入量的。一些低渗透性油气层即使在较大生产压差下也很难获得高产。有的油气层受到钻井液、修井液等外来流体的侵害，近井区渗透率降低，导致产量下降甚至无法投产，必须采取增产措施。水力压裂施工规模大，增产幅度大。酸化用于解除近井区的污染，恢复地层渗透率及提高油井产量，效果显著，施工规模小，成本低。目前，我国水力压裂和酸化增产措施每年所获得的产量相当于一个中等油田的产量。水力压裂和酸化已成为油气田勘探、开发与开采中最常用的油藏改造措施。

2.2.4 石油天然气储运

油气输送管道是石油输转的主要设备，包括油、气田内部连接油、气井与计量站、联合站的集输管道以及炼油厂和油库的管道（属于企业内部输油管道）。将油田合格原油送至炼油厂、码头或铁路转运站的管道属于长距离输油管道，也称干线输油管道。这些管道管径较大，有各种辅助配套设备，是独立的经营系统，长度可达数千公里。目前最大的原油管道直径达 1220mm。按输送的介质，管道可分为原油管道、天然气管道等。

长距离油气输送管道由输油站或输气站与线路两大部分组成。管道沿线需设泵站给油流或气流加压，以克服流动阻力、提供油流或气流流动的能量。我国原油含蜡多、凝点高，管道上还设有加热保温设施。每隔一定距离还要设中间截断阀，以便发生事故或检修时关断。沿线还有保护地下管道免遭腐蚀的阴极保护装置。为了实现全线自动化集中控制，沿线要有通信线路或信号发射与接收设备等。长输管道输量越大，管径越大，单位运费越低。当管径、管长、设备一定时，若达不到经济输送量，输送成本单价会随着输量的减少而增大。管径和输量一定时，输送距离越远，输送成本单价越高。当输送距离较大时，足够的输量才能使输送成本单价降到合理水平。输油管道的起点输油站称首站，任务是接收、计量及储存原油，加压或加温后向下一站输送，沿途中间输油站向管路提供能量。输油管道的终点称末站，任务是接收来油和向用户输转。

2.3 石油炼制与天然气加工

2.3.1 石油炼制

石油是极其复杂的混合物，必须经过一系列加工处理才能成为有用的产品。石油加工又称石油炼制。根据石油的性质和产品目的主要有两个加工方向，即石油燃料型方向和石油燃料-化工一体化方向。随着石油化工行业的迅速发展，目前新建和扩建的石油炼厂主要是燃料-化工一体化加工方向。石油炼制装置主要有常减压蒸馏、催化裂化、焦化、催化重整以及后续的气体和芳烃分离等单元操作。

2.3.1.1 *石油预处理*

从地层采出的石油都含有一定的水分，这些水中都溶有 $NaCl$、$MgCl_2$ 和 $CaCl_2$ 等无机盐。在油田，原油经过脱水和稳定，可以把大部分水及水中的盐脱除，但仍有部分水不能脱除，因为这些水是以乳化状态存在于原油中。石油含水、含盐给其加工过程和产品质量都会带来危害。原油进炼厂前一般含盐量在 50g/L 上下，含水量 0.5%～1.0%，在炼制前，必须进一步将其脱除。

我国各炼厂大都采用两级脱盐脱水流程，如图2-3所示。原油自油罐抽出后，先与淡水、破乳剂按比例混合，经加热到规定温度，送入一级脱盐罐，一级电脱盐的脱盐率在90%～95%之间。在进入二级脱盐之前，仍需注入淡水，一级注水是为了溶解悬浮的盐粒，二级注水是为了增大原油中的水量，以增大水的偶极聚结力。需要注意的工艺参数主要有：①电场强度和强电场下的停留时间；②脱盐温度与压力；③注水量和破乳剂加入量。为了达到低碳经济和可持续发展的目的，在达到原油含盐量、含水量和排水含油量要求的前提下，要尽量节省电耗和化学药剂。

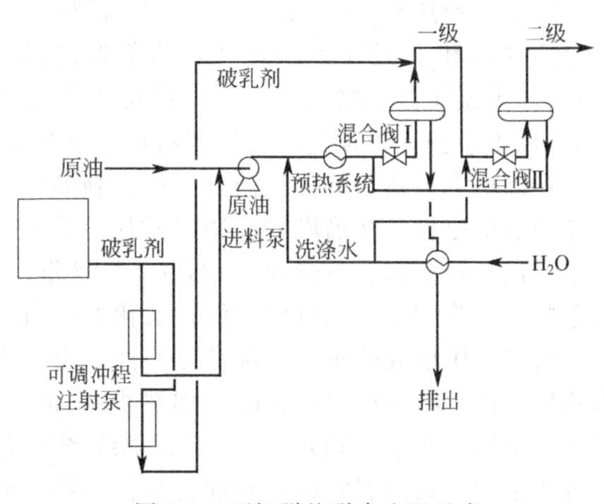

图2-3　两级脱盐脱水流程示意

2.3.1.2　*石油常减压蒸馏*

蒸馏是将液体混合物加热后，其中的轻组分汽化，并将其导出进行冷凝，达到轻重组分分离的目的。蒸馏依据的原理是混合物中各组分沸点（挥发度）的不同。蒸馏有多种形式，可归纳为闪蒸（平衡汽化或一次汽化）、简单蒸馏（渐次汽化）和精馏三种。闪蒸过程是将液体混合物进料加热至部分汽化，经过减压阀，在容器（闪蒸罐、蒸发塔）的空间内，于一定温度压力下，使气液两相迅速分离，得到相应的气相和液相产物。简单蒸馏常用于实验室或小型装置，它属于间歇式蒸馏过程，分离程度不高。精馏是在精馏塔内进行的，塔内装有用于气液两相分离的内部构件，可实现液体混合物轻重组分的连续高效分离，是原油分离很有效的手段。原油常减压蒸馏是石油加工的第一道工序，它担负着将原油进行初步分离的任务。它依次使用常压蒸馏和减压蒸馏的方法，将原油按照沸程范围切割成汽油、煤油、柴油、润滑油原料、裂化原料和渣油。常减压蒸馏是炼油厂和许多石油化工企业的龙头装置。其耗能、收率和分离精确度对全厂和下游加工装置的影响很大。通过常减压蒸馏要尽可能多地从石油中得到馏出油，减少残渣油量，提高原油的总拔出率。这不仅能够获得更多的轻质直馏油品，也能为二次加工和三次加工提供更多的原料油，为原油的深加工打好基础。原油常减压工艺过程如图2-4所示。

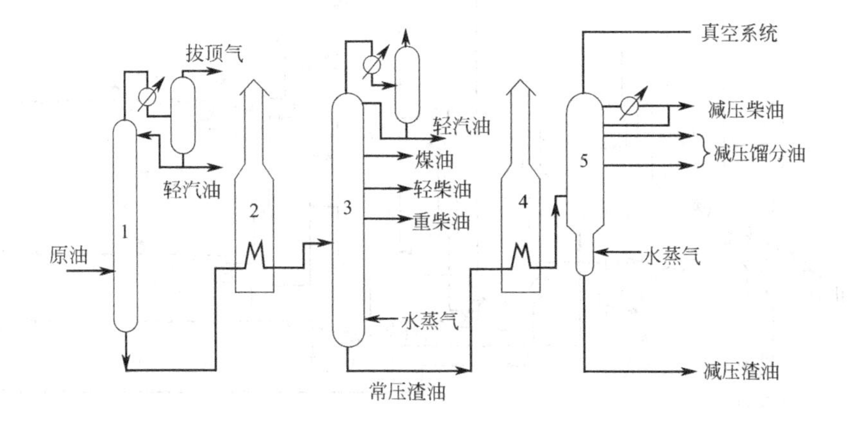

图2-4　原油常减压工艺过程示意

1—初馏塔；2—常压加热炉；3—常压塔；4—减压加热炉；5—减压塔

原油经预热至200～240℃后，入初馏塔。轻组分由初馏塔塔顶蒸出，经冷却后入分离器分离掉水和未凝气体，分离器顶部逸出的气体称为“拔顶气”，约占原油的0.15%～0.4%。拔顶气含乙烷2%～4%、丙烷30%左右、丁烷40%～50%，其余为C_5和夹带的少量C_5以上组分。拔顶气一般作燃料用，也是生产乙烯的裂解原料。

初馏塔塔顶蒸出的轻汽油（也称石脑油），是催化重整装置生产芳烃的原料，也是生产乙烯的裂解原料。初馏塔塔底油送常压加热护加热至360～370℃，再入常压塔分割出轻汽油、煤油、轻柴油、重柴油（AGO）等馏分，它们都可作为生产乙烯的裂解原料。轻汽油和重柴油也分别是催化重整和催化裂化的原料。

留在常压塔底的重组分称常压渣油，为了避免在高温下蒸馏而导致组分进一步分解，采用减压操作。将常压渣油在减压加热炉中加热至380～400℃，入减压蒸馏塔，减压塔第一侧线可出减压柴油（VGO），一般把侧线产品统称减压馏分油。塔底为减压渣油，减压柴油也可作生产乙烯的裂解原料和催化裂化原料，减压渣油可用于生产石油焦或石油沥青。

2.3.1.3　催化裂化

催化裂化的目的是将不能用作轻质燃料的常减压馏分油，加工成辛烷值较高的汽油等轻质燃料。裂化过程有热裂化和催化裂化两种。热裂化是在480～500℃条件下进行，催化裂化是在催化剂存在下于500℃左右条件下进行。直链烷烃在催化裂化条件下，主要发生的化学变化有：

① 碳链的断裂和脱氢反应——生成分子量较小的烷烃和烯烃；

② 异构化反应——使产物中异构烃含量增加；

③ 环烷化和芳构化反应——使产物中芳烃含量增加；

④ 叠合、脱氢缩合等反应——生成分子量更大的烃以及焦炭。

由于催化裂化过程中有焦炭生成，故催化剂需频繁再生。工业上采用的催化裂化装置主要有以硅铝酸为催化剂的流化床催化裂化（FCC）和以高活性稀土Y分子筛为催化剂的提升管催化裂化两种，图2-5为提升管催化裂化的工艺流程示意图。

液化石油气是可贵的化工原料，其中所含的丙烯、正丁烯和异丁烯都可直接用于生产各种基

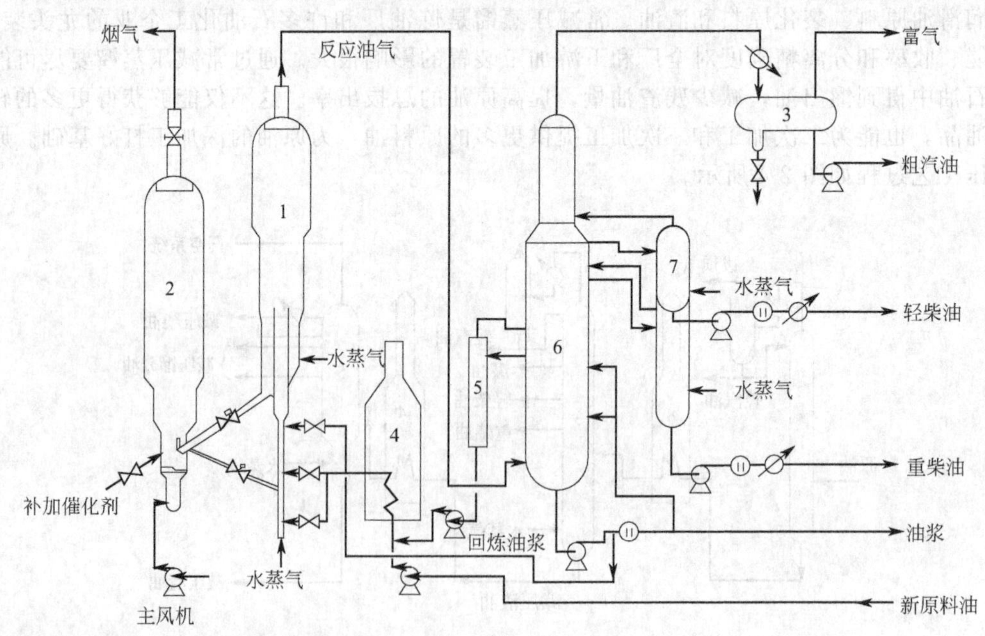

图2-5　提升管催化裂化的工艺流程示意

1—沉降器；2—催化剂再生器；3—气液分离器；4—加热炉；5—回炼油罐；6—分馏塔；7—汽提塔

本有机化工产品，所含的正构烷烃也是生产乙烯的裂解原料。催化裂化生产液化石油气，其组成因所用原料不同、催化剂不同和反应条件不同而有异，质量收率一般为10%～17%。

2.3.1.4　催化重整

催化重整是使原油常压蒸馏所得的轻汽油馏分经过化学加工转变成富含芳烃的高辛烷值汽油的过程，现在该法不仅用于生产高辛烷值汽油，且已成为生产芳烃的一个重要方法。

催化重整常用的催化剂是 Pt/Al_2O_3，故也称铂重整。为了增加芳烃收率，近年来发展了铂-铼、铂-铱等两种以上多金属重整催化剂。

催化重整过程所发生的化学反应主要有下面几类。

① 环烷烃脱氢芳构化，如

$$+3H_2$$

② 环烷烃异构化脱氢形成芳烃，如

$$CH_3 \qquad +3H_2$$

③ 烷烃脱氢芳构化，如

$$CH_3(CH_2)_4CH_3 \longrightarrow \quad +4H_2$$

$$CH_3(CH_2)_5CH_3 \longrightarrow \quad CH_3 \quad +4H_2$$

④ 正构烷烃的异构化和加氢裂化等反应。加氢裂化反应的发生，会降低芳烃的收率，应尽量抑制该反应发生。

烃重整后得到的重整汽油含芳烃 30%～50%，从重整汽油中提取芳烃常用液液萃取方法，即用一种对芳烃和非芳烃具有不同溶解能力的溶剂（如乙二醇醚、环丁砜等），将重整汽油中的芳烃萃取出来，然后将溶剂分离掉，经水洗后获得基本上不含非芳烃的芳烃混合物，再经精馏得到产品苯、甲苯、二甲苯。催化重整的工艺流程主要有三个组成部分：预处理、催化重整、萃取和精馏。预处理及催化重整部分的工艺流程如图 2-6 所示。

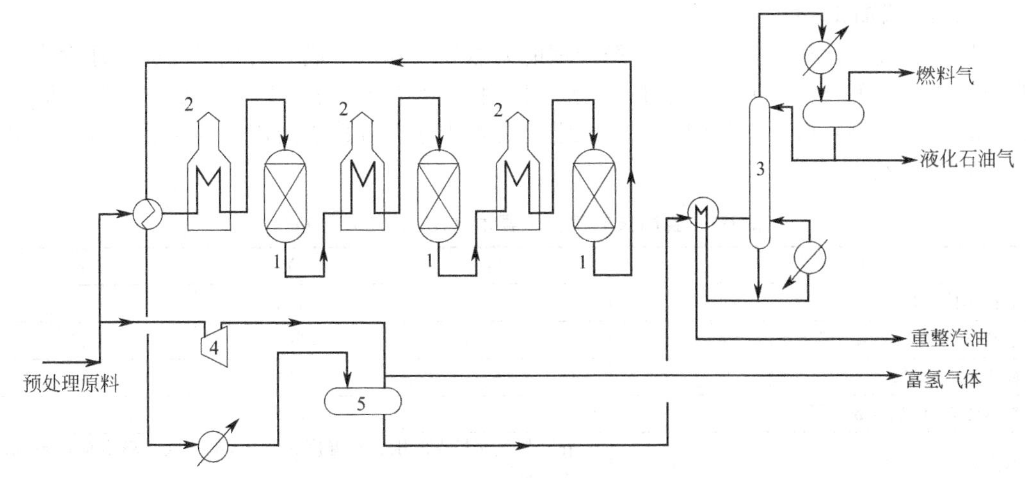

图 2-6　预处理及催化重整部分的工艺流程

1—反应器；2—加热炉；3—稳定塔；4—循环压缩机；5—分离器

催化重整的原料油不宜过重，一般终沸点不得高于 200℃。重整过程对原料杂质含量有严格要求。如砷、铅、汞、硫、有机氮化物等都会使催化剂中毒而失去活性，尤其对砷最为敏感，因此原料油中含砷量不宜大于 0.1ppm（1ppm＝1mg/L，下同）。原料油需先脱除砷，再经加氢精制以脱除有机硫和有机氮等有害杂质，然后进入重整装置。重整反应温度为500℃左右，压力为 2MPa 左右。环烷烃和烷烃的异构化反应都是强吸热反应（反应热为 628～837kJ/kg 重整原料），重整反应是在绝热条件下进行的，为了保持一定的反应温度，一般重整反应器由三（或四）个反应器串联，中间设加热炉，以补偿反应所吸收的热量。自最后一个反应器出来的物料，经冷却后，进入分离器分离出富氢循环气（多余部分排出），所得液体入稳定塔，脱去轻组分（燃料气和液化石油气）后，得重整汽油。重整汽油经溶剂萃取后，萃余油可混入商品汽油，萃取液分离掉溶剂和水洗后，再经精馏可分别得到纯苯、甲苯和二甲苯以及 C_9 芳烃。

2.3.1.5　加氢裂化

加氢裂化是炼油工业中增产航空喷气燃料和优质轻柴油常采用的一种方法。加氢裂化所用催化剂有贵金属（Pt、Pd）和非贵金属（Ni、Mo、W）两种，常用的载体为固体酸，如硅酸铝分子筛等。将重质馏分油（如减压渣油）在催化剂存在下于 10～20MPa 和 430～450℃条件下进行加氢裂解，可得到优质的汽、煤、柴油。加氢裂化过程发生的主要反应有：烷烃加氢裂化生成分子量较小的烷烃；正构烷烃的异构化，多环环烷烃的开环裂化和多环芳烃的加氢开环裂化。并可同时发生有机含硫化合物和有机含氮化合物的氢解。加氢裂化产品收率高，质量好。产品中含不饱和烃少，重芳烃少，杂质含量少，而异构烷烃含量高。表 2-1 是减压柴油加氢裂解产品的组成。

表 2-1　减压柴油加氢裂解产品

组成(质量分数)/%	原料减压柴油	加氢裂解产品		
		加氢轻油	加氢汽油	加氢减压柴油
烷烃	22.5	24	27.7	74
环烷烃	39.0	43.2	56.1	24.6
芳烃	37.5	32.6	16.2	1.2

减压柴油中重芳烃含量高，不宜做生产乙烯的裂解原料。但经加氢裂解后所得的加氢减压柴油，虽仍是重质油，但重芳烃含量显著减少，就可作生产乙烯的裂解原料。加氢裂化过程所产生的低级烷烃（正丁烷、异丁烷）等也是有用的化工原料。

2.3.2　天然气加工

原料天然气是指从气井采出，未经处理的天然气。其主要成分为气态烃类，还含有少量的非烃气体，如 H_2S、CO_2、N_2、H_2O 等。原料天然气经净化处理（脱水、脱硫、脱二氧化碳、凝液回收等）后，达到国家标准规定的技术指标方可外输给用户的天然气称为商品天然气，见表 2-2。

表 2-2　我国天然气技术要求（GB 17820—1999）

项　目	一类	二类	三类
高位热值/(MJ/m³)		＞31.4	
总硫(以硫计)/(mg/m³)	≤100	≤200	≤460
硫化氢/(mg/m³)	≤6	≤20	≤460
二氧化碳(体积分数)/%	≤3.0	≤3.0	
水露点/℃	在天然气交接点的压力和温度条件下，天然气水露点应比最低环境温度低 5℃		

注：1. 本标准中气体体积的标准参比条件是 101.325kPa，20℃。

2. 本标准建立并实施之前执行 SY 7514—88，该标准规定为无游离水。无游离水是指天然气经机械分离设备分不出游离水。

3. 在天然气中常含 C_2 以上的组分，其中 C_3、C_4、C_5 以上是液化气和稳定轻烃的组分，应予回收。

天然气净化处理的目的是脱除天然气中的固体杂质、水分、硫化物和二氧化碳等有害组分，使之符合管输和商品气的要求。常见的天然气净化厂设有分离过滤单元、脱硫装置、硫磺回收装置、尾气处理装置、脱水装置和配套系统，如图 2-7 所示。天然气脱硫脱碳和脱水是为了达到商品天然气的质量要求；硫磺回收及尾气处理则是为了达到环境质量要求。

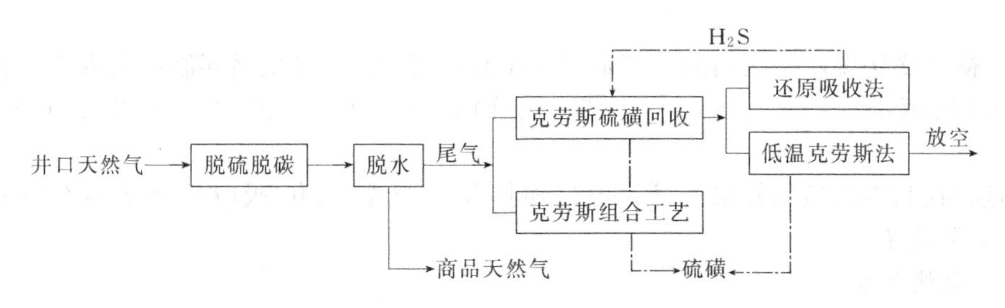

图 2-7 天然气净化主导工艺流程

2.3.2.1 天然气脱水

天然气脱水的目的是为了便于天然气输送，把水和烃的露点降低到规定值。常用的脱水方法有吸收法、吸附法、低温分离法等。

(1) 甘醇吸收法

甘醇脱水工艺主要由甘醇吸收和再生两部分组成。图 2-8 是典型的甘醇脱水工艺流程。

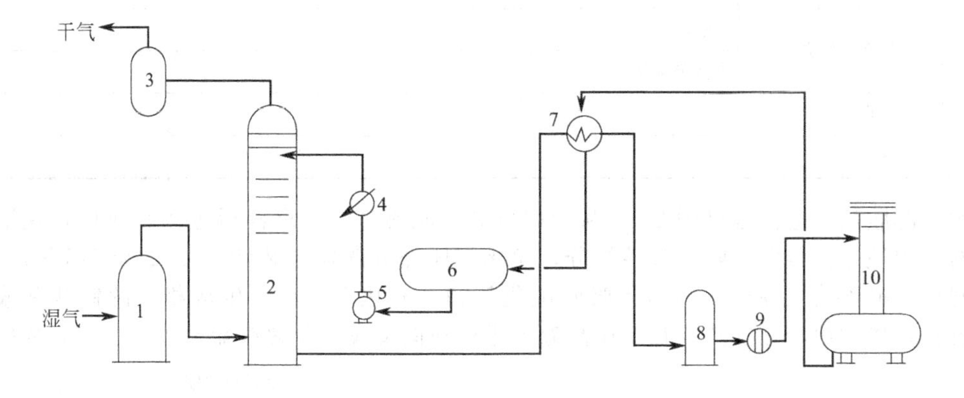

图 2-8 甘醇脱水工艺流程

1—分离器；2—吸收塔；3—雾液分离器；4—冷却器；5—甘醇循环泵；6—甘醇储罐；
7—贫富甘醇溶液换热器；8—闪蒸罐；9—过滤器；10—再生塔

含水天然气在入口分离器中除掉液体和固体杂质，进入吸收塔。在塔内天然气与贫甘醇逆流接触，脱水的天然气成为干气，吸水的甘醇溶液成为富甘醇。富甘醇经过再生循环使用。此法只用于控制水露点，不能控制烃露点。

(2) 固体吸附法

将天然气通过吸附剂床层，水被吸附下来，得到干气。吸附剂使用一段时间后，将被水饱和，因此需要再生。吸附工艺有半连续操作和连续操作等形式。半连续操作采用双塔或三塔固定床轮换吸附和再生。连续操作采用流化床，天然气和吸附剂在吸收塔内逆向接触，吸附剂在塔外再生。此法投资和能耗较高，一般只用于低含水量的高压天然气或露点要求很低的场合。

(3) 低温分离法

采用适当的低温可使天然气中的水和部分较重的烃冷凝分离出来，达到同时控制水和烃露点的目的。

产生低温的常用方法包括：节流制冷、机械制冷、氨吸收制冷等。

① 节流制冷法脱水是指利用焦耳-汤姆逊效应通过节流阀制冷来脱水的方法；适用于气源压力很高而且降压后不需要再压缩的场合。一般每降低一个大气压可产生0.5℃左右的温降。

② 机械制冷法脱水是只用制冷剂通过压缩机压缩-冷凝-汽化循环制冷的方法。各种常用制冷剂的适用范围为：氨（－10～－25℃）、丙烷（－20～－35℃）、液化石油气（－5℃左右）。

③ 氨吸收制冷法是用氨水溶液，通过加热分馏-冷凝-汽化-吸收循环来制冷的方法。制冷温度－10℃左右。

2.3.2.2 天然气脱硫

天然气脱硫实际上是脱除气体中常含有的有机硫化合物等酸性气体和硫化氢、二氧化碳。脱除硫化氢和二氧化碳分干法和湿法两大类。常用的处理方法见表2-3。

表2-3 常用的酸气处理方法

湿法	化学吸收法	醇胺法：①一乙醇胺法；②改良二乙醇胺法；③二甘醇胺法；④二异丙醇胺法
		碱性盐溶液法：①改良热钾碱法；②氨基酸盐法
	物理吸收法	多乙醇醚法
		砜胺法
	直接吸收法	蒽醌法
		改良砷碱法
干法	分子筛法	
	海绵铁法	

典型醇胺法工艺流程见图2-9，从图中可见，原料气经分离器后进入吸收塔，在塔内气体与醇胺溶液逆流接触，除掉酸性组分，净化气体经分离器出装置。在天然气净化过程中，吸收塔内的醇胺溶液在低温高压下吸收硫化氢和二氧化碳气体，生成相应的铵盐并放出热量；在汽提塔内溶液被加热，在低压高温下进行逆向反应，分解铵盐，放出酸气，使醇胺溶

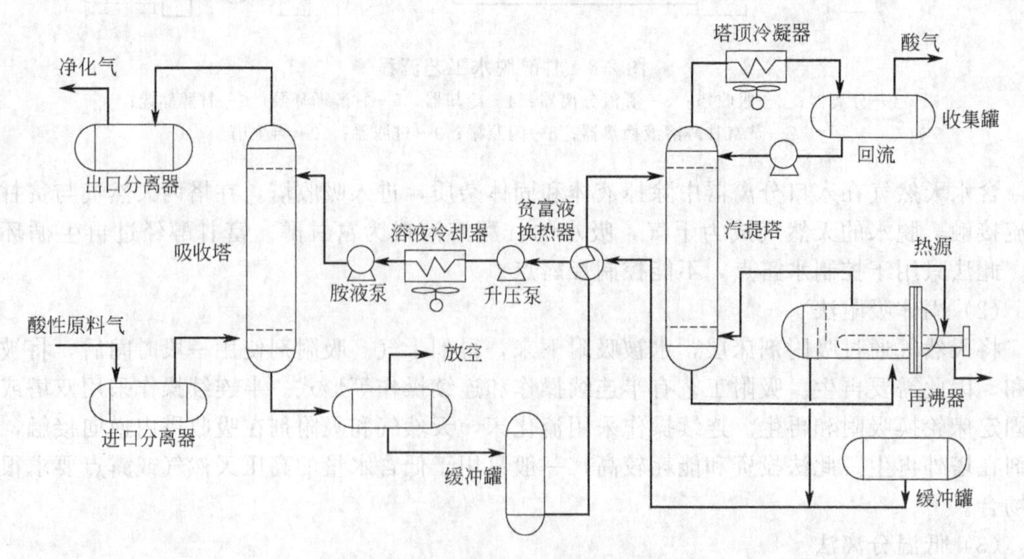

图2-9 典型的醇胺法原理流程

液再生，并再循环使用。天然气脱出二氧化碳也可用膜分离法和低温分离法，效果较好。

从天然气脱硫装置出来的酸气主要含有 H_2S、CO_2 和 H_2O 以及少量 CH_4 等烃类，用硫磺回收装置生产硫磺，使宝贵的硫资源得到充分的利用，同时又防止了大气污染。迄今为止，酸气处理的主体工艺是以空气为氧源、将 H_2S 转化为硫磺的克劳斯工艺，酸气处理的主要产品是硫磺。

改良克劳斯工艺中主要包括两段反应：热反应段和催化反应段。

第一阶段是1/3的 H_2S 氧化成 SO_2 的自由火焰氧化（高温放热反应或燃烧反应段），在热反应段即燃烧炉内有如下反应：

$$3H_2S+\frac{3}{2}O_2 \rightleftharpoons SO_2+2H_2S+H_2O+520kJ$$

第二阶段是余下的2/3的 H_2S 在催化剂上与燃烧反应段生成的 SO_2 反应（中等放热的催化反应段），催化反应段的主反应是：

$$2H_2S+5O_2 \rightleftharpoons 2H_2O+\frac{3}{x}S_x+93kJ$$

改良克劳斯法主要有三种基本工艺流程：直流法、分流法和硫循环法。其中前两种应用最为广泛。

直流法的主要特点是全部酸气与按需要配入的空气一起进入燃烧炉（反应炉）反应，再经过余热锅炉（废热锅炉）、两级或更多的催化转化反应器与相应的硫磺冷凝冷却器，经捕集硫磺后尾气或灼烧排空或进入尾气处理装置。图2-10为具两级催化转化的克劳斯直流工艺流程。

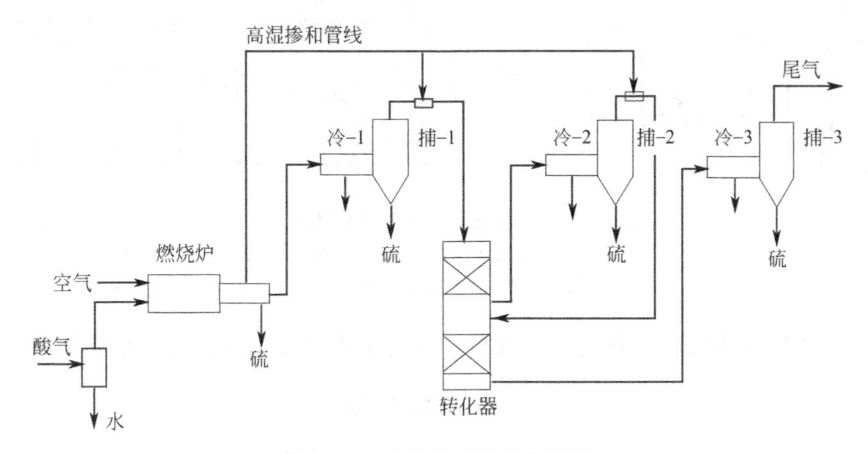

图2-10　克劳斯直流工艺流程

典型的分流工艺使酸气量的1/3与计量的空气进入燃烧炉，将其中的 H_2S 转化成 SO_2，此股气流经余热锅炉后与另外2/3酸气混合进入催化转化阶段。因此，在此种工艺中，硫磺是完全在催化阶段内生成的。图2-11为具两级催化转化的克劳斯分流工艺流程。

2.3.2.3　天然气凝液回收

天然气凝液（NGL）回收工艺主要有以下三种。

① 吸附法　利用固体吸附剂对各种烃类吸附容量的不同，使天然气中各组分得以分离。

② 油吸收法　利用天然气中组分在吸收油中溶解度的不同，使不同烃类得以分离。

③ 冷凝分离法　利用天然气中各种组分冷凝温度不同的特点，在逐步降温过程中，将沸点较高的组分分离出来。

在以上三种方法中，冷凝分离法因其对原料气适应性强、投资低、效率高、操作方便等突出优点被广泛采用，其他方法应用较少。

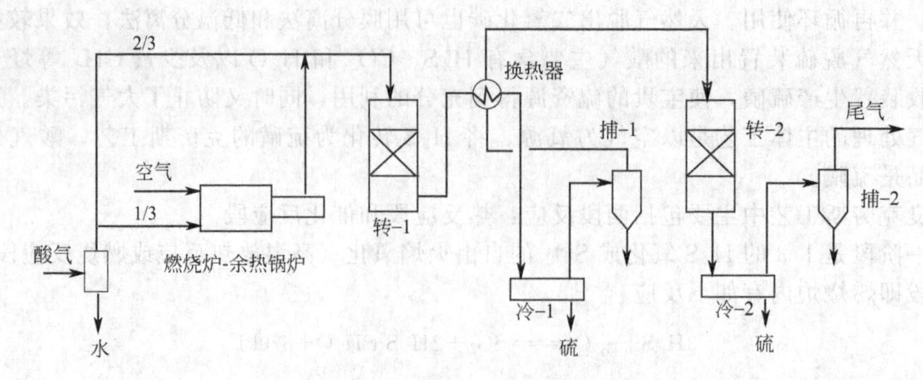

图 2-11 克劳斯分流工艺流程

冷凝分离法有浅冷（－20℃左右）和深冷（－100℃）两种；根据制冷方式的变化，又有外加冷源法、自制冷源法和混合制冷法等。这些方法虽有区别，其工艺流程基本上由原料气增压、净化、冷凝分离、制冷、凝液稳定、切割等过程组成。图 2-12 为典型的丙烷制冷分离流程。

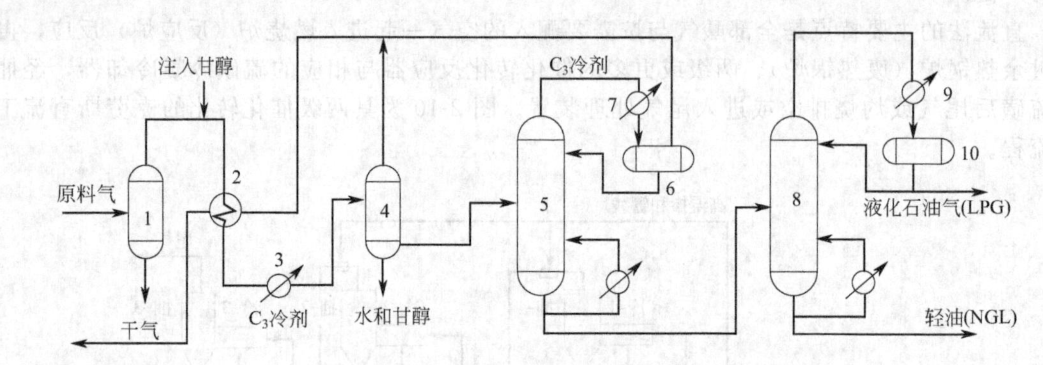

图 2-12 以丙烷为冷剂制冷的工艺流程

1,4—分离器；2—换热器；3—丙烷蒸发器；5—脱乙烷塔；
6,10—塔顶回流罐 7,9—塔顶冷凝器；8—脱丁烷塔

此流程为浅冷分离流程，较适合于处理原料气中碳三含量高、气量小的情况。

思考题与习题

2-1 组成石油的烃类有很多种，按其本身化学结构的不同可分为哪三大类？石油中的非烃化合物主要包括哪些化合物，它们对石油的质量鉴定和炼制加工有哪些重要影响？

2-2 天然气的组成分为烃类和非烃两大类，烃类组成主要成分是哪些成分？天然气中的非烃种类组成常见的有哪些？

2-3 简述油气形成的古地理环境和地质条件。

2-4 油气藏形成最重要的基本条件有哪些？

2-5 石油开采有哪几种方式？

2-6 简述油田开发及石油开采过程的三个阶段。

2-7 炼厂脱盐脱水需要注意的工艺参数有哪些？

2-8 简述常减压蒸馏、热裂解、催化裂化工艺过程。

2-9 简述天然气脱水和脱硫过程。

第3章 碳一及其化工产品生产

"碳一化学"这一名词最初来源于美国 Monsanto 公司，当时是指该公司在 20 世纪 70 年代工业化的甲醇羰基合成乙酸工艺——即由合成气制得甲醇，再通过铑配合物催化剂体系反应生成乙酸。广义上讲，凡含一个碳原子的物质，如甲烷、CO、CO_2、HCN、甲醇等参与的反应化学，都可定义为碳一化学。在 20 世纪 80 年代，日本催化学会碳一化学委员会将碳一化工技术定义为两部分组成：即制造 CO、H_2 或 CO/H_2（合成气）的技术和利用 CO 及合成气制造化学品、燃料的技术。近年以来，碳一化工是指包括以合成气（天然气、煤层气、煤、重质油等转化而得）和甲烷（来自天然气或煤层气等）为原料，合成碳数为 2 或 2 个以上化合物的化学及工艺。

碳一化工是许多国家竞相研究开发的重要领域，也是我国积极推进和迅速发展的产业部门。在碳一化合物中，合成气反应活性好，是优质原料。它的主要用途是转化为液体燃料以及生产工业有机化学品，如甲醇、醋酸等。因此，本章主要介绍合成气的制备、甲烷氯化制氯甲烷、由合成气制甲醇、甲醇氧化制甲醛、天然气生产乙炔工艺、天然气生产乙烯和丙烯工艺以及天然气生产合成油工艺等。

3.1 合成气的生产

合成气是指一氧化碳和氢气的混合物。合成气中 H_2 与 CO 的比值随原料和生产方法不同而异，其 H_2/CO（摩尔比）由 1/2 到 3/1。制造合成气的原料是多种多样的，工业上主要采用煤、石油馏分（以重油和渣油为主）、天然气等原料来制造合成气，其中以天然气为原料制合成气的成本最低。

合成气的生产和应用在化学工业中具有极为重要的地位。目前，合成气的主要工业化学品有：合成氨；合成甲醇；合成醋酸；烯烃的羰基合成产品；合成天然气、汽油和柴油。正在开发的合成气利用途径有：直接合成乙烯等低碳烯烃；合成气经甲醇再转化为烃类；甲醇同系化制备乙烯；合成低碳醇；合成乙二醇；合成气与烯烃衍生物羰基化产物。

合成气的生产方法主要有以下三种。

① 以煤为原料生产合成气的方法主要有间歇法和连续法两种操作方式。煤制合成气中 H_2/CO 比值较低，适于合成有机化合物。

② 以天然气为原料生产合成气的方法主要有转化法和部分氧化法。目前工业上多采用水蒸气转化法，该法制得的合成气 H_2/CO 比值理论值为 3，有利于制造合成氨或氢气。

③ 以重油或渣油为原料生产合成气的方法主要是部分氧化法。

3.1.1 由煤制合成气

煤气化，即煤的气化技术，是指将煤炭洁净、高效地"变"成一种由一氧化碳和氢构成的合成气体。该技术是煤炭加工成化工产品、煤变油等工业的基础性技术，也是以煤炭为原料的诸多行业的关键技术。煤气化技术开发较早，在20世纪20年代，世界上就有了常压固定层煤气发生炉，这批煤气化炉型称为第一代煤气化技术。第二代煤气化技术始于20世纪60年代，具有代表性的炉型有德士古加压水煤浆气化炉、熔渣鲁奇炉、高温温克勒炉及干粉煤加压气化炉等。近年来国外煤气化技术的开发和发展，又倾向于以煤粉和水煤浆为原料、以高温高压操作的气流床和流化床炉型为主的趋势。

3.1.2 由天然气制合成气

由于天然气主要成分是甲烷，分子结构非常稳定，可开发的下游化工产品大大少于石油化工和煤化工。天然气化工利用技术经长期发展形成了两条技术路线：一是天然气直接转化制化工产品；二是天然气先转化为含 H_2、CO 的合成气再生产化工产品。目前天然气化工利用的主要途径是经过合成气生产合成氨、甲醇及合成油等；由于在上述产品的生产装置中，天然气转化制合成气工序的投资及生产费用通常占装置总投资及总生产费用60%左右。因此，在天然气的化工利用中，天然气转化制合成气占有特别重要的地位。

以天然气为原料生产合成气的方法主要有转化法和部分氧化法。水蒸气转化是指烃类被水蒸气转化为氢气和一氧化碳及二氧化碳的化学反应。其主反应为：

$$CH_4+H_2O \longrightarrow CO+3H_2 \qquad \Delta H_{298}^{\ominus}=206.29\text{kJ/mol}$$

由于该反应是吸热反应，而且反应速率很慢，所以通常是使反应物通过装有催化剂的镍铬合金钢管，在外加热的条件下进行。该方法制得的合成气中 H_2/CO 比值理论上为3，有利于用来制造合成氨或氢气；用来制造其他有机化合物（如甲醇、醋酸、乙烯、乙二醇等）时，此比值过高，需要加以调整。

部分氧化法是指烃类在氧气不足的情况下，不完全燃烧生成氢气和一氧化碳的化学反应。反应式为：

$$CH_4+\frac{1}{2}O_2 \longrightarrow CO+2H_2 \qquad \Delta H_{298}^{\ominus}=-35.7\text{kJ/mol}$$

该法由于烃与氧是在衬有耐火材料的反应器（即转化炉）中用自身的反应热进行反应的，所以又称为自热转化法。近年来，部分氧化法的工艺因其热效率较高、H_2/CO 比值易于调节，逐渐受到重视和应用，但需要有廉价的氧源，才能有满意的经济性。

3.1.2.1 天然气水蒸气转化制合成气

(1) 天然气水蒸气转化的基本原理

甲烷与水蒸气在转化催化剂上发生如下反应：

$$CH_4+H_2O \longrightarrow CO+3H_2 \qquad \Delta H_{298}^{\ominus}=206.29\text{kJ/mol}$$

$$CH_4+2H_2O \longrightarrow CO_2+4H_2 \qquad \Delta H_{298}^{\ominus}=165.27\text{kJ/mol}$$

$$CO+H_2O \longrightarrow CO_2+H_2 \qquad \Delta H_{298}^{\ominus}=-41.19\text{kJ/mol}$$

$$CH_4+CO_2 \longrightarrow 2CO+2H_2 \qquad \Delta H_{298}^{\ominus}=247.30\text{kJ/mol}$$

可能发生的副反应主要为析碳反应：

$$2CO \longrightarrow C+CO_2 \qquad \Delta H_{298}^{\ominus}=-172.5\text{kJ/mol}$$

$$CO+H_2 \longrightarrow C+H_2O \qquad \Delta H_{298}^{\ominus}=-131.4\text{kJ/mol}$$

$$CH_4 \longrightarrow C+2H_2 \qquad \Delta H_{298}^{\ominus}=74.9\text{kJ/mol}$$

上述反应中，甲烷与多碳烃的转化反应和裂解反应均是强吸热反应，变换反应和其他析碳反应是放热反应，但总的过程是强吸热的，为了实现这一过程，通常采用管式炉从外部提供反应所需的热量。

(2) 影响甲烷水蒸气转化反应平衡的主要因素

① 温度　甲烷与水蒸气反应生成CO和 H_2 是吸热的可逆反应，提高反应温度对平衡有

利。高温下 CH_4 平衡含量低，H_2 及 CO 的平衡产率高，而且高温也利于抑制一氧化碳歧化和还原析碳的反应。但是，温度过高，会使甲烷裂解，当温度高于 700℃时，甲烷均相裂解速率很快，会大量析出碳，并沉积在催化剂和器壁上。

② 水碳比　水碳比是指水蒸气的分子数与天然气中碳原子数之比。水碳比对甲烷的平衡含量影响很大，提高水碳比有利于甲烷转化。例如，在 800℃、2.0MPa 条件下，水碳比从 3 提高到 4 时，甲烷平衡含量由 8%降至 5%。同时，高水碳比也有利于抑制析碳反应。

③ 压力　甲烷水蒸气转化反应是体积增大的反应，低压有利平衡。例如：当温度为 800℃、水碳比为 4 时，压力由 2.0MPa 降低到 1.0MPa 时，甲烷平衡含量由 5%降至 2.5%。低压也可抑制一氧化碳的两个析碳反应，但是低压对甲烷裂解析碳反应平衡不利。

④ 空间速度　空间速度简称空速，其定义为单位时间内通过单位体积催化剂的气体的体积。提高空速，则反应炉管内气体的流速高，有利于传热、降低炉管外壁温度以及延长炉管寿命等。当催化剂活性足够时，高空速也能强化生产，提高生产能力。但空速不宜过高，否则床层阻力过大，能耗增加。

综上所述，仅从反应平衡角度考虑，甲烷水蒸气转化过程应该采用适当的高温、稍低的压力和高水碳比。

(3) 天然气水蒸气转化流程

天然气水蒸气转化法制备合成气，根据合成气的不同用途，有多种工艺流程与转化炉型，它们在炉型与烧嘴结构上有较大区别，但在工艺流程上大同小异，都有转化炉、原料预热和余热回收等装置。

由天然气水蒸气转化制合成气的基本步骤如图 3-1 所示。

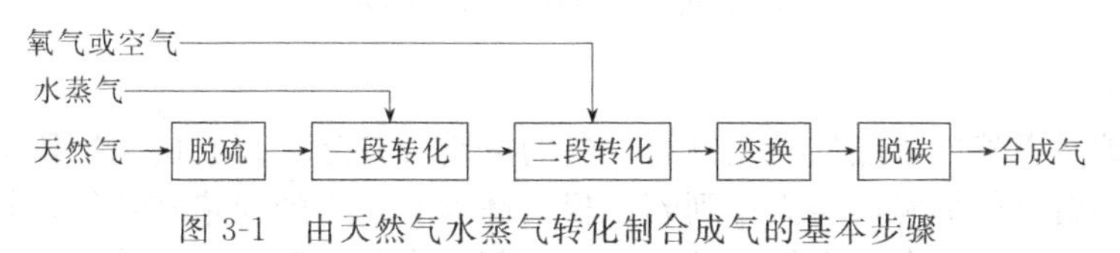

图 3-1　由天然气水蒸气转化制合成气的基本步骤

脱硫过程的作用是脱除天然气中的硫化物，以防止催化剂中毒。商品天然气中的总硫含量通常≤$0.2g/m^3$，不能满足要求，需要设置脱硫过程进一步精脱，在进入转化炉之前使天然气中的硫化物的体积分数降至 0.1×10^{-6}，最高不能超过 0.5×10^{-6}。由于商品天然气中的总硫含量不是很高，工业上通常采用干法进行硫化物的精脱，目前主要采用氧化锌-钴钼加氢转化-氧化锌组合的方法，达到精脱硫的目的。

一段转化过程是甲烷与水蒸气反应生成 CO、CO_2 和 H_2；二段转化过程是甲烷与氧气不完全反应生成 CO 和 H_2；变换过程是 CO 与 H_2O 反应生成 H_2 和 CO_2，可增加 H_2 含量，降低 CO 含量。

脱碳过程作用是脱除 CO_2，使合成气只含有 CO 和 H_2。回收的高纯度 CO_2 可以利用来制造一些化工产品。脱除 CO_2 的方法很多，要根据具体情况来选择适宜的方法。目前国内外的各种脱碳方法多采用溶液吸收剂来吸收 CO_2。根据吸收机理可分为化学吸收和物理吸收两大类。近年来出现了变压吸附法、膜分离法等固体脱除二氧化碳的方法。

天然气水蒸气转化制合成气的步骤要根据合成气的具体使用目的和原料气来源情况决定取舍。例如当需要 CO 含量高时，应取消变换过程；当需要 CO 含量低时，则要设置变换过程；如果只需要 H_2 而不要 CO 时，需设置高温变换和低温变换以及脱除微量 CO 的过程。

蒸汽转化的工艺流程如图 3-2 所示。在天然气中配以 0.25%～0.5%的氢气，加热到 380～400℃时，进入装填有钴钼加氢催化剂和氧化锌脱硫剂的脱硫罐，脱去硫化氢及有机硫，使总硫量降至 0.5ppm 以下。

原料气配入水蒸气后于400℃下进入转化炉对流段，进一步预热到500～520℃，然后自上而下进入各支装有镍催化剂的转化管，在管内继续加热，进行转化反应，生成合成气。转化管置于转化炉中，由炉顶或侧壁所装的烧嘴燃烧天然气供热。转化管要承受高温或高压，因此需采用离心浇铸的含25%和20%镍的高合金不锈钢管。连续转化法虽需采用这种昂贵的转化管，但总能耗较低，是技术经济优越的生产合成气的方法。

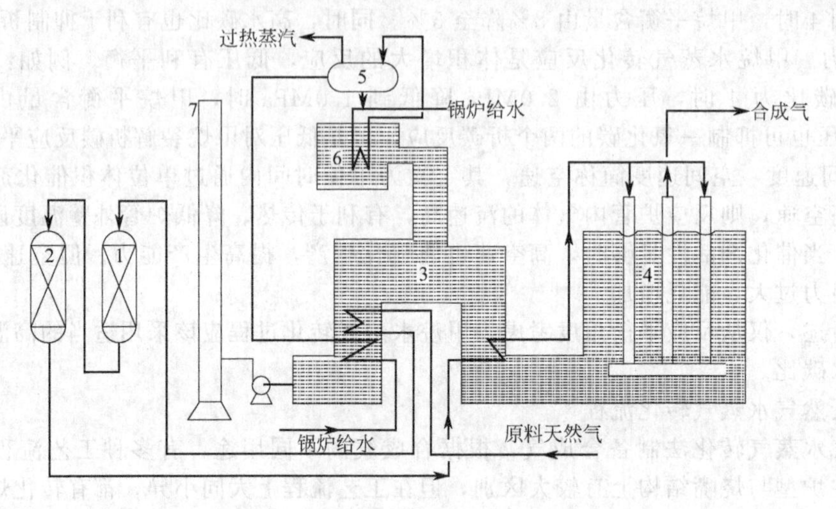

图3-2 天然气连续蒸汽转化工艺流程

1—钴钼加氢反应器；2—氧化锌脱硫罐；3—对流预热段；4—转化炉；
5—汽包；6—辅助锅炉；7—烟囱

(4) 转化炉

一段转化炉是天然气水蒸气转化制合成气的关键设备之一。它由辐射段与对流段两个主要部分组成。辐射段的炉膛内竖直排列若干根耐高温和压力的镍铬转化管，管内装填镍催化剂，供天然气水蒸气转化用。在转化炉炉膛的顶部或底部或侧面装有若干烧嘴，用于燃烧天然气，为管内提供反应热。对流段属烟道式的，内设若干组盘管，回收由辐射段产生烟气的显热（用于预热各种气体）后，用引风机排入大气。

一段转化炉的炉型，按烧嘴安装方式分类，可以分为顶烧炉、侧烧炉和底烧炉。顶烧炉为并流加热，侧烧炉为错流加热，底烧炉为逆流加热。顶烧炉，其外形呈方箱形。烧嘴安装在炉顶，分布在转化管的两侧，向下喷燃料燃烧放热。侧烧炉，其外形呈长方形。烧嘴分成多排，由上至下平均布置在辐射段两侧的炉墙上，火焰呈水平方向。此种炉型的优点是沿转化管轴向的温度易于控制和调节，但炉的体积大。

二段转化炉与一段转化炉不同，它是一绝热型反应炉。二段炉为一立式圆筒，壳体材质为碳钢，内衬耐火材料，炉顶有气体温合燃烧器，中间装催化剂，底部设置催化剂托盘及装填部分耐火球。

3.1.2.2 天然气部分氧化制合成气

天然气在很高的温度（1200～1500℃，一般为1400℃）和压力（14MPa以上）下燃烧，可生成H_2/CO较为理想的合成气（$H_2/CO<2$），这是因为该工艺过程使用的水蒸气很少。

具体的反应为在氧气不足条件下，部分甲烷燃烧为二氧化碳和水：

$$CH_4+2O_2 = CO_2+2H_2O \qquad \Delta H^{\ominus}_{298}=-320.7\text{kJ/mol}$$

在高温及水蒸气存在下，二氧化碳及水蒸气与未燃烧的甲烷发生如下吸热反应：

$$CH_4+CO_2 = 2CO+2H_2$$

$$CH_4+H_2O = CO+3H_2$$

总反应为：

$$CH_4+\frac{1}{2}O_2 = CO+2H_2 \qquad \Delta H_{298}^{\ominus}=-35.7kJ/mol$$

主要产物为CO和H_2，燃烧的最终产物CO_2很少。为防止反应过程中碳的析出，需补加一定量的水蒸气。由化学计量关系可知，氧气加入量与甲烷量的摩尔比O_2/CH_4（称为氧比）为0.5。提高氧比、温度升高、降低残余CH_4浓度，均可抑制析碳，但过高的氧比会使有效气体（$CO+H_2$）量下降。通常采用的氧比为0.55～0.65。

天然气部分氧化既可以在催化剂存在下进行，也可以不使用催化剂，因此可分为催化部分氧化和非催化部分氧化。

(1) 催化部分氧化工艺

天然气催化部分氧化工艺流程如图3-3所示。天然气经加热炉加热后进入脱硫罐，脱去硫化氢及有机硫，使总硫化物含量降至0.5×10^{-6}以下。脱硫后的气体经换热器进入含镍催化剂的转化炉中与一定量的氧或富氧空气进行反应，经换热器降温后产出合成气供后续操作。

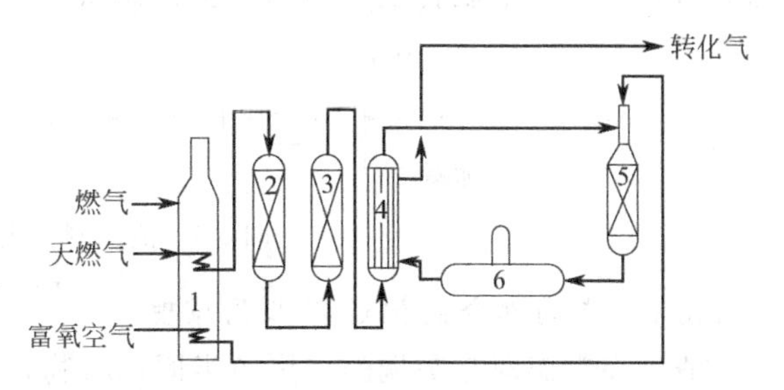

图3-3　天然气催化部分氧化工艺流程

1—加热炉；2,3—脱硫罐；4—换热器；5—转化炉；6—废热锅炉

当催化床层温度为900～1000℃、压力3.0MPa时，出转化炉的气体组成（体积分数）：H_2含量为67%、CO含量为25.5%、CO_2含量为7.5%、CH_4含量<0.5%。转化炉采用自热绝热式，热效率较高。Conoco合成技术属于此类。

(2) 非催化部分氧化工艺

天然气、氧以及水蒸气在3.0MPa或更高压力下，进入衬有耐火材料的转化炉内进行部分燃烧，温度高达1300～1400℃，出炉的气体组成（体积分数）：H_2含量为52%、CO含量为42%、CO_2含量为5%、CH_4含量<0.5%。转化炉也采用自热绝热式。

天然气非催化部分氧化工艺流程如图3-4所示。脱硫后的天然气进入转化炉，与氧在转化炉中充分混合，在1350℃、3.24MPa条件下发生部分氧化反应，生成气体经废热锅炉进入急冷室急冷后，经过炭黑分离器与洗涤塔，除去气体中的微量炭黑，产出无尘合成气。

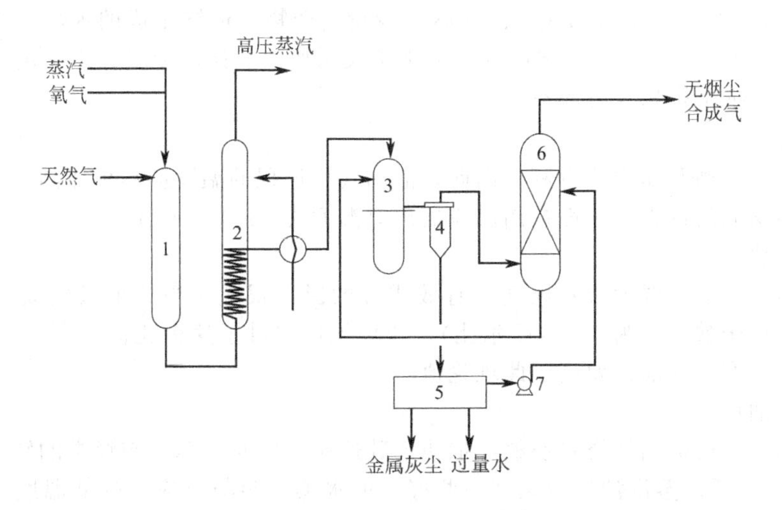

图3-4　Shell公司SGP工艺流程

1—反应器；2—废热锅炉；3—急冷塔；4—炭黑分离器；5—除尘器；6—洗涤罐；7—泵

3.1.3 渣油部分氧化法制合成气

渣油主要是指从常减压装置底层出来的重组分物质，其中常压装置出来的物质叫做常压渣油，减压装置出来的叫做减压渣油。制造合成气用的渣油是石油减压蒸馏塔底的残余油，亦称减压渣油。由减压渣油转化为 CO 和 H_2 等气体的过程称为渣油气化。目前常用技术是部分氧化法，渣油制合成气的加工步骤如图 3-5 所示。

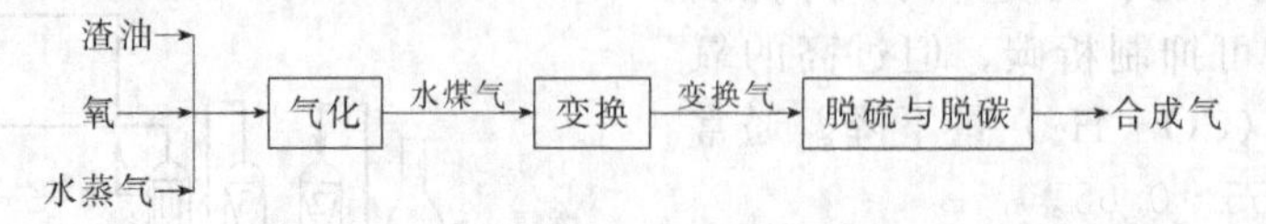

图 3-5 渣油制合成气的加工步骤

3.1.3.1 渣油部分氧化过程工艺原理

渣油在常温时是黏稠的、黑色半固体状物，要将渣油预热变成易流动的液态，才能进入反应器。氧化剂是氧气。当氧充分时，渣油会完全燃烧生成 CO_2 和 H_2O，只有当氧量低于完全氧化理论值时，才发生部分氧化，生成以 CO 和 H_2 为主的气体。

渣油在反应器中经历的变化如下。

渣油分子（C_mH_n）吸热升温、气化，气态渣油与氧气混合均匀，然后与氧反应，如果氧量充足，则会发生完成燃烧反应，反应式为：

$$C_mH_n+\left(m+\frac{n}{4}\right)O_2 \longrightarrow mCO_2+\frac{n}{2}H_2O \quad \text{(放热)}$$

如果氧量低于完全氧化理论量，则发生部分氧化，发热量少于完全燃烧，反应式为

$$C_mH_n+\left(\frac{m}{2}+\frac{n}{4}\right)O_2 \longrightarrow mCO+\frac{n}{2}H_2O \quad \text{(放热)}$$

$$C_mH_n+\frac{m}{2}O_2 \longrightarrow mCO+\frac{n}{2}H_2 \quad \text{(放热)}$$

当油与氧混合不均匀时，或油滴过大时，处于高温的油会发生烃类热裂解，反应较复杂，这些副反应最终会导致结焦。所以，渣油部分氧化过程中总是有炭黑生成。为了降低炭黑和甲烷的生成，以提高原料油的利用率和合成气产率，一般要向反应系统添加水蒸气。因此在渣油部分氧化的同时，还有烃类的水蒸气转化和焦炭的气化，生成更多的 CO 和 H_2。氧化反应放出的热量正好提供给吸热的转化反应和气化反应。渣油中含有的硫、氮等有机化合物反应后生成 H_2S、NH_3、HCN、COS 等少量副产物。最终生成的水煤气中有 4 种主组分 CO、H_2O、H_2、CO_2，它们之间存在的平衡关系要由变换反应平衡来决定。

3.1.3.2 渣油部分氧化操作条件

(1) 温度

高温对反应平衡和速率均有利，因此，渣油气化过程的温度应尽可能高。但是，操作温度还受反应器材质的约束，一般控制反应器出口温度为 1300～1400℃。

(2) 氧油比

氧油比对反应器内温度及水煤气中有效成分的影响很大。当要求只生成 CO 和 H_2 时，氧分子数与碳原子数之比为 0.5（摩尔比），如果氧量超过了这个比值，会产生一些 CO_2 和水蒸气。实际生产中氧油比要高于此理论值。

(3) 蒸汽油比

水蒸气的加入可抑制烃类热裂解，加快消碳速率，同时水蒸气与烃类的转化反应可提高 CO 和 H_2 含量，所以蒸汽油比应该高一些好。但水蒸气参与反应会降低温度，为了保持高温，需要提高氧油比的比值，因此蒸汽油比也不能过高，一般控制在 0.3～0.6kg(蒸汽)/kg(油)。

（4）压力

从平衡角度看，低压对渣油气化有利。但加压可缩小设备尺寸，节省后工序的气体输送和压缩动力消耗，有利于消除炭黑，脱除硫化物和二氧化碳。加压对平衡不利的影响可用提高温度的措施来补偿，蒸汽油比也用低限比值。

（5）原料的预热温度

充分利用工厂的余热来预热原料，可以节省氧耗，提高气体有效成分。预热渣油可降低黏度和表面张力，便于输送和雾化，但预热温度不可过高，以防渣油在预热器中气化和结焦。一般渣油温度控制在 120～150℃。氧的预热温度一般在 250℃以下。

3.1.3.3　渣油部分氧化工艺步骤

渣油部分氧化工艺由以下五部分组成：①原料油和气化剂的加压、预热、预混合；②高温下部分氧化；③高温水煤气显热的回收；④洗涤和清除炭黑；⑤炭黑的回收及污水处理。

3.1.4　合成气的应用

合成气是重要的工业原料，由合成气可以生产很多化工产品，如图 3-6 所示。

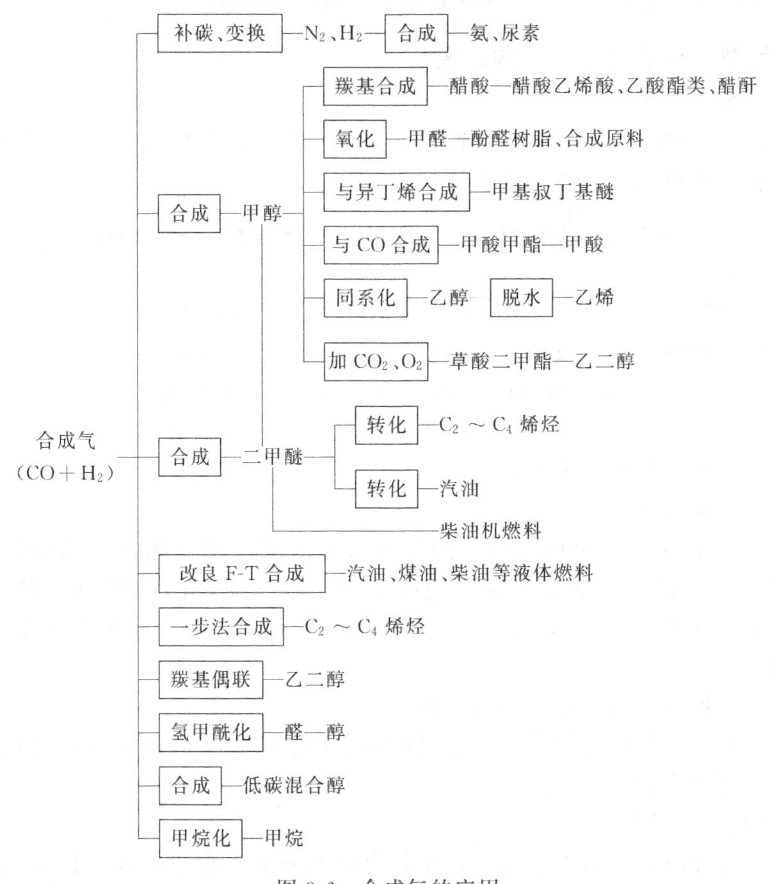

图 3-6　合成气的应用

3.2　天然气生产乙炔工艺

乙炔，俗称风煤、电石气，乙炔分子内部有不饱和叁键，化学性质极为活泼，以它为原料可以衍生出千余种有机化学品。在 20 世纪 60 年代以前，乙炔在有机化工领域居举足轻重的地位。在化工史上，乙炔曾有过“有机合成工业之母”的美称。60 年代以来，石油化工的不断发展提供了大量较廉价的乙烯和丙烯，在不少领域中乙炔被乙烯和丙烯取代。然而，由于资源条件和经济发展状况不同以及乙炔自身的特点，它在有机化工中仍占有一席之地。

3.2.1 乙炔的性质

乙炔在常温常压下是无色无嗅不稳定气体，加压加热时也可能分解而发生爆炸。乙炔能溶于很多溶剂，在一些溶剂中的溶解度很大，并且当乙炔与其他气体共存时，溶剂对乙炔溶解的选择性高，乙炔在某些溶剂中的溶解度见表 3-1。

表 3-1 乙炔的溶解度与温度及溶剂种类的关系

温度/℃	甲醇	丙酮	乙酸甲酯	*N*-甲基吡咯烷酮	二甲基甲酰胺
20	11.5	20	19.5	38.4	37
10	15.0	28	27.0	47.5	46
0	20.0	40	35.5	63.0	60
−20	38.0	80	63.0	90.0	108
140	77.5	164	115.0	—	190

注：压力为 0.1MPa 时，乙炔在各溶剂中的溶解度单位为乙炔体积/溶剂体积。

3.2.2 天然气制乙炔的原理及影响因素

3.2.2.1 天然气制乙炔的原理

甲烷在高温（>1500K）下的热裂解生成乙炔的反应是强吸热过程，其裂解反应机理非常复杂，其转化过程可概括为以下平行连串反应。

$$2CH_4 \xrightarrow{-H_2} C_2H_6 \xrightarrow{-H_2} C_2H_4 \xrightarrow{-H_2} C_2H_2 \longrightarrow 2C+H_2$$

其反应式主要有：

氧化反应（放热）　$CH_4+O_2 \longrightarrow CO+H_2O+H_2$　$+278kJ$

热裂解反应（吸热）　$2CH_4 \longrightarrow C_2H_2+3H_2$　$-318kJ$

水煤气反应　$CO+H_2O \longrightarrow CO_2+H_2$　$+41.9kJ$

乙炔分解　$C_2H_2 \longrightarrow 2C+H_2$　$+227kJ$

3.2.2.2 影响乙炔收率的主要因素

(1) 原料气中氧含量的影响

原料混合气的氧含量和预热温度直接影响氧化深度、反应温度，从而影响乙炔收率。适宜的氧含量随乙炔炉结构及原料的不同而不同，也与原料的预热温度有关。预热温度越高越好，但预热温度受预热器结构、材质限制，还受原料烃的分解结炭温度与自燃着火温度的限制。

(2) 原料气的均匀混合与适当的高流速

原料气的均匀混合与适当的高流速不但影响乙炔收率，还可避免局部组成进入气体爆炸范围，高的气流速度有利于混匀。

(3) 稳定的燃烧火焰

高速湍流下燃烧时，火焰不易稳定，在每个烧嘴旁引入小股低速（10m/s）氧气流，即在火焰根部建立一个稳定的火源，能起到连续点火的作用，从而保持连续的火焰。此氧流称稳定氧，其流量占总氧量的 3%～5%。

(4) 适宜的反应时间和足够的反应温度

乙炔收率随温度升高而增加，为了产生足够高温，可加入适量的氧，并尽可能提高预热温度，但在每一适合的反应温度下，各种原料都有各自最佳的反应时间。压力对反应时间亦有显著影响，随压力增加，乙炔收率下降。

(5) 良好的淬冷装置

为了控制适宜的反应时间，要求快速、准确和均匀地淬冷。因此喷水装置的好坏可影响乙炔的收率，可使其浓度变化0.5%左右。一般部分氧化法的乙炔收率为30%～33%，乙炔浓度为8%～9%。

3.2.3 天然气制乙炔的生产工艺

乙炔的生产方法比较多，主要有电石乙炔法、烃类裂解法、由煤直接制取乙炔法等。此外乙烯装置也可副产少量乙炔。目前工业上广泛使用的是烃类氧化裂解法，这是当前工业生产乙炔最经济合理的路线。其工艺流程主要由天然气部分氧化裂解、裂解气净化和乙炔的分离与提浓三个部分组成。

3.2.3.1 天然气部分氧化裂解制乙炔

天然气部分氧化法制乙炔是目前生产乙炔的主要方法，部分氧化法的代表性工艺又可分为BASF工艺、SBA工艺，它们的工艺原理完全相同，仅是反应器结构和操作工艺条件有所差异而已。这里仅介绍BASF工艺（图3-7）。

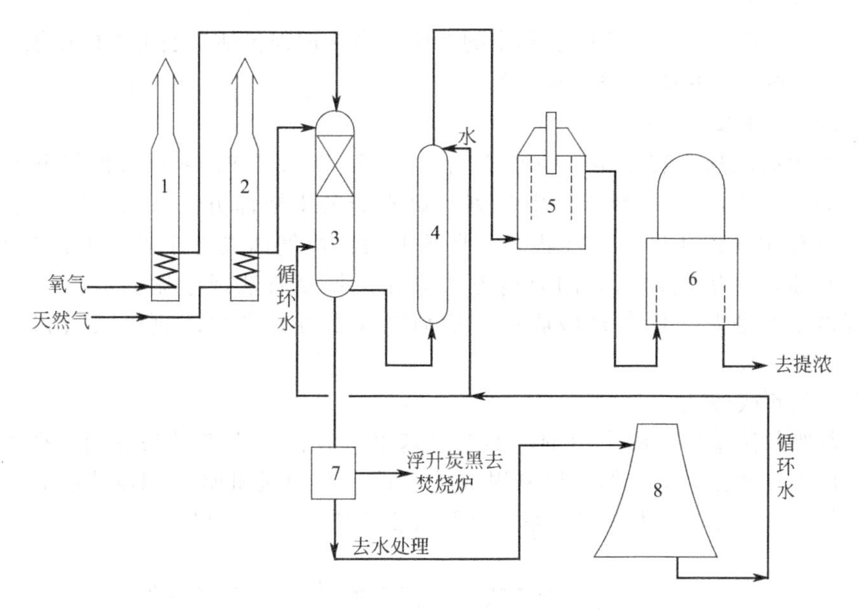

图3-7 BASF法天然气生产乙炔的工艺流程

1—氧预热炉；2—天然气预热炉；3—裂解反应器；4—冷却塔；5—电除尘器；6—气柜；7—炭黑浮升器；8—凉水塔

BASF法的核心是在同一空间、同一时间使一部分烃和氧燃烧，放出热量，造成高温环境，另一部分烃在这一高温环境中发生裂解反应生成乙炔。将燃烧产物与裂解产物用水或油淬冷而终止反应，达到短反应时间要求。所用设备就是BASF工业炉，其烧嘴直径为ϕ25mm，烧嘴数不小于100个，反应区气流速度高于60m/s，单台炉生产能力达到1万吨/年。炉子由混合、扩散、燃烧反应、淬冷和清除炭黑等部分组成。一般在600～650℃时混合天然气和氧气，采用引射式旋涡高速混合器，气体流速为250～350m/s，停留时间为0.01～0.2s。混合点与反应区通常条件下的相对压差约为6.86kPa。

混合区内发生自燃着火时，混合点压力急剧上升到9.8kPa，使自动仪表发出报警并将氧气放空，放入氮气灭火，火熄灭后停氮气并恢复通氧开车，这是BASF炉的重要安全措施。混合气通过烧嘴进入反应室，并在反应区燃烧。烧嘴内气体流速为130～200m/s，以防止回火。反应区内裂解气平均流速为40～60m/s，反应时间为0.003～0.005s。为了稳定火焰，从烧嘴孔间的细孔（ϕ3mm）引入辅气，并从反应区侧壁水平方向引入另一半辅气

(ϕ2mm)，除稳定火焰外，主要是烧去反应区侧壁集结的炭黑。炽热的反应气流靠三排不同角度与流量的淬冷水将温度从1500℃降至80℃左右（淬冷水溶解部分乙炔，使乙炔含量损失0.1%左右）。每隔2～3h通过手动机械敲打清除花板下部集结的硬质炭黑。该反应器在通常条件下将约1/3的进料天然气转化为乙炔，其余则被烧掉为反应提供热量。该反应器也可以LPG或石脑油为原料，但随原料组成不同，反应生成物亦有所变化，见表3-2。

表3-2 不同原料BASF工艺裂解气组成 单位：%

裂解气	甲烷	石脑油	裂解气	甲烷	石脑油
乙炔	8.4	9	甲烷	4	5
氢气	57	43	乙烯	0.2	0.2
CO	26.4	37.8	其他(N_2、O_2、烃类)	1.0	1.0
CO_2	3	4			

3.2.3.2 裂解气净化

裂解气在分离前要经过净化除去其中的杂质。净化过程包括：裂解气的压缩、酸性气体的脱除、脱炔、脱一氧化碳、脱除水分等。

3.2.3.3 乙炔分离技术

烃裂解产生的乙炔含有CO_2、CO、N_2、H_2、HCN、H_2S、未反应的烃和高级炔，而乙炔含量一般低于25%。从裂解气中分离乙炔不能采用精馏方法，因精馏法要将裂解气压缩，并在操作中使乙炔处于液体状态，受压下的乙炔气体或处于液态的乙炔都不安定，容易发生爆炸事故。因此，乙炔的分离方法只能采用吸收法或吸附法，工业上从裂解气中分离与提浓乙炔通常采用溶剂吸收法。溶剂吸收法可分高温溶剂吸收法和低温溶剂吸收法两种。

(1) 高温溶剂吸收法

高温溶剂吸收法采用高沸点溶剂，如二甲基甲酰胺、*N*-甲基吡咯烷酮。高沸点溶剂不需用高压和低温，操作简单，但二甲基甲酰胺有毒；*N*-甲基吡咯烷酮虽然没有毒性和腐蚀性，但价格较贵。如图3-8为用二甲基甲酰胺吸收乙炔的工艺流程。

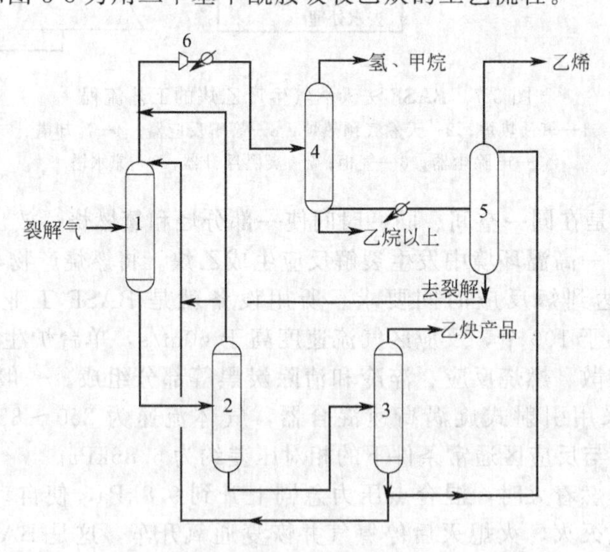

图3-8 二甲基甲酰胺吸收乙炔的工艺流程

1—乙炔吸收塔；2—乙烯汽提塔；3—乙炔解吸塔；4—精馏塔；5—乙烯洗涤塔；6—压缩机

吸收塔的操作条件为：塔顶温度－29℃，塔底温度－18℃，压力 0.2MPa。自吸收塔塔顶排出的已被吸收的气体，经压缩机加压后进入精馏塔，该塔塔顶排出氢和甲烷气体，下部侧线抽出液态乙烯，经加热后送入乙烯洗涤塔，用解吸后的溶剂回收乙烯中的残余乙炔；吸收塔底排出的吸收液，经乙烯汽提塔吹出乙烯后，进入解吸塔蒸出乙炔，溶剂循环回吸收塔和乙烯洗涤塔。此法回收乙炔浓度＞95％。

（2）低温溶剂吸收法

低温溶剂吸收法采用的是低沸点溶剂，如丙酮、甲醇和液氨等。其中甲醇是应用最广的吸收剂。用甲醇从裂解气分离乙炔的工艺流程如图 3-9 所示。

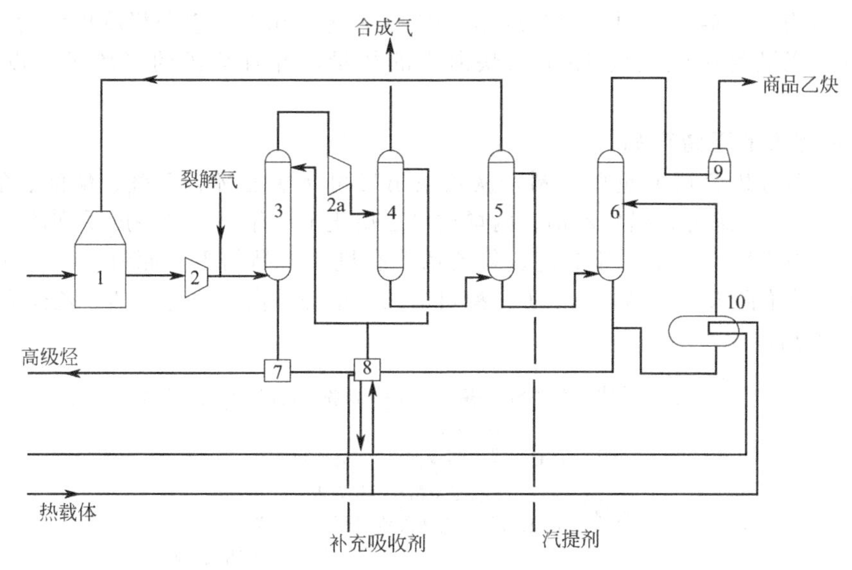

图 3-9 甲醇吸收分离乙炔的工艺流程

1,9—气柜；2,2a—压缩机；3—炔烃洗涤塔；4—乙炔吸收塔；
5,6—汽提塔；7,8—炔烃抽提系统；10—再沸器

脱除炭黑后的裂解气进入压力约 0.4MPa 洗涤塔，用少量甲醇喷淋，将裂解气中乙炔高级同系物和芳烃吸收。在压缩之前将稳定性最差的烃除去，以防止在压缩系统中生成聚合物。从洗涤塔出来的饱和吸收剂进入高级炔烃抽提系统，分离出乙炔高级同系物。从洗涤塔出来的气体用压缩机压缩至 2MPa，然后进入吸收塔用－80℃的甲醇喷淋，吸收乙炔、二氧化碳和一些在甲醇中少量溶解的气体（如一氧化碳、甲烷、乙烯）。吸收热借助塔内专门的冷却装置移去。合成气从吸收塔上部送出。吸收塔出来的饱和吸收剂，节流到 0.13MPa 进入汽提塔，分离出来的二氧化碳和溶解性差的气体，从汽提塔顶经气柜和压缩机返回系统。吸收剂节流到 0.01MPa 进入汽提塔，以分离出乙炔。从裂解装置来的热水，加热汽提塔的再沸器。从汽提塔和高级炔烃抽提系统来的汽提过的吸收剂，通过高级炔烃抽提系统进行冷却，然后进到喷淋洗涤塔和吸收塔。因为采用低温，所以汽提塔上部甲醇蒸发量极少，故送出的气体不必洗涤脱甲醇。分离得到的乙炔浓度超过 99％。

低温溶剂吸收法操作中需要使用冷冻设备以回收溶剂，而液氨因自身蒸发形成低温，可不必另配冷冻设备，且有良好的选择性，故在生产乙炔和合成氨的联合企业中，采用液氨将更为有利。

3.2.4 天然气制乙炔的技术发展趋势

天然气制乙炔的技术在不断发展之中，其主要新工艺有甲烷氯化法和等离子裂解法。

3.2.4.1 甲烷氯化法

天然气中的主要成分甲烷与氯气在1700～2000℃的高温下以极短的反应时间（10～80ms）进行反应，生成乙烯和乙炔，甲烷转化率达到85%。近年美国伊利诺伊工学院研究发现，甲烷在氯催化作用下，可氧化热解生成乙烯和乙炔，可比高温氯化法降低成本约20%，值得进一步进行该技术工业化的研究开发。

3.2.4.2 等离子裂解法

德国Hoechst公司等在电弧法基础上开发等离子裂解法，用氢或氩、氦、水蒸气等在电弧作用下形成等离子体，将原料烃加入炽热的等离子流中进行裂解。目前，氢气被认为是最有吸引力的等离子体源，因为从5000K冷却到1200K，它会释放出大约550kJ/mol的热量，这足以满足甲烷生成1mol乙炔所需的热量，并且活泼的氢离子可以抑制炭黑生成。

3.2.5 乙炔化工的下游产品

乙炔是许多有机合成的重要原料，从乙炔出发可制氯乙烯、乙醛、醋酸、氯丁二烯、1,4-丁二醇、甲基丁烯醇、醋酸乙烯、丙烯酸等乙炔化工产品。尽管一度受到乙烯原料的巨大冲击，乙炔仍然是生产1,4-丁二醇、氯乙烯等有机化学品的重要原料。氯乙烯、醋酸乙烯是乙炔的传统下游大宗产品，1,4-丁二醇目前几乎全部是由乙炔生产的。乙炔系统的主要产品如图3-10所示。

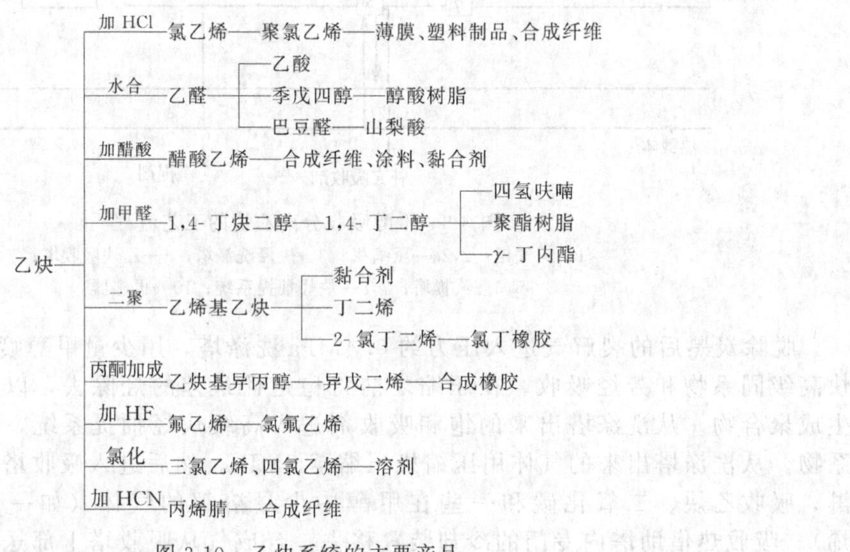

图3-10 乙炔系统的主要产品

3.3 甲醇生产工艺

甲醇，又名木醇、木酒精，是重要的有机化工原料和优质燃料，被誉为C_1化学的“基石”，在基本有机原料中的地位仅次于乙烯、丙烯和苯，其众多的下游产品对工农业、交通运输以及国防工业有着重要作用。约有90%的产品用作生产甲醛、甲基叔丁基醚、醋酸、甲酸甲酯、氯甲烷、甲胺、二甲醚及其他各种合成材料的原料，仅有10%左右的产品直接用作燃料或者调和车用燃料。

3.3.1 甲醇的性质

甲醇分子式为CH_3OH，是一种透明、无色、易燃、有毒的液体，略带酒精味，相对分子质量为32.04，熔点−97.8℃，沸点64.5℃，闪点12.22℃，自燃点47℃，密度0.7915g/cm^3，能与水、乙醇、乙醚、苯、丙酮和大多数有机溶剂相混溶，但不能与脂肪烃类化合物相互溶。甲醇是最简单的饱和脂肪醇，具有脂肪醇的化学性质，即可进行氧化、酯化、羰基化、胺化、脱水等反应。甲醇裂解产生CO和H_2，是制备CO、H_2的重要化学方法。

3.3.2 合成甲醇的基本原理及影响因素

3.3.2.1 合成甲醇的基本原理

甲醇合成是在一定温度、压力和催化剂作用下，CO、CO_2与H_2反应生成甲醇。甲醇合成反应是可逆平衡反应，其主反应为：

$$CO+2H_2 \rightleftharpoons CH_3OH$$

$$CO_2+3H_2 \rightleftharpoons CH_3OH+H_2O$$

副反应为：

$$2CO+4H_2 \rightleftharpoons CH_3OCH_3+H_2O$$

$$CO+3H_2 \rightleftharpoons CH_4+H_2O$$

$$4CO+8H_2 \rightleftharpoons C_4H_9OH+3H_2O$$

$$CO_2+H_2 \rightleftharpoons CO+H_2O$$

甲醇合成是一个强放热反应，必须在反应过程中不断地将热量移走，反应才能正常进行，否则易使催化剂升温过高，且会使副反应增加。

3.3.2.2 合成甲醇的影响因素

(1) 反应温度

从化学平衡与反应速率考虑，提高温度都对转化反应有利。但温度对炉管的寿命影响严重，且对不同的转化流程，由于温度要求不同，所需要的材质也不尽相同。

(2) 压力

从化学平衡的角度考虑，增加压力对正反应不利。压力越高，出口气体平衡组成中甲烷含量越高，在温度降低时，影响尤为显著。为减少出口气体中甲烷的浓度，在加压的同时，可采取改变水碳比及温度等措施。

(3) 水碳比

从化学反应平衡的角度考虑，提高水碳比有利于甲烷转化，而且对抑制析碳有利。但水碳比提高，会引起水蒸气耗能增加，多余的蒸汽也要在反应器内升温，导致炉管热负荷加大，炉管内气流阻力增加。因此，在满足工艺要求的气体下，要尽可能降低水碳比。

(4) 空速

提高空速可使反应远离平衡，达到加快反应速率、提高生产强度的目的。但高空速操作，气体在反应器中的停留时间减少，甲烷转化率会降低。为控制出口气中甲烷含量增加，一般需要提高操作温度与水碳比来弥补。

(5) 二氧化碳添加量

原料气中含有一定量的CO_2，可以减少热量的放出，利用床层温度控制，同时还能抑制二甲醚的生成。

3.3.3 甲醇的合成工艺

甲醇生产方法分为高压法（19.6～29.4MPa）、低压法（5.0～8.0MPa）和中压法（9.8～12.0MPa）。目前，甲醇生产方法主要是中压法和低压法两种工艺，在这两种工艺中又以低压法为主。以这两种方法生产的甲醇占甲醇总产量的90%以上。

高压法是德国巴斯夫（BASF）公司于1923年发明的，采用锌铬催化剂，反应温度为360～400℃，压力为19.6～29.4MPa。但由于原料和动力消耗大，反应温度高，生产粗甲醇中有机杂质含量高，而且投资大，其发展长期以来处于停顿状态。

低压法以ICI工艺和Lurgi工艺为典型代表，是由英国帝国化学（ICI）公司于1966年首先开发成功，并且得到德国鲁奇等公司积极响应，很快发展起来的甲醇合成技术。低压法使用高活性的铜系催化剂，其活性明显高于锌铬催化剂，反应温度（240～270℃）低，在较低的压力下可获得较高的甲醇收率。而且选择性好，减少了副反应，改善了甲醇质量，降低了原料的消耗。此外，由于压力低，动力消耗降低很多，工艺设备容易制备。

随着甲醇工业规模的大型化，如采用低压法势必导致工艺管道和设备较大，因此在低压法的基础上适当提高合成压力，即发展成为中压法。中压法仍采用高活性的铜系催化剂，反应温度与低压法相同，只是由于提高了压力，也增加了相应的动力消耗。

3.3.3.1 ICI低压合成工艺

（1）ICI低压合成基本工艺过程

ICI低压合成法具有能耗低、生产成本低等优点。其工艺流程包含原料天然气脱硫、蒸汽转化、补碳及合成气压缩、甲醇合成和甲醇精制等主要工序。

① 天然气脱硫　原料气在进入转化炉之前，其硫化物含量要求降至（0.1～0.3）$\times 10^{-6}$以下。当天然气中硫化物含量（通常≤200mg/m^3）不能够满足要求，还需要采用氧化锌脱硫剂进行进一步精脱。如果原料气中有机硫含量较高，则另需增加一个加氢处理步骤（通常在两个氧化锌脱硫反应床之间）。

② 蒸汽转化　蒸汽和天然气混合进入转化炉，它们之间发生的吸热反应在由外部供热的直立管子中进行，这些管子放置于内衬有耐火材料的转化炉中，并添加镍催化剂。转化反应器的出口温度为850～890℃，出口压力为1.5～2.0MPa，在此条件下，合成气中甲烷含量为2.5%～4.0%。反应所需的热量由转化炉内燃烧器焚烧燃料来提供。设计的燃烧器可燃烧天然气以及由天然气、甲醇合成气弛放气和蒸汽部分产生的燃烧气组成的混合气体，所需空气的预热通过与转化炉烟气进行热交换完成。

③ 补碳及合成气压缩　从合成甲醇反应所需化学计量角度来看，采用天然气作为原料，经过用蒸汽转化获得的合成气的碳含量不足。可用CO_2进行补碳，通常是在合成气加压之前脱除。

④ 甲醇合成　ICI低压甲醇合成工艺流程见图3-11。

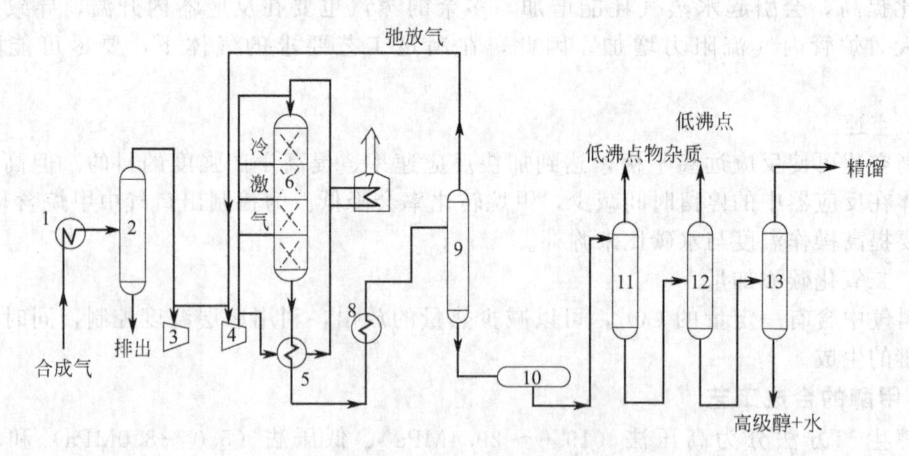

图3-11　ICI低压甲醇合成工艺流程

1,5,8—热交换器；2,9—分离器；3,4—压缩机；6—甲醇合成塔；7—加热炉；10—中间储罐；11—闪蒸塔；12—轻馏分塔；13—精馏塔

混合气经热交换器预热，于230～245℃进入合成塔，一小部分混合气作为合成塔冷激气，控制床层反应温度。含有甲醇的气体在270℃下离开反应器，经过与原料气进行热交换

被冷却到 175℃，再通过锅炉进料水进一步冷却。合成反应生成的甲醇和水被冷凝下来，被冷却到 45℃以后，进入粗甲醇分离塔，在分离塔中粗甲醇从未冷凝气体中分离出来，未冷凝气体返回循环压缩机入口。该气体离开分离塔在进入循环压缩机之前，释放部分气体以调节合成回路中的惰性气体含量。

分出的液体产物为粗甲醇，将压力降至 350kPa 后进入闪蒸塔，分出低沸点物质后送入粗甲醇储槽。由粗甲醇储槽来的粗醇，首先送入轻馏分塔，将其中的低沸点杂质（二甲醚胺类、醛酮及不易溶解的一氧化碳、二氧化碳、甲烷、氢等）由塔顶分出。塔釜物质送入甲醇精馏塔，由塔顶分出精甲醇，塔釜为废水与高级醇。

⑤ 甲醇精制　除水外，在反应生成甲醇的同时也生成了许多微量有机杂质，如乙醇及高碳醇、各种酮、脂肪酸甲基酯、低分子量直链烷烃、苯、二甲醚及其他化合物等几十种，并和甲醇一起被冷凝下来，它们需要通过蒸馏进行分离脱除。

（2）ICI 低压合成反应器

如图 3-12 所示。反应器将反应床层分为若干绝热段，两段之间通入冷的原料气，使反应气体充分冷却，以使各段的温度维持一定值。这种反应器结构简单，塔体为空筒，塔内无催化剂筐，催化剂不分层，由惰性材料支撑，装卸方便，冷激气体喷管直接插入床层，并采用特殊设计的菱形分配器来对气体进行冷却。

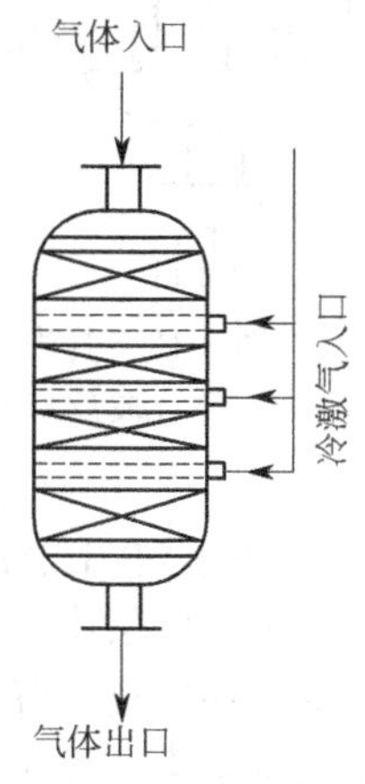

图 3-12　ICI 冷激式合成反应器

菱形分配器是 ICI 甲醇合成气的一大特色，它由内、外两部分组成。“外部”是菱形截面的气体分布混合管，由 4 根长的扁钢与许多短的扁钢斜横着焊于长扁钢上构成管架，并在管架外面包上双层金属丝网，内层是粗网，外层是细网。内部是一根双套管，内套管朝下钻有一排直径 10mm 的小孔。外套管朝上倾斜 45°，钻有两排直径为 5mm 的小孔，内、外套管的小孔间距均为 80mm。冷激气进入气体分布器“内部”后，自内套管的小孔流出，再经外套管的小孔喷出，在混合管内和流过的热气流混合，从而降低气体温度，并向下流动，在床层中继续反应。

3.3.3.2　Lurgi 低压合成工艺

（1）Lurgi 低压合成基本工艺过程

Lurgi 工艺采用蒸汽转化制合成气的流程，与 ICI 工艺的基本类似，不同的是甲醇合成部分，Lurgi 合成反应器采用的是列管式反应器。来自蒸汽转化段的合成气经压缩，加入到甲醇合成段的循环气中，形成的混合气体在预热后进入甲醇合成反应器中进行转化。从合成反应器出来的气体产物中含有甲醇、水蒸气、CO、CO_2、H_2、CH_4 和 N_2，为了将甲醇从气体中分离出来，气体产物被冷却至约 40℃，其热量可用于原料气预热。粗甲醇液体中不但含有甲醇和水，也溶解有气体和少量杂质。在甲醇精制部分，将气体和液体副产物及杂质从中分离出来就得到高纯度甲醇产品。分离出来的气体大部分经过压缩返回进行循环，以提高总收率。为了防止惰性气体积聚，有少部分气体（弛放气）从合成回路中放出，这部分气体含有 CH_4 和 H_2，可用作燃料。

甲醇的分离精制主要采用的是三塔精馏流程。在三塔流程中用两个塔作主精馏塔，第一主精馏塔加压操作，第二主精馏塔常压操作，利用加压塔的塔顶蒸汽冷凝热作为第二主精馏塔再沸器的热源。经预蒸馏塔脱除二甲醚及轻组分后的甲醇混合液通过泵压入加压主精馏塔，其再沸器用低压蒸汽加热，塔内压力为 0.7～0.8MPa，塔顶蒸汽引入常压主精馏塔塔底再沸器，蒸汽冷凝热作为常压主精馏塔热源。第一主精馏塔底部排出的甲醇水溶液利用压差进入第二主精馏塔，在此脱除水及高级醇等杂质。塔底引出的残液中含 1%～2%高级醇

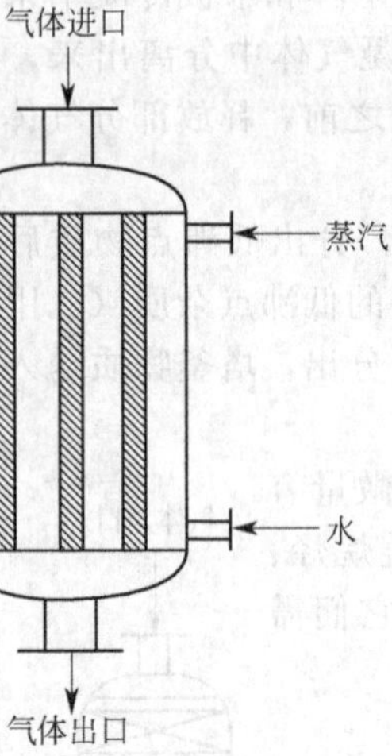

和甲醇，送废水生化处理后排放，产品精甲醇采自第一和第二精馏塔塔顶冷凝液。

(2) Lurgi 低压合成反应器

Lurgi 反应器形状类似列管式换热器（如图 3-13），在列管内装填催化剂，管间为沸腾水。原料气与反应后的气体换热到230℃左右进入合成塔，反应放出的热量经管壁传给管间的沸腾水，产生 4MPa 的蒸汽，蒸汽用于甲醇合成装置。合成反应器全系统的温度通过调节蒸汽压力来控制，从而保证催化剂层等温操作。列管合成反应器在使用含高铜的高活性催化剂时，可获得较高的单程转化率。

气体进口
蒸汽
水
气体出口

图 3-13 管壳型甲醇合成反应器

列管式反应器的主要特点：①反应床层内温度稳定，除进口处有一定温升外，反应床层操作温度一般在 230～255℃，大部分催化剂床层操作温度在 250～255℃，温度变化小，有利于延长催化剂的寿命，并允许原料气中含较多的 CO；②反应床层温度通过调节蒸汽气包压力来控制，灵敏度达 0.3℃，并能适应系统负荷波动及原料气温度的改变；③以较高位能回收反应热产生 4.0MPa 的中压蒸汽，用于驱动循环压缩机透平，热量的利用比较合理；④产出甲醇含量较高，由于床层中不采用冷凝降温的手段，无气体返混，气体每次通过反应器的转化率高，可减少循环气量，降低压缩机能耗，催化剂利用率高，对于同样产量，所需催化剂装填量少；⑤设备紧凑，开工方便，开工时可用壳程蒸汽加热；⑥换热器壳内温度为 120～180℃，并采用了特殊材料，降低了副产羰基化物的生成；⑦可基本避免石蜡等副产物的形成，反应温度变化小，操作平稳。

3.3.3.3 其他工艺

低压法甲醇合成工业装置所采用工艺技术除 ICI 和 Lurgi 两种外，其他的还有 TEC 工艺、Topsoe 工艺、Kellogg 工艺、MGC/MHI 工艺、Uhde 工艺以及 Ammonia Casale 工艺等。这些工艺在前两种工艺流程的基础上，结合了自行开发的专利技术（主要是在合成气制备和甲醇反应器方面），形成各自的工艺特点，在近年来的甲醇装置建造中得到较多应用。

3.3.4 天然气制甲醇新技术

3.3.4.1 甲烷直接转化制甲醇

甲烷氧化直接制甲醇可分为催化氧化工艺和非催化氧化工艺两类，氧化剂有空气和 N_2O。

甲烷催化氧化制甲醇的研究主要在催化剂上，在催化氧化工艺的多种催化剂中，活性较好的是 V_2O_5/SiO_2、MoO_3/SiO_2 和 Fe-Mo 催化剂，但甲烷的单程转化率低于 8%、甲醇的选择性低于 50%。迄今为止，国内外的研究结果距工业应用的目标（甲烷单程转化率>8%、甲醇选择性>80%）还有很大的距离。

在非催化氧化工艺中，乌克兰气体工艺研究所做了大量研究工作，包括实验室试验、中间放大试验、推广在矿区建厂实现工业化的技术经济评价。在放大试验装置上研究了温度、压力、氧浓度及反应时间等工艺条件对甲醇产率的影响，其每立方米甲烷的最佳甲醇产率为 19.3g。国内也曾在大庆油田进行了类似的研究工作，所得最佳反应条件为：380～410℃，氧浓度 4%～4.85%，反应时间 20～30s，较高的压力有利，试验的最佳甲醇单程收率为 33.9g/m³ 甲烷。

3.3.4.2 甲烷生物转化制甲醇

甲烷生物转化制甲醇以甲烷为原料，利用细菌或酶将其生物转化为甲醇。显然，在甲烷生物转化过程中，菌种的选择培育是最重要的。甲烷氧化细菌属是一类能以甲烷为唯一碳源和能源生长的细菌，此中的甲烷可利用空气中的氧将甲烷转化为甲醇，但同时必须限制甲醇脱氢酶的活性，因为它会把甲醇进一步转化为甲醛、甲酸直至最终成为二氧化碳。

美国气体工艺研究院研究了使用甲烷氧化细菌进行甲烷生物转化时各个工艺参数对菌种及产品甲醇、甲醛的影响，发现所选菌种可以容忍较宽范围的温度及 pH 值变化，但压力则需控制在一狭窄的范围内。

目前，在此领域的研究工作虽距实际应用尚远，但已在全球受到普遍重视。

3.3.5　甲醇的利用

甲醇是一种重要的有机化工原料，主要用于生产甲醛，消耗量要占到甲醇总产量的一半。用甲醇作甲基化试剂可生产丙烯酸甲酯、对苯二甲酸二甲酯、甲胺、甲基苯胺、甲烷氯化物等；甲醇羰基化可生产醋酸、醋酐、甲酸甲酯等重要的有机合成中间体，它们是制造各种染料、药品、农药、香料、喷漆的原料，目前用甲醇合成乙二醇、乙醛、乙醇也日益受到重视。总之，甲醇作为重要原料在医药、染料、塑料、合成纤维等工业中有着重要的地位。甲醇系统的主要产品如图 3-14 所示。

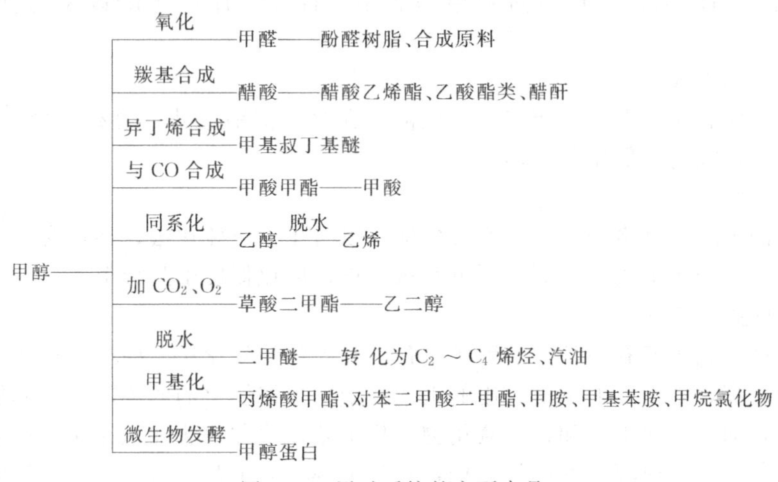

图 3-14　甲醇系统的主要产品

3.4　甲醛的生产

甲醛是醛类中最简单的化合物，通常把它归为饱和一元醛，但它又相当于二元醛。它是一种重要的有机原料，主要用于生产脲醛、酚醛、三聚氰胺、甲醛树脂、聚甲醛以及多元醇、异戊二烯、乌洛托品、尼龙丝和维尼纶等。在医药、炸药、农药和染料工业中还可用作消毒剂、杀虫剂、溶剂和还原剂等。

3.4.1　甲醛的性质

甲醛是一种无色、有强烈刺激性气味的气体，相对分子质量为 30.03，熔点 −118℃，沸点 −19.5℃，闪点 60℃，相对密度 1.083，折射率 1.3755～1.3775。甲醛易溶于水、醇和醚，在常温下是气态，通常以水溶液形式出现。35%～40%的甲醛水溶液叫做福尔马林。

甲醛的还原性很强，很容易被氧气等试剂氧化为甲酸，也可以被还原为甲醇。自身聚合生成三聚甲醛和多聚甲醛。

3.4.2　甲醛的生产原理及影响因素

3.4.2.1　甲醛反应原理

甲醇催化氧化生产甲醛是在空气量不足的条件下，进行氧化还原反应，并通过银催化剂进行选择性催化而实现。甲醇在反应过程中生成的产物很多。其主要化学反应如下。

主反应：

$$CH_3OH+\frac{1}{2}O_2 \longrightarrow HCHO+H_2O$$

$$CH_3OH \rightleftharpoons HCHO+H_2$$

副反应：

$$CH_3OH+\frac{3}{2}O_2 \longrightarrow CO_2+2H_2O$$

$$CH_3OH+O_2 \longrightarrow CO+2H_2O$$

$$CH_3OH+H_2 \longrightarrow CH_4+H_2O$$

$$HCHO+\frac{1}{2}O_2 \longrightarrow HCOOH$$

$$C_2H_2 \longrightarrow 2C+H_2$$

3.4.2.2 生产甲醛的影响因素

(1) 反应温度

反应温度是影响甲醇氧化反应生产甲醛的重要因素。在工业生产中，反应温度的选择主要根据催化剂的活性、反应过程甲醛收率、催化剂床层压降以及副反应等因素而决定。

(2) 原料气的组成

原料气对反应影响很大，甲醇与空气比例应在爆炸范围之外；要有适量的水蒸气存在，带走部分反应热，以防止催化剂过热。

(3) 原料气纯度

原料甲醇的纯度有严格的要求，不可含硫，以防止生成硫化银；不可含醛、酮，以免发生树脂化反应，覆盖于催化剂表面；不可有羰基铁，以免促使甲醛分解。

3.4.3 甲醛的生产工艺

甲醛的生产工艺主要有两种，即甲醇氧化法和天然气氧化法。甲醇氧化法工艺成熟、收率高、产品纯度高，是世界上主要采用的工艺路线。根据催化剂的不同，甲醇氧化法可分为两种基本工艺，即银催化工艺和铁钼氧化物催化工艺，简称银法和铁钼法。银法又有两种不同的流程，一种是带有甲醇蒸馏回收流程，称为甲醇循环工艺；另一种是不带甲醇蒸馏回收流程，称为非甲醇循环工艺。相对而言，铁钼法工艺的投资费用较高，但其生产成本、甲醇的单耗却较低，尤其是可以生产高浓度、高纯度的甲醛产品。铁钼法工艺路线主要是针对需要低醇含量、高浓度甲醛的下游产品，如甲醛树脂、聚甲醛、固体甲醛等产品的配套建设。这里仅介绍银法非甲醇循环工艺。

以电解银为催化剂，甲醇氧化生产甲醛的工艺流程如图 3-15 所示。原料甲醇经过滤后送入甲醇蒸发器，采用热水使甲醇汽化，同时在蒸发器底部按比例送入除掉灰尘及其他杂质的定量空气。为了控制甲醇氧化反应速率，一般在甲醇与空气混合物中通入一定量的水蒸气。为了保证混合气在进入反应器后立刻发生反应，以及避免混合气中存在甲醇凝液，使甲醇液体进入催化剂层后猛烈蒸发而使催化剂层翻动，破坏床层均匀，导致操作不正常，还需将混合气进行过热。过热在过滤器中进行，一般过热温度为 378～393K。净化后的混合气进入氧化器，在 653～923K 下经电解银催化剂的作用，大部分甲醇转化为甲醛。为控制副反应发生，转化后的气体经列管冷却器骤冷到 353～393K 之后，送入吸收塔。吸收塔采用高效率的斜孔塔，采用串联的二级吸收塔。第一吸收塔可将大部分甲醛吸收，未被吸收的组分送入后一级，后一级吸收塔吸收剂为水，吸收的稀甲醛水溶液，送入前一级，未被吸收的气体放空。第一吸收塔釜的饱和液送入脱醇塔，由塔顶得到甲醇，回收使用，塔釜为成品甲醛水溶液。

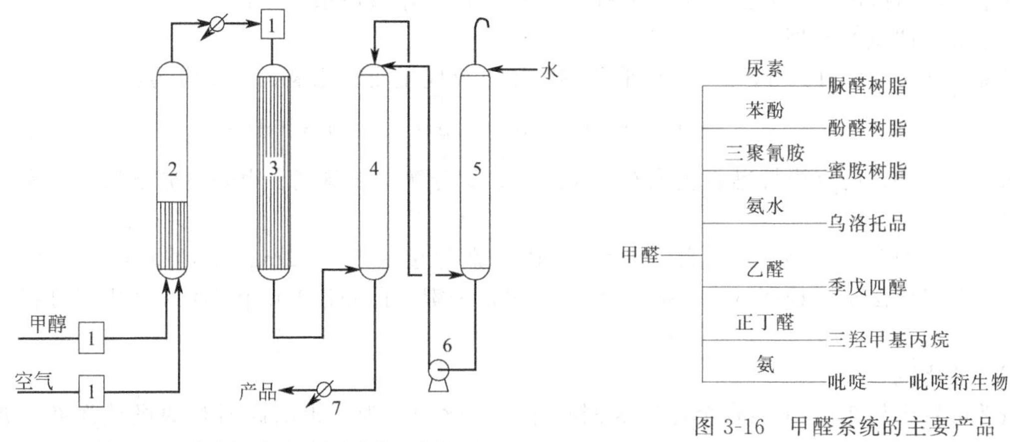

图 3-15　甲醇氧化生产甲醛的工艺流程

1—过滤器；2—甲醇蒸发器；3—反应器；4,5—吸收塔；6—泵；7—换热器

图 3-16　甲醛系统的主要产品

银法工艺的优点：工艺成熟，工艺流程较短，投资少，电耗较低，热量可充分利用，单系列生产能力大；缺点是甲醇消耗较高，催化剂寿命较短，产品甲醛溶液中残留的甲醇和甲酸等杂质较多。

3.4.4　甲醛的利用

甲醛的用途非常广泛，合成树脂、表面活性剂、塑料、橡胶、皮革、造纸、染料、制药、农药、照相胶片、炸药、建筑材料以及消毒、熏蒸和防腐过程中均要用到甲醛。甲醛系统的主要产品如图 3-16 所示。

3.5　天然气制氢氰酸

氢氰酸主要作为生产丙烯腈、甲基丙烯酸甲酯的原料，甲基丙烯酸甲酯工业对氢氰酸的需求量年年在扩大，氢氰酸供需差距正在向极其紧张的程度推移。而且在今后作为所谓氢氰酸化学，也将开发在农业化学品、制取生理活性物质或医药等新的领域里的应用，预期其消费量会越来越大。

3.5.1　氢氰酸的性质

氢氰酸，HCN，又叫氰化氢，相对分子质量 27.03，易挥发无色液体，具有苦杏仁味，沸点 26.5℃，冰点 －15℃。密度：气体为（空气＝1）0.9，液体为（在 4℃ 时，水＝1）0.688（20℃），空气中的燃烧极限：6%～41%（按体积计）。当液态储存时，如无化学稳定剂存在，在容器内可分解爆炸。

氢氰酸属弱酸，可以与醇、甘油、氨、苯或氯仿等多种有机溶剂混溶。极易溶于水，在水溶液中显示极强酸性，性质不稳定，容易聚合。水解时生成氨和二氧化碳，与醇类作用时生成氨基甲酸酯。

目前工业上以天然气为原料生产氢氰酸的方法主要有：烃类的氨氧化法，即以甲烷-氨-空气作原料的方法；烃与氨的脱氢法，即以甲烷-氨为原料的方法。

3.5.2　氢氰酸的工业合成法

3.5.2.1　安氏（Andrussow）法

安氏法是通过甲烷氨氧化合成氰化氢的方法，为雷欧尼德-安德鲁索所开发。目前此法是甲烷生产氢氰酸的主要方法，世界上有 80%的合成氢氰酸由该法生产。

(1) 安氏法生产原理

甲烷、氨、空气在约 1100℃、铂催化剂作用下反应生成氰化氢，主反应为：

$$CH_4+NH_3+\frac{3}{2}O_2 \longrightarrow HCN+3H_2O \quad \Delta H^{\ominus}_{298}=-473.4kJ/mol$$

除主反应外，尚有甲烷燃烧生成 CO_2 或 CO、氨分解生成氮气、甲烷热分解析碳等副反应发生。

安氏法对原料质量要求颇高，天然气中的硫含量需低于 $2mg/m^3$，氨浓度应高于 99.8%。在安氏法中，控制 NH_3 和 HCN 的分解是关键，此外还要防止 HCN 在生产过程中聚合。

(2) 催化剂

通常可将金属铂或铂-铑合金加工成网状作为催化剂，为了提高高温时的机械强度，亦可用 3%的铱合金或 10%的铑合金等。经机械加工后的铂或其合金表面在常温下全无活性，一旦将其加热到 1000℃以上，进行合成氢氰酸反应，则被活化，此后，即使在较低温度下，也可引发反应。

为了从冷态使反应开始进行，必须采用某种方法加热催化剂，为此可采用使电流通过催化剂网、插入电热器或燃烧器等加热方法。

(3) 主要工艺条件

① 原料气配比　为了提高氰化氢的收率，必须使氨、甲烷、空气构成的原料气保持最佳比例。相对于氨而言，甲烷用量多些为好，但若原料混合气中甲烷浓度高，则由于甲烷的热分解，将在催化剂上析碳，当铂与碳一起加热至高温时，则生成挥发性碳化铂，从而造成铂的损失。

② 反应压力　常压。

③ 反应温度　一般在 1000～1100℃。

④ 反应时间　为减少副反应的发生，希望接触时间越短越好，一般为 4s 左右。

⑤ 空间速度　$>40000h^{-1}$。

(4) 工艺流程

安氏法工艺流程如图 3-17 所示。本工艺以天然气为甲烷源，甲烷、氨和空气按一定比例在混合器中充分混合后，进入过滤器中除去微尘，再导入转化炉反应。转化炉内设置有铂-铑合金网，温度保持在 1000～1100℃。反应生成气中含有氢氰酸、氨、二氧化碳、一氧化碳、氢、甲烷、氮、水蒸气等，氢氰酸浓度为 6%～7%。

出转化炉的高温反应气体进入废热锅炉，将其显热用于加热水蒸气，并同时使气体冷却，然后用硫酸氢铵溶液洗涤该气体，以硫酸铵的形式回收未反应的氨。此时，为使氰化氢不致溶解于吸收液中，必须维持吸收液于较高温度。出吸收塔的气体在冷却塔再次冷却后，将其导入氰化氢吸收塔，在氰化氢吸收塔获得的稀氰化氢溶液，经蒸馏得高纯度氰化氢。

3.5.2.2　德古萨（Degussa）法

该法是以甲烷、氨为原料，通过 1200～1300℃的铂催化剂，合成氢氰酸，该方法是由 Degussa 公司开发的。主反应为：

$$CH_4+NH_3 \longrightarrow HCN+3H_2 \quad \Delta H^{\ominus}_{298}=250.8kJ/mol$$

该反应为强吸热反应，必须由外部借燃烧燃料等方式供热。

德古萨法与安氏法相比，具有下列优点：氢氰酸收率高，以氨计为 83%～84%（摩尔分数），以甲烷计为 90%～91%（摩尔分数），生成气中氢氰酸浓度高（约 20%），因此不仅

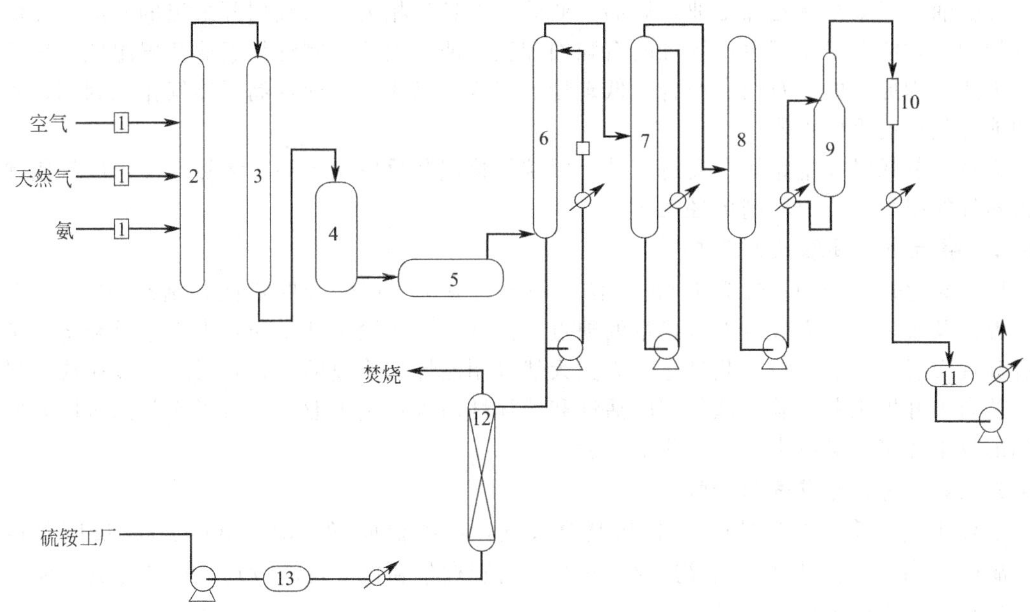

图 3-17　安氏（Andrussow）法氢氰酸生产工艺流程

1—鼓风机；2—混合器；3—过滤器；4—转化炉；5—废热锅炉；6—氨吸收塔；7—冷却槽；8—氢氰酸吸收塔；9—精馏塔；10—接收器；11—氢氰酸储罐；12—硫酸铵储罐；13—硫酸铵汽提塔

减少了分离、精制所需要的设备费及操作费，而且副产氢气浓度高（约为 70%），可不加处理用于加氢反应中。精制氢氰酸部分与安氏法没有任何本质的区别。

3.5.3　氢氰酸的利用

大部分氢氰酸一直以丙酮氰醇的形式用于各种甲基丙烯酸酯类的制造。除此以外，还可利用氢氰酸与醛类或烯酮类化合物反应，合成各种氰醇及其衍生物——氨基酸，或利用氢氰酸与氯的反应合成氯氰及其衍生物——氯化氰醇等，用各种衍生物作原料，其应用是十分广泛的。氢氰酸的主要衍生物如图 3-18 所示。

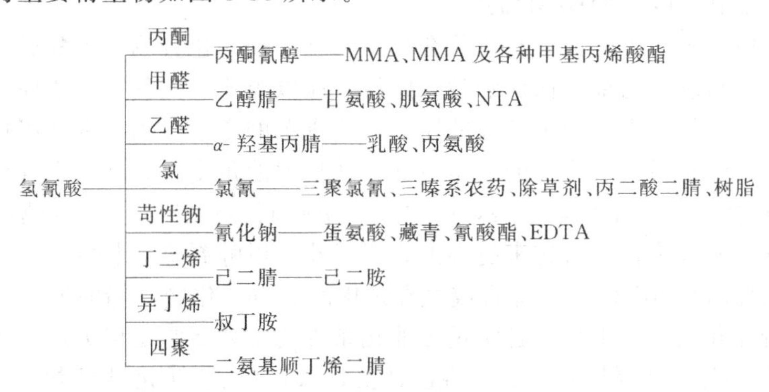

图 3-18　氢氰酸的主要衍生物

3.6　天然气生产乙烯和丙烯

3.6.1　概述

低碳烯烃通常是指碳原子数不大于 4 的烯烃，如乙烯、丙烯及丁烯等。低碳烯烃中的乙烯、丙烯是现代化学工业的基本有机原料，其传统的生产方法是通过石脑油裂解得到的。传统的石脑油、轻柴油制乙烯工业与炼油工业的发展息息相关，从油田开采出的原油需经炼油装置的加工才能获得用于生产烯烃的石脑油和轻柴油。天然气制烯烃工业装置组成简单，因此以天然气为原料的非石油资源合成低碳烃的路线，已成为当前提高天然气化工利用、减轻石油能源危机的重要手段。

天然气制烯烃技术路线主要有三种：甲烷氧化偶联反应制烯烃、天然气经合成气制烯烃和天然气经甲醇或二甲醚制烯烃工艺。

3.6.2 甲烷氧化偶联法制乙烯

甲烷氧化偶联法制乙烯简称 OCM 法，该工艺克服了甲烷经脱氢偶联制乙烯需 800℃以上高温以及脱氢反应需吸收大量热量的缺点，使该工艺无论是从反应热力学还是经济上考虑都有其现实意义。而且该工艺是迄今为止天然气制乙烯最简捷的工艺，反应一步完成。尽管该工艺尚未开展工业试验，催化剂的活性和选择性尚未达到工业生产可以接收的阶段，但该课题的技术经济意义巨大，工业化前景看好。

3.6.3 天然气经合成气制烯烃

由合成气制烯烃工艺是用费-托法制合成气，再由合成气，即：CO 与 H_2 反应制得烯烃，副产水和 CO_2。费-托法最初是在 1923 年由费歇尔和托罗普歇发现，F-T 合成反应出现后随之在德国进行了广泛开发。

由于 F-T 合成在产品分布上受 A-S-F 规律（Anderson-Schulz-Flory）的限制（链增长依指数递减的摩尔分布），所以要想高选择性地得到某一产品有相当的难度。为了提高 F-T 合成低级烯烃的选择性和收率，使产品分布偏离 A-S-F 规律，将催化剂改性是一种最行之有效的办法，这种工艺称为选择性 F-T 合成。由于选择性 F-T 合成提高了 C_2 等低级烯烃的选择性，使 F-T 合成直接应用于工业乙烯生产装置有可能成为现实。

选择性 F-T 合成为了提高催化剂对低级烯烃的选择性，一方面向催化剂中添加具有电子方面效果的添加剂和载体；另一方面使催化剂具有几何上和构造上的规则性；还有研究人员着力开发研究全新的催化剂。除催化剂本身外，在改变 F-T 合成的反应条件反面也取得了一些有益的探索，如通过除去反应热、研究反应工艺等途径提高低级烯烃的选择性。

3.6.4 天然气经甲醇或二甲醚制烯烃

以甲醇或二甲醚为代表的含氧有机化合物是典型的碳一化合物。甲醇或二甲醚制烯烃路线是以石油化工原料制备乙烯和丙烯的替代路线，应以煤或天然气为主要原料，经合成气转化为甲醇或二甲醚，然后再转化为烯烃的路线。从资源的角度考虑，发展以煤或天然气为主要原料制备低碳烯烃路线有着重要的战略意义；从技术的角度讲，洁净煤气化技术、天然气开采技术、“大甲醇”技术正蓬勃发展，甲醇或二甲醚制烯烃技术不断成熟，无论是催化剂还是工艺过程都有所改进，会有越来越多的人考虑建立甲醇制烯烃装置。

甲醇法制烯烃简称 MTO 法，即合成气经过甲醇、再转化制乙烯的工艺，是目前天然气制乙烯的诸多研究开发工艺中最具备实现工业化条件的工艺。它是以天然气为原料，低级烯烃碳收率已超过 90%，选择性相当高。现已证实，MTO 工艺转化过程中，首先在催化剂上脱水生成二甲醚，而在合成二甲醚的反应过程中往往又经历甲醇生成这一中间步骤。包括我国大连物化所在内研究开发的合成气生成二甲醚，最后生成乙烯的工艺（DTO 法），实质上可看作是与 MTO 工艺差异很小的一种工艺。MTO 反应所使用的催化剂集中在小孔和中孔的酸性沸石上，孔径在 0.45nm 左右的八元氧环小孔沸石包括菱沸石、毛沸石、T 沸石、ZK-5、SAPO-17、SAPO-34 等。本节主要介绍 UOP/Hydro MTO 工艺。

如图 3-19 是 MTO 工艺流程。

反应-再生部分工艺流程和设备基本上与炼油工业成熟的Ⅳ型催化裂化流程及设备相同，

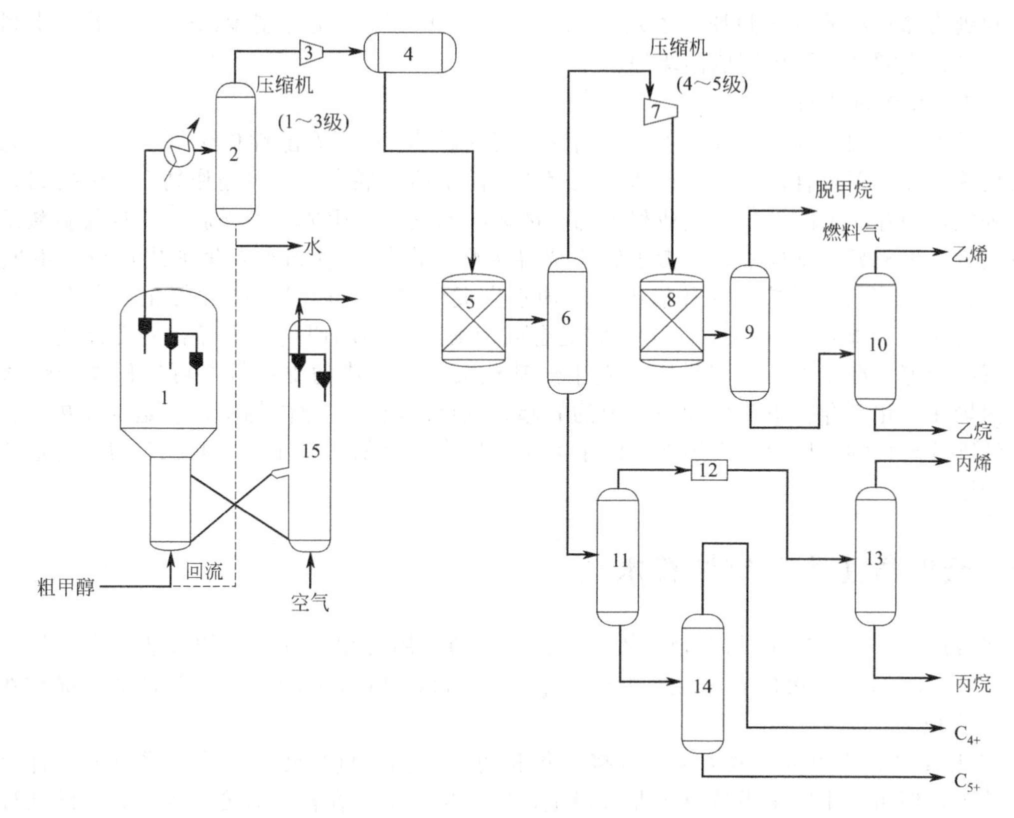

图 3-19 UOP/Hydro MTO 的工艺流程

1—反应器；2—相分离器；3，7—压缩机；4—脱 CO_2 塔；5—干燥器；6—脱乙烷塔；8—乙炔转化器；9—脱甲醇塔；10—C_2 分离器；11—脱丙烷塔；12—除氧装置；13— C_3 汽提分离器；14—脱丁烷塔；15—再生器

将流化床反应器与流化床再生器相连接，来自新鲜催化剂料斗的新鲜催化剂与从再生器来的再生催化剂以及甲醇气体（换热后汽化）一起进入反应器底部，与反应器中催化剂充分混合，在恒定温度下反应。反应器中多余的催化剂通过空气输送至再生器底部，再生器中通入足够的空气，使催化剂上的焦炭在流化状态下完全燃烧。在流化床和混合均匀的催化剂的作用下，反应器几乎是恒温的。

反应产物在分离前流经专门设计的进料/馏出物热交换器组，经热回收被冷却，大部分水冷凝后自产物中分离出来。产物流经压缩机脱 CO_2，再通过干燥器脱水。经脱水后的物料进入产品回收工段，该工段根据需要可包括脱乙烷塔、脱甲烷塔、乙炔饱和器、C_2 分离器、C_3 分离器、脱丙烷塔和脱丁烷塔。甲醇裂解产品中丙烷、乙烷和 H_2 的产率非常低，故采用 MTO 工艺生产化学级丙烯和乙烯时，通过产物分离系统，可以直接获得 98%以上的化学级乙烯和丙烯，从而降低产品能耗和成本，增强 MTO 工艺的竞争能力。在这一点上，传统的石脑油和 LPG 裂解制乙烯都是望尘莫及的。如果欲生产聚合级乙烯和丙烯，则需乙烷、乙烯分离塔和丙烷、丙烯分离塔。另外，由于反应物富含烯烃，只有少量的甲烷和饱和物，所以流程只需要选择前脱乙烷塔，而省去前脱甲烷塔，节省了投资和制冷能耗。

甲醇制烯烃的工艺过程主要分为反应系统、分离净化系统和催化再生系统。这几个工艺过程和机理均比较成熟，因此 MTO 工艺研究的重点在于催化剂的筛选和制备技术方面。

3.6.5 乙烯与丙烯的利用

3.6.5.1 乙烯的利用

乙烯的最大用途是用于生产聚乙烯，约占乙烯耗量的 45%；其次是由乙烯生产的二氯乙烷和氯乙烯；乙烯氧化制环氧乙烷和乙二醇。另外乙烯烃化可制苯乙烯，乙烯氧化制乙醛、乙烯合成酒精、乙烯制取高级醇。

3.6.5.2 丙烯的利用

丙烯可用于制丙烯腈、环氧丙烷、丙酮、聚丙烯等。丙烯在酸性催化剂（如硫酸、无水氢氟酸等）存在下聚合，生成二聚体、三聚体和四聚体的混合物，可用作高辛烷值燃料。在齐格勒催化剂存在下丙烯聚合生成聚丙烯。丙烯与乙烯共聚生成乙丙橡胶。丙烯与硫酸发生加成反应，生成异丙基硫酸，后者水解生成异丙醇；丙烯与氯和水发生加成反应，生成1-氯-2-丙醇，后者与碱反应生成环氧丙烷，加水生成丙二醇；丙烯在酸性催化剂存在下与苯反应，生成异丙苯 $C_6H_5CH(CH_3)_2$，它是合成苯酚和丙酮的原料。丙烯在酸性催化剂（硫酸、氢氟酸等）存在下，可与异丁烷发生烃基化反应，生成的支链烷烃可用作高辛烷值燃料。丙烯在催化剂存在下与氨和空气中的氧起氨氧化反应，生成丙烯腈，它是合成塑料、橡胶、纤维等高聚物的原料。丙烯在高温下氯化，生成烯丙基氯 $CH_2=CHCH_2Cl$，它是合成甘油的原料。

3.7 天然气生产合成油技术

将合成气（CO 和 H_2 的混合气体）经过催化剂作用转化为液态烃的方法称为天然气制合成油（GTL），是1923年由德国科学家 Frans Fischer 和 Hans Tropsch 发明的，简称费托（F-T）合成。

GTL 生产技术可分为两大类：直接转化和间接转化。直接转化工艺不需要采用合成气生产装置，但由于生产中甲烷分子非常稳定，因此技术上存在较大难度，现已开发的几种直接转化工艺均因经济上无吸引力，目前还没有实现商业化。间接转化主要是通过生产合成气，再经费-托法合成生产合成油，与前者相比，间接工艺的生产运行成本较低，已成为公认的合成工艺路线。间接合成法整个流程分为三个步骤。

① 合成气的制备　天然气转化制合成气，约占总投资的60%。

② F-T 合成　在费-托反应器中，用合成气合成液态烃，约占总投资的25%～30%。

③ 产品精制　将得到的液体烃经过精制、改质等具体操作工艺，变成特定的液体燃料、石化产品或一些石油化工所需的中间体，约占总投资的10%～15%。

天然气制合成气如前所述。

3.7.1 费-托合成工艺

费-托合成技术可分为高温费-托合成（HTFT）和低温费-托合成（LTFT）两种。前者一般使用铁基催化剂。合成产品经加工可以得到环境友好的汽油、柴油、溶剂油和烯烃等，这些油品质量接近普通炼油厂生产的同类油品，无硫但含有芳烃；后者使用钴基催化剂，合成的主产品石蜡原料可以加工成特种蜡，也可以经加氢裂化/异构化生产优质柴油、润滑油基础油、石脑油馏分（理想的裂解原料）产品，既无硫也无芳烃。由于世界汽车柴油化、环保法规日益苛刻等原因，未来 GTL 工艺将主要集中在 LTFT 技术上。

目前主要采用的 Shell、Sasol、Exxon Mobil、Conoco Phillips 等公司开发的浆态床 F-T 合成技术，其主要优点在于能更好地控制反应温度、使用较高活性的催化剂、提高装置的生产能力以及降低成本。费-托技术的关键就是催化剂的开发和应用。

(1) 埃克森（Exxon）的 AGC-21 工艺

AGC-21 工艺由三个基本步骤组成，即造气、F-T 合成和石蜡加氢异构改质。首先，天然气、氧气和水蒸气在镍基催化剂反应器中反应，生成 H_2/CO 比接近 2∶1 的合成气，然后在高活性钴基催化体系作用下，于浆液床反应器内经 F-T 合成反应，生成分子量范围很广的烷烃混合物。由于部分组分的沸点很高（550℃），在此步反应中所得产品为固态白蜡。最后，将中间产品蜡经固定床加氢异构改质为液态烃产品。其工艺流程如图 3-20 所示。

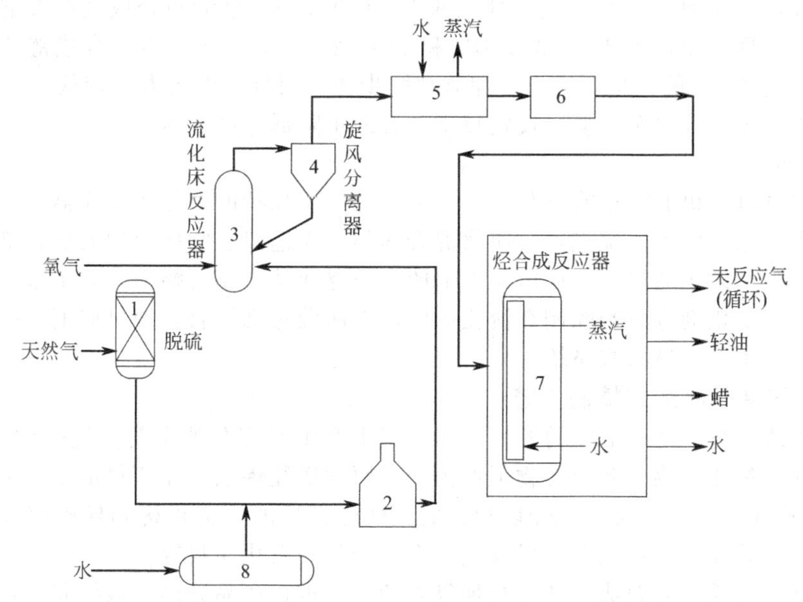

图 3-20 AGC-21 天然气转化为液体燃料工艺流程

1—脱硫塔；2—预热炉；3—流化床反应器；4—旋风分离器；
5—废热锅炉；6—净化器；7—烃合成反应器；8—锅炉

（2）壳牌（Shell）的 SMDS 工艺

SMDS 工艺被认为是目前世界 GTL 装置最成功的典范，其工艺流程如图 3-21。

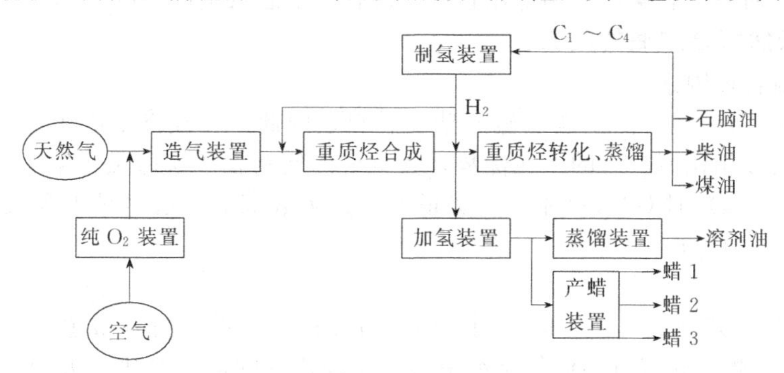

图 3-21 SMDS 工艺流程简图

SMDS 工艺主要包括造气、F-T 合成、中间产物转化和产品分离四个部分。其过程是使用壳牌气化工艺将天然气、氧气和水蒸气在气化炉中反应，生成的合成气在装有钴基催化剂的列管式固定床反应器内经 F-T 反应，生成重石蜡，再经加氢裂化、分馏，生产不同液态烃产品出售，现已改造为具有生产柴油、石脑油、优质石蜡等多种产品的能力。

（3）萨索尔（Sasol）的 SSPD 工艺

Sasol Slurry Phase Distillate 技术，简称 SSPD 工艺，是南非萨索尔公司以煤为原料使用 F-T 合成工艺生产各种油品的工艺。它包括三个阶段，第一步天然气转化为合成气，第二步在悬浮态反应器进行 F-T 合成获取石蜡烃，第三步中间馏分的分馏。目前萨索尔公司将其技术转让给南非 Mossgas 公司，建成 124 万吨/年装置，将海洋天然气转化为合成油，是目前世界上利用 F-T 技术的最大规模的 GTL 装置。

(4) Syntroleum 工艺

Syntroleum 公司的合成气生产采用自有的 ATR 工艺，采用空气代替氧气自热转化生产含氮合成气，以得到 F-T 反应接近理想的 H_2/CO 比率。然后将合成气在大空速下无循环一次通过流化床反应器，于 2.1～3.5MPa 和 190～232℃条件下，直接合成链长在一定范围的液体烃，避免了 N_2 的聚集，减少了加氢裂解步骤，而且操作压力也较低。Syntroleum 工艺反应器结构简单，开停车容易，投资较小，有助于降低生产成本。

(5) Intevep

Intevep 公司自 1991 年开始开发 F-T 工艺，它采用独特的流化床反应器，兼有浆态反应器和列管式固定床反应器的优点，反应物混合均匀，无返混。它所使用的催化剂粒径比浆态反应器大，催化剂易于通过流化床床层上部的自由空间从产品石蜡中分离出来，在线装卸催化剂容易。由于催化剂颗粒被控制在流化床内，因而催化剂回收系统可取消。同时合成气一次通过反应器，不设气体回收系统。

3.7.2 天然气合成油加工精制工艺

F-T 合成的烃类产物有不同的链长，如直接生产中间馏分油主要是烷烃和正构 α-烯烃，同时也有一些含氧化合物。此混合物可作为合成原油送往炼油厂作原料加工，采用缓和加氢裂化/加氢异构化工艺可将长链烷烃切割成低温性能良好的短链正构和异构烷烃，得到高质量喷气燃料、石脑油、柴油调和料以及其他石油产品和石化原料等。

合成油加工主要是对合成原油进行加氢处理，再进行产品分馏，最终获得市场所需要的产品。合成油加工和普通油加工工艺相同，是一个非常成熟的工艺。费-托工艺转化程度用称作"α"的 ASF 分配系数进行描述，低 α 工艺生产更多的轻烃，高 α 工艺生产更多的含蜡烃，较高的 α 值是生产高黏度基础油产品的理想方式。当然天然气合成润滑油，还需增加新的加氢裂化、加氢异构化、溶剂脱蜡、蒸馏等成熟的炼油技术，但因合成油纯度高，加工条件比较温和，因而投资和操作费用都比较低，占合成油总投资的 10%～15%。

3.7.3 影响天然气合成油的因素

(1) 燃油硫含量因素

大多数 GTL 装置的产品是超低硫的柴油燃料，因此，在经济上必须考虑 GTL 技术与炼油厂生产的柴油相比所具有的潜在优势，其重要的问题在于含硫量界限为多少（50μg/g、10～15μg/g、0μg/g）时 GTL 技术的优势最大。大多数炼油厂通过扩大和改进加氢技术来使含硫量降到 10～15μg/g。

(2) 原料因素

大多数费-托工艺都是用钴作催化剂，而钴对天然气中的硫特别敏感，要求天然气中的硫含量<1μg/g，微量硫就可能使催化剂中毒，而催化剂的成本是比较大的，因此，如果天然气含硫量大，脱硫单元的投资在整个 GTL 装置的投资中的比例也会很大。

(3) 装置的规模因素

在偏远地区建立 GTL 装置由于会增加天然气集输和建厂的成本，该计划目前未能实施，人们已经将注意力转向大的天然气气田。但是，在大气田进行天然气合成油将遇到与管道天然气输送和 LPG 装置的竞争，解决这一矛盾的方法是通过扩大 GTL 装置的加工能力，降低投资成本，以获得经济上的可行，装置规模越大，相应的投资越小。但规模太大，相应的投资也越大，同时商业规模的 GTL 装置与实验室或中试工厂的结果可能不一样，因而具有一定的风险性。

思考题与习题

3-1 合成气的生产方法有哪几种？

3-2　天然气水蒸气转化制合成气有哪些步骤？各步骤的主要目的是什么？

3-3　图3-2为天然气连续蒸汽转化工艺流程，你认为设备1与设备2是什么设备？使用该设备的目的是什么？

3-4　工业上从裂解气中分离与提浓乙炔一般采用何种方法？在这些分离方法中它们各自使用的是什么物料及各物料的特点？

3-5　合成甲醇的工业方法有几种，以哪一种方法应用最广泛？阐述你的理由。

3-6　试述Lurgi低压合成甲醇工艺的原理及影响因素。

3-7　用甲醇氧化法生产甲醛的工艺有哪些，写出各自的特点。并对各种方法进行比较，找出它们各自适宜生产的产品是什么？

3-8　画出安氏法生产氢氰酸的工艺流程图，并用文字描述其流程。

3-9　天然气制乙烯的生产方法有几种？各自有什么特点？

3-10　简述天然气制合成油的生产技术。

第4章 烃类热裂解

石油烃类在高温和无催化剂存在的条件下发生分子分解反应而生成小分子烯烃或（和）炔烃。在此过程中还伴随许多其他反应，生成一些副产物。各族烃的裂解性能有很大差别。正构烷烃裂解最利于生成乙烯、丙烯；异构烷烃裂解烯烃总收率低于同碳原子数的正构烷烃。大分子烯烃裂解为乙烯和丙烯，也能脱氢生成炔烃、二烯烃，进而生成芳烃。环烷烃裂解生成较多的丁二烯，芳烃收率较高，而乙烯收率较低。不带烷基的芳烃不易裂解，带烷基的芳烃裂解主要是烷基发生断键和脱氢反应。

目前，世界上90%以上的乙烯是来自于石油烃类热裂解，约70%丙烯、90%丁二烯、30%的芳烃均来自裂解装置的副产物，以“三烯”和“三苯”的总量计，65%来自裂解装置。除此之外，乙烯还是石油化工中最重要的产品，它的发展也带动了其他有机化工产品的发展。因此，常常将乙烯生产能力的大小作为衡量一个地区石油化工发展水平的标志。

4.1 热裂解过程机理

4.1.1 烃类裂解的反应规律

4.1.1.1 正构烷烃的热裂解

正构烷烃的裂解反应主要有脱氢反应和断链反应，当然还发生了其他反应。

(1) 脱氢反应

脱氢反应是C—H键断裂反应，生成碳原子数相同的烯烃和氢，其通式如下：

$$C_nH_{2n+2} \rightleftharpoons C_nH_{2n} + H_2$$

(2) 断链反应

断链反应是C—C键断裂反应，反应产物是碳原子数较少的烷烃和烯烃，通式如下：

$$C_nH_{2n+2} \longrightarrow C_mH_{2m} + C_kH_{2k+2} \quad (m+k=n)$$

相同烷烃脱氢和断链的难易，可以从分子结构中碳氢键和碳碳键的键能数值的大小来判断。表4-1给出了正、异构烷烃的键能数据。

正构烷烃裂解过程有如下规律。

① 同碳原子数的烷烃C—H键能大于C—C键能，断键比脱氢容易。

② 随着碳链的增长，其键能下降，表明键稳定性下降，碳链越长，裂解反应越易进行。

③ 烷烃的裂解（脱氢或断链）是强吸热反应，脱氢反应比断链反应吸热值更高，这是由于C—H键能高于C—C键能所致。

④ 断键反应的$\Delta G^{\ominus}$有较大负值，是不可逆过程，而脱氢反应的$\Delta G^{\ominus}$是正值或绝对值较小的负值，是可逆过程，并受化学平衡限制。

表 4-1　各种键能比较

碳　氢　键	键能/(kJ/mol)	碳　碳　键	键能/(kJ/mol)
$H_3C—H$	426.8	$CH_3—CH_3$	346
$CH_3CH_2—H$	405.8	$CH_3—CH_2—CH_3$	343.1
$CH_3CH_2CH_2—H$	397.5	$CH_3CH_2—CH_2CH_3$	338.9
$(CH_3)_2CH—H$	384.9	$CH_3CH_2CH_2—CH_3$	341.8
$CH_3CH_2CH_2C—H$(伯)	393.2	$CH_3—C(CH_3)_2—CH_3$	314.6
$CH_3CH_2CH(CH_3)—H$(仲)	376.6		
$(CH_3)_3C—H$(叔)	364	$CH_3CH_2CH_2—CH_2CH_2CH_3$	325.1
C—H (一般)	378.7	$CH_3CH(CH_3)—CH(CH_3)CH_3$	310.9

⑤ 断链反应，从热力学分析 C—C 键断裂在分子两端的优势比断链在分子中央要大；断裂所得到的分子，较小的是烷烃，较大的是烯烃占优势。随着烷烃链的增长，在分子中央断裂的可能性加强。

⑥ 乙烷不发生断链反应，只发生脱氢反应，生成乙烯；而甲烷在一般的裂解温度下不发生变化。

(3) 环化脱氢反应

C_6 以上的正构烷烃可发生环化脱氢反应生成环烷烃，例如正己烷脱氢生成环己烷。

$$CH_3CH_2CH_2CH_2CH_2CH_3 \longrightarrow \text{cyclo-}(CH_2)_6 + H_2$$

4.1.1.2　异构烷烃的热裂解

异构烷烃结构各异，对裂解反应的差异较大，与正构烷烃相比有如下的特点。

① C—C 键或 C—H 键的键能较正构烷烃的低，故容易裂解或脱氢。

② 脱氢能力与分子结构有关，难易顺序为叔碳氢＞仲碳氢＞伯碳氢。

③ 异构烷烃裂解所得乙烯、丙烯收率远较正构烷烃裂解所得收率低，而氢、甲烷、C_4 及 C_4 以上的烯烃收率较高。

④ 随着碳原子数的增加，异构烷烃与正构烷烃裂解所得乙烯和丙烯收率的差异减小。

4.1.1.3　烯烃的热裂解

在热裂解过程当中，烯烃可能发生的主要反应有：断链、脱氢、歧化、双烯加成、芳构化等反应。

(1) 断链反应

大分子烯烃可以断链为两个较小的烯烃分子，其通式为：

$$C_{n+m}H_{2(n+m)} \longrightarrow C_nH_{2n} + C_mH_{2m}$$

例如：

$$CH_2{=}CH\overset{a}{—}CH_2\overset{b}{—}CH_2\ \ CH_3 \longrightarrow CH_2{=}CH—CH_3 + CH_2{=}CH_2$$

烯烃裂解时位于双键 b 位置 C—C 键的解离能比 a 位置 C—C 键的解离能低，所以烯烃断链主要发生在 b 位置，而很少发生在 a 位置 C—C 键断裂。丙烯、异丁烯、2-丁烯由于没有 b 位置 C—C 键，所以比相应烷烃难于裂解。

(2) 脱氢反应

烯烃可以进一步脱氢生成二烯烃和炔烃。例如：

$$C_4H_8 \longrightarrow C_4H_6 + H_2$$

$$C_2H_4 \longrightarrow C_2H_2 + H_2$$

(3) 歧化反应

两分子相同的烯烃可歧化为两个不同的烯烃、炔烃、烷烃或氢。例如：

$$2C_3H_6 \longrightarrow C_2H_4 + C_4H_8$$

$$2C_3H_6 \longrightarrow C_2H_6 + C_4H_6$$

$$2C_3H_6 \longrightarrow C_5H_8 + CH_4$$

(4) 双烯加成（Diels-Alder）反应

烯烃和二烯烃进行双烯加成反应生成环烯烃，进一步脱氢生成芳烃，通式为：

$$\text{丁二烯} + CH_2=CH-R \longrightarrow \text{R-环己烯} \xrightarrow{-2H_2} \text{R-苯}$$

(5) 芳构化反应

六个或更多碳原子数的烯烃，可以发生芳构化反应生成芳烃，通式为：

$$\text{R-己二烯} \xrightarrow{-2H_2} \text{R-苯}$$

4.1.1.4 环烷烃的热裂解

环烷烃既可发生开环分解反应而生成乙烯、丁烯、丁二烯，也可以发生脱氢反应生成环烯和芳烃。例如：

环己烷（H_2C、CH_2 组成的六元环）开环裂解：

$$\longrightarrow C_2H_4 + C_4H_8$$

$$\longrightarrow C_2H_4 + C_4H_6 + H_2$$

$$\longrightarrow 2C_3H_6$$

$$\longrightarrow C_4H_6 + C_2H_6$$

$$\longrightarrow 3/2C_4H_6 + 3/2H_2$$

$$\text{环己烷} \xrightarrow[-H_2]{\text{脱氢}} \text{环己烯} \xrightarrow{-H_2} \text{环己二烯} \xrightarrow{-H_2} \text{苯}$$

环烷烃裂解有如下规律。

① 侧链烷基比烃环易于断裂，长侧链的断裂反应一般是从中部开始，而离环近的碳键不易断裂；带侧链环烷烃比无侧链环烷烃裂解所得烯烃收率高。

② 环烷烃脱氢生成芳烃的反应优于开环生成烯烃的反应。

③ 五碳环烷烃比六碳环烷烃更难于裂解。

④ 环烷烃比链烷烃更易于生成焦油，产生结焦。

4.1.1.5 芳烃的裂解反应

由于芳环稳定，芳烃在裂解过程中，不易发生裂开芳环的反应，而主要发生下列反应。

(1) 烷基芳烃的裂解

侧链脱烷基或断键反应。

$$Ar-C_nH_{2n+1} \longrightarrow ArH + C_nH_{2n}$$

$$Ar-C_nH_{2n+1} \longrightarrow Ar-C_kH_{2k+1} + C_mH_{2m}$$

式中，Ar 为芳基；$n=k+m$。

(2) 环烷基芳烃的裂解

脱氢和异构脱氢反应。

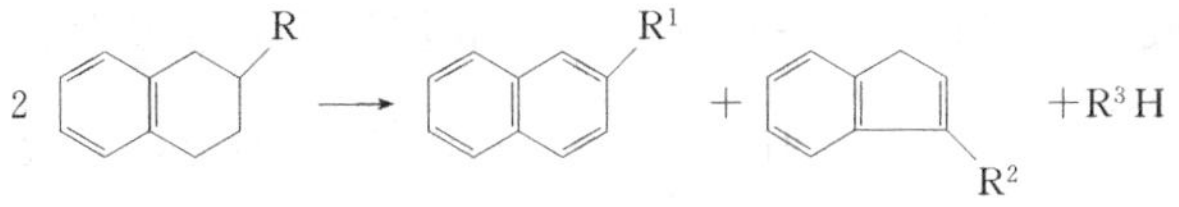

缩合脱氢反应：

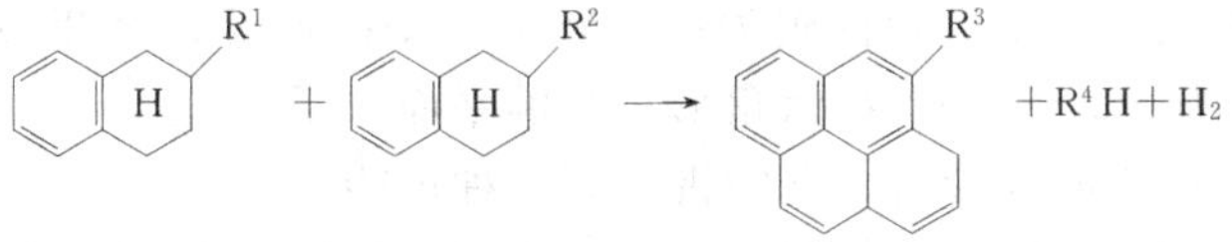

（3）芳烃的缩合反应

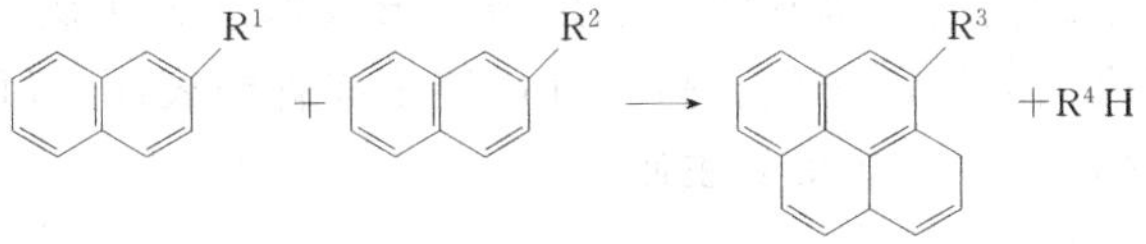

4.1.1.6　混合烃的热裂解

单一烃裂解的反应系统已经是相当复杂，如果是混合烃裂解，反应系统则更为复杂，表现在：

① 原料中各烃分子除了进行自己发生的反应之外，还有一些烃相互之间发生反应；

② 除了原料中各种烃之间原有的相互影响之外，裂解产物分子之间和产物分子与原料分子之间也有相互影响。

在混合烃的裂解中，某些组分加速其他组分的裂解，某些组分则抑制另一些组分的裂解，于是混合烃在裂解过程中的裂解行为，已经不是各烃单独裂解的叠加，以致各烃混合裂解和各烃单独裂解有很大的差异。

4.1.1.7　各族烃的裂解反应规律

各族烃裂解生成乙烯、丙烯的能力有如下规律。

① 烷烃——正构烷烃在各族烃中最利于乙烯、丙烯的生成。烯烃的分子量愈小，其总产率愈高。异构烷烃的烯烃总产率低于同碳原子数的正构烷烃，但随着分子量的增大，这种差别就渐渐减小。

② 烯烃——大分子烯烃裂解为乙烯和丙烯；烯烃能脱氢生成炔烃、二烯烃，进而生成芳烃。

③ 环烷烃——在通常裂解条件下，环烷烃生成芳烃的反应优于生成单烯烃的反应。相对于正烷烃来说，含环烷烃较多的原料丁二烯、芳烃的收率较高，而乙烯的收率较低。

④ 芳烃——无烷基的芳烃基本上不易于裂解为烯烃，有烷基的芳烃，主要是烷基发生断碳键和脱氢反应，而芳环保持不裂开，可脱氢缩合为多环芳烃，从而有结焦的倾向。

各族烃的裂解难易程度有下列顺序。

正烷烃＞异烷烃＞环烷烃（六碳环＞五碳环）＞芳烃

随着分子中碳原子数的增多，各族烃分子结构上的差别反映到裂解速率上的差异就会逐渐减弱。

4.1.1.8　裂解过程中的结焦生碳反应

有机物在惰性介质中，经高温裂解，释放出氢或者其他小分子化合物生成碳。但这个碳不是独个的碳原子，而是好几百个碳原子稠合形成的碳，这个过程一般称为生碳过程。所生成的产物，如果尚含有少量的氢且碳含量在95%以上，则称为“焦”，这个过程一般称之为“结焦”。生碳结焦过程的确切机理还没有弄清楚。已有的研究认为：温度不同，生碳结焦的途径也不同。

（1）烯烃经过炔烃中间阶段而生碳

裂解过程中，生成的乙烯在900～1000℃或更高温度下，主要经过乙炔阶段而生碳。

$$CH_2=CH_2 \xrightarrow{-H} CH_2=CH\cdot \xrightarrow{-H} CH\equiv CH \xrightarrow{-H} CH\equiv C\cdot \xrightarrow{-H} C\equiv C\cdot$$
$$CH\equiv C\cdot \xrightarrow{-H} C_n \leftarrow C\equiv C\cdot$$

乙炔分子释放出H，不是乙炔的碳碳键分解为单个碳原子，而生成C_n，即聚集成含有n个碳原子（一般n为300～400）按六角形排列的平面分子。

当烃气体通过一加热反应管时，碳的析出有两种可能。

一种可能是在气相中析出，一般约需900～1000℃以上温度，它经过两步：一是碳核的形成（核晶过程），二是碳核增长为碳粒。如果碳核形成速度大于碳核增长速度（当高温快速加热时），则形成高度细分散的碳粒。另一种可能是在管壁表面上沉积为固体碳层。此外，在金属和金属氧化物存在下，乙炔更易生碳。

（2）经过芳烃中间阶段而结焦

高沸点稠环芳烃是馏分油裂解结焦的主要母体，裂解焦油中含有大量稠环芳烃，裂解生成的焦油越多，裂解过程中结焦越严重。

$$萘 \xrightarrow{-H} 二联萘 \xrightarrow{-H} 三联萘 \xrightarrow{-H} 焦$$

总起来说，生碳结焦反应有下面一些规律。

① 不同温度条件下，烯烃的消失和生碳结焦反应是经历着不同的途径。在900～1100℃以上主要是通过生成乙炔的中间阶段，而在500～900℃主要是通过生成芳烃的中间阶段。

② 生碳结焦反应是典型的连串反应，不论是哪个具体反应，都有一个共同的特点：随着温度的提高和反应时间的延长，不断释放出氢，残物（焦油）的氢含量逐渐下降，碳氢比、相对分子质量和密度逐渐增大。

③ 随着反应时间的延长，单环或环数不多的芳烃，转变成为多环芳烃，进而转变为稠环芳烃，由液体焦油转变为固体沥青质（它主要是结晶性缩合和稠环芳烃，其化学结构尚不清楚，但能在苯中溶胀）进而转变为碳青质（它是分子量更大、氢含量更低的缩合和稠环芳烃，在苯中不溶胀），再进一步可转变成为高分子焦炭。

4.1.2 烃类裂解的反应机理

4.1.2.1 自由基反应机理

大部分烃类裂解过程包括了链引发反应、链增长反应和链终止反应三个阶段。链引发反应是自由基产生的过程；链增长反应是自由基转变的过程，在这个过程中一种自由基的消失伴随着另一种自由基的产生，反应前后均保持着自由基的存在；链终止是自由基消亡生成分子的过程。

链的引发是在热的作用之下，一个分子断裂产生一对自由基，每个分子由于键的断裂位置不同，可有多个可能发生的链引发反应，这取决于断裂处相关键的解离能大小，解离能小的反应更易发生。表4-2给出了三种简单烷烃可能的引发反应。

表4-2 三种烷烃可能的引发反应

烷烃	可能的链引发反应	有关键的解离能/(kJ/mol)	发生此反应的可能性
C_2H_6	$C_2H_5-H \longrightarrow C_2H_5\cdot + H\cdot$	410	小
	$CH_3-CH_3 \longrightarrow 2CH_3\cdot$	368	大
C_3H_8	$C_3H_8 \longrightarrow C_3H_7\cdot + H\cdot$	396～410	小
	$CH_3-C_2H_5 \longrightarrow CH_3\cdot + C_2H_5\cdot$	354	大
C_4H_{10}	$C_4H_9-H \longrightarrow C_4H_9\cdot + H\cdot$	381～396	小
	$CH_3-C_3H_7 \longrightarrow CH_3\cdot + C_3H_7\cdot$	350～357	大
	$C_2H_5-C_2H_5 \longrightarrow 2C_2H_5\cdot$	345	大

烷烃分子在引发反应中断裂 C—H 键的可能性比较小，因为 C—H 键的解离能比 C—C 键大。故引发反应的通式为：

$$R—R' \longrightarrow R\cdot + R'\cdot$$

引发反应的活化能高，一般在 290～335kJ/mol。

链的增长反应包括自由基夺氢反应、自由基分解反应、自由基加成反应和自由基异构化反应，但以前两种为主。链增长反应的夺氢反应通式为：

$$H\cdot + RH \longrightarrow H_2 + R\cdot$$

$$R'\cdot + RH \longrightarrow R'H + R\cdot$$

链增长反应中的夺氢反应的活化能不高，一般为 30～46kJ/mol。

链增长反应中的夺氢反应，对于乙烷裂解，情况比较简单，因为乙烷分子中可以被夺取的六个氢原子都是伯氢原子；对于丙烷，情况就比较复杂了，因为其分子中可被夺取的氢原子不完全一样，有的是伯碳氢原子，有的是仲碳氢原子；对于异丁烷，分子中可以被夺取的氢原子有伯碳氢原子和叔碳氢原子；而对于异戊烷，情况就更加复杂了，因为烃分子中可以被夺取的氢原子，除了伯碳氢原子、仲碳氢原子以外，还有叔碳氢原子。

从表 4-3 可看出不同氢原子所构成的 C—H 键的解离能按下列顺序递减：

伯碳氢原子＞仲碳氢原子＞叔碳氢原子

表 4-3　伯、仲、叔碳氢原子构成的 C—H 键的解离能 *D*

烷烃	伯碳氢原子所构成的 C—H 键的 D 值/(kJ/mol)	仲碳氢原子所构成的 C—H 键的 D 值/(kJ/mol)	叔碳氢原子所构成的 C—H 键的 D 值/(kJ/mol)
乙烷	$CH_3CH_2—H$(410)	—	—
丙烷	$CH_3CH_2CH_2—H$(410)	$(CH_3)_2CH—H$(396)	—
正丁烷	—	$CH_3CH_2CH(CH_3)—H$(396)	—
异丁烷	$(CH_3)_2CHCH_2—H$(396)	—	$(CH_3)_3C—H$(381)

因此，在夺氢反应中被自由基夺走氢的容易程度按下列顺序递增：

伯碳氢原子＜仲碳氢原子＜叔碳氢原子

与之对应，自由基从烷烃中夺取这三种氢原子的相对反应速率也按同样的顺序递增。如表 4-4 所示。

表 4-4　伯碳、仲碳、叔碳氢原子与自由基反应的相对速率

温度/℃	伯碳氢原子	仲碳氢原子	叔碳氢原子	温度/℃	伯碳氢原子	仲碳氢原子	叔碳氢原子
300	1	3.0	33	800	1	1.7	6.3
600	1	2.0	10	900	1	1.65	5.65
700	1	1.9	7.8	1000	1	1.6	5

链增长反应中的自由基的分解反应是自由基自身进行分解，生成了一个烯烃分子和一个碳原子数比原来要少的新自由基，而使其自由基传递下去。

这类反应的通式如下：

$$R\cdot \longrightarrow R'\cdot + \text{烯烃}$$

$$R\cdot \longrightarrow H\cdot + \text{烯烃}$$

自由基分解反应的活化能比夺氢反应要大，而比链引发反应要小，为 118～178kJ/mol。表 4-5 是自由基的分解反应的动力学参数。从表 4-5 以及从前面所举的例子可以看出下列规律。

表 4-5 一些自由基分解反应的动力学参数

自由基	分解反应	A/s^{-1}	$E/(kJ/mol)$
正丙基	$CH_3CH_2CH_2\cdot \longrightarrow C_2H_4+CH_3\cdot$	3.15×10^{13}	137
异丙基	$(CH_3)_2CH\cdot \longrightarrow C_3H_6+H\cdot$	6.3×10^{13}	174
正丁基	$CH_3CH_2CH_2CH_2\cdot \longrightarrow C_2H_4+C_2H_5\cdot$	6.3×10^{12}	118
异丁基	$(CH_3)_2CHCH_2\cdot \longrightarrow C_3H_6+CH_3\cdot$	1×10^{13}	133
仲丁基	$CH_3CH_2(CH_3)CH\cdot \longrightarrow C_3H_6+CH_3\cdot$	2.505×10^{13}	139
叔丁基	$(CH_3)_3C\cdot \longrightarrow i\text{-}C_4H_8+H\cdot$	1×10^{14}	177

① 自由基如分解出 H· 生成碳原子数与该自由基相同的烯烃分子，这种反应活化能是较大的；而自由基分解为碳原子数较少的烯烃的反应活化能较小。

②自由基中带有未配对电子的那个碳原子，如果连的氢较少，这种自由基就主要是分解出 H· 并生成同碳原子数的烯烃分子。

③ 从分解反应或从夺氢反应中所生成的自由基，只要其碳原子数大于 3，则可以继续发生分解反应，并生成碳原子数较少的烯烃。

由此可知，自由基的分解反应，一直会进行下去，直到生成 H·、$CH_3\cdot$ 自由基为止。所以，碳原子数较多的烷烃，在裂解中也能生成碳原子数较少的乙烯和丙烯分子。至于裂解产物中，各种不同碳原子数烯烃的比例如何，则要取决于自由基的夺氢反应和分解反应的总结果。自由基分解反应是生成烯烃的反应，而裂解的目的是为了生产烯烃，所以这类反应是很关键的反应。

4.1.2.2 一次反应和二次反应

原料烃在裂解过程中发生的反应是相当复杂的，一种烃可以平行地发生很多种反应，又可以连串地发生许多后继反应。所以裂解系统是一个平行反应和连串反应交叉的反应系统。从整个反应的进程来看，是属于比较典型的连串反应。因为随着反应的进行，不断分解出气态烃（小分子烷烃、烯烃）和氢来；而液体产物的氢含量则逐渐下降，分子量逐渐增大，以致结焦。

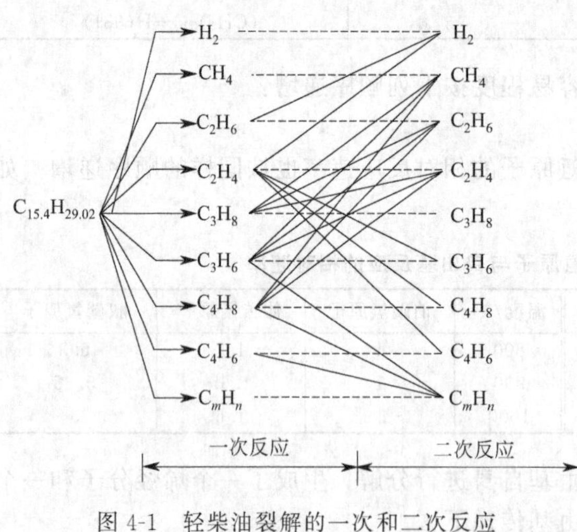

图 4-1 轻柴油裂解的一次和二次反应
——表示发生反应生成的；
------表示未发生反应而遗留下来的

对于这样一个复杂系统，现在国内外广泛应用一次反应和二次反应的概念来处理裂解过程的技术问题。

一次反应就是指原料烃分子在裂解过程中首先发生的反应，二次反应就是指一次反应的生成物继续发生的后继反应。那么，怎样来划分一次反应与二次反应呢？现在还没有一个严格的界线，而只是粗线条的。而且各研究工作者和生产设计人员在提出的反应模型中对于一次反应和二次反应的分界也不完全一样。图 4-1 给出了日本平户瑞穗的模型中对轻柴油裂解时一次反应和二次反应的划分情况。

对于生产实际来说，大多数工程技术人员和生产人员有下面几点看法。

① 生成目的产物乙烯、丙烯的反应属于一次反应，这是希望发生的反应，在确定工艺条件、设计和生产操作中要千方百计设法促使一次反应的充分进行。

② 乙烯、丙烯消失，生成分子量较大的液体产物导致结焦生碳的反应是二次反应，是

不希望发生的反应。这类反应的发生，不仅多消耗了原料，降低了主产物的产率，而且结焦生碳会恶化传热，堵塞设备，对裂解操作和稳定生产都带来了极不利的影响，所以要千方百计设法抑制其进行。

③ 对于乙炔、丁二烯、芳烃，随着生产要求的不同，具体情况要具体分析。例如对于乙炔的问题，如果我们的目的只要求生产乙烯、丙烯，而不要求生产乙炔，则生产乙炔的反应要设法防止。反之，如果我们也要求得到乙炔，则要根据生产的要求使这个反应也适当发生，以调节其烯炔比。又如对于丁二烯和芳烃的问题，由于生成乙烯、丙烯与生成丁二烯、芳烃的反应规律都不同，所要求的反应条件也不同，在尽可能促进一次反应充分进行的条件下，为了夺得乙烯、丙烯的高产率，生成丁二烯和芳烃的反应就不可能占主流。所以我们可以将丁二烯和芳烃作为副产物来回收。至于更大量地获得丁二烯和芳烃，在石油化工中往往用专门的生产方法，例如丁二烯可用催化法进行脱氢或氧化脱氢来生产，芳烃可用催化重整的方法来生产。而不是要求裂解过程把丁二烯和芳烃作为主产物来考虑。

4.1.3 裂解反应的化学热力学和动力学

4.1.3.1 裂解反应的热效应

化学反应是化学工艺的核心，反应热效应的大小，不仅决定反应热的传热方式、能量消耗和热量利用方案，而且对工艺流程和生产组织也起极重要的作用。由于裂解反应主要是烃分子在高温下分裂为较小分子的过程，所以是个强吸热过程。工业上实现裂解反应，有多少原料发生裂解，必须知道需对它供多少热，因此要计算裂解反应的热效应。在管式炉中进行裂解反应的热效应与传热的要求密切相关，影响到沿管长的温度分布及产品分布，从而影响裂解气分离的工艺流程和技术经济指标。

裂解反应通常可作为等压过程处理，根据热力学第一定律，可将反应温度 t 下的裂解反应的等压反应热效应 Q_{pt} 表示为

$$Q_{pt}=\Delta H_t=\sum(\Delta H_f^{\ominus})_{产物}-\sum(\Delta H_f^{\ominus})_{原料}$$

已有的生成热数据大多是以 298K 或 1100K 为基础，因此，在实际计算中大多以 298K 或 1100K 为基准温度计算反应热。按基尔霍夫公式，在反应温度 t_1 之下的反应热效应 ΔH_{t_1} 与反应温度 t_2 之下的反应热效应 ΔH_{t_2} 之间关系如下

$$\Delta H_{t_2}=\Delta H_{t_1}+\int_{t_1}^{t_2}\Delta C_p\,\mathrm{d}t$$

$$\Delta C_p=(\sum_V \gamma_V c_{pV})_{产物}-(\sum_V \gamma_V c_{pV})_{原料}$$

式中，C_p 为等压比热容。这样便可根据裂解炉实际进出口温度计算裂解炉热负荷。

热效应计算中所需的生成热数据可从文献中查取，由于馏分油和裂解产物组分十分复杂，所以常用氢含量或摩尔质量与生成热的关系估算油品和产物生成热，由此计算裂解反应的热效应。

(1) 用烃的氢含量估算生成热

馏分油裂解原料和裂解产物的焦油组分，可由其氢含量 $w(H_2)$ 估算生成热。

馏分油裂解原料主要由饱和烷烃、芳烃、环烷烃组成，其生成热（1100K）可按下式估算：

$$\Delta H_f^{\ominus}(1100K)=2.3262[1400-150W_f(H_2)]$$

裂解产物液相产品主要是烯烃、双烯烃和芳烃，其生成热（1100K）可按下式估算：

$$\Delta H_p^{\ominus}(1100K)=2.3262[2500.25-228.59W_p(H_2)]$$

式中，$\Delta H_f^{\ominus}$（1100K）、$\Delta H_p^{\ominus}$（1100K）分别为裂解原料和裂解产品在 1100K 的生成热；$W_f(H_2)$、$W_p(H_2)$ 分别为裂解原料和裂解产品的氢含量。

(2) 用分子量估算生成热

对于馏分油裂解原料和裂解产物中的液体产品，也可根据其平均摩尔质量 M 估算生成热。

$$\Delta H^{\ominus}\ (298\mathrm{K}) = 23262\times10^{-4}M\left(\frac{A+M}{B+CM}+D+\frac{A'M}{B'+C'+M}\right)$$

式中，$\Delta H^{\ominus}$(298K) 为在 298K 温度下的生成热；M 为平均摩尔质量；A、B、C、A'、B'、C'都为系数，其值见表 4-6 所示。

当摩尔质量大于表 4-6 中所使用修正项的最大摩尔质量时，上式可简化为：

$$\Delta H^{\ominus}\ (298\mathrm{K}) = 23262\times10^{-4}M\left(\frac{A+M}{B+CM}+D\right)$$

表 4-6 用摩尔质量估算生成热的系数值

系列	A	B	C	D	A'
正烷烃	−100.206	−0.012057	0.005878	−805.113	−58.124
异烷烃	−100.206	−0.012874	0.004975	−835.989	−100.206
C_5 环烷烃	−112.22	−0.2915	−0.01470	−566.98	−112.22
C_6 环烷烃	−140.271	−1.59627	0.053294	−653.764	−140.271
单环烷烃	−134.22	−0.001663	−0.001693	−44.22	−134.22
茚满	−202.33	0.0002124	−0.002167	−173.57	−132.20
茚类	−200.31	0.000081	−0.001433	62.81	−130.18
萘类	−198.29	0.0000712	−0.001406	76.16	−1421.9
苊类	−210.30	0.000149	0.001385	87.13	−168.23
亚苊基类	−208.29	−0.000025	−0.001055	312.49	−166.21
三环芳烃类	−262.38	0.0000608	−0.001300	134.12	−192.25
双环芳烃类	−208.37	0.5154	−0.024637	−594.41	−152.27

系列	B'	C'	系列中最小化合物的摩尔质量	使用修正项的最大摩尔质量
正烷烃	2.055107	−0.113226	16.043	58.124
异烷烃	−5.94668	0.21595	58.124	100.206
C_5 环烷烃	15.9544	−0.2370	70.135	112.22
C_6 环烷烃	−7.5757	0.11086	84.163	140.271
单环烷烃	17.5817	−0.2379	78.115	134.22
茚满	35.4908	−0.3029	118.17	132.20
茚类	34.2686	−0.2976	116.15	130.18
萘类	43.1200	−0.3391	128.16	142.19
苊类	60.4374	−0.3945	154.20	168.23
亚苊基类	50.2522	−0.3324	152.18	166.21
三环芳烃类	83.6124	−0.4718	178.22	192.25
双环芳烃	102.1477	−0.7443	188.24	152.27

4.1.3.2 裂解反应系统的化学平衡组成

裂解反应系统包括的反应较多，尤其是重质原料，由于组成多，可能进行的反应十分复杂，往往不能确切地写出各个反应式，故对于重质原料的裂解反应系统，还难于用一般计算联立反应平衡组成的方法处理。为说明化学平衡的计算方法，现以简化的乙烷裂解反应系统为例进行平衡组成的计算，并进一步讨论裂解反应系统的规律。

乙烷裂解过程主要由以下四个反应组成。

$$C_2H_6 \xrightleftharpoons{K_{p1}} C_2H_4 + H_2$$

$$C_2H_6 \xrightleftharpoons{K_{p1a}} \frac{1}{2}C_2H_4 + CH_4$$

$$C_2H_4 \xrightleftharpoons{K_{p2}} C_2H_2 + H_2$$

$$C_2H_2 \xrightleftharpoons{K_{p3}} 2C + H_2$$

化学平衡常数 K_p 可由标准生成自由焓 $\Delta G^{\ominus}$ 计算，也可由反应的自由焓 Φ 函数计算。

$$\Delta G^{\ominus} = -RT\ln K_p$$

$$K_p = \exp\left[\frac{1}{R}\left(\Delta\Phi - \frac{\Delta H_0^{\ominus}}{T}\right)\right]$$

式中，Φ 为自由焓函数，$\Phi = -\dfrac{G_0^{\ominus} - H_0^{\ominus}}{T}$；$G_0^{\ominus}$、$H_0^{\ominus}$ 分别为物质在 0K 时的标准生成自由焓。

由上述反应方程式可列出以下的联立方程式组（反应压力 $p=101.3$kPa）。

$$y^*(C_2H_6) + y^*(C_2H_4) + y^*(C_2H_2) + y^*(H_2) + y^*(CH_4) = 1$$

$$K_{p1} = \frac{y^*(C_2H_4)y^*(H_2)}{y^*(C_2H_6)}$$

$$K_{p1a} = \frac{\sqrt{y^*(C_2H_4)}y^*(CH_4)}{y^*(C_2H_6)}$$

$$K_{p2} = \frac{y^*(C_2H_2)y^*(H_2)}{y^*(C_2H_4)}$$

$$K_{p3} = \frac{y^*(H_2)}{y^*(C_2H_2)}$$

式中，$y^*(C_2H_6)$、$y^*(C_2H_4)$、$y^*(C_2H_2)$、$y^*(CH_4)$、$y^*(H_2)$ 分别为 C_2H_6、C_2H_4、C_2H_2、CH_4、H_2 的气相平衡摩尔分数。

由上面联立方程式组可导出反应系统中各组分平衡浓度的计算式：

$$1 - y^*(C_2H_6) - y^*(C_2H_4) - y^*(C_2H_2) - y^*(CH_4) = y^*(H_2)$$

$$y^*(C_2H_2) = \frac{y^*(H_2)}{K_{p3}}$$

$$y^*(C_2H_4) = \frac{y^*(C_2H_2)y^*(H_2)}{K_{p2}}$$

$$y^*(C_2H_6) = \frac{y^*(C_2H_4)y^*(H_2)}{K_{p1}}$$

$$y^*(CH_4) = \frac{K_{p1a}y^*(C_2H_6)}{\sqrt{y^*(C_2H_4)}}$$

以上各式中反应平衡常数 K_{p1}、K_{p1a}、K_{p2}、K_{p3} 可由自由焓 Φ 函数方法计算。计算结果列于下表 4-7。

表 4-7 不同温度下乙烷裂解反应的化学平衡常数

T/K	K_{p1}	K_{p2}	K_{p3}	K_{p1a}
1100	1.675	0.01495	6.556×10^{7}	60.97
1200	6.234	0.08053	8.662×10^{6}	83.72
1300	18.89	0.3350	1.570×10^{6}	108.74
1400	48.86	1.134	3.646×10^{5}	136.24
1500	111.98	3.248	1.032×10^{5}	165.87

由上面方程组，根据表 4-7 的数据计算不同温度下的平衡组成，结果列于表 4-8。

表 4-8 乙烷裂解系统在不同温度下的平衡组成

T/K	$y^*(H_2)$	$y^*(C_2H_2)$	$y^*(C_2H_4)$	$y^*(C_2H_6)$	$y^*(CH_4)$
1100	0.9657	1.473×10^{-8}	9.514×10^{-7}	5.486×10^{-7}	3.429×10^{-2}
1200	0.9844	1.137×10^{-7}	1.389×10^{-6}	2.194×10^{-7}	1.558×10^{-2}
1300	0.9922	6.320×10^{-7}	1.872×10^{-6}	9.832×10^{-8}	7.815×10^{-3}
1400	0.9957	2.731×10^{-6}	2.397×10^{-6}	4.886×10^{-8}	4.299×10^{-3}
1500	0.9974	9.667×10^{-6}	2.968×10^{-6}	2.644×10^{-8}	2.545×10^{-3}

根据表 4-7 和表 4-8 数据可以看出以下两个特征。

① 从化学平衡的观点看，如使裂解反应进行到平衡，所得烯烃很少，最后生成大量的氢和碳。为获得尽可能多的烯烃，必须采用尽可能短的停留时间进行裂解反应。

② 乙烷裂解生成乙烯的反应平衡常数 K_{p1}、K_{p1a} 远远大于乙烯消失反应的平衡常数 K_{p2}，随着温度的升高，各平衡常数均增加，而 K_{p1}、K_{p1a} 与 K_{p2} 的差距更大。乙炔结碳反应的平衡常数 K_{p3} 虽然远高于 K_{p1}、K_{p1a}，但其值随温度的升高而减小。因此，提高裂解温度对生成烯烃是非常有利的。

4.1.3.3 烃类裂解反应动力学

烃类裂解时的主反应可按一级反应处理。

$$\frac{-\mathrm{d}c}{\mathrm{d}t}=kc$$

$$-\int_{c_0}^{c}\frac{\mathrm{d}c}{c}=\int_0^t k\mathrm{d}t$$

$$kt=\ln\frac{c_0}{c}$$

设 $c=c_0(1-x)$，上式可转化为：

$$kt=\ln\frac{c_0}{c_0(1-x)}=\ln\frac{1}{1-x}$$

式中，c_0，c 为反应前后的原料烃浓度，mol/L；x 为原料烃转化率；t 为原料烃在反应系统中的停留时间，s；k 为原料烃的反应速率常数，s^{-1}。

反应速率是温度的函数，可用阿累尼乌斯方程表示如下：

$$k=A\mathrm{e}^{-E/RT}$$

式中，A 为反应频率因子；E 为反应的活化能，kJ/mol；R 为气体常数，kJ/kmol；T 为反应温度，K。

表 4-9 列出了从乙烷到正戊烷的裂解反应频率因子、活化能以及反应速率常数。

表 4-9 某些烃的裂解反应动力学数据

烃	lg$A$	E/(kJ/mol)	烃	lg$A$	E/(kJ/mol)
乙烷	14.6737	302.54	异丁烷	12.3173	239.23
丙烷	12.6160	250.29	正丁烷	12.2545	235.80
丙烯	13.8334	281.44	正戊烷	12.2479	232.07

对于较大分子的烷烃和环烷烃，Zdonik 根据实验室数据推导出下列预测公式。

$$\lg\left(\frac{k_i}{k_5}\right)=1.5\lg N_i-1.05$$

式中，k_5、k_i 为 c_5、c_i 的反应速率常数，s^{-1}；N_i 为待测的烃的碳原子数。

烃裂解过程除发生一次反应外还伴随着大量的二次反应，因此按一级反应处理不能反映出实际裂解过程，为此 Froment 等研究者对反应速率常数作如下修正。

$$k=\frac{k^0}{1+xa}$$

式中，k 为实际反应速率常数，s^{-1}；k^0 为表观一级反应速率常数，s^{-1}；x 为转化率；a 为抑制系数，随烃组分及反应温度而异。

裂解动力学方程可以用来计算原料在不同的工艺条件下裂解过程的转化率变化情况，但不能确定裂解产物的组成。

4.2 裂解过程的影响因素

4.2.1 原料组成

除裂解工艺条件外，原料烃的分子结构对产品分布也有很大影响。由于烃类裂解反应使用的原料是组成性质有很大差异的混合物，因此原料的特性无疑对裂解效果起着重要的决定作用，它是决定反应效果的内因，而工艺条件的调整、优化仅是外部条件。

目前，乙烯生产应用最广泛的管式裂解炉裂解法，对裂解原料的反应主要有以下两大要求。一是获得高收率的乙烯；二是要求原料在高温条件下结焦区尽可能少，以确保裂解炉运转周期尽可能长。一般采用以下三个原料物性参数对裂解原料的反应进行评价，并据此能预测出乙烯收率和裂解产品的分布。

4.2.1.1 族组成（PONA值）

裂解原料油中各种烃，按其结构可以分为四大族，即链烷烃（paraffin）、烯烃（olefin）、环烷烃（naphtene）和芳香烃（aromatics）。这四大族的族组成以PONA值表示。PONA值表征轻质馏分油中四族烃的质量分率。根据PONA值可以定性评价液体燃料的裂解性能。原料烃中，烷烃含量越大，芳烃含量越小，则乙烯产率越高。

4.2.1.2 氢含量

氢含量可以用裂解原料中所含氢的质量分数来表示，也可以用裂解原料中C与H的质量比（称为碳氢比）表示。

氢含量：
$$w(H_2)=\frac{H}{12C+H}\times 100$$

碳氢比：
$$C/H=\frac{12C}{H}$$

式中，H、C分别为原料烃中氢原子数和碳原子数。

氢含量顺序：P>N>A。

通过裂解反应，使一定含氢量的裂解原料生成含氢量较高的C_4和C_4以下轻组分和含氢量较低的C_5和C_5以上的液体。从氢平衡可以断定，裂解原料含氢量愈高，获得的C_4和C_4以下轻烃收率愈高，相应乙烯和丙烯收率一般也较高。显然，根据裂解原料的氢含量既可判断该原料可能达到的裂解深度，也可评价该原料裂解所得的C_4和C_4以下轻烃的收率。当裂解原料氢含量低于13%时，可能达到的乙烯收率低于20%。这样的馏分油作为裂解原料是不经济的。

4.2.1.3 特性因数

特性因数（characterization factor）X是表示烃类和石油馏分化学性质的一种参数，可表示如下：

$$X=\frac{1.216\ (T_B)^{1/3}}{d_{15.6}^{15.6}}$$

$$T_B=(\sum_{i=1}^{n}\Psi_i T_i^{1/3})^3$$

式中，T_B为立方平均沸点，K；$d_{15.6}^{15.6}$为相对密度；Ψ_i为i组分的体积分数；T_i为i组分的沸点，K。

4.2.1.4 关联指数（BMCI值）

馏分油的关联指数（BMCI值）是表示油品芳烃含量的指数。关联指数愈大，则表示油品的芳烃含量愈高。其定义如下：

$$\mathrm{BMCI}=\frac{48640}{V_{\mathrm{ABP}}}+473.7d_{15.6}^{15.6}-456.8$$

式中，V_{ABP}为原料的体积平均沸点，K；$d_{15.6}^{15.6}$为原料在15.6℃时的相对密度。

原料BMCI值越小，表示其脂肪性越高，直链烷烃含量越高；反之芳香性越强，芳烃含量越高，故BMCI值又称为芳烃指数值。随原料BMCI值增加，乙烯收率降低，结焦现象越严重，裂解性能越差。一般认为，BMCI值低于40的原料可直接进行管式炉裂解，反之使用管式炉，其烯烃收率甚低，结焦现象严重。

烃类化合物的芳香性按下列顺序递增：正构链烷烃<带支链烷烃<烷基单环烷烃<无烷基单环烷烃<双环烷烃<烷基单环芳烃<无烷基单环芳烃（苯）<双环芳烃<三环芳烃<多环芳烃。烃类化合物的芳香性愈强，则BMCI的值愈大。

4.2.2 工艺条件

为了得到高的乙烯产率，在生产过程中应通过对生产工艺条件进行调节，以促进一次反应的进行，并尽可能地抑制二次反应的发生。这就要求对热裂解过程进行热力学和动力学分析。热力学主要研究不同温度和不同压力下对反应平衡的影响，动力学主要研究不同温度和不同压力下，各个反应进行的速率，通过分析，人们得到如下认识。

4.2.2.1 裂解温度

从自由基反应机理分析，在一定温度内，提高裂解温度有利于提高一次反应乙烯和丙烯的收率。理论计算600℃和1000℃下正戊烷和异戊烷一次反应的产品收率如表4-10所示。

表4-10 温度对一次裂解反应的影响

裂解产物组分	收率(以质量计)/%			
	正戊烷裂解		异戊烷裂解	
	600℃	1000℃	600℃	1000℃
H	1.2	1.1	0.7	1.0
CH_4	12.3	13.1	16.4	14.5
C_2H_4	43.2	46.0	10.1	12.6
C_3H_6	26.0	23.9	15.2	20.3
其他	17.3	15.9	57.6	51.6
总计	100.0	100.0	100.0	100.0

从裂解反应的化学平衡也可看出，提高裂解温度有利于生成乙烯的反应，并相对减少乙烯消失的反应，因而有利于提高裂解的选择性。

从裂解反应的化学平衡同样可看出，裂解反应进行到反应平衡，烯烃收率甚微，裂解产物主要为氢和碳。因此，裂解生成烯烃的反应必须控制在一定的裂解深度范围内。

根据裂解反应动力学，为使裂解反应控制在一定裂解深度范围内，就是使转化率控制在一定范围内。由于不同裂解原料的反应速率常数大不相同，因此，相同停留时间，不同裂解原料所需裂解温度也不相同。裂解原料分子量越小，其活化能和频率因子越高，反应活性越低，所需裂解温度越高。

在控制一定裂解深度条件下，可以有各种不同的裂解温度、停留时间组合。因此，对于生产烯烃的裂解反应而言，裂解温度与停留时间是一组相互关联并不可分割的参数。而高温-短停留时间则是改善裂解反应产品收率的关键。

4.2.2.2 停留时间

管式裂解炉中物料的停留时间是裂解原料经过辐射盘管的时间。由于裂解管中裂解反应是在非等温变容条件下进行，很难计算其真实停留时间。工程中常用如下几种方式来计算裂解反应的停留时间。

① 表观停留时间　表观停留时间 t_B 定义如下：

$$t_B=\frac{V_R}{V}=\frac{SL}{V}$$

式中，V_R，S，L 分别为裂解反应器容积，裂解管截面积及管长；V 为单位时间通过裂解炉的气体体积。

表观停留时间表述了裂解管内所有物料在管中的停留时间。

② 平均停留时间　平均停留时间 t_A 定义如下：

$$t_A=\int_0^{V_R}\frac{dV}{a_V V}$$

式中，a_V 为体积增大率，是转化率、温度、压力的函数；V 为原料气的体积流量。

近似计算
$$t_A=\frac{V_R}{a_V' V'}$$

式中，V'为原料气在平均反应温度和平均反应压力下的体积流量；a_V'为最终体积增大率。

4.2.2.3　温度-停留时间效应

(1) 温度-停留时间对裂解产品收率的影响

从裂解反应动力学可以看出，对给定的原料而言，裂解深度（转化率）取决于裂解温度和停留时间。然而，在相同转化率下可以有各种不同的温度-停留时间组合。因此，相同裂解原料在相同转化率下，由于温度-停留时间的不同，所得产品收率并不相同。

温度-停留时间对产品收率的影响可以概括如下。

① 高温裂解条件有利于裂解反应中一次反应的进行，而短停留时间可抑制二次反应的进行。因此，对给定裂解原料而言，在相同裂解深度条件下，高温-短停留时间的操作条件可以获得较高的烯烃收率，并减少结焦。

② 高温-短停留时间的操作条件可抑制芳烃生成的反应，对给定裂解原料而言，在相同裂解深度下以高温-短停留时间操作条件所得的裂解汽油的收率相对较低。

③ 对给定裂解原料，在相同裂解深度下，高温-短停留时间的操作条件将使裂解产品中炔烃收率明显增加，并使乙烯/丙烯比及 C_4 中的双烯烃/单烯烃的比增大。

(2) 裂解温度-停留时间的限制

① 裂解深度对温度-停留时间的限定。为达到比较满意的裂解产品收率，需要达到较高的裂解深度，而过高的裂解深度又会因结焦严重而使清焦周期急剧缩短。工程中常以 C_5 和 C_5 以上的液相产品氢含量不低于 8%为裂解深度的限度，由此，根据裂解原料性质可以选定合理的裂解深度。在裂解深度确定后，选定停留时间，则可相应确定裂解温度。反之，选定了裂解温度，也可相应确定所需的停留时间。

② 温度限制。对于管式炉中进行的裂解反应，为提高裂解温度，就必须相应提高炉管管壁温度。炉管管壁温度受到炉管材质限制。当使用 Cr25Ni20 耐热合金钢时，其极限使用温度低于 1100℃。当使用 Cr25Ni35 耐热合金钢时，其极限使用温度可提高到 1150℃。由于受炉管耐热程度的限制，管式裂解炉出口温度一般限制在 950℃以下。

③ 热强度限制。炉管管避温度不仅取决于裂解温度，也取决于热强度。在给定的裂解温度下，随着停留时间的缩短，炉管热通量增加，热强度增大，管壁温度进一步上升。因此，在给定裂解温度下，热强度对停留时间是很大的限制。

4.2.2.4　裂解压力

烃类裂解生成烯烃的反应，是分子数增多的反应。由化学平衡移动原理可知，降低压力，有利于提高烯烃收率；烯烃的缩合、聚合等二次反应，是分子数减小的反应，降低压力，可以抑制二次反应。因此，降低压力，有利于提高烯烃的收率。但是，高温下的减压操作存在以下问题：一是系统很易吸入空气导致爆炸危险；二是系统压力较低，不利于后继工序的操作；三是难以实现短停留时间的控制。为避免减压操作存在的问题，采用添加稀释剂降低原料分压措施，工业上以水蒸气作为稀释剂，其特点是：

① 水蒸气的热容大，具有稳定炉管温度、保护炉管的作用；

② 价廉易得，容易从裂解产物中分离；

③ 化学性质稳定，一般与烃类不发生反应；

④ 可与二次反应生成的碳反应（$C+H_2O \longrightarrow H_2+CO$），具有清除炉管沉积碳的作用；

⑤ 对金属表面具有一定的氧化作用，使金属表面形成氧化物膜，可以减轻金属铁、镍对烃分解生碳的催化作用；

⑥ 可抑制原料含有的硫对裂解炉管的腐蚀。

4.2.2.5　稀释剂

由于裂解是在高温下操作的，不宜用抽真空减压的方法降低烃分压，这是因为高温密封不易，一旦空气漏入负压操作的裂解系统，与烃气体形成爆炸混合物就有爆炸的危险，而且减压操作对以后分离工序的压缩操作也不利，要增加能量的消耗。所以，采取添加稀释剂以降低烃分压是一个较好的方法。这样，设备仍可在常压或正压操作，而烃分压则可以降低。稀释剂理论上讲可用水蒸气、氢或任一种惰性气体，但目前较为成熟的裂解方法，均采用水蒸气作稀释剂，其原因如下。

① 裂解反应后通过急冷可实现稀释剂与裂解气的分离，不会增加裂解气的分离负荷和困难。使用其他惰性气体为稀释剂时，反应后均与裂解气混为一体，增加了分离困难。

② 水蒸气热容量大，使系统有较大的热惯性，当操作供热不平稳时，可以起到稳定温度的作用，保护炉管防止过热。

③ 抑制裂解原料所含硫对镍铬合金炉管的腐蚀。

④ 脱除结碳，炉管的铁和镍能催化烃类气体的生碳反应。水蒸气对铁和镍有氧化作用，抑制它们对生碳反应的催化作用。而水蒸气对已生成的碳有一定的脱除作用。

$$H_2O+C \rightleftharpoons CO+H_2$$

水蒸气的稀释比不宜过大，因为它使裂解炉生产能力下降，能耗增加，急冷负荷加大。

4.3 裂解方法及裂解工艺过程

由于烃类热裂解反应需要大量的热，并存在二次反应，因此采用合适的裂解方法和先进的裂解设备是烃类热裂解的关键。按供热方式和热载体的不同，烃类热裂解法有以下几种。

(1) 间接加热

管式炉裂解。

(2) 直接加热

以小颗粒固体如金属氧化物、砂子、焦炭为载热体，由气化的烃原料和水蒸气使之流态化并进行裂解反应。

① 固体热载体

a. 固定床　蓄热炉。

b. 流化床　砂子炉。

② 液体热载体　熔盐炉。

③ 气体热载体　高温蒸汽裂解，自供热-部分氧化裂解。

4.3.1　管式裂解工艺

早在 20 世纪 30 年代就开始研究用管式裂解炉高温法裂解石油烃。20 世纪 40 年代美国首先建立了管式裂解炉裂解乙烯的工业装置。进入 20 世纪 50 年代后，由于石油化工的发展，世界各国竞相研究提高乙烯生产水平的技术，并找到了通过高温-短停留时间的技术措施可以大幅度提高乙烯收率。20 世纪 60 年代初期，美国 Lummus 公司开发成功能够实现高温-短停留时间的 SRT-Ⅰ型炉（short residence time）。这是一种把一组用 HK-40 铬镍合金钢（25-20 型）制造的离心浇铸管垂直地放置在炉膛中央以使双面接受辐射加热的裂解炉。采用双面受热，使炉管表面热强度提高到 251MJ/(m^2 · h)。耐高温的铬镍合金钢管可使管壁温度达 1050℃，从而奠定了实现高温-短停留时间的工艺基础。以石脑油为原料，SRT-Ⅰ型炉可使裂解出口温度提高到 800～860℃，停留时间减少到 0.25～0.60s，乙烯产率得到了明显的提高。20 世纪 60 年代中期，Lummus 公司研究了裂解过程烃分压和停留时间对裂解选择性的影响，确认降低裂解过程的烃分压能显著改善裂解反应的选择性。基于这项研究成果，该公司又开发成功 SRT-Ⅱ型炉。这是适应烃原料能够迅速升温又可以减少压降的新型炉管即分叉变径炉管（swaged coil）。SRT-Ⅱ型炉的炉管表面热强度可达 293MJ/(m^2 · h)，石脑油裂解的乙烯收率为 28%～30%。20 世纪 70 年代中期，Lummus 公司又把炉管材料由 HK-40 改为 HP-40（25～35 铬镍钢），新材料使炉管管壁温度达 1100℃，热强度达 376.8MJ/(m^2 · h)，进一步缩短了停留时间，降低了烃分压并提高了裂解的选择性，这种炉子称为 SRT-Ⅲ型炉。除了对炉管材质作了改进，SRT-Ⅲ型炉的工艺性能和 SRT-Ⅱ型炉基本相同，但炉内管排由四组增加到六组，单台炉的生产能力由 3 万吨/年增加到（4.5～5.0）万吨/年，炉子热效率由 87%提高到了 92%。Lummus 公司近 20 年来在管式裂解炉工艺技术和工程方面所取得的技术进展代表了当前世界各国在裂解工艺技术方面的总发展趋势。Lummus 公司 SRT 型炉生产乙烯的总产量约占全世界的一半左右。20 世纪 60 年代末期以来，各国著名的公司如 Stone&Webster，Linde-Selas，Kellogg，三菱油化等都相继提出了自己开发的新型管式裂解炉。

4.3.1.1　鲁姆斯 SRT-Ⅲ型炉

由美国鲁姆斯公司开发，鲁姆斯 SRT-Ⅲ型裂解炉的结构如图 4-2 所示。

该炉型具有以下特点：

① 管组排列为 4-2-1-1 方式，侧壁和炉底采用两种烧嘴，辐射加热面均匀；

② 炉管垂直排列，管间距宽大，双侧受热，热量分布均匀；炉管不受自重应力影响，可自由膨胀；

③ 裂解原料在管内停留时间短，结焦率低；

④ 适用的原料范围广（乙烷到柴油间的各种裂解原料）。

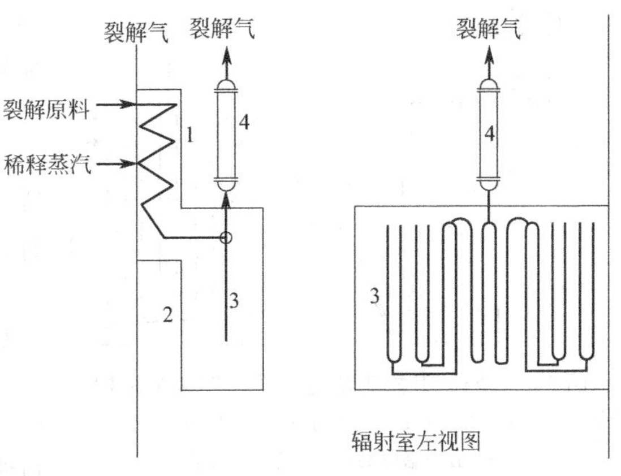

图 4-2　鲁姆斯 SRT-Ⅲ型裂解炉结构

1—对流室；2—辐射室；3—炉管组；4—急冷换热器

该炉型的管壁最高温度可达 1100℃，停留时间为 0.37～0.431s，其收率能够达到 23.25%～24.5%（质量分数），炉子热效率可以达 93.5%。

4.3.1.2　凯洛格毫秒裂解炉（MSF）炉型

由美国凯洛格公司开发，炉型结构如图 4-3 所示。该炉型具有以下特点：

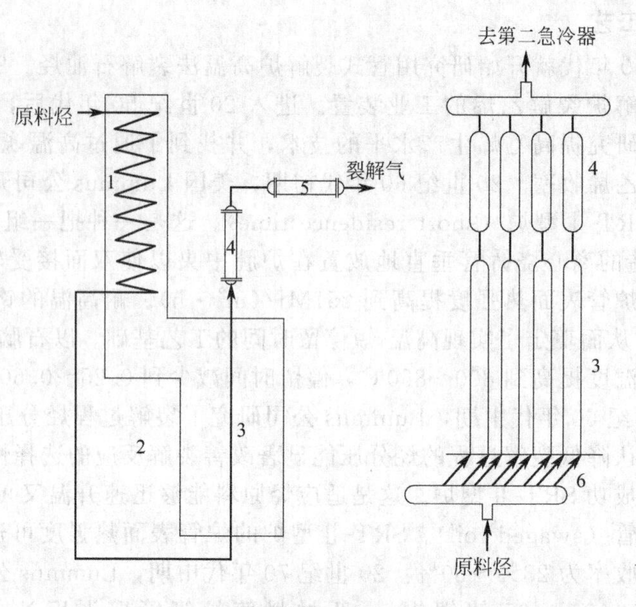

图 4-3　凯洛格毫秒裂解炉结构

1—对流室；2—辐射室；3—炉管组；4—第一急冷器；

5—第二急冷器；6—尾管流量分配器

① 炉管为单程、单排垂直组成，热通量大，可在极短时间内将原料加热至裂解温度；

② 炉管无弯头，流体阻力降小，烃分压低，乙烯收率高；

③ 采用“猪尾管”分配进料，进料很均匀；

④ 裂解原料适应范围广，从乙烷到重柴油间的各种原料均可裂解。

该炉型的裂解气出口温度达 850～880℃，停留时间为 0.05～0.1s，以石脑油为原料，乙烯收率达 32%～34.4%（质量分数）。

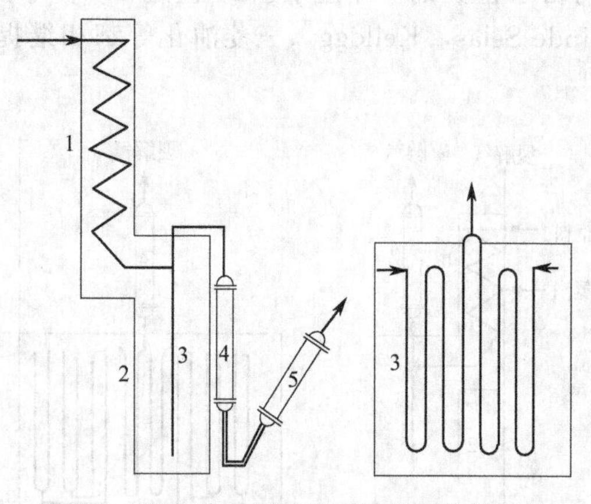

图 4-4　斯通-韦勃斯特超选择性裂解炉结构

1—对流室；2—辐射室；3—炉管；

4—第一急冷器；5—第二急冷器

4.3.1.3　三菱 M-TCF 倒梯台式裂解炉

由日本三菱公司开发，炉型结构主要由对流室、辐射室、炉管和急冷器构成。该炉型具有以下的特点：

① 烧嘴分上、下两层，加热均匀，无局部过热点，减少了结焦倾向；

② 采用椭圆形炉管，增大了传热面积；

③ 对流室位于裂解炉下部，急冷器设在出口管和炉顶间，以减少二次反应；

④ 炉子结构紧凑，投资少；

⑤ 适用原料范围广，可裂解从乙烷到柴油间的各种原料。

4.3.1.4　斯通-韦勃斯特超选择性裂解炉（USC）

由美国斯通-韦勃斯特公司开发。炉型结构见图 4-4 所示。该炉型具有以下特点：

① 采用两段急冷；

② 每组炉管成 W 形排列，4 程 3 次变径，单排；

③ 适用原料范围广，可裂解乙烷到柴油间的各种原料。

4.3.2 烃类热裂解的工艺过程

烃类热裂解的工艺过程包括原料油供给和预热系统、裂解和高压水蒸气系统、急冷油和燃料油系统、急冷水和稀释水蒸气系统。

4.3.2.1 鲁姆斯裂解工艺流程

鲁姆斯裂解工艺典型流程，如图 4-5 所示。

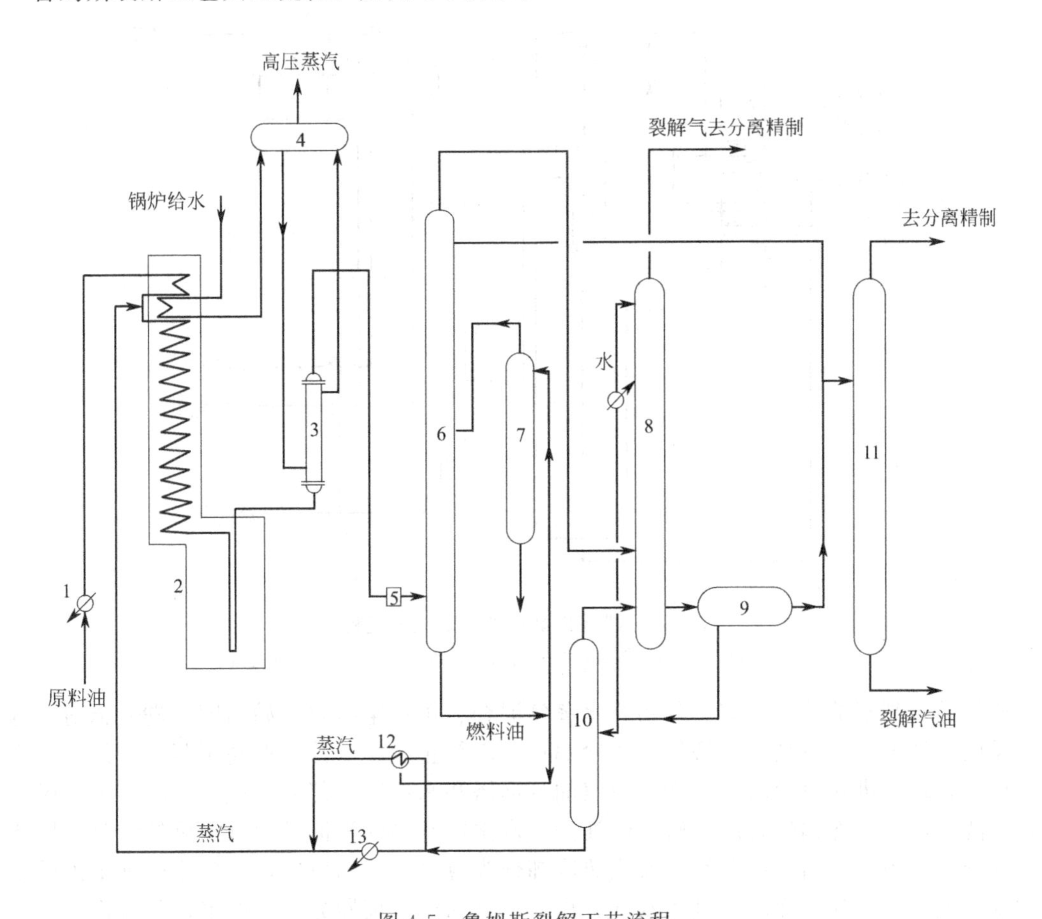

图 4-5 鲁姆斯裂解工艺流程

1—原料预热器；2—裂解炉；3—急冷锅炉；4—汽包；5—油急冷器；6,11—汽油分馏塔；7—燃料油汽提塔；8—水洗塔；9—油水分离器；10—水汽提塔；12,13—交叉换热器

裂解原料经原料预热器 1 与急冷水和急冷油交叉换热后进入裂解炉 2 对流室，与稀释水蒸气混合、预热至裂解初始温度后进入辐射室裂解。离开裂解炉的高温裂解气，进入急冷锅炉 3 急冷，并终止裂解反应，副产高压水蒸气。经急冷锅炉急冷的裂解气进入油急冷器 5，从而进一步冷却后进入汽油分馏塔 6。裂解气在汽油分馏塔 6 进行分馏，汽油及更轻的组分由塔顶蒸出，再送往水洗塔 8；塔釜的燃料油馏分和由急冷器加入的急冷油，一部分与水汽提塔釜流出的工艺水交叉换热，冷却后作为急冷油返回急冷器，一部分进入燃料油汽提塔 7 进行汽提，经汽提的轻组分汽油馏分返回汽油分馏塔 6，塔釜的重组分燃料油作为裂解原料。

由汽油分馏塔 6 塔顶来的汽油馏分及更轻组分进入水洗塔 8，用冷却水进行喷淋水洗、冷却和分离，经水洗的裂解气送往裂解气分离系统；水洗塔釜液含有部分汽油馏分的洗涤水，送油水分离器沉降分离。经油水分离器 9 分离的水，部分经冷却送回水洗塔作为冷却洗涤水，部分经工艺水汽提塔汽提后，再由急冷油及蒸汽加热汽化作稀释水蒸气；经油水分离器 9 分离的裂解汽油，部分送回汽油分馏塔 11，部分经过汽油汽提塔汽提后，作为汽油产品送出，汽油汽提塔塔顶裂解气送往裂解气分离系统。

4.3.2.2　凯洛格毫秒炉裂解工艺流程

凯洛格毫秒炉裂解的典型工艺流程，如图 4-6 所示。

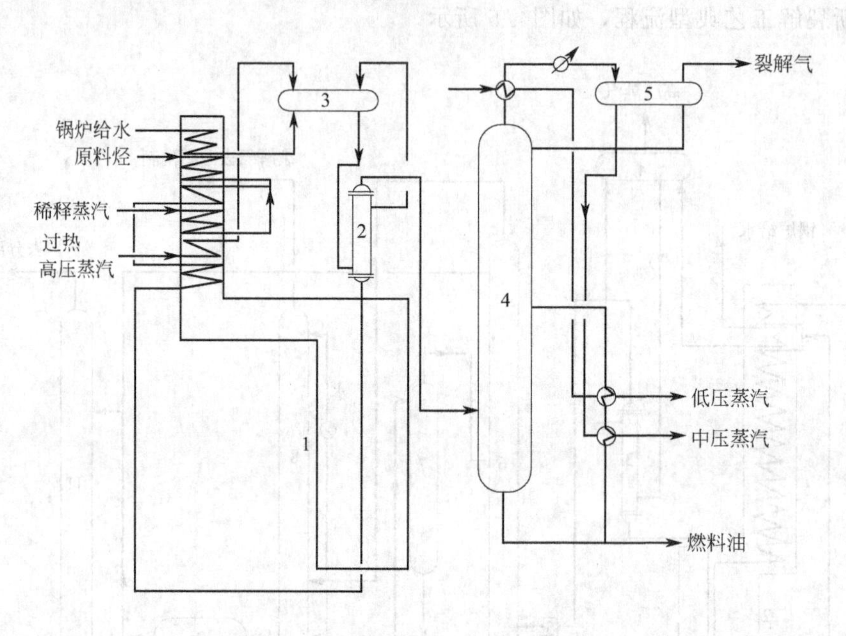

图 4-6　凯洛格毫秒炉裂解工艺流程

1—裂解炉；2—急冷锅炉；3—汽包；4—急冷塔；5—水气分离器

原料进入裂解炉的对流室，与稀释水蒸气混合、预热至裂解初始温度，进入辐射室进行裂解反应，裂解炉出口高温裂解气经急冷锅炉急冷终止裂解，并副产高压蒸汽。经急冷锅炉急冷后的裂解气进入急冷塔，急冷塔由汽油分馏塔和水洗塔两部分组成，上段是水洗段，下段是油洗段，由急冷锅炉来的裂解气经油洗、水洗，其中的汽油及比汽油重的馏分由塔釜采出，部分作燃料油送出，部分经交叉换热冷却作为急冷油返回急冷塔；急冷塔顶采出的裂解气和水蒸气，经冷却、冷凝后进入水气分离器，经水气分离器分离出的水，部分作急冷水返回急冷塔，部分与急冷塔底采出的回流急冷油换热，副产中压蒸汽；水气分离器分离出来的裂解气送往分离精制系统。

4.3.2.3　三菱倒梯台炉裂解工艺流程

三菱倒梯台炉裂解的典型工艺流程，如图 4-7 所示。原料烃进入裂解炉的对流室，与稀释蒸汽混合、预热至裂解初始温度后，进入辐射室进行裂解反应。裂解炉出口的高温裂解气经急冷锅炉急冷，终止裂解反应，同时副产出高压蒸汽，经急冷锅炉急冷的裂解气进入油急冷器，用急冷油进一步冷却，而后进入到汽油分馏塔。在汽油分馏塔，裂解气中汽油馏分及其更轻的组分由塔顶蒸出，经过冷凝、冷却后进入油水气分离器；塔釜采出重组分燃料油，经冷却作为急冷器用的急冷油。

油水气分离器分离出的汽油馏分，部分作为汽油分馏塔回流，部分送去汽油汽提塔。油水分离器分离出的水，进入工艺水汽提塔。在工艺水汽提塔中，油水分离器分离出的水经汽提，塔釜工艺水经过热器汽化产生蒸汽，作为原料烃的稀释水蒸气去裂解炉；塔顶裂解气经过冷凝、冷却后进入油水气分离器。来自油水分离器的汽油，经汽油汽提塔汽提，塔釜送出裂解汽油；塔顶分离出的裂解气经冷凝、冷却进入到油水气分离器。裂解气经油水气分离器

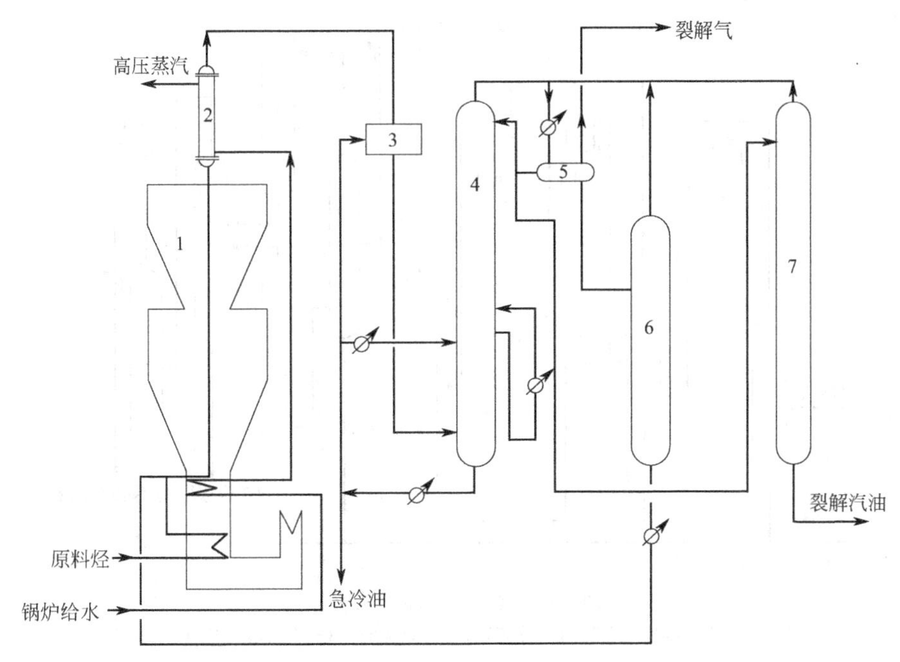

图 4-7　三菱倒梯台炉裂解工艺流程

1—裂解炉；2—急冷锅炉；3—油急冷器；4—汽油分馏塔；
5—油水气分离器；6—工艺水汽提塔；7—汽油汽提塔

分离，送往裂解气分离精制系统。

4.4　裂解气的分离

裂解气是组成复杂的气体混合物，既有目的产物乙烯、丙烯，又有副产物丁二烯、饱和烃类，还有一氧化碳、二氧化碳、炔烃、水和含硫化合物等杂质。工业上，主要采用深冷分离法和油吸收精馏分离法。

（1）深冷分离法

是将裂解气中除甲烷、氢以外的其他烃类全部冷凝成为液体，然后根据各组分相对挥发度的不同，采用精馏逐一分离的方法。裂解气的深冷分离是裂解气分离的主要方法，其技术指标先进，产品质量好，收率高。但是分离流程复杂，动力设备多，需要大量的低温合金钢材，投资比较高，适用于加工精度高的大工业生产。

（2）油吸收法

根据裂解气各组分在某种吸收剂中的溶解度不同，采用吸收剂吸收除了氢和甲烷外的组分，然后用精馏的方法再把各组分从吸收剂中逐一分离的方法。该法工艺流程简单，动力设备少。但经济技术指标和产品纯度较差，适用于中、小型石油化工企业。

4.4.1　裂解气的净化工艺

裂解气在分离前必须要净化。净化过程包括：裂解气的压缩、酸性气体的脱除、脱除水分、脱炔、脱一氧化碳等。

4.4.1.1　裂解气的压缩

裂解气中许多组分的沸点很低，在常温常压下呈气态。为减少冷量和低温材料消耗，必须提高裂解气中各组分的沸点。根据物质沸点随压力增大而升高的规律，需要对裂解气压缩以提高其沸点。裂解气压缩的工艺流程，如图 4-8 所示。

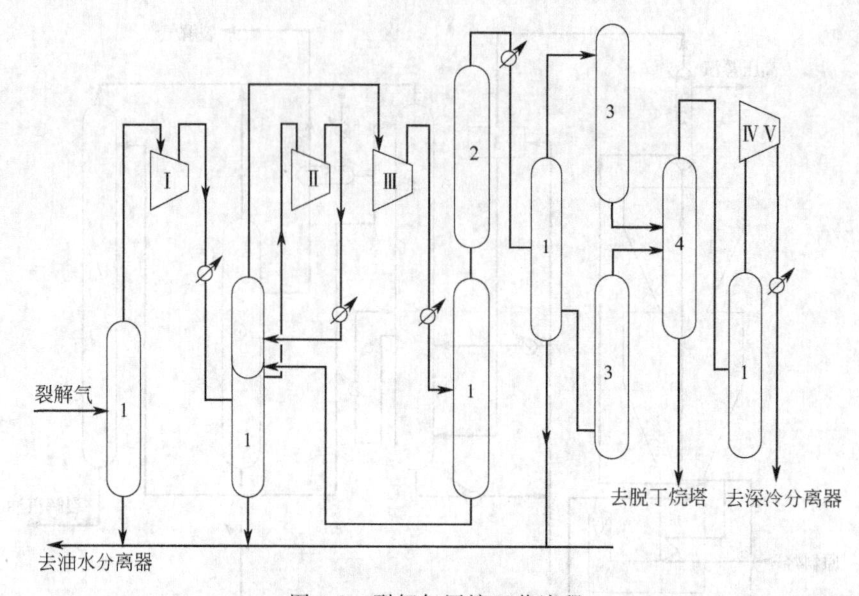

图 4-8 裂解气压缩工艺流程

Ⅰ～Ⅴ—1～5 段压缩机；1—分离罐；2—碱洗塔；3—干燥塔；4—脱丙烷塔

应当看到，压力升高对设备材质的强度要求提高，动力消耗增大，各组分间的相对挥发度降低，升压造成的升温，还可能引起不饱和物质聚合。

裂解气是易燃易爆的气体，压缩过程要求良好的密封，采取正压操作，防止空气漏入。

4.4.1.2 酸性气体的脱除

裂解气中的酸性气体主要是二氧化碳和硫化氢。酸性气体对裂解气的分离和利用危害很大，所以必须除去。一般采用吸收法脱除酸性气体，常用吸收剂有 NaOH 和乙醇胺。裂解气酸性气体含量较低时，多采用碱洗（以 NaOH 吸收）法，含量较多时采用乙醇胺法。裂解气碱洗法脱酸性气体的工艺流程如图 4-9。

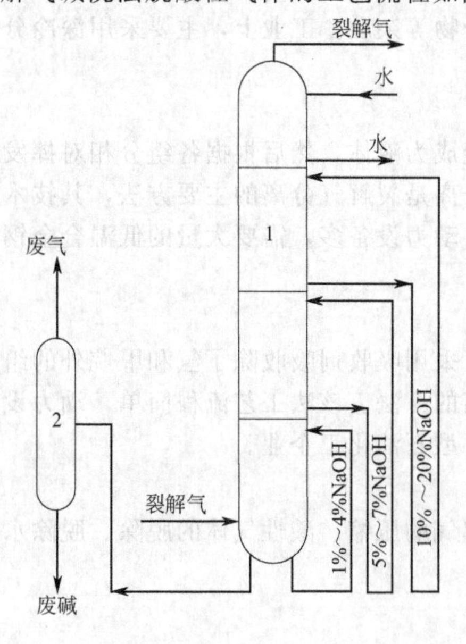

图 4-9 裂解气碱洗脱酸性气体工艺流程

1—碱洗塔；2—脱气槽

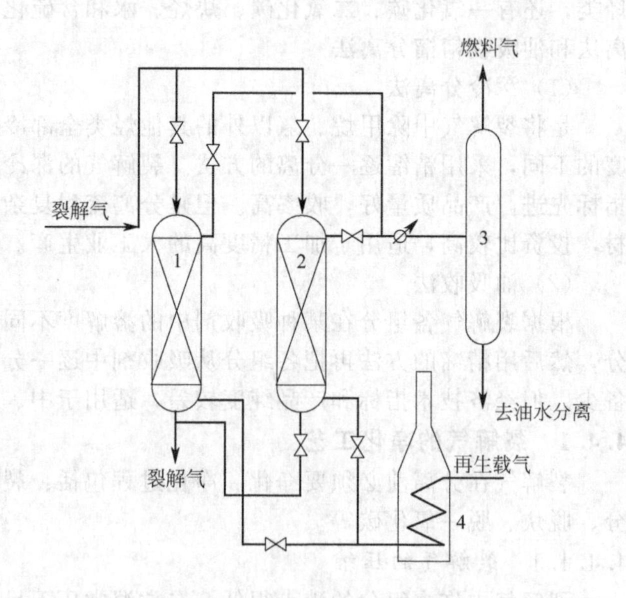

图 4-10 裂解气脱水工艺流程

1—操作干燥器；2—再生干燥器；

3—气液分离器；4—加热炉

4.4.1.3　水分的脱除

裂解气中的水分是由急冷和碱洗时带入的。在低温下，水分会凝结成冰，还会与烃类生成水合物质的结晶，堵塞管道和设备。一般采用分子筛固体吸附法脱水工艺，其流程如图 4-10。

4.4.1.4　脱炔和一氧化碳

裂解气中含有少量的乙炔和 CO，严重影响乙烯和丙烯质量。乙炔影响合成催化剂的寿命，恶化乙烯聚合物性能，乙炔积累过多，还有爆炸的危险。丙炔、丙二烯的存在影响丙烯反应质量和效果。脱除乙炔的方法，有选择性催化加氢和溶剂吸收法，工业上大多是采用催化加氢脱炔。

$$C_2H_2 + H_2 \longrightarrow C_2H_4$$

催化加氢脱乙炔及再生工艺流程示意如图 4-11。除去 CO，工业上主要采用甲烷化法，即催化加氢使一氧化碳转化为甲烷。

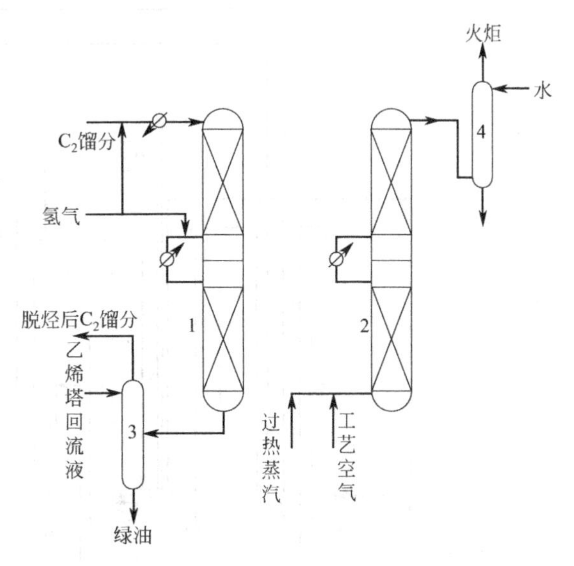

图 4-11　催化加氢脱乙炔及再生工艺流程

1—加氢反应器；2—再生反应器；3—绿油吸收塔；4—再生气洗涤塔

溶剂吸收法脱炔，工业上是以二甲基甲酰胺为吸收剂来吸收乙炔。

4.4.2　裂解气的分离工艺

裂解气分离是典型的多组分分离。一个合理的分离工艺流程，对于减少费用、降低成本、提高产品质量、保证安全生产是十分重要的。图 4-12 是深冷分离一般方案流程示意图。

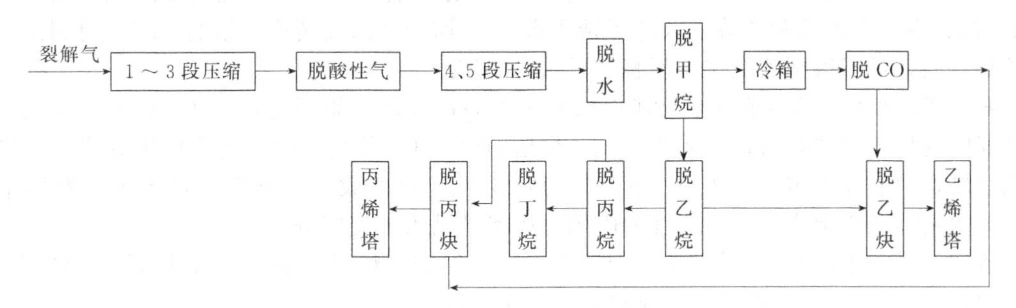

图 4-12　深冷分离一般方案流程

深冷分离流程包括：①气体净化系统；②压缩和深冷系统；③精馏分离系统等部分。

根据裂解气净化、精馏在流程中位置的不同，即按裂解气各组分分离次序的不同，裂解气深冷分离有多种方案。常见的有顺序分离流程、前脱乙烷分离流程、前脱丙烷分离流程。

（1）顺序分离流程

是按裂解气中各组分所含碳原子数的多少，由轻到重逐一分离的方法。裂解气顺序分离工艺流程示意如图 4-13。

裂解气经过三段压缩后，进入碱洗塔脱去硫化氢和二氧化碳等酸性气体，再进行 4、5 段压缩，压缩后的裂解气进入脱水器中除去水分，经过冷箱多级冷冻后进入脱甲烷塔。脱甲烷塔塔顶来的甲烷和氢气经节流膨胀后进入冷箱，回收部分冷量并提纯氢气，氢气作加氢脱炔的原料，甲烷作为燃料引出；脱甲烷塔釜液进入第一脱乙烷塔。在第一脱乙烷塔，塔顶的

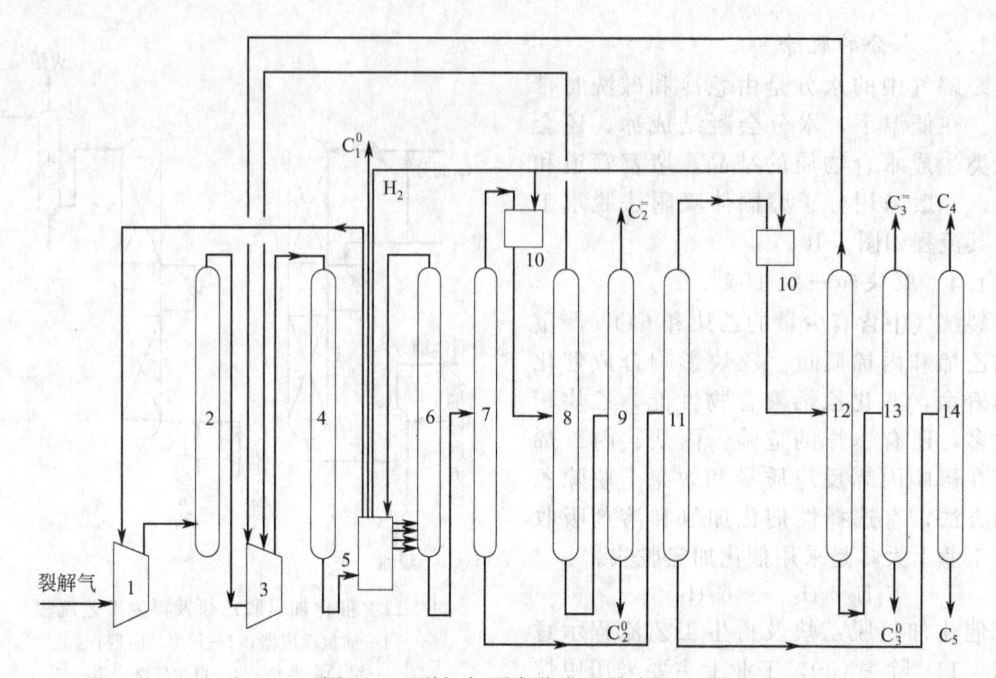

图 4-13 裂解气顺序分离工艺流程

1—1～3 段压缩机；2—碱洗塔；3—4、5 段压缩机；4—脱水器；5—冷箱；6—第一脱甲烷塔；7—第一脱乙烷塔；8—第二脱甲烷塔；9—乙烯塔；10—脱炔反应器；11—脱丙烷塔；12—第二脱乙烷塔；13—丙烯塔；14—脱丁烷塔

C_2 馏分进入脱炔反应器，将裂解气中的乙炔转化为乙烯和乙烷，加氢后的 C_2 馏分再进入第二脱甲烷塔。第二脱甲烷塔将甲烷和氢气从 C_2 馏分中脱出，由塔顶返回压缩机回收；塔釜的 C_2 馏分主要含乙烯和乙烷进入乙烯精馏塔。C_2 馏分经乙烯精馏塔精馏，塔顶得到高纯度的乙烯产品，塔釜得到乙烷作为裂解原料送回裂解炉。

第一脱乙烷塔塔釜来的 C_3 及其重馏分送入脱丙烷塔，塔顶分离出 C_3 馏分，经脱炔反应器脱除丙炔和丙二烯后，进入第二脱乙烷塔；塔釜 C_4 及其重馏分送至脱丁烷塔。在第二脱乙烷塔，脱去加氢带入的 C_3 以下的馏分后送压缩机回收；塔釜馏分送入丙烯精馏塔精馏。丙烯精馏塔塔顶产品为高纯度的丙烯；塔釜产品为丙烷馏分。

脱丙烷塔釜来的 C_4 及重馏分送至脱丁烷塔，经脱丁烷塔蒸馏，在塔顶得到了 C_4 馏分；塔釜得到了 C_5 及其以上馏分，分别送往其他工序处理。

（2）前脱乙烷分离流程

以乙烷和丙烯为分离界限，将裂解气分离为两部分。一部分是乙烷及比乙烷轻的（包括氢、甲烷、乙烯、乙烷）组分；另一部分是丙烯及比丙烯重的（包括丙烯、丙烷、丁烯、丁烷和碳五以上的烃类）组分，然后将两部分分别进行分离。裂解气前脱乙烷分离工艺流程示意如图 4-14。

裂解气经三段压缩后，进入碱洗塔碱洗，脱去硫化氢、二氧化碳等酸性气体，然后进入 4、5 段压缩，经过压缩的裂解气部分进入脱水器除去水分，部分送至高压蒸出塔将部分 C_3 及其以上馏分由塔釜分出。经过脱水器脱水的裂解气进入脱乙烷塔，塔顶馏出的 C_2 馏分进入脱炔反应器，再将裂解气中的乙炔转化为乙烯和乙烷，脱炔后的 C_2 馏分送入脱甲烷塔脱除甲烷、氢气。经过脱甲烷塔蒸出的甲烷和氢气节流膨胀后进入冷箱，回收部分冷量并提纯氢气，而后作为后加氢原料，甲烷作为燃料引出；脱甲烷塔釜的 C_2 馏分进入乙烯精馏塔。C_2 馏分经乙烯精馏塔精馏，塔顶得到了高纯度的乙烯产品，塔釜得到的乙烷作为裂解原料

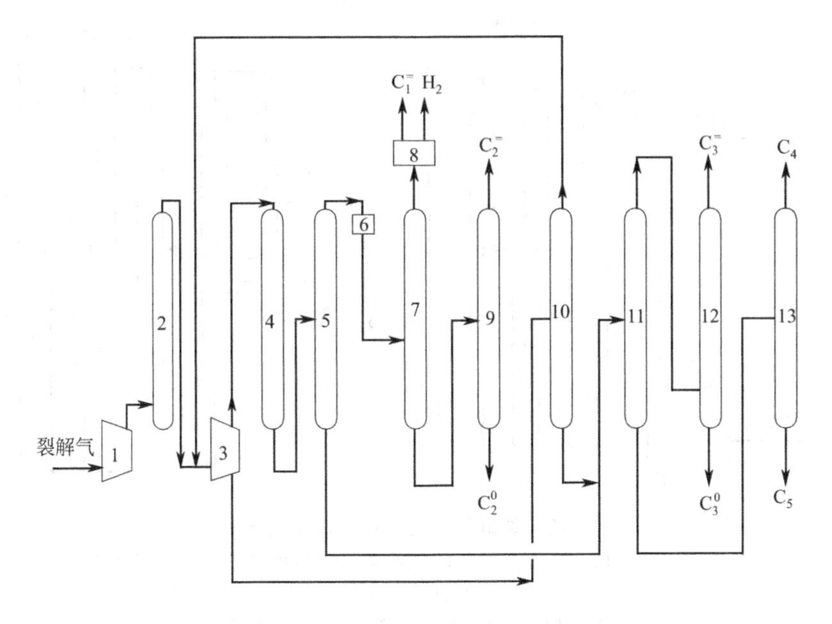

图 4-14　裂解气前脱乙烷分离工艺流程

1—1～3 段压缩机；2—碱洗塔；3—4、5 段压缩机；4—脱水器；5—脱乙烷塔；
6—脱炔反应器；7—脱甲烷塔；8—冷箱；9—乙烯塔；10—高压蒸出塔；
11—脱丙烷塔；12—丙烯塔；13—脱丁烷塔

送回裂解炉。

脱乙烷塔釜液和高压蒸出塔的釜液（C_3 及以上馏分），送入脱丙烷塔分离。脱丙烷塔顶馏出的 C_3 馏分进入丙烯精馏塔，丙烯塔顶得到高纯度丙烯产品；塔釜得到丙烷馏分。

脱丙烷塔釜的 C_4 及以上馏分送入脱丁烷塔分离，脱丁烷塔顶馏出了 C_4 馏分；塔釜得到的 C_5 及以上馏分，分别送往其他工序处理。

经高压蒸出塔分离出的 C_2 及以下馏分，由塔顶送返回压缩机。

(3) 前脱丙烷分离流程

以丙烷和丁烯为分离界限，将裂解气分离为两部分。一部分是丙烷及比丙烷轻的（包括氢、甲烷、乙烯、乙烷、丙烯、丙烷）组分；另一部分是丁烯及比丁烯重的（包括丁烯、丁烷和碳五以上的烃）组分，然后将两部分分别分离。裂解气前脱丙烷分离工艺流程示意如图 4-15。

裂解气经三段压缩后，进入碱洗塔，在碱洗塔脱去硫化氢和二氧化碳等酸性气体，进入脱水塔除去水分。脱除水分的裂解气进入脱丙烷塔分离，C_3 及其以下馏分由脱丙烷塔顶馏出，经过 4、5 段压缩后，进入脱炔反应器进行加氢反应。脱炔后的馏分进入冷箱冷却，再经多级压缩后送入脱甲烷塔分离。经脱甲烷塔分离后，塔顶的甲烷、氢气经节流膨胀进入冷箱，回收部分冷量并提纯氢气，氢气作为后加氢脱炔原料，甲烷作为燃料引出；脱甲烷塔釜馏分进入脱乙烷塔分离。脱乙烷塔顶馏出的 C_2 馏分送入乙烯精馏塔，乙烯精馏塔顶得到高纯度的乙烯产品；塔釜得到的乙烷作裂解原料送回裂解炉。脱乙烷塔釜馏出的 C_3 馏分送入丙烯精馏塔分离，丙烯精馏塔顶得到高纯度丙烯产品；塔釜得到丙烷。

脱丙烷塔釜馏出的 C_4 及以上的馏分，送入脱丁烷塔精馏，经脱丁烷塔分离，分别由塔顶、塔釜得到 C_4 馏分和 C_5 及以上馏分，送往其他工序处理。

三种裂解气分离流程，各具特色。比较见表 4-11。

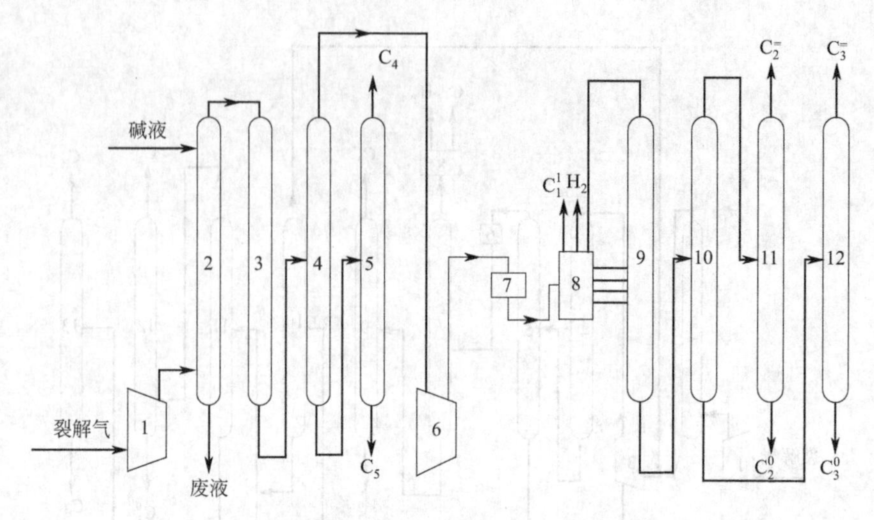

图 4-15　裂解气前脱丙烷分离工艺流程

1—1～3 段压缩机；2—碱洗塔；3—脱水塔；4—脱丙烷塔；5—脱丁烷塔；6—4～5 段压缩机；7—脱炔反应器；8—冷箱；9—脱甲烷塔；10—脱乙烷塔；11—乙烯塔；12—丙烯塔

表 4-11　三种深冷分离流程技术经济指标的比较

比较项目	顺序分离流程	前脱乙烷分离流程	前脱丙烷分离流程
操作情况	脱甲烷塔居首，釜温低，不易堵塞再沸器	脱乙烷塔居首，压力高，釜温高。如 C_4 以上烃含量多，二烯烃在再沸器聚合，影响操作且损失丁二烯	脱丙烷塔居首，置于压缩机段间除去 C_4 以上烃，再送入脱甲烷塔、脱乙烯塔，可防止二烯烃聚合
对原料的适应性	不论裂解气是轻、是重，都能适应	不能处理含有丁二烯多的裂解气，最适合含 C_3、C_4 烃较多，但丁二烯少的气体	因脱丙烷居首，可先除去 C_4 及更重的烃，故可处理较重裂解气，对含 C_4 烃较多的裂解气，此流程更能体现其优点
冷量消耗	全馏分进甲烷塔，加重甲烷塔冷冻负荷，消耗高能位的冷量多，冷量利用不合理	C_3、C_4 烃不在甲烷塔冷凝，而在脱乙烷塔冷凝，消耗低能位的冷量，冷量合理利用	C_4 烃在脱甲烷塔冷凝，冷量利用比较合理
分子筛干燥负荷	分子筛干燥是放在流程中压力较高、温度较低的位置，吸附有利，容易保证裂解气的露点，负荷小	分子筛干燥是放在流程中压力较高、温度较低的位置，吸附有利，容易保证裂解气的露点，负荷小	由于脱甲烷塔移在压缩机三段出口，分子筛干燥只能放在压力较低的位置，且三段出口 C_3 以上重烃不能较多冷凝下来，影响分子筛吸附性能
塔径大小	因全馏分进入甲烷塔负荷大，深冷塔直径大，耐低温合金钢耗用多	因脱乙烷塔已除去 C_3 以上烃，甲烷塔负荷轻，直径小，耐低温合金钢可节省。而脱乙烷塔因压力高提馏段液面张力小，脱乙烷塔直径大	情况介乎于前两种流程之间
设备多少	流程长，设备多	视采用加氢方案不同而异	采用前加氢时，设备较少

例如，裂解气中轻组分含量较多，脱甲烷塔可脱除大量轻组分，而使后继塔处理量减少，设备尺寸缩小、能量消耗降低，顺序分离流程较为优越。若裂解气中的重组分含量较多，脱乙烷或脱丙烷塔先将重组分除去，减少了脱甲烷塔处理量，节省了低冷冻级别的能量消耗，缩小了脱甲烷塔尺寸，节省了低温钢材，前脱乙烷或前脱丙烷分离流程较好。

4.4.3 脱甲烷塔

脱除裂解气中的氢和甲烷，是裂解气分离装置中投资最大、能耗最多的一个环节。在深冷分离装置中，需要在－90℃以下的低温条件下进行氢和甲烷的脱除，其冷冻功耗约占全装置冷冻功耗的 50%以上。

对脱甲烷塔而言，其轻关键组分为甲烷，重关键组分为乙烯。塔顶分离出来的甲烷轻馏分中应使其中的乙烯含量尽可能低，以保证乙烯的回收率。而塔釜产品则应使甲烷含量尽可能低，以确保乙烯产品的质量。

（1）操作温度和操作压力

脱甲烷塔的操作温度和操作压力取决于裂解气的组成和乙烯回收率。当进塔裂解气中 H_2/CH_4 为 2.36 时，如限定脱甲烷塔塔顶气体中乙烯体积分数 2.31%，则由露点计算塔压和塔顶温度，如图 4-16 所示。当脱甲烷塔操作压力由 4.0MPa 降至 0.2MPa 时，所需塔顶温度由－98℃降至－141℃，塔顶温度随塔压降低而降低。如要求进一步提高乙烯回收率，则相同塔压下所需塔顶温度需相应下降。

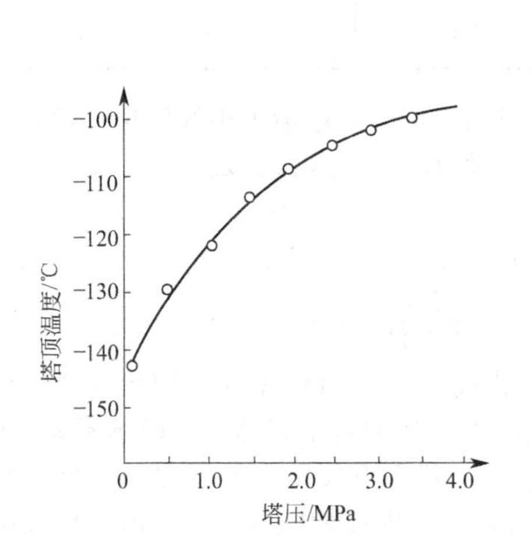

图 4-16 脱甲烷塔塔压和塔顶温度

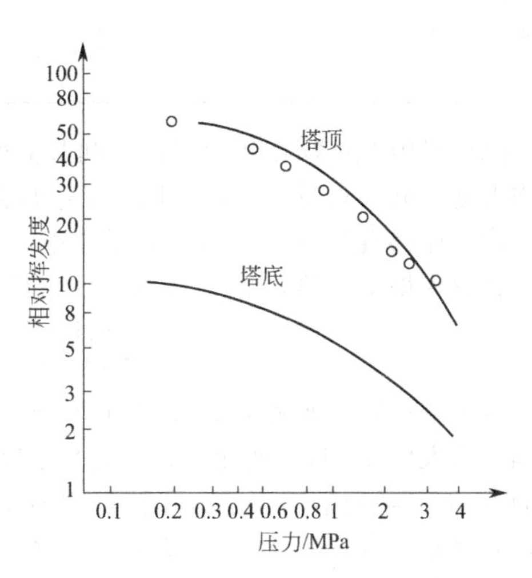

图 4-17 甲烷对乙烯相对挥发度与压力的关系

因此，从避免采用过低制冷温度考虑，尽可能采用较高的操作压力。但是随着操作压力的提高，甲烷对乙烯的相对挥发度降低（图 4-17）。当操作压力达 4.4MPa 时，塔釜甲烷对乙烯的相对挥发度接近于 1，难于进行甲烷和乙烯的分离。因此，脱甲烷塔操作压力必须低于此临界压力。

虽然降低操作压力需要降低塔顶回流温度，但由于相对挥发度的提高，在相同塔板数之下，所需回流比降低。相比之下，降低塔压可能降低能量消耗。当脱甲烷塔操作压力采用 3.0～3.2MPa 时，称之为高压脱甲烷，当脱甲烷塔操作压力采用 1.05～1.25MPa 时，称之为中压脱甲烷，当脱甲烷塔操作压力采用 0.6～0.7MPa 时，称之为低压脱甲烷。表 4-12 是高压脱甲烷和低压脱甲烷的能耗比较。

表 4-12 高压脱甲烷和低压脱甲烷的能耗比较

名称	高压脱甲烷		低压脱甲烷	
	10^6kJ/h	kW	10^6kJ/h	kW
裂解气压缩机四段	—	3249	—	3246
裂解气压缩机五段	—	3391	—	3139
干燥器进料冷却(18℃)	9.13	354	3.85	149
乙烯塔再沸器冷量回收(－1℃)	—	—	1.13	96

续表

名称		高压脱甲烷		低压脱甲烷	
		10^6kJ/h	kW	10^6kJ/h	kW
冷量	−40℃	6.07	942	3.81	591
	−55℃	1.84	519	—	—
	−75℃	4.90	1721	4.61	1624
	−100℃	2.18	979	1.51	675
	−140℃	—	—	1.26	953
脱甲烷塔冷凝器	−102℃	4.19	1874	—	—
	−140℃	—	—	0.71	550
脱甲烷塔再沸器回收冷量(18℃)		−13.2	−506		
脱甲烷塔塔底回收	−1℃	—	—	−2.05	−160
	−26℃	—	—	−1.72	−218
排气中回收−75℃冷量		—	—	−1.05	−369
塔釜泵		—	—	—	110
甲烷压缩		—	395	—	328
合计		—	12918	—	10714

降低脱甲烷塔操作压力可以达到节能的目的，目前大型装置逐渐采用低压法，但是由于操作温度较低，材质要求高，增加了甲烷制冷系统，投资增大，且操作复杂。

(2) 原料气组成 H_2/CH_4 比的影响

在脱甲烷塔塔顶，对于 H_2-CH_4-C_2H_4 三元系统，其露点方程为：

$$\sum x_i=\frac{y(H_2)}{K(H_2)}+\frac{y(CH_4)}{K(CH_4)}+\frac{y(C_2H_4)}{K(C_2H_4)}=1$$

其中 $K(H_2)$ 远大于 $K(CH_4)$ 和 $K(C_2H_4)$，若进料 H_2/CH_4 增大，则塔顶 H_2/CH_4 也同步增大即 $y(H_2)$ 增加，$y(CH_4)$ 下降，由于 $y(H_2)$ 增加对上式第一项影响不大，而 $y(CH_4)$ 的下降使第二项明显下降，以致 $\sum x_i<1$，达不到露点要求，若压力、温度保持不变，则势必导致 $y(C_2H_4)$ 上升，即乙烯损失率加大。若要求乙烯回收率一定时，则需降低塔顶操作温度。

(3) 前冷和后冷

由图 4-18 乙烯物料平衡数据可以得出，脱甲烷塔塔顶出来的气体中除了甲烷、氢之外，还有乙烯，为了减少乙烯损失，除了用乙烯冷剂制冷外，还应用膨胀阀节流制冷，就是冷箱部分。从物料平衡可以看出，如果没有冷箱，塔顶尾气中的乙烯差不多要加倍损失。

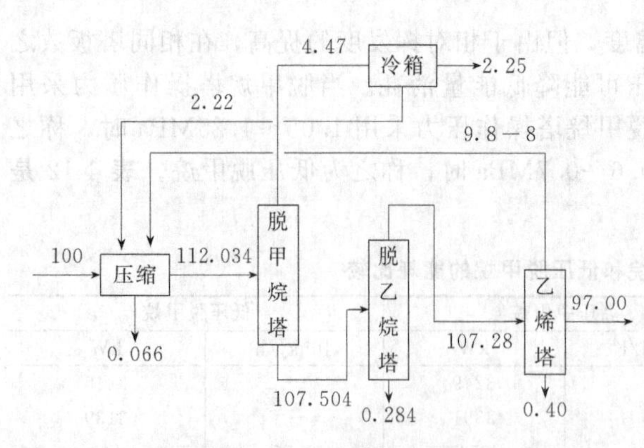

图 4-18 乙烯物料平衡

冷箱是在−100～−160℃下操作的低温设备。由于温度低，易制冷，用绝热材料把高效板式换热器和气液分离器等都放在一个箱子里。它的原理是用节流膨胀来获得低温。而它的用途是依靠低温来回收乙烯，制取富氢和富甲烷馏分。

由于冷箱在流程中的位置不同，可分为后冷和前冷两种，后冷仅将塔顶的甲烷、氢馏分冷凝分离而获富甲烷馏分和富氢馏分。此时裂解气是经塔精馏后才脱氢，故也称后脱氢工艺。前冷是将塔顶馏分的冷量将裂解气先预冷，再通过分凝将裂解气中大部分氢和部分甲烷分离，这样使 H_2/CH_4 比下降，提高了乙烯回收率，同时减少甲烷塔的进料量，节约能耗。该过程亦称前脱氢工艺。目前大型乙烯装置多采用前冷工艺，后冷工艺逐渐被取代。

（4）典型流程

图 4-19 为 Lummus 公司采用的前冷高压脱甲烷工艺流程。

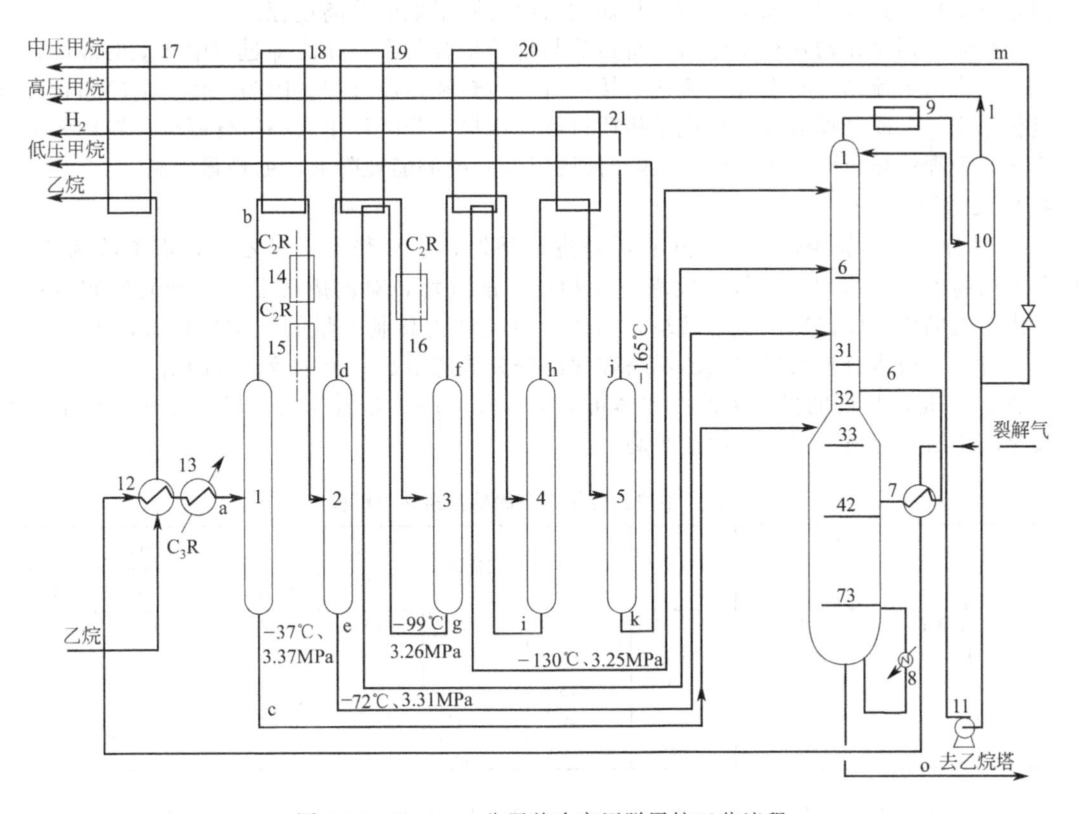

图 4-19 Lummus 公司前冷高压脱甲烷工艺流程

1—第一气液分离罐；2—第二气液分离罐；3—第三气液分离罐；4—第四气液分离罐；5—第五气液分离罐；6—脱甲烷塔；7—中间再沸器；8—再沸器；9—塔顶冷凝器；10—回流罐；11—回流泵；12—裂解气-乙烷换热器；13—丙烯冷却器；14～16—乙烯冷却器；17～21—冷箱；C_2R—乙烯冷却气；C_3R—丙烯冷却气

经干燥并预冷－37℃的裂解气 a，在第一气液分离器中分离，凝液 c 送入脱甲烷塔，未冷凝气体 b 经过冷箱和乙烯冷剂冷却至－72℃后进入第二气液分离器。分离器的凝液 e 送入脱甲烷塔，未冷凝气体 d 经冷箱和乙烯冷剂冷却至－99℃后进入第三气液分离器。分离器的凝液 g 经过回热后送入脱甲烷塔，未冷凝气体 f 经冷箱冷却到－130℃后送入第四气液分离器。分离器中的凝液 i 经冷箱回热至－102℃后送入脱甲烷塔。未冷凝气体 h 已是含氢约 70%（摩尔分数）、含乙烯仅 0.16%（摩尔分数）的富氢气体。为进一步提纯氢气，这部分富氢气体再经冷箱冷却至－165℃后再送入第五气液分离器。分离器凝液 k 减压节流，经冷量回收后作为装置的低压甲烷产品，未冷凝气体 j 为含氢 90%（摩尔分数）以上的富氢气体，经冷量回收后，再经过甲烷化脱除 CO 作为装置的富氢产品。

脱甲烷塔顶气体经塔顶冷凝器冷却至－99℃而部分被冷凝，冷凝液部分作为塔顶回流，部分减压节流至 0.41MPa，经过回收冷量后作为装置的中压产品。未冷凝气体则经回收冷量后作为装置的高压甲烷产品。

以轻柴油裂解为例，与后脱氢高压脱甲烷相比，由于前脱氢脱甲烷塔进料中 H_2/CH_4 比大大降低，在相同塔顶温度下，乙烯的回收率大幅度提高（脱甲烷系统的乙烯回收率从97.4%提高到99.5%以上）。同时，塔釜中甲烷摩尔分数含量也降低到0.1%以下。

近年S&W公司采用空气产品公司的分凝分离器对冷箱换热器进行了改进，形成了所谓先进回收系统（ARS）。ARS工艺技术的核心是冷箱预冷过程中采用分凝分离器代替冷箱换热器，由于预冷过程中增加了分凝，从而大大改善脱甲烷的分离过程。

分凝分离器是在翅片板换热器中将传热与传质结合起来，在冷却过程中冷凝的液体在翅片上形成膜向下流动，与上升气流逆向接触进行传热和传质过程。因为与传统的冷箱预冷分凝过程相比，分凝分离器大大强化了传质过程，增加了分凝作用（一组分凝分离器约相当于是5～15个理论塔板的分离效果），这样使脱甲烷系统的能耗降低，处理量提高。

4.4.4 乙烯塔

C_2 馏分经过加氢脱炔之后，到乙烯塔进行精馏，塔顶得到产品乙烯，塔釜液为乙烷。塔顶乙烯纯度要求达到聚合级。此塔设计和操作的好坏，对乙烯产品产量和质量有直接关系。由于乙烯塔温度仅次于脱甲烷塔，所以冷量消耗占总制冷量的比例也较大，为38%～44%，对产品成本有较大影响。乙烯塔在深冷分离装置中是一个比较关键的塔。

表4-13是乙烯塔的操作条件，大体可分成两类：一类是低压法，塔的操作温度低；另一类是高压法，而塔的操作温度也较高。

表4-13 某些乙烯精馏塔的操作条件和塔板数

工厂	塔压/MPa	顶温/℃	底温/℃	回流比	乙烯纯度/%	实际塔板数		
						精馏段	提馏段	总板数
某小型装置	2.1～2.2	−27.5	2.1～2.2	7.4	≥98%	41	50	91
H厂	2.2～2.4	−18±2	0±5	9	≥95%	41	32	73
G厂	0.6	−70	−43	5.13	≥99.5%	—	—	70
L厂	0.57	−69	−49	2.01	≥99.9%	41	29	70
C厂	2.0	−32	−8	3.73	>99.9%	—	—	119

乙烯塔进料中 $C_2^=$ 和 C_2^0 占有99.5%以上，所以乙烯塔可看作是二元精馏系统。根据相律，乙烯-乙烷二元气液系统的自由度为2。塔顶乙烯纯度是根据产品质量要求来规定的，所以温度与压力两个因素只能规定一个，例如规定了塔压，相应温度也就定了。压力对相对挥发度有较大影响，一般采取降低压力来增大相对挥发度，从而使塔板数或回流比降低，见图4-20。当塔顶乙烯纯度要求99.9%左右时，可以计算出乙烯塔的操作压力与温度的关系。例如塔的压力分别为0.6MPa和1.9MPa，则塔顶温度可以求得分别为−67℃和−29℃。压力低，塔的温度也低，因而需要冷剂的温度级位低，对塔的材质要求也较高，从这些方面看，压力低是不利的。压力的选择还要考虑乙烯输出压力，如果对乙烯产品要求有较高的输出压力，则选用低压操作，还要为产品再压缩而耗费功率。

综上所述，乙烯塔操作压力的确定需要经过详细的技术经济比较。它是由制冷能量消耗、设备投资、产品乙烯要求的输出压力及脱甲烷塔的操作压力等因素来决定的。根据综合比较来看，两法消耗动力接近相等，高压法虽然塔板数多，但可以用普通碳钢，优点多于低压法，如脱甲烷塔采用高压，则乙烯塔的操作压力也以高压为宜。

乙烯塔沿塔板的温度分布和组成分布不是线性关系。图4-21是乙烯塔温度分布实际生产数据。加料为第29块塔板。由图4-21可见精馏段靠近塔顶的各塔板的温度变化较大。在提馏段温度变化很大，即乙烯在提馏段中沿塔板向下，乙烯浓度下降很快，而在精馏段沿塔板向上温度下降很少，即乙烯浓度增大比较慢。因此乙烯塔与脱甲烷塔不同，乙烯塔精馏段

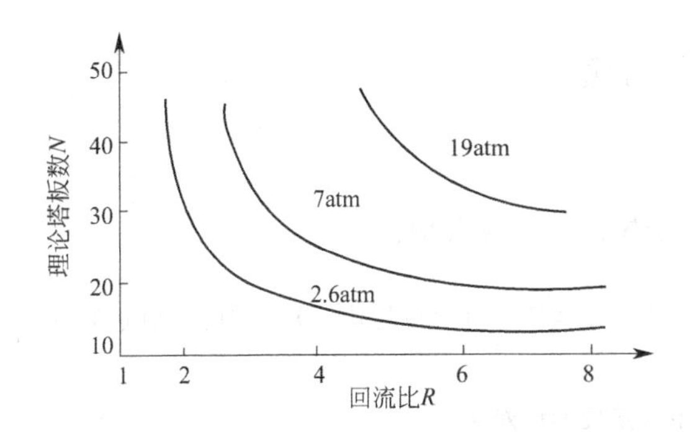

图 4-20 压力对回流比和理论塔板数的影响
1atm=101325Pa，下同

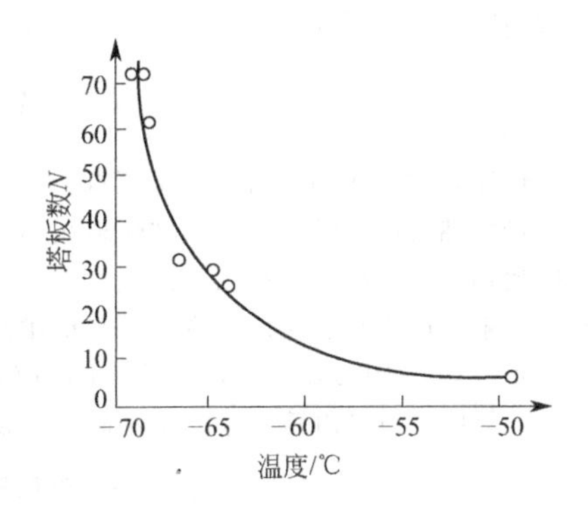

图 4-21 乙烯塔温度分布

塔板数较多，回流比大。

较大的回流比对乙烯精馏塔的精馏段是必要的，但是对于提馏段来说并非必要。为此近年来采用中间再沸器的办法来回收冷量，可省冷量约17%，这是乙烯塔的一个改进。例如乙烯塔压力为1.9MPa，塔底温度为−5℃。我们在接近进料板处提馏段设置中间再沸器引出物料的温度为−23℃，它用于冷却分离装置中某些物料，相当于回收了−23℃温度级的冷量。

乙烯进料常含有少量甲烷，分离过程中甲烷几乎全部从塔顶采出，必然要影响塔顶乙烯产品纯度，所以在进入乙烯塔之前要设置第二脱甲烷塔，脱去少量甲烷，再作为乙烯塔进料。近年来，深冷分离流程不设第二脱甲烷塔，在乙烯塔塔顶脱甲烷，在精馏段侧线出产品乙烯。一个塔起两个塔的作用，由于乙烯塔回流比大，所以脱甲烷作用的效果比设置第二脱甲烷塔还好，既节省能量，又简化流程。

4.4.5 脱甲烷塔和乙烯塔比较

裂解气深冷分离中，脱甲烷塔和乙烯精馏塔是两个关键的精馏塔，对于保证乙烯收率和质量起重要作用。因为两塔的关键组分不同，所以有很多不同，现对比于表4-14。

表 4-14 脱甲烷塔和乙烯精馏塔的对比

塔	对乙烯产量和质量的作用	关键组分		关键组分的相对挥发度	回流比	塔板数	精馏段和提馏段的板数之比
		轻	重				
脱甲烷塔	控制乙烯损失率	CH_4	C_2H_4	较大	较小	较少	较小
乙烯精馏塔	决定乙烯纯度	C_2H_4	C_2H_6	较小	较大	较多	较大

根据脱甲烷塔压力的不同可分为：高压法、中压法以及低压法。高压法较成熟易行，低压法能量消耗较低，是发展方向。按照冷箱与脱甲烷塔的相对位置不同，脱甲烷流程又分为前冷流程和后冷流程。影响脱甲烷塔中乙烯损失的主要因素有：尾气中CH_4/H_2的摩尔比、操作压力和尾气温度。尾气中CH_4/H_2摩尔比愈大或操作压力愈高或尾气温度愈低，则乙烯损失愈小。

乙烯精馏塔也可分为高压法和低压法两种。一般而言，提高压力的有利影响是：①塔温升高，对低温精馏塔来说，可不用较低温度级位的冷剂，降低能量消耗及制冷系统设备费用，此外，塔温高，也降低对设备材质的要求；②上升蒸气的相对密度增加，从而使单位设备处理量增加，降低设备费用。

但是，提高压力也有其不利的影响：①相对挥发度下降，这样塔板数增多或者回流比增大，从而造成设备费用或操作费用提高；②设备费增加。因此，乙烯精馏塔压力的选择要权衡各方面因素，统筹确定。

思考题与习题

4-1 试述烃类裂解的目的和所用原料。

4-2 烃类热裂解非常复杂，具体体现在哪些方面？

4-3 何谓烃类一次反应和二次反应？二次反应对烃裂解有何危害和影响？

4-4 裂解中的生碳、生焦反应有哪些规律？

4-5 正丁烷在1000℃高温下进行裂解反应，试根据自由基链反应机理预测其一次反应的产物分布。已知：氢原子与自由基反应的相对速率见表4-15。

表 4-15 氢原子与自由基反应的相对速率

温度/℃	伯氢原子	仲氢原子	叔氢原子	温度/℃	伯氢原子	仲氢原子	叔氢原子
300	1	3.0	33	800	1	1.7	6.3
600	1	2.0	10	900	1	1.65	5.65
700	1	1.9	7.8	1000	1	1.6	5.0

要求：

(1) 写出自由基反应机理的三步；(2) 计算产物分布表。

4-6 根据裂解原理可知：低压有利于裂解反应的进行，但是裂解又需要高温，为了解决这对矛盾，生产实际过程中均采用稀释剂来降低烃分压来达到低压的作用。目前工业上均采用水蒸气作稀释剂，为什么？

4-7 裂解过程影响因素主要有哪些？

4-8 为什么要进行裂解气的分离？工业上主要有哪些方法？

4-9 深冷分离法的分离原理？

4-10 深冷分离常用的有三种典型分离流程，它们各有何异同？

4-11 影响脱甲烷塔的主要因素有哪些？

4-12 对脱甲烷塔和乙烯塔进行比较，分析其不同点。

第5章 碳二及其化工产品生产

石油化工过程中使用的各种原料烃主要来自石油和天然气工业。图5-1是石油炼制、天然气处理后的应用加工图。

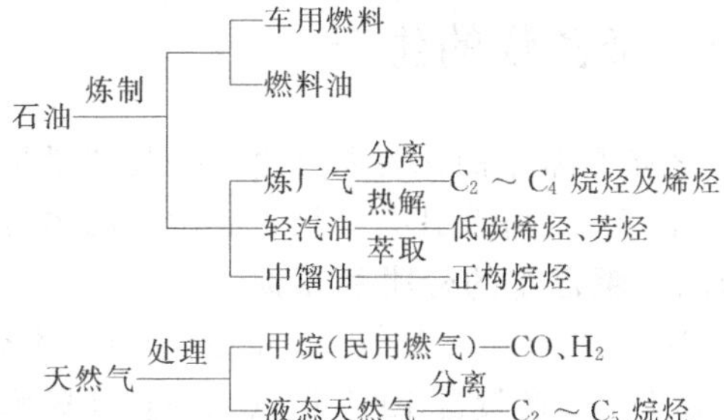

图5-1 石油炼制、天然气处理后的应用加工图

含有两个碳原子的乙烷、乙烯、乙炔是除甲烷外最简单的烃类化合物。由于乙烷中的键已达饱和，所以反应活性较低，工业上乙烷主要用于生产卤代烷，且可作为裂解生产乙烯的好原料。

乙炔在有机合成中的应用已有八十余年的历史，其具有不饱和叁键，是化学反应活性极高的一种烃，能与许多物质进行化学反应。许多有机工业产品都能够由乙炔及其衍生物合成制得，故人们一度称乙炔为“有机合成工业之母”。在天然气或煤炭资源较丰富的地区，

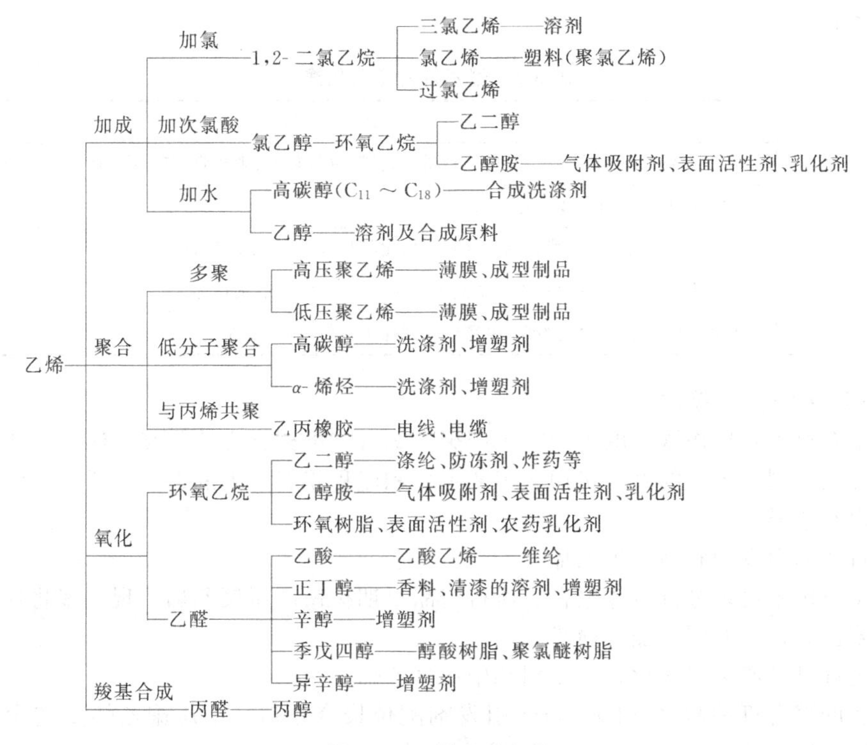

图5-2 乙烯系列产品

乙炔仍有较大的发展。

乙烯是烯烃中最简单也是最重要的化合物之一，其具有活泼的双键结构，反应活性高、成本低、纯度高且易于加工利用，所以是最重要的石油化工基础原料。1965 年以后由于石油化工的高速发展，以乙炔为原料的大宗传统产品（如氯乙烯、醋酸乙烯、丙烯腈等），几乎都被廉价、易生产、易加工的乙烯（或丙烯）路线所取代。以乙烯为原料可生产很多重要的有机物，如环氧乙烷、氯乙烯、乙醛、乙苯等，这些产品主要用于生产三大合成材料：合成塑料，合成纤维，合成橡胶。乙烯系列产品的生产构成了石油化工的基础，没有乙烯，石油化工就没有原料，更谈不上石油化工的发展，这是毋庸置疑的。

随着我国大型乙烯装置的不断增建，乙烯系列产品的开发利用领域更加广阔。图 5-2 为乙烯系列产品图，本章将重点叙述由乙烯衍生的 C_2 系列产品的生产概况、生产原理、工艺过程及安全生产中的注意事项。

5.1 聚乙烯的生产

乙烯是基本的化工原料之一，其产量是衡量石油化工发展程度的标志，很大一部分乙烯用来生产聚乙烯及其共聚物，其中聚乙烯是产量最大的聚合物品种。

5.1.1 聚乙烯的分类和用途

聚乙烯（polyethylene）是由乙烯单体经自由基聚合或配位聚合而得到的高分子化合物，简称 PE，其产量自 1965 年以来一直高居第一。

按照结构性能，聚乙烯可以分为高密度聚乙烯（HDPE）、低密度聚乙烯（LDPE）、超高相对分子质量聚乙烯（UHMWPE）、线型低密度聚乙烯（LLDPE）和茂金属聚乙烯，另外，还有改性品种，如乙烯-乙酸乙烯酯（EVA）和氯化聚乙烯（CPE）等。聚乙烯的主要用途见表 5-1。

表 5-1 聚乙烯的主要用途

用途	制 品
薄膜类制品	用于食品、日用品、蔬菜、垃圾等轻质包装膜、重包装膜、撕裂膜、背心袋、地棚膜、保鲜膜等
注塑制品	盆、筒、篓、周转箱、暖壶壳、玩具等
管材类制品	输水、输气、灌溉、吸管、笔芯用的管材，化妆品、药品等用的管材
中空制品	装食品油、酒类、汽油及化学试剂等液体的包装筒，中空玩具等
其他制品	渔网、工业滤网、民用纱窗、电缆绝缘和保护材料、打包带等

5.1.2 聚乙烯的生产技术

根据聚合机理和操作压力的不同，生产聚乙烯有三类聚合方法：高压法、中压法、低压法。聚合方法不同，各自的聚合机理、工艺参数和流程就有很大的差别，所得产物的结构性能和用途也有差异。

(1) 自由基引发剂和高压聚乙烯

乙烯按自由基机理进行本体聚合，所得产品早期称做高压聚乙烯，现在多将这一品种称做低密度聚乙烯，主要用来加工薄膜。

(2) 负载型过渡金属氧化物引发剂和中压聚乙烯

该方法的聚合机理与 Ziegler-Natta 引发剂配位聚合相似。中压聚乙烯支链少，线型规整，结晶度可以高达 90%，相对分子质量约 5 万。

(3) Ziegler-Natta 引发剂和低压聚乙烯

乙烯按配位机理进行聚合，所得产物称做高密度聚乙烯。

生产聚乙烯的三种方法各有长短，但至今仍然并存，表5-2为三种方法生产聚乙烯的对比。

表5-2 生产聚乙烯三种方法的比较

对比项		低压法	中压法	高压法
反应机理		配位离子型	配位离子型	自由基型
实施方法		液相悬浮聚合	液相悬浮聚合	气相本体聚合
工艺流程		复杂	复杂	简单
转化率/%		接近100	接近100	16～27
产物纯度		含有引发剂残基	基本与低压法相同	高
操作费用		高	高	低
建设投资		低	低	高
操作条件	引发剂	Ziegler-Natta引发剂	金属氧化物	有机过氧化物或微量氧
	聚合压力/MPa	<2	2～7	98～245
	聚合温度/℃	60	125～150	150～330
结构性能	大分子支化程度	大分子排列整齐	介于两者之间	高
	相对密度	高(0.941～0.97)	居中(0.926～0.94)	低(0.91～0.925)
	热变形温度/℃	78,较硬	基本与低压法相同	50,较软

5.1.3 高压聚合生产聚乙烯

高压聚合生产聚乙烯的方法是工业上采用自由基型气相本体聚合的最典型方法，也是工业上生产聚乙烯的第一种方法。

5.1.3.1 聚合原理

在高温和高压的苛刻条件下，在管式反应器内，以氧作引发剂，或在釜式反应器内，以过氧化物作引发剂，按自由基机理进行聚合。较高的聚合温度有利于链转移反应，从而形成较多长短支链，致使大分子不能紧密堆砌，产物结晶度较低（55%～65%），熔点（105～110℃）和密度（0.91～0.925g/cm^3）也低，故将产物称为低密度聚乙烯。

5.1.3.2 工艺条件

(1) 乙烯纯度

聚合级乙烯气体的纯度不低于99.9%。纯度低，聚合缓慢；杂质多，产物相对分子质量低。反应中要特别控制乙炔和一氧化碳杂质的含量，因为它们都能参与聚合反应。若乙炔参与聚合，则会产生交联，从而会降低产物的抗氧化能力，一氧化碳参与反应也会降低产物的抗氧化能力，并降低其介电性能。

(2) 聚合温度

聚合温度一般控制在180～200℃，根据引发剂类型确定适宜温度。升高温度，链增长速率和链转移速率都增加，因而总的聚合速率加快。但是由于链转移活化能高于链增长的，所以温度升高对链转移有利，链转移速率加快会使聚合物的长短支链增多，使产物密度下降。

(3) 聚合压力

聚合压力一般控制在150～300MPa，根据聚乙烯生产牌号确定压力高低。压力越大，产物相对分子质量越大。因为提高压力实质就是增加了乙烯的浓度，增加了自由基的碰撞机会，所以聚乙烯的产率和平均相对分子质量都增加。

5.1.3.3 生产工艺流程

高压法生产聚乙烯流程比较简单，产品性能良好，用途广泛，但对设备和自动控制要求比较高。工业上采用的乙烯高压聚合反应器可分为釜式反应器和管式反应器两种，下面以釜式反应器为例说明其生产工艺流程，如图 5-3 所示。

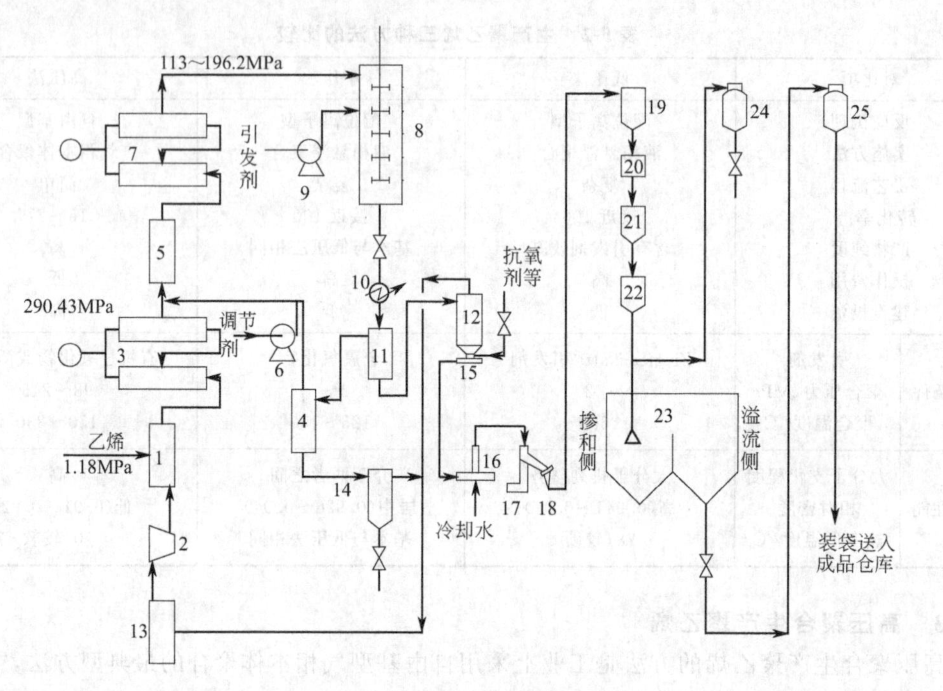

图 5-3 高压聚乙烯生产工艺流程

1—乙烯接收器；2—辅助压缩机；3—一次压缩机；4—低聚物分离器；5—气体混合器；6—调节剂注入泵；7—二次压缩机；8—聚合釜；9—引发剂泵；10—产物冷却器；11—高压分离器；12—低压分离器；13—烯接收器；14—低聚物分液器；15—齿轮泵；16—切粒机；17—脱水储槽；18—振动筛；19—旋风分离器；20—磁力分离器；21—缓冲器；22—中间储槽；23—掺和器；24—不合格品储槽；25—合格品储槽

该工艺流程分为压缩、聚合、分离和掺和四个工段。来自于总管的压力为 1.18MPa 的聚合级乙烯进入接收器 1，和来自辅助压缩机 2 的循环乙烯混合，经一次压缩机 3 加压到 290.43MPa，再与来自低聚物分离器 4 的返回乙烯一起进入混合器 5，由泵 6 注入调节剂丙烯或丙烷。气体物料经二次压缩机 7 加压（具体压力根据聚乙烯牌号确定），然后进入聚合釜 8，同时由泵 9 连续向反应器内注入微量配制好的引发剂溶液，使乙烯进行高压聚合。反应过程中的大部分反应热由离开反应器的物料带走，部分热量被反应器夹套冷却。

从聚合釜出来的聚乙烯与未反应的乙烯经反应器底部减压阀减压至 24.53～29.43MPa 后进入冷却器 10，冷却到一定温度后进入高压分离器 11，分离出来的大部分未反应的乙烯与低聚物，经过低聚物分离器 4 分离出低聚物，乙烯返回混合器 5 循环使用，低聚物在低聚物分液器 14 中回收夹带的乙烯后排出。

由高压分离器 11 出来的聚乙烯物料（含少量未反应的乙烯），在低压分离器 12 中减压至 49.1kPa，残余乙烯被分离出来进入接收器 13。在低压分离器底部加入抗氧剂、抗静电剂等，与熔融状态的聚乙烯一起经泵 15 送入切粒机 16 进行水下切粒。切成的粒子和冷却水一起到脱水储槽 17 脱水，再经振动筛 18 过筛后，用气流将料粒送到掺和工段。

气流送来的料粒首先经过旋风分离器 19，通过气固分离后，磁力分离器 20 除去夹带的金属粒子后，进入缓冲器 21。缓冲器中料粒经过自动磅秤进入中间储槽 22 中，取样分析，合格产品进入掺和器 23 中进行气动掺和，不合格产品送至储槽 24。掺和均匀的合格产品最后用气流送至合格品储槽 25 储存，用磅秤称量装袋后送入成品仓库。

5.1.4　低压聚合生产聚乙烯

5.1.4.1　聚合原理

采用典型的 Ziegler-Natta 引发剂（$TiCl_4$-$AlCl_3$），在温度和压力都比较温和的条件下，按配位机理进行聚合。由于聚合温度较低，链转移反应也较少，因而所得产物支链少，线型规整，结晶度高，密度大，故所得产物称为高密度聚乙烯。

5.1.4.2　工艺条件

（1）聚合温度

引发剂的效能比较高，即使在较低的温度下也能使聚合反应顺利进行，聚合温度一般在 60～90℃，聚合温度主要对引发剂的活性及聚乙烯的特性黏数、产率有影响。

（2）聚合压力

生产中压力一般控制在 0.2～1.5MPa。压力增加，乙烯在溶剂中的吸收速率增加，使得聚合速率增大。但所得产物的相对分子质量与压力无关，因为聚合速率随单体浓度增加时，单体链转移的速率也增加，所以聚乙烯的相对分子质量变化不大。

5.1.4.3　生产工艺流程

低压法生产聚乙烯的工艺流程主要包括：聚合、高聚物的分离、净化与干燥、溶剂回收等，其工艺流程如图 5-4 所示。

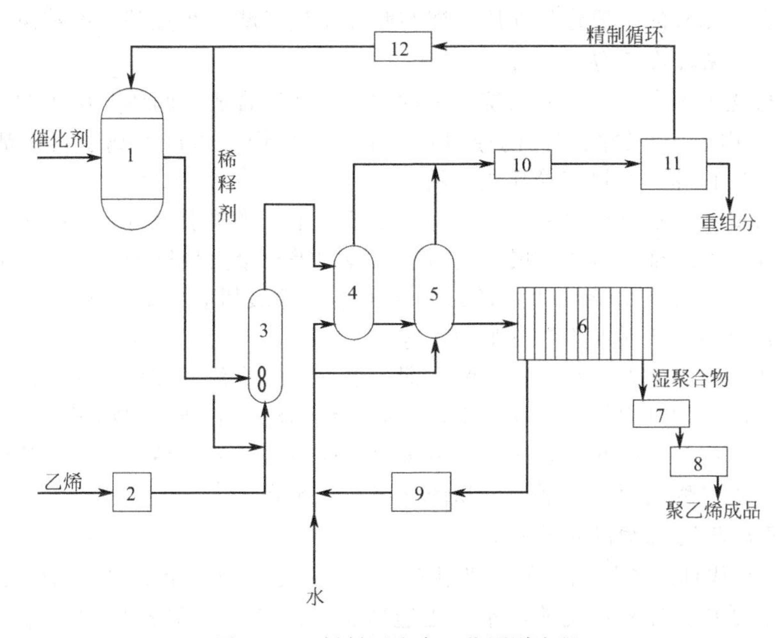

图 5-4　乙烯低压聚合工艺原则流程

1—催化剂配制罐；2—乙烯精制装置；3—反应器；4,5—闪蒸气化器；6—过滤器；7,10,12—干燥床；8—造粒机；9—水处理装置；11—循环溶剂精制装置

将精制过的乙烯和配制好的引发剂，以及不含有害杂质的稀释剂加入到带搅拌的釜式反应器 3 中，控制釜内压力和温度，夹套内通冷却水，以保持聚合反应的温度。反应后的物料从聚合釜中流出，进入闪蒸气化器 4 和 5 使溶剂气化，同时加水或醇破坏引发剂。反应产物除去溶剂后，经过滤、洗涤、干燥即可得到聚乙烯产品。闪蒸后的溶剂经过干燥、精馏，脱

除其中的轻、重组分后，再循环使用。

5.2 环氧乙烷与乙二醇的生产及化工利用

5.2.1 环氧乙烷与乙二醇的性质和用途

5.2.1.1 环氧乙烷的性质

环氧乙烷又称氧化乙烯，常温下为无色有醚味的气体，低温时为无色易流动的液体，能与水以及许多有机溶剂以任意比互溶，沸点10.5℃，熔点为－111.3℃，自燃点429℃。环氧乙烷易燃，易爆，有毒，与空气能形成爆炸性混合物，爆炸极限为3%～80%（体积分数）。

环氧乙烷是最简单的乙烯部分氧化产物，与乙醛互为同分异构体，其化学活性强，是乙烯系主要中间体，一直是乙烯工业衍生物中仅次于聚乙烯的第二位重要化工产品。环氧乙烷的重要地位取决于其分子中环氧结构的化学活性，其易与许多化合物，包括水、醇、氨、胺、酚、卤化氢、酸及硫醇等进行开环加成反应，得到的反应产物几乎都是工业上重要的化工产品，而被大量用于多种中间体和精细化工产品的生产，成为各国系列相关工业发展不可缺少的一种有机化工原料。

5.2.1.2 乙二醇的性质

常温下，乙二醇是无色略具甜味的黏稠液体，有吸湿性，能与水、乙醇等多种有机溶剂以任意比例混合，沸点为197.6℃，凝固点为－13℃。通常，乙二醇是由环氧乙烷水合而成，所以环氧乙烷装置与乙二醇装置往往进行联合建设。

乙二醇具有一元醇的一般化学性质，能与酸作用生成酯，醇羟基还可被卤素取代等。

5.2.1.3 环氧乙烷与乙二醇的用途

在基本有机化工生产中，环氧乙烷是一种用途广泛的合成中间体，历年约耗用世界环氧乙烷量的60%，用于生产聚酯产品的原料乙二醇，其次用于生产非离子表面活性剂、乙醇胺、乙二醇醚、二甘醇、三甘醇等其他产品。

乙二醇是重要的基本有机原料之一，广泛用于汽车、飞机引擎冷却系统中，作为优良的防冻剂。另外随聚酯纤维的迅速发展，使得乙二醇的需求量大幅度增长。乙二醇在以上两方面的用量已占其总产量的90%以上。乙二醇还可生产醇酸树脂等高分子树脂，并广泛用于纺织品染色、化妆品、塑料加工、皮革加工等。

生产乙二醇过程中的副产品二乙二醇（即一缩乙二醇或称二甘醇）和三乙二醇（即二缩乙二醇或称三甘醇）均可用作天然气脱水剂、液压传动液、溶剂、增塑剂等。因为乙二醇及其副产品都是用途广泛的中间体，所以发展很快，成为碳二系产品中一个大吨位产品。

环氧乙烷和乙二醇的深加工系列产品图如图5-5所示。

5.2.2 环氧乙烷与乙二醇的生产概况

20世纪20年代环氧乙烷已开始工业化生产，至今已有90年历史。由于聚酯纤维和树脂的需求量不断增长，环氧乙烷的产量也迅速增长，1995年环氧乙烷的世界年生产能力达到1120万吨，我国达到61.7万吨。工业上生产环氧乙烷最早采用的方法是氯醇法，该法优点是对乙烯纯度要求不高，反应条件较缓和。但其主要缺点是消耗大量氯气和石灰，反应介质有强腐蚀性，且有大量含氯化钙的污水要排放处理，所以该方法已逐渐被淘汰。

当前，世界环氧乙烷、乙二醇工业生产采用的主要方法是乙烯直接氧化法制环氧乙烷，环氧乙烷在无催化条件下水合制乙二醇的技术。美国Shell、SD、UCC三家公司的专利技术代表了当今世界环氧乙烷、乙二醇生产的先进水平。三家公司的整体工艺技术相似，但各自拥有专利技术，其区别主要体现在催化剂、反应和吸收工艺，以及一些技术细节上。此外，

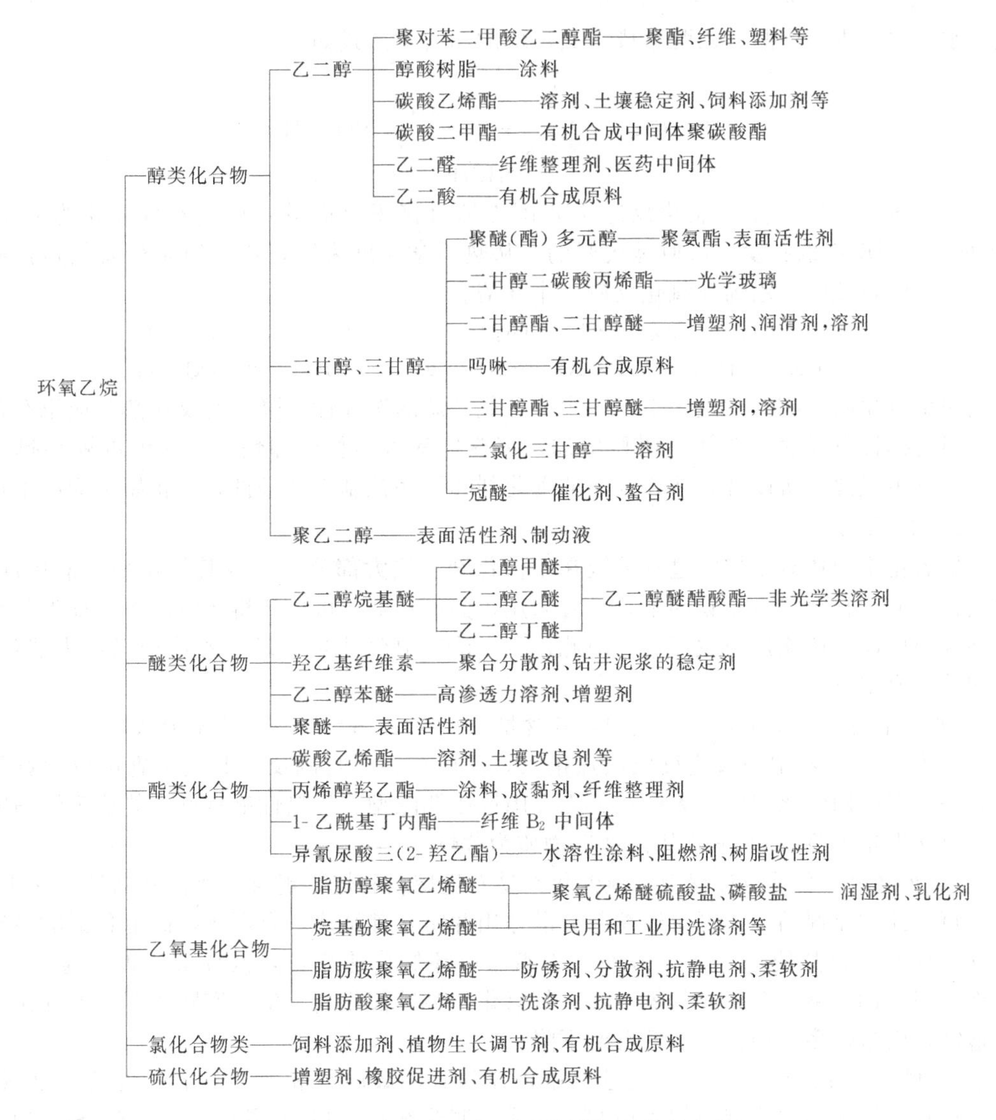

图 5-5 环氧乙烷和乙二醇的深加工系列产品

拥有环氧乙烷专利技术的还有日本触媒、美国 Dow 化学、意大利 Snam 和德国的 Hüls 公司。

我国环氧乙烷工业始于 20 世纪 60 年代初。70 年代初，我国燕山石油化学工业公司和辽阳化纤公司分别引进了美国 SD 公司和德国 Hüls 公司技术的两套大型环氧乙烷、乙二醇生产装置。80 年代至 90 年代初，又相继引进了 10 套大型环氧乙烷、乙二醇生产装置。我国环氧乙烷主要用于生产聚酯纤维单体乙二醇。

乙烯直接环氧化制备环氧乙烷与氯醇法相比，具有原料单纯、工艺过程简单、无腐蚀性、无大量废料排放处理、废热可直接利用等优点，故得到迅速发展，现已成为生产环氧乙烷的主要方法。

工业规模生产乙二醇是第一次世界大战时在德国开始的，以前曾采用氯乙醇碱性水解法生产乙二醇，目前生产乙二醇的主要方法是环氧乙烷水合法。

5.2.3 乙烯直接氧化法生产环氧乙烷

5.2.3.1 反应原理

在银催化剂上，利用空气或纯氧氧化乙烯，除得到产物环氧乙烷外，主要副产物是二氧化碳和水，并有少量甲醛、乙醛生成。其反应的动力学图式如下：

$$CH_2{=}CH_2+O_2\xrightarrow{Ag}\underset{O}{\triangle}\xrightarrow{O_2}CO_2+H_2O$$
$$CH_2{=}CH_2+O_2\longrightarrow CO_2+H_2O$$
$$CH_2{=}CH_2+O_2\longrightarrow HCHO\xrightarrow{O_2}CO_2+H_2O$$

用示踪原子研究表明，完全氧化反应主要由乙烯直接氧化而成，环氧乙烷氧化为 CO_2 和 H_2O 的连串副反应也有发生，但是次要的。从热力学角度来讲，乙烯的完全氧化是强放热反应，其反应热效应比乙烯环氧化反应大十几倍。

$$CH_2{=}CH_2+1/2O_2\longrightarrow C_2H_4O(g)\qquad \Delta H=-103.4\text{kJ/mol}$$

$$CH_2{=}CH_2+3O_2\longrightarrow 2CO_2+2H_2O(g)\qquad \Delta H=-1324.6\text{kJ/mol}$$

故完全氧化副反应的发生，不仅使生成环氧乙烷的选择性下降，对反应热效应也有很大影响。当选择性下降时，热效应明显增加，移热速率若不相应加快，反应温度就会迅速提高，甚至发生飞温。所以必须选择合适的催化剂和严格控制工艺条件，防止副反应的增加。

5.2.3.2 催化剂

乙烯氧化生产环氧乙烷的过程关键在于催化剂。绝大部分金属或其氧化物为催化剂时，乙烯氧化生成产物为二氧化碳和水，只有采用银为催化剂才可以获得环氧乙烷。此催化剂不仅能抑制副反应，还能加速主反应。因此，空气法或氧气法生产环氧乙烷均以银为催化剂，催化剂的组成如下。

① 主催化剂　金属银是主催化剂，其含量一般在10%～20%（质量分数）。

② 载体　针对乙烯环氧化反应放热量大，反应存在平行副反应和连串副反应的竞争等特点，一般多采用低比表面、大孔径、无孔隙或粗孔隙型、传热性能良好、热稳定性高的 α-氧化铝或含少量 SiO_2 和 α-氧化铝的惰性物质为载体。

③ 助催化剂　在反应过程中，银催化剂易发生熔结和烧结现象，致使其活性迅速下降，寿命很短。助催化剂的加入可对银粒起分散作用并防止其结块，有利于提高催化剂的稳定性和活性，且可延长其使用寿命。另外，还能加速环氧化速率，降低反应温度。通常将钡、钙、锂、钾、铷、铯等金属或其氧化物、氢氧化物为助催化剂。生产实践表明，助催化剂含量应适宜，用量过多，催化剂活性反而下降。

④ 抑制剂　在乙烯环氧化反应过程中，伴随有乙烯原料和产物环氧乙烷的完全氧化。工业上通常采用在银催化剂中加入抑制剂（或称调节剂），如非金属Cl、Br、S、Se和Fe等的化合物，能强烈抑制二氧化碳的生成、避免深度氧化。虽然抑制剂的加入，对催化剂的活性有所降低，但选择性有很大提高。在原料气中添加抑制剂物质也能起到同样效果和作用，目前工业上通常采用二氯乙烷作为抑制剂。在正常操作时，可连续将二氯乙烷加入原料气中，从而补偿其在反应过程中的损失，其用量一般为原料气的1～3ppm。用量过大，会造成催化剂中毒，活性显著降低。但这种中毒不是永久性中毒，停止通入二氯乙烷后，催化剂的活性可逐渐恢复。

以上所说催化剂具有这样一种特点，即当乙烯转化率高时，其相应的选择性有所下降。所以，目前工业上生产环氧乙烷的空气法或氧气法，原料转化率均保持较低，一般控制在30%左右，以使选择性保持在70%～80%。

5.2.3.3 反应工艺条件

（1）反应温度

在乙烯环氧化过程中伴有完全氧化副反应的激烈竞争，生产操作时必须严格控制反应的工艺条件，以避免副反应剧增。反应选择性的控制也十分重要，当选择性下降后，反应放热量显著增加，催化剂床层温度飞速上升，出现所谓“飞温”的异常现象。影响反应选择性高低的主要外界条件就是温度，所以在反应过程中温度的控制要求十分严格。

实践表明，在银催化剂表面进行乙烯氧化时，当反应温度在100℃左右时，产物几乎全部是环氧乙烷，但反应速率很慢，转化率很小，没有现实意义。反应温度过高，会引起催化剂活性衰退。当反应温度超过300℃时，银催化剂几乎对生成环氧乙烷反应不起催化作用，但转化率很高，此时的反应产物主要是二氧化碳和水。

由此可知，乙烯氧化生产环氧乙烷最重要是选择性问题，选择一个较为适宜的温度尤为重要，一般反应温度控制在220～260℃，并按所用氧化剂及催化剂活性稍有不同。当用空气作氧化剂时，反应温度略高，为240～290℃；用氧气为氧化剂时，反应温度略低，为230～270℃。按常规，在反应初期催化剂活性较高，宜控制在低限，在反应终期催化剂活性较低，宜控制在高限。

(2) 反应压力

加压对氧化反应选择性无显著影响，但可提高反应器的生产能力，同时有利于环氧乙烷的回收，工业上大多采用加压操作从而提高乙烯和氧的分压，加快反应速率。但压力过高（高于2.5MPa)，所需设备材质耐压程度高，投资费用增加，催化剂也易损坏，加之环氧乙烷有聚合趋势，导致含碳物质在催化剂表面上沉积，使催化剂寿命大为降低。目前，工业上采用的操作压力（反应器入口压力）一般为2.0～2.3MPa。工业生产实践表明，当反应压力由2.0MPa左右提高到2.3MPa时，生产能力约提高10%左右。

(3) 原料纯度及配比

① 原料气纯度　不论空气法和氧气法都要求原料乙烯纯度在98%（体积分数）以上，且不能含有易使催化剂中毒的物质。原料中若含有炔、硫化物，会使催化剂永久性中毒；含铁离子，会引起选择性下降；含 C_3 以上烃类物质，将发生完全氧化反应使反应热效应增加；氩和 H_2 都会引起氧的爆炸极限浓度降低，因此必须严格控制上述有害杂质的浓度。

另外，抑制剂二氯乙烷中的含铁量应控制在0.5ppm以下，因为铁离子存在会将目的产物环氧乙烷催化异构为乙醛，最终生成二氧化碳和水，从而使反应选择性下降。因此，反应器及有关管道要求使用不锈钢材质或经酸洗钝化处理后的碳钢。

② 原料气配比与致稳气的作用　原料气中乙烯与氧的浓度对反应速率有较大影响，而二者的适宜配比将直接影响生产的经济效果。由于乙烯与氧气混合易形成爆炸性气体，所以选择乙烯与氧的配比时，要受到原料混合物乙烯爆炸浓度范围的牵制。

氧浓度过低，乙烯转化率下降，设备生产能力下降，反应后尾气中乙烯含量较高。随氧的浓度提高，转化率相应提高，反应速率加快，设备能力提高，但单位时间释放的热量大，如不能及时移除反应热，会造成飞温。因此，氧的浓度要有一个适宜值，在生产中要严格控制循环比以便控制氧的含量。

同理，乙烯的浓度也有一个最佳值。因为乙烯浓度不仅和氧气存在比例关系，同时存在放空损失问题，还会影响转化率、生产能力、反应选择性。

氧化剂不同，原料混合气组成也不同。若以空气作氧化剂，因为空气中有四倍于氧气体积的氮气，势必造成尾气放空时乙烯的损失较大，其损失约占原料乙烯的7%～10%。为此，乙烯在空气法中浓度不宜过高，一般选5%（体积分数，下同）左右为宜，氧浓度约为6%左右。若用纯氧作氧化剂，氧的浓度选为7%～8%。为防止氧气过量不安全，又因放空量很少，所以可以提高混合原料气中乙烯浓度，一般乙烯浓度选为15%～30%。

乙烯氧化反应中，为保证高选择性，采用了低转化率，结果有大量乙烯未参加反应，所以进入反应器的原料是新鲜气体和循环气体的混合气。由此，循环气中的一些组分也构成了原料气的组成。例如，当环氧乙烷在吸收塔中吸收不完全，可由循环气带入原料混合气。由于环氧乙烷对银催化剂有钝化作用，致使催化剂活性明显下降。二氧化碳对深度氧化反应具有抑制作用，故在循环气中二氧化碳含量如果适当，对提高反应选择性是有益的，并可提高氧的爆炸极限浓度。二氧化碳的热容较大，有利于反应热的稳定，所以在原料混合气中含有一定量的二氧化碳，对反应是有利的。但是，若其浓度过大，会增加反应系统后续设备的腐蚀，对催化剂活性也有一定抑制作用，尽而造成反应过程转化率下降。所以，循环气中二氧化碳浓度要有一定的限制，一般其浓度控制在7%（体积分数）左右。

原料气中的一些惰性气体（如二氧化碳、氮气、氩气或加入的一些甲烷或乙烷）能显著提高乙烯和氧的爆炸浓度极限，特别当纯氧作氧化剂时，由于它们对氧有稀释作用，可以将气体组成调节在爆炸范围之外，使反应较平稳进行。此外，惰性气体还可影响乙烯转化率、反应选择性及设备能力，工艺上把这些惰性气体称为致稳气或稀释剂。甲烷热容大，可及时移出反应热，有利于反应和操作的稳定，其分子量小，可节约循环压缩机能耗，甲烷的存在还能提高氧的爆炸极限浓度，有利于氧气允许浓度增加。实践表明加入甲烷还可提高环氧乙烷的收率，增加反应选择性。所以，生产环氧乙烷装置大多由过去的氮气致稳改用甲烷致稳，也有用乙烷和二氧化碳混合气作致稳气的。当然，原料气中惰性物质含量也不宜过高，过高将使乙烯放空损失增加。

为获得所需的反应选择性，在原料混合气中还需加入1～3ppm的二氯乙烷作抑制剂。

乙烯直接氧化法有空气氧化法和氧气氧化法两种。前者的主要缺点是空气中氮气干扰气体循环，并随着氮气的排放，损失相当量的乙烯。目前工业上普遍采用的方法是氧气氧化法。即使将空气分离装置的投资费用、操作费用计算在内，其总费用仍低于空气法。氧气法的优点还有排出废气很少，约为空气法的2%，这样随废气损失的乙烯量也就显著减少。

5.2.3.4　生产工艺流程

乙烯氧气氧化法生产环氧乙烷工艺流程如图5-6所示。

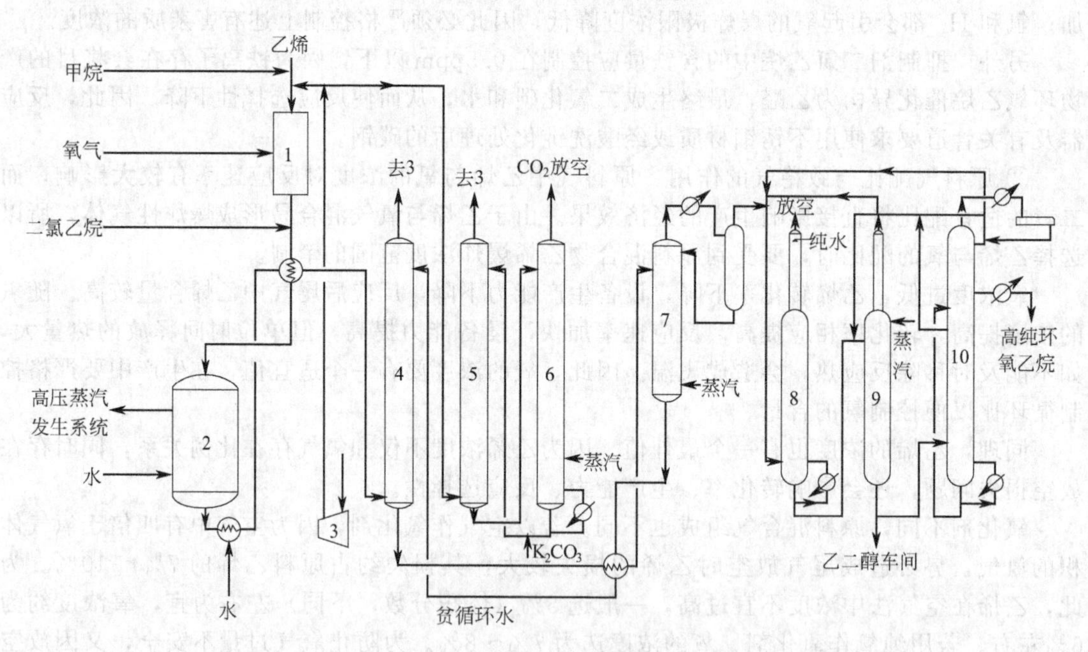

图5-6　乙烯氧气氧化法生产环氧乙烷工艺流程

1—原料混合器；2—反应器；3—循环压缩机；4—环氧乙烷吸收塔；5—二氧化碳吸收塔；6—碳酸钾再生塔；7—环氧乙烷解吸塔；8—环氧乙烷再吸收塔；9—乙二醇原料解吸塔；10—环氧乙烷精制塔

工业上采用的是列管式固定床反应器，管内放催化剂，管间走冷却介质，新鲜原料氧气和乙烯与循环气在原料混合器1中混合均匀后，经热交换器预热至一定温度，和微量的二氯乙烷一起，从反应器2上部进入催化剂床层。反应器在平均2.02MPa压力下操作，反应温度为235～275℃，空速为$4300h^{-1}$，乙烯的单程转化率为9%（体积分数），对环氧乙烷的选择性为79.6%。反应器采用加压沸腾水撤热，并设置高压蒸汽发生系统。

从反应器底部流出的反应气，环氧乙烷含量仅为1%～2%，经热交换器利用其热量并冷却后进入环氧乙烷吸收塔4。该塔顶部用来自环氧乙烷解吸塔的循环水喷淋，由于环氧乙烷能以任何比例与水混合，故采用水作吸收剂，以吸收反应气中的环氧乙烷。从吸收塔塔顶排出的气体，含有未转化的乙烯、氧、二氧化碳和惰性气体，其中大部分作为循环气经循环压缩机升压后返回反应器循环使用。在此过程中，为防止系统中CO_2积累，需把部分气体送CO_2脱除系统处理，脱除CO_2后再返回循环气系统。

CO_2脱除系统由CO_2吸收塔与碳酸钾再生塔组成。本工艺采用在100℃、2.2MPa压力下，以浓度为30%（质量分数）以上的碳酸钾溶液为吸收剂，吸收CO_2。CO_2吸收塔釜液进入碳酸钾再生塔，在0.2MPa压力下操作，将碳酸钾溶液中的CO_2用蒸汽汽提出来，在塔顶放空排放。再生后的碳酸钾溶液用泵循环回CO_2吸收塔。

碳酸钾溶液中常含有铁、油和乙二醇等不纯物质，在加热过程中这些物质易产生发泡现象，使塔设备压差变大，故生产中常加入消泡剂。

从环氧乙烷吸收塔底部流出的环氧乙烷水溶液进入环氧乙烷解吸塔7，将产物通过汽提从水溶液中解吸出来。解吸出来的环氧乙烷、水蒸气及轻组分进入冷凝器，大部分水及重组分经冷凝后返回环氧乙烷解吸塔，未冷凝气体和乙二醇原料解吸塔塔顶蒸气，以及环氧乙烷精制塔塔顶馏出液汇合后，进入环氧乙烷再吸收塔8。环氧乙烷解吸塔釜液可作为环氧乙烷吸收塔的吸收液。在再吸收塔内用冷的工艺水对环氧乙烷进行再吸收，将CO_2与其他不凝气体从塔顶放空。再吸收塔釜液含环氧乙烷约8.8%（质量分数），在乙二醇原料解吸塔中，通过蒸汽加热进一步汽提除去水溶液中的CO_2和N_2，即可作为生产乙二醇的原料或再精制为高纯度的环氧乙烷产品。

在环氧乙烷解吸塔中，由于有少量乙二醇的生成，具有起泡趋势，易引起液泛，所以生产中也要加入少量消泡剂。

环氧乙烷精制塔10以直接蒸汽加热，上部塔板用来脱甲醛，中部用来脱乙醛，下部用于脱水。塔顶抽出高纯度环氧乙烷，中部侧线采出含少量乙醛的环氧乙烷（返回乙二醇原料解吸塔），塔釜液返回精制塔中部，塔顶馏出含有甲醛的环氧乙烷返回乙二醇原料解吸塔，从而回收环氧乙烷。

氧气氧化法生产环氧乙烷，安全生产是关键，这里混合器的设计尤为重要。由于是纯氧加入到循环气和乙烯的混合气中去，必须使氧和循环气迅速混合达到安全组成。工业上是借多孔喷射器对着混合气流的下游将氧高速喷射入循环气和乙烯的混合气中，使它们迅速均匀混合。为确保安全，采用自动分析仪监视，并配制自动报警联锁系统，热交换器安装需有防爆设施。

另外，环氧乙烷易自聚，尤其在铁、酸、碱、醛等杂质存在和高温条件下更易自聚。自聚时有热量放出，引起温度上升，压力增高，甚至引起爆炸。因此存放环氧乙烷的储槽必须清洁，并保持在0℃以下。

5.2.4 环氧乙烷水合法制乙二醇

5.2.4.1 反应原理及工艺条件

$$\text{(CH}_2\text{)}_2\text{O} + H_2O \longrightarrow HO\text{CH}_2\text{CH}_2OH \qquad \Delta H_{473K} = -81.3\text{kJ/mol}$$

主要副反应为乙二醇继续与环氧乙烷反应生成一缩、二缩和多缩乙二醇。

在工业生产过程中，环氧乙烷与约10倍（物质的量）过量的水反应。水与环氧乙烷的配比是决定合成结果的重要因素，环氧乙烷浓度越高，所得缩乙二醇便越多，工业上为了得到较高产率的乙二醇，通常水与环氧乙烷的摩尔比为（15～20）：1。

环氧乙烷水合制乙二醇，如果使用酸催化剂，反应要在常压、50～70℃液相中进行；也可不用催化剂。在没有催化剂的情况下，为加快反应速率的进行，必须适当提高反应温度，并保证在一定压力下进行反应，一般在150～220℃、1～2.5MPa条件下进行。

环氧乙烷水合反应为不可逆的放热反应，在一定的水合温度和压力下还必须保证水合时间，在工艺条件确定的情况下，工业生产中采取的水合时间为35～40min。

5.2.4.2　工艺流程

环氧乙烷加压水合制乙二醇工艺流程如图5-7所示。

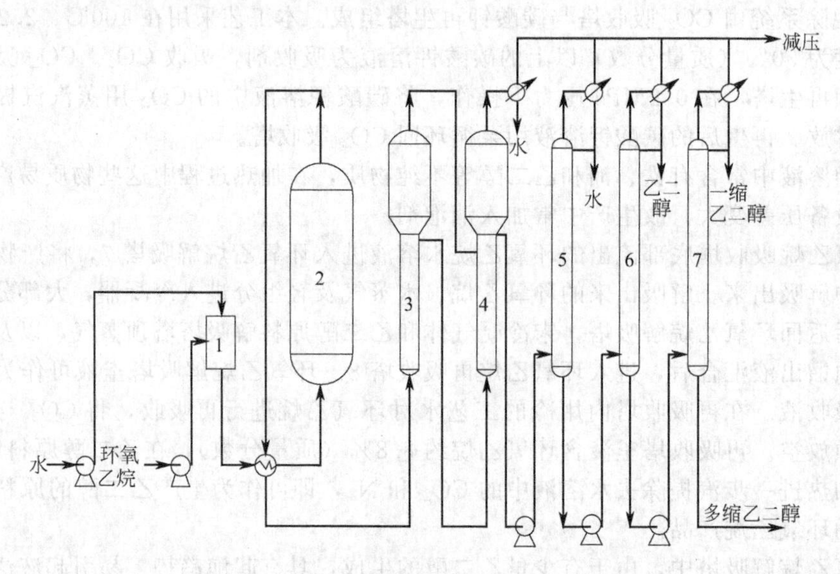

图5-7　环氧乙烷加压水合制乙二醇工艺流程

1—混合器；2—水合反应器；3—一效蒸发器；4—二效蒸发器；5—脱水塔；6—乙二醇精馏塔；7—一缩乙二醇精馏塔

从生产环氧乙烷工艺流程的脱气塔釜出来的含85%～90%环氧乙烷液体不需精馏，直接与去离子循环水在混合器1中混合，经预热后送至水合反应器2，在190～200℃、2.2MPa压力下，进行水合反应，反应时间30～40min。由于反应放出热量被进料液所吸收，因而整个工艺过程热量可以自给。

反应生成的乙二醇溶液，经换热器换热后，送至一效、二效蒸发器3和4，进行减压浓缩，蒸发出来的水循环到水合反应器循环使用。乙二醇浓缩液中主要含有乙二醇，还含有一缩、二缩及多缩乙二醇等副产物和少量水分，将乙二醇浓缩液再送去减压蒸馏，对各种反应产物进行分离。浓缩液先进脱水塔5，蒸出残留水分，塔底釜液送至乙二醇精馏塔6进行精馏，在塔顶可得到纯度为99.8%的乙二醇产品，塔釜馏分再送到一缩乙二醇精馏塔7，塔顶得一缩乙二醇，塔釜得多缩乙二醇。

5.2.5　新工艺制取乙二醇简介

目前工业生产中，为得到最大量的乙二醇，需采用很大水/环氧乙烷摩尔比，造成能耗大、投资较高。为此，正在研究开发的乙二醇新工艺技术，大致可归纳如下。

(1) 环氧乙烷催化水合法

此技术中催化剂是关键。UCC公司报道，钼酸盐、钨酸盐、钒酸盐类离子交换树脂催化剂和三苯基膦配合物这两种阴离子催化剂已取得一定的进展，使用钼酸盐催化剂的例子中，当水/环氧乙烷摩尔比为4.903时，乙二醇选择性可达97%。另据报道，莫斯科门捷列夫工学院开发的一种弱酸阴离子催化剂可使水/环氧乙烷摩尔比降至2∶1或1∶1。反应产物浓度可达80%，其中含乙二醇98%、二甘醇2%，此项成果已在下卡姆斯克城建有约30t/a催化水合中试装置。

(2) 碳酸乙烯酯法

Halcon、UCC和日本触媒等公司相继报道过这种以环氧乙烷、二氧化碳为原料经碳酸乙烯酯高收率地制乙二醇的技术。

$$\text{环氧乙烷} + CO_2 \longrightarrow \text{碳酸乙烯酯} \xrightarrow{H_2O} HOCH_2CH_2OH$$

(3) 乙二醇和碳酸二甲酯联产法

Texaco公司开发了由碳酸乙烯酯和甲醇在由锆、钛、锡的氧化物、盐或其配合物组成的均相或非均相催化剂作用下联产乙二醇和碳酸二甲酯技术。

$$\text{碳酸乙烯酯} + 2CH_3OH \longrightarrow HOCH_2CH_2OH + CO(OCH_3)_2$$

(4) 以合成气为原料的直接或间接合成乙二醇

包括以下几种方法。

① CO和氢的直接合成法

$$3H_2 + 2CO \longrightarrow HOCH_2CH_2OH$$

② 甲醛羰化法

$$HCHO + CO + H_2O \longrightarrow HOCH_2COOH \xrightarrow{CH_3OH} HOCH_2COOCH_3$$

$$\xrightarrow{H_2} HOCH_2CH_2OH + CH_3OH$$

③ 甲醛甲酰化法

$$HCHO + CO + H_2O \longrightarrow HOCH_2CHO \xrightarrow{H_2} HOCH_2CH_2OH$$

④ 一氧化碳氧化偶合法

$$2CO + 1/2O_2 + 2ROH \longrightarrow ROOC{-}COOR \xrightarrow{4H_2} HOCH_2CH_2OH$$

⑤ 甲醛缩合法

$$2HCHO \longrightarrow HOCH_2CHO \xrightarrow{H_2} HOCH_2CH_2OH$$

⑥ 甲醇、甲醛氧化还原法

$$CH_3OH + HCHO \longrightarrow HOCH_2CH_2OH$$

以合成气为原料制乙二醇的技术仍处于研究开发阶段。

5.3 乙醇的生产及化工利用

5.3.1 乙醇的性质和用途

乙醇俗称酒精，分子式为C_2H_6O，其相对分子质量46.07，相对密度$d_4^{20}=0.789$，熔点−117.1℃，沸点78.5℃。常温下，乙醇为无色透明易挥发易燃液体，其蒸气能与空气形成爆炸性混合物，爆炸极限为3.3%～19.0%（体积分数）。在低级醇中乙醇的产量次于甲醇和异丙醇，居第三位，是重要的基本化工原料。其主要用途是作为溶剂，用于医药、农药、化工等领域。另一重要用途是合成醋酸乙酯，也可用于合成单细胞蛋白质。在有些国家和地区乙醇仍然是生产乙醛的重要原料。近年来作为汽油组分的用量在不断增加。

乙醇深加工系列产品图如图 5-8 所示。

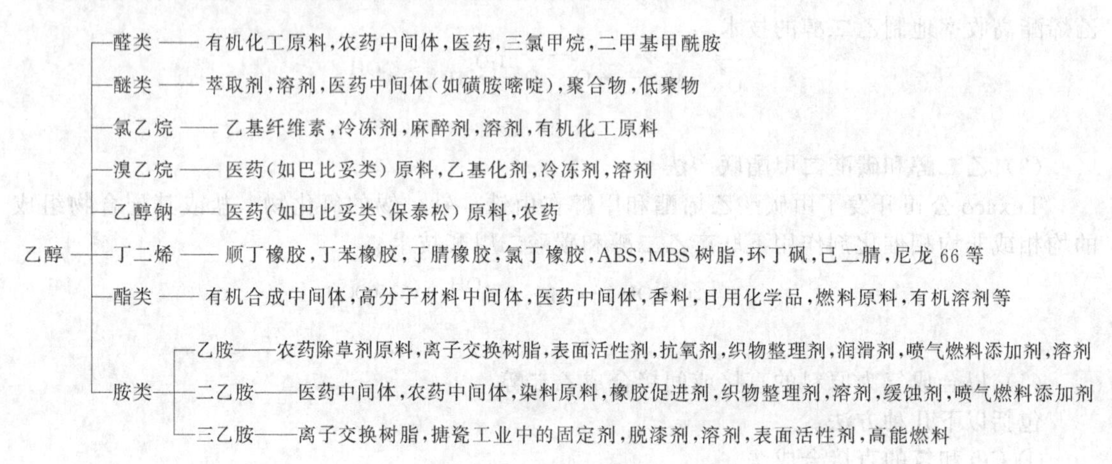

图 5-8　乙醇深加工系列产品

5.3.2　乙醇的生产方法

乙醇的生产方法有粮食发酵法、木材水解法、亚硫酸盐废碱液法、乙醛加氢法、羰基合成法和乙烯水合法等。其中真正具有工业意义的是发酵法和乙烯水合法。发酵法是生产乙醇的经典方法，1930 年以前世界上所有的工业乙醇都由此法生产。该法通常采用淀粉、纤维素、农产品、林产品、农业副产及野生植物为原料，经水解（即糖化）发酵，使双糖、多糖转化为单糖，并进一步转化为乙醇。

随着石油化工的迅速发展，化学法合成乙醇的产量越来越大，但并不能完全取代发酵法合成乙醇，化学法合成的乙醇中夹杂异构高碳醇，对人体有不良作用，不适宜制作饮料、食品、医药及香料等。因此发酵法合成乙醇仍然占有一定的比例。

目前工业上采用的化学合成法生产乙醇技术，有间接水合法和直接水合法两种，二者均以乙烯为原料。早在 1825 年首次用乙烯和硫酸合成出乙醇，此法通常称为间接水合法，又称硫酸酯化-水解法，简称：硫酸法。1930 年首先由美国 UCC 公司实现工业化。

间接水合法生产乙醇，是让乙烯先与浓硫酸作用，生成烷基硫酸酯中间物，然后再水解得到醇。该方法乙烯单程转化率高，可以用浓度较低的乙烯原料，反应条件较缓和，但产品分离提纯困难以及要用大量硫酸，对设备有强烈的腐蚀作用，用过的稀酸再提浓蒸汽消耗大，且浓缩后仅有部分可返回使用，仍有大量的废酸需处理。

直接水合法是乙烯与水经过催化水合生产乙醇的方法。美国 Shell 公司以磷酸硅藻土为催化剂，于 1948 年建成年产 6 万吨合成乙醇的工厂。英国和德国均在 20 世纪 50 年代引进美国 Shell 公司技术，采用直接水合法生产乙醇，当时称为 Shell 法。50 年代末，德国 Veba 化学公司在 Shell 法基础上，改进了催化剂，成功开发了 Veba 直接水合法。1972 年美国 Industrial Chemical 公司也在 Shell 法基础上改进了工艺和催化剂，形成了自己的技术，建成了年产 20 万吨直接水合法乙醇工厂。

直接水合法所需乙烯的浓度，原则上是浓度越高，对反应越有利。如用聚合级的乙烯作原料当然更好，但从经济角度考虑，一般均采用 85%的乙烯作原料。原料气中的乙炔的去除非常重要，因为微量乙炔的存在会生成乙醛。

$$HC\equiv CH + H_2O \longrightarrow CH_3CHO$$

而乙醛可生产巴豆醛。

$$2CH_3CHO \longrightarrow H_2C=CHCH_2CHO + H_2O$$

微量的巴豆醛也会影响乙醇的产量和质量。因此生产过程中必须严格控制乙醛的生成，经过精馏得到的乙醇，纯度最高只能达到95.6%，为乙醇与水的共沸混合物。工业上制无水乙醇的方法是向95.6%的乙醇中加入一定量的苯，进行共沸蒸馏，最后得到沸点为78.3℃的无水乙醇。

5.3.3 乙烯直接水合法制取乙醇

5.3.3.1 反应原理

(1) 主、副反应

在固体酸性催化剂存在下，乙烯和水蒸气在较高温度和压力下直接水合为醇，这种方法称为乙烯直接水合法。该方法避免了液体酸的直接参与，原料仅需乙烯和水，流程简单。在适宜的条件下，乙烯的单程转化率是4%～5%。

乙烯气相水合生产乙醇是一可逆放热反应，其主反应为：

$$H_2C=CH_2 + H_2O \rightleftharpoons C_2H_5OH(g) \qquad \Delta H=-44.16\text{kJ/mol}$$

主要副反应是生成的乙醇分子内脱水生成乙醚，另外还有乙烯原料中的杂质乙炔与水作用形成乙醛，乙烯聚合成聚合物等。

$$2CH_3CH_2OH \rightleftharpoons (CH_3CH_2)_2O + H_2O$$

$$C_2H_2 + H_2O \longrightarrow CH_3CHO$$

(2) 催化剂

水合法生产乙醇是一可逆反应，要使过程向主反应及正反应方向进行，必须选择合适的催化剂。工业上普遍使用的是固体磷酸催化剂，其由两部分组成：载体和活性物质磷酸。磷酸决定催化剂活性的大小，但载体本身对催化剂的活性也有很大影响。磷酸的载体主要是球形大孔硅胶类载体。

磷酸的形态影响催化剂的活性，倍半磷酸活性最高。磷酸吸附于载体后，在480～600℃下煅烧，即可制成倍半磷酸催化剂。催化剂表面是干燥的，但在载体空隙的表面上覆盖着一层磷酸液膜，催化水合反应就是在这层酸膜中进行的。因此，酸膜中磷酸的浓度对催化剂活性有直接影响。研究证明，乙烯气相水合的反应速率，是随磷酸浓度的增减而增减的，当浓度增至一定值时，对水合反应速率的影响就不大了，相反会促使副反应加剧，酸膜中磷酸浓度维持在75%～85%（质量分数）为佳。

在各种催化剂中，已证实H_3PO_4/SiO_2催化剂最有效，催化水合反应发生在SiO_2载体孔隙的磷酸液膜中，反应机理属正碳离子型机理。

5.3.3.2 工艺条件

(1) 反应温度

乙烯气相水合是可逆放热反应，温度低对平衡有利，即有利于正反应，但温度低时，催化剂的活性低，反应速率慢；温度高，反应速率快，但对平衡不利，故对任一催化剂都有一最适宜的温度，催化剂的活性不同，最适宜的反应温度也就不同。对于H_3PO_4/SiO_2催化剂，温度在295℃左右最适宜。

据实验研究，乙烯转化率在反应开始时随温度升高而升高，当达到一定值时，受温度影响变化缓慢。反应温度对副反应也有影响，由于大多数副反应都属放热反应，通常反应温度每增加5℃，乙醇产率降低0.3%，这是因为温度升高，乙醚的生成量增加，乙烯聚合反应及生成乙醛的反应加剧。

（2）反应压力

乙烯水合反应是分子数减少的反应，升高压力能提高平衡转化率和反应速率。但压力太高会使气相中的水蒸气溶于磷酸中，使催化剂表面磷酸浓度稀释，更严重的是会造成反应系统中出现凝聚相，磷酸逐渐被液相物流带出反应器，导致催化剂活性下降（见表5-3）。另外，压力增高也有利于副反应的发生，同时会使设备投资及操作费用增加，提高了消耗定额，增加了生产成本。综合以上几方面的因素，乙烯气相水合过程一般采用7.0MPa左右。

表5-3　总压力变化对乙烯平衡率的影响

总压力/MPa	乙烯分压/MPa	水/乙烯(摩尔比)	乙烯平衡转化率/%
0.373	0.010	37.0	6.18
0.461	0.098	3.7	6.07
0.726	0.363	1.0	5.91
3.993	2.630	0.1	3.92
6.867	6.504	0.0558	3.00
9.810	9.447	0.0384	2.41

注：反应温度200℃，水分压0.363MPa。

（3）原料配比

水烯比对水合过程也有重要影响，水烯比增加会提高乙烯转化率，但比值过高反而会使乙烯转化率下降。这主要是由于水蒸气分压过高，会造成磷酸浓度下降而影响催化剂活性。当总压为7.0MPa、温度为280～290℃时，水烯比控制在0.6～0.7左右为宜。在反应后期，催化剂活性下降而提高温度时，可适当提高水烯比；而在反应初期，催化剂活性高反应温度在低限时，水烯比应降至0.4左右。

5.3.3.3　工艺流程

乙烯气相水合制乙醇的流程主要由两大部分组成：即合成部分和粗乙醇的精制部分。以磷酸硅藻土为催化剂，工艺流程如图5-9所示。

合成部分主要包括原料气的配制、乙烯水合、反应物流的热量利用、除酸、粗乙醇的导出和循环气的净化等过程。

经压缩机压缩的再循环气和预先经过净化的水，经两个串联的换热器与反应产物换热后进入加热炉2，将温度升高到190℃，再与来自烯烃装置经压缩机1压缩至反应压力的乙烯混合，水烯比为0.6，混合后一起从反应器顶部进入铜衬里的圆筒形反应器3。反应器内装催化剂，物料向下通过催化剂床层，乙烯和水部分转化为乙醇。为了弥补磷酸的损失，需在反应器的上部不断注入磷酸。

反应产物离开反应器沿铜管进入高温换热器后，再进入低温换热器。在高温换热器的出口处加入NaOH，用以中和从催化剂中带出来的磷酸。从换热器流出的混合物，在高压分离器4中被分离为液体和气体。从高压分离器流出的气体经循环冷却器冷凝后，进入气体洗涤塔5。用水洗涤剩余的气体，以除去再循环气中的醇，从洗涤塔上部出来的循环气，一部分送回烯烃装置，其余的循环气经压缩机压缩后继续使用。

洗涤塔中的液流在洗涤塔的下段，和来自高压分离器的稀乙醇一起进入低压分离器6，在此分离器中将不凝气体（主要是乙烯）放掉，稀乙醇在提馏塔7中提浓，水从塔底排出。提馏塔塔顶馏出液，除回流外，均送入氢化系统的加氢塔8。在进入加氢塔之前，乙醇与循环氢气流混合后自上而下通过颗粒硅藻土为载体的镍催化剂床层，基本上将所有乙醛与少量的高级醛类一起转化为相应的醇。加氢产物经热交换器冷凝后，在分离器9中分离。多余的氢气则用氢气循环压缩机压缩，循环使用，同时消耗掉的氢气要在此加以补充。

液体的加氢产物送进中间储槽10后，用泵将产物抽出，打入轻馏分分馏塔11。轻组分

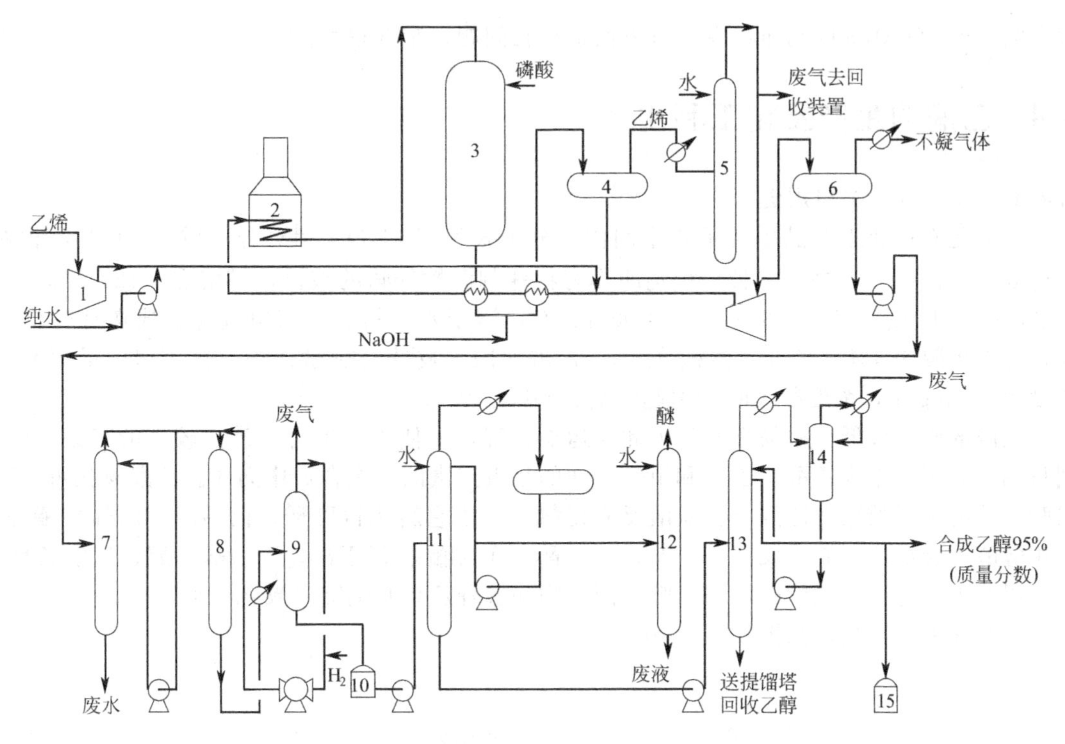

图 5-9 乙烯气相水合制乙醇的工艺流程

1—压缩机；2—加热炉；3—反应器；4—高压分离器；5—气体洗涤塔；6—低压分离器；7—提馏塔；8—加氢塔；9,14—分离器；10—中间储槽；11—轻馏分分馏塔；12—脱醚塔；13—精馏塔；15—储槽

从塔顶取出，塔底主要是乙醇和水，用泵送入精馏塔13，成品乙醇由塔顶下几块塔板取出，少量的不纯物则借塔顶的低温段除去。塔顶产物经冷凝后用作回流，多余部分抽至提馏塔回收乙醇，塔底产物也送提馏塔回收乙醇。

5.3.4 其他工艺制取乙醇

乙醇生产方法除上述已经工业化的方法外，还有甲醇同系化法和合成气直接合成法。

自从1956年Wender等发表了由一氧化碳和氢气及甲醇合成乙醇的论文以来，英国、美国、日本等都积极进行了研究开发。筛选适宜的催化剂是开发新工艺的关键，为此曾进行过大量的工作。除助催化剂外，还对溶剂进行了大量研究工作。如甲醇和CO与H_2在硅油中于205℃和14～20MPa下及在$Co(OAc)_2$、I_2与Bu_3P存在下反应，甲醇转化率47%，乙醇选择性为69.8%。

到目前为止，甲醇同系化法合成乙醇的开发尚处于试验阶段，主要问题在于催化剂的选择性、活性及稳定性等尚未达到工业化要求的水平，但它是一种有发展前途的方法。

利用合成气直接合成乙醇的方法正引起许多国家的高度重视，美国、日本、德国、英国、意大利等国都在竞相研究开发。合成气直接合成乙醇有气相法和液相法两种。铑（Rh）系催化剂占主导地位。气相法的催化剂有美国UCC公司的Rh和Rh-Fe、Rh-Mn和Rh与Mo或W，德国Hoechst公司的Rh-Mg，日本相模中央研究所的$Rh_4(CO)_{12}$。液相法的催化剂为羟基钴。该研究所的研究结果，乙醇选择性达75%～80%，运转30天后（每天8h），催化剂活性无明显下降。

到目前为止，合成气直接合成乙醇法仍处于试验阶段，尚未取得根本性突破，还存在许多问题，比如气相直接法需用价值昂贵的铑作催化利。另外，无论哪种方法在降低催化剂用量、提高催化剂活性、延长催化剂寿命等方面仍需进行大量研究和改进。采用直接法合成乙醇，需要 6～20MPa 的高压，在设备方面也存在问题，难度较大。

5.4 乙醛的生产及化工利用

5.4.1 乙醛的性质和用途

乙醛是有机化工产品中的重要中间体，分子式为 C_2H_4O，相对分子质量 44.06，相对密度 $d_4^{18}=0.783$。乙醛是一种无色透明具有特殊刺激性气味的液体，其溶点－123.5℃，沸点 20.8℃，闪点－27～－38℃，自燃点 140℃，溶于水，易燃，与空气能形成爆炸性混合物，爆炸极限为 4%～57%（体积分数）。乙醛对眼、皮肤有刺激作用，在厂房中最大允许浓度为 0.1mg/L，浓度很大时会引起气喘、咳嗽、头痛。

乙醛的沸点较低，极易挥发，因此在运输过程，先使乙醛聚合为沸点较高的三聚乙醛，到目的地后再解聚为乙醛。乙醛和甲醛一样的是极宝贵的有机合成中间体。乙醛氧化可生产醋酸、醋酐和过醋酸；乙醛与氢氰酸反应得氰醇，由它转化得乳酸、丙烯腈、丙烯酸酯等。利用醇醛缩合反应可制季戊四醇、1,3-丁二醇、丁烯醛、正丁醇、2-乙基己醇、三氯乙醛、三羟甲基丙烷等。与氨缩合可生产吡啶同系物和各种乙烯基吡啶（聚合物单体）。

乙醛深加工系列产品图如图 5-10。

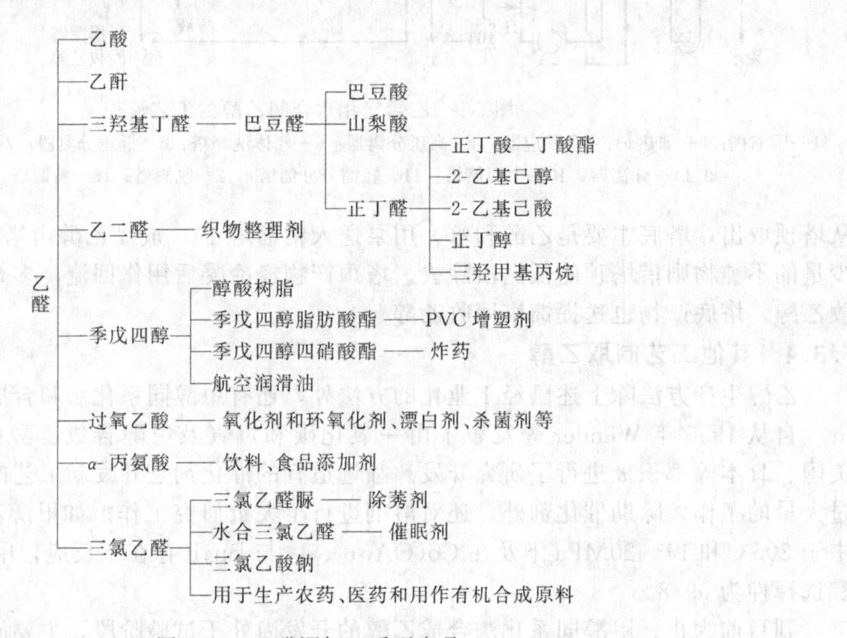

图 5-10 乙醛深加工系列产品

5.4.2 乙醛的生产方法

因常压下乙醛的沸点较低，因此其生产装置绝大部分建在生产衍生产品的同一地点，自产自用，其质量标准由企业自订。工业上生产乙醛的原料最初用乙炔，以后又先后发展乙醇和乙烯等路线。在第二次世界大战后，石油化工兴起，乙烯氧化的瓦克尔（Wacker）法开始成为合成乙醛的最主要路线。

工业生产乙醛的方法主要有四种。

(1) 乙炔水合法

以电石为原料生成的乙炔在汞盐催化作用下液相水合生成乙醛，在 1916 年实现工业化。反应式为：

$$HC \equiv CH + H_2O \xrightarrow{HgSO_4} CH_3CHO \qquad \Delta H = +141.4kJ/mol$$

该法技术成熟，产品纯度高，但由于汞盐有毒，且电石路线能耗大，所以逐步被淘汰。

由于石油和天然气制乙炔技术的发展以及非汞催化剂的研究开发，目前采用磷酸铝钙等催化剂，实现了乙炔气相水合工艺，所以乙炔水合法仍是一种有前途的工艺路线。

（2）从乙醇制乙醛

有两种路线。

① 吸热脱氢　采用金属铜为催化剂，反应式为：

$$C_2H_5OH \xrightarrow{Cu} CH_3CHO + H_2 \qquad \Delta H = +84kJ/mol$$

此法操作温度 260～290℃，不造成深度氧化，并副产高纯 H_2，具有优越性。

② 放热氧化脱氢　用金属银作催化剂，在空气或氧气存在下进行脱氢，此时脱出的氢被氧化成水，同时提供脱氢反应所需的热量。反应式为：

$$C_2H_5OH + \frac{1}{2}O_2 \xrightarrow{Ag} CH_3CHO + H_2O \qquad \Delta H = -180kJ/mol$$

此法在 550℃左右下进行，反应过程中易发生一些深度氧化，使乙醇消耗量增大。

工业上也有将上述吸热和放热两种方法组合起来的工艺，以解决热平衡问题。用乙醇作原料生产乙醛，应视乙醇原料的来源，如乙醇由粮食发酵而得，显得不合理，若是从乙烯水合而得，则乙醇法也是生产乙醛的重要方法。

（3）C_3/C_4 烷烃氧化制乙醛

该法可用丙烷/丁烷混合物气相氧化得到乙醛混合物，1943 年在美国实现工业化。反应机理是非催化自由基反应，在 425～426℃、1.0MPa 条件下进行。由于产物是沸点较为相近的混合物，分离很困难，所以一般采用不多。

（4）乙烯直接氧化法

乙烯直接氧化法生产乙醛，是赫斯公司在 1957～1959 年间开发的，该方法具有原料便宜、成本低、乙醛收率高、副反应少等优点。目前，世界上有 70%的乙醛是用此法生产的。下面进行重点介绍。

5.4.3　乙烯配合催化氧化生产乙醛

5.4.3.1　反应原理

以乙烯、氧气（或空气）为原料，在催化剂氯化钯、氯化铜的盐酸水溶液中进行气液相反应生产乙醛，副反应主要是乙烯深度氧化及加成反应。总化学反应式为：

$$H_2C{=}CH_2 + 1/2O_2 \longrightarrow CH_3CHO \qquad \Delta H = -234kJ/mol$$

乙烯液相氧化法的实际过程分为下列三个基本反应。

（1）乙烯的羰基化反应

$$H_2C{=}CH_2 + PdCl_2 + H_2O \longrightarrow CH_3CHO + Pd + 2HCl \tag{5-1}$$

（2）Pd 的氧化和 CuCl 的氧化反应

$$Pd + 2CuCl_2 \longrightarrow PdCl_2 + 2CuCl \tag{5-2}$$

$$2CuCl + 1/2O_2 + 2HCl \longrightarrow 2CuCl_2 + H_2O \tag{5-3}$$

当乙烯氧化生成乙醛时，氯化钯被还原成金属钯，如反应（5-1），钯从催化剂溶液中析出而失去催化活性。虽然许多种氧化剂可将钯氧化成二价钯，但是含铜的氧化还原体系是最合适的，如反应（5-2），因为一价铜易于被氧氧化为二价铜。可以说，在这样的体系中，氯化铜是乙烯氧化成乙醛的氧化剂，而氯化钯则是催化剂。该反应机理是通过乙烯与钯盐形成 σ-π 配合物而进行的。

在反应过程中，由于生成一些含氯副产物消耗氯离子，因此，必须补加适量的盐酸溶液。氯化钯浓度必须控制在一定范围内，浓度过高，将有金属钯析出。为了节约贵金属钯，在溶液中加入大量氯化铜，一般控制铜盐与钯盐之比在100以上。氯化铜是氧化剂，一般常用二价铜离子与总铜离子（一价与二价铜离子总和）的比例，即 $Cu^{2+}/(Cu^{+}+Cu^{2+})$ 的比值来表示催化剂溶液的氧化度。氧化度太高，会使氧化副产物增多；氧化度太低，会使金属钯析出。

5.4.3.2 生产工艺

乙烯液相氧化法有一步法和两步法两种生产工艺。下面分别叙述。

(1) 一步法工艺

所谓一步法是指上述的三步基本反应在同一反应器中进行，用氧气作氧化剂，又称为氧气法。用一步法生产乙醛时，要求羰基化速率与氧化速率相同，而这两个反应都与催化剂溶液的氧化度有关，因此，一步法的工艺特点是催化剂溶液具有恒定的氧化度。

① 一步法工艺影响因素　影响乙烯氧化速率的主要因素是催化剂溶液的组成，但工艺条件的控制对反应速率和选择性也有很重要影响。下面分别对原料纯度、原料配比、反应温度及压力等参数对反应的影响进行讨论。

a. 原料纯度　原料乙烯中炔烃、硫化氢和一氧化碳等杂质的存在，危害很大，易使催化剂中毒，降低反应速率。乙炔能和亚铜盐或钯盐反应，生成相应的易爆炸的乙炔铜或乙炔钯化合物，同时使催化剂溶液的组成发生变化，并引起发泡。硫化氢与氯化钯在酸性溶液中能生成硫化物沉淀。一氧化碳的存在，能将钯盐还原为钯。因此，原料纯度必须严格控制，一般要求乙烯纯度大于99.5%，乙炔含量小于 3×10^{-5}，硫化物含量小于 3×10^{-6}，氧的纯度在99.5%以上。

b. 原料配比　从乙烯氧化制乙醛的化学反应式来看，原料气中乙烯与氧气的摩尔比是2∶1。在一步法工艺中，乙烯与氧气是同时进入反应器进行反应的，2∶1的配比正好处在乙烯-氧气的爆炸范围之内（常温常压下，乙烯在氧气中的爆炸范围是3.0%～80%，并随压力和温度的升高而扩大），有可能引起爆炸。因此，工业上采用乙烯大大过量的方法，使混合物的组成处在爆炸范围之外，这样乙烯的转化率会相应降到30%～35%，大量未转化的乙烯要循环使用。随反应气体的循环使用，惰性气体将逐渐积累，为使循环乙烯组成稳定，必须将循环气体排走一部分，这样必然会损失部分乙烯。

实际操作中，为保证安全，必须控制循环乙烯中氧的含量在8%左右，乙烯的含量在65%左右。若氧含量达到9%，或乙烯含量降至60%时，必须立即停车，并用氮气置换系统中的气体，排入火炬烧掉。

c. 反应压力及温度　乙烯氧化生成乙醛的反应是气-液相反应，增加压力虽有利于提高乙烯和氧气的溶解而加速反应，但从能量消耗、设备防腐和副产物生成等方面综合考虑，反应压力不宜过高，一般控制在0.3～0.35MPa。

乙烯氧化生成乙醛的反应是放热量较大的反应，降低温度，对反应平衡有利。为使反应能在一定的温度下进行，必须及时引出过量的热量。在生产中，反应热由乙醛与水的汽化而带走，从而保证反应在沸腾状况下进行。

d. 空速　生产中常采用提高空速的办法来提高催化剂的生产能力，但空速选择要适宜。空速过大，原料气与催化剂溶液的接触时间过短，乙烯尚未反应就离开了反应区，从而使乙烯转化率下降。反之，空速太小，原料气与催化剂溶液的接触时间增加，乙烯的转化率可以提高，但由于反应物有充足的时间继续参与反应，增加了副产物的生成，结果使产率下降，因此，必须选择一适当的空速。

e. 催化剂组成　乙烯氧化生产乙醛的催化剂是液体，其中含有氯化钯、氯化铜、氯化亚铜、盐酸和水等，这些物质在溶液中能解离成 Cu^{2+}、Cu^{+}、Cl^{-}、H^{+} 等离子，使催化剂溶液呈较强的酸性。在反应过程中，这些离子的浓度会随着化学反应的进行而发生变化。因此，工业生产中必须选择适宜的催化剂溶液组成，并控制其钯含量、铜含量、氧化度和pH值等，从而保持催化剂活性的稳定。

② 反应器和设备防腐　乙烯液相氧化制取乙醛所采用的反应器是具有循环管的鼓泡床塔式反应器，其构造如图5-11所示。

原料乙烯和循环气与氧气分别进入反应器，两种气体很容易分布在催化剂溶液中进行反应，生成乙醛。生成的乙醛和水被反应放出的热量所汽化，所以反应器被密度较低的气-液混合物所充满。此混合物经过反应器上部的两根导管进入除沫器，催化剂溶液自除沫分离器沉降下来。催化剂溶液在反应器和除沫器之间不断地快速循环，从而保证催化剂分布的均匀性。

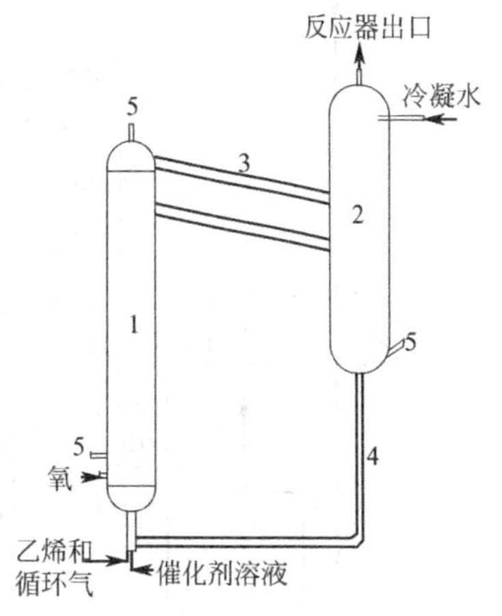

图5-11　反应器和除沫分离器

1—反应器；2—除沫分离器；3—连接管；4—循环管；5—测温口

由于在催化剂溶液中含有盐酸，对设备腐蚀极为严重，所以反应器必须具有良好的耐腐蚀性能。反应器外壳一般用碳钢制成，内衬用耐酸橡胶，因为橡胶层不耐高温，在耐酸橡胶层上再衬耐酸砖，这样可以保证橡胶层的温度不超过80℃，同时大大改善了橡胶层的工作条件。

各法兰的连接和氧气管，采用钛钢金属管，在乙醛精制部分，因副产物中含有少量乙酸及其一氯化物，对设备均有腐蚀，需采用含钼不锈钢。

③ 一步法工艺流程　工业上采用具有循环管的鼓泡床塔式反应器，催化剂的装量约为反应器的1/2～1/3体积，反应工艺过程如图5-12所示。

原料乙烯和循环乙烯混合后从反应器3底部进入，氧气从反应器下部侧线进入，氧化反应在125℃、0.3MPa左右的条件下进行。为了有效地进行传质，气体的空塔线速很高。反应生成热由乙醛和部分水气化带出。反应器上部充满密度较低的气液混合物，这种混合物经过反应器上部的导管流入除沫器4，在此，气体流速减小，使气体从除沫器顶部脱去，催化剂溶液沉淀在除沫器中，由于脱去了气体，催化剂溶液密度大于气液混合物密度，借此密度差，大部分催化剂溶液循环回反应器。这样，催化剂溶液在反应器和除沫器之间不断进行着快速循环，使催化剂溶液的性能均匀一致，温度分布也较均匀。

从分离器上部出来的反应气体进入第一冷凝器，大部分水被冷凝下来，凝液全部返回到除沫器中，以维持催化剂溶液的浓度恒定。然后气体进入第二、第三冷凝器，将乙醛和高沸点副产物冷凝下来。未凝气体再经冷却进入水吸收塔8的下部，用水吸收未凝乙醛，吸收液和第二、第三冷凝器出来凝液汇合，一起经过滤、冷却进入粗乙醛储槽12。

吸收塔顶部排出的气体，含乙烯约65%，其他为惰性气体和氯甲烷、氯乙烷以及二氧化碳等副产物，乙醛在1×10^{-4}左右。为了避免惰性气体在系统内积累，将其小部分排至火炬烧掉，绝大部分作循环气，由水环泵压缩返回反应器。

得到的粗乙醛水溶液采用两个精馏塔，脱轻组分塔9的作用是将低沸点物氯甲烷、氯乙烷及溶解的乙烯和二氧化碳等从乙醛水溶液中除去。由于氯乙烷和乙醛的沸点比较接近，为了减少低沸物带走乙醛量，在塔的上部加入吸收水，利用乙醛易溶于水而氯乙烷不溶于水的特性，把部分乙醛吸收下来，并降低塔釜氯乙烷的含量。脱轻组分塔在加压下操作，塔底部直接通入水蒸气加热，塔顶蒸出的低沸物很少，排至火炬烧掉。从脱轻组分塔塔底排出的粗乙醛，送入精馏塔10，将产品纯乙醛从水溶液中蒸出。在精馏塔侧线分离出丁烯醛馏分，经冷却进入丁烯醛提取塔11，含醛水溶液从塔上部流至粗乙醛储槽12，底部流出含丁烯醛60%左右的溶液。

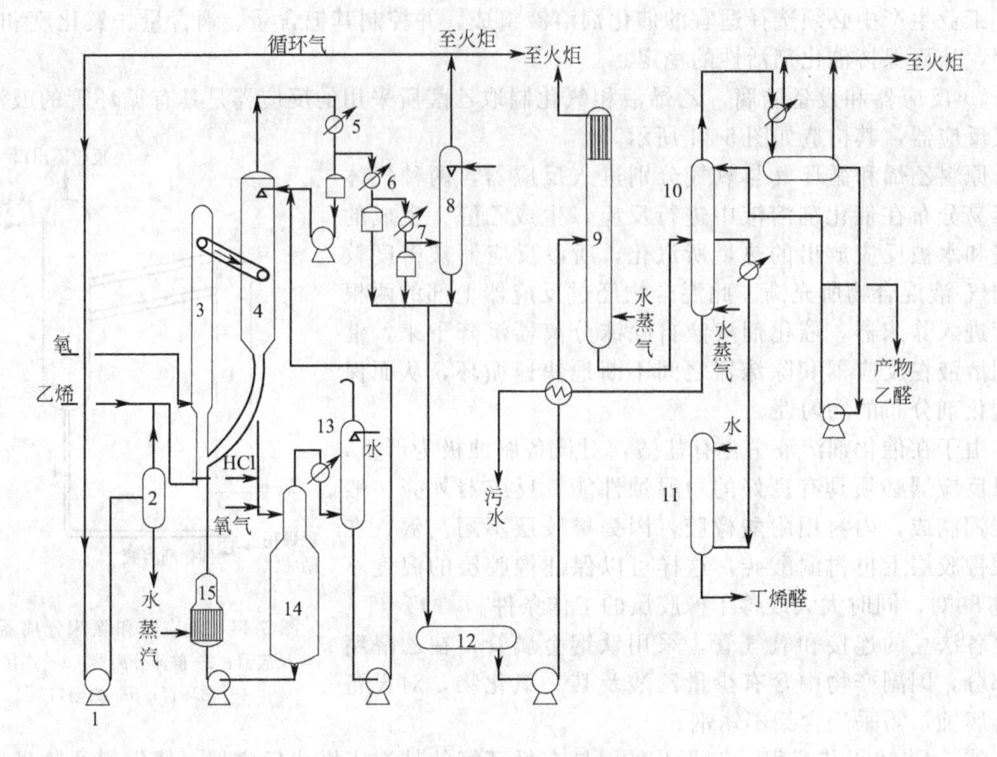

图 5-12　一步法反应工艺流程

1—水环泵；2—气液分离器；3—反应器；4—除沫器；5,6,7—第一、二、三冷凝器；8—水吸收塔；9—脱轻组分塔；10—精馏塔；11—丁醛提取塔；12—粗乙醛储槽；13—水洗涤塔；14—分离器；15—分解器

在反应中生成的一些含氯副产物与产物一起蒸发离开催化剂溶液，而不溶的树脂和固体草酸铜等副产物仍留在催化剂溶液中。这些不溶产物不仅污染催化剂溶液，还会使铜离子浓度下降，致使催化剂活性降低。为保持催化剂的活性，需连续从装置中引出部分催化剂溶液进行再生。从除沫器连续引出的部分催化剂溶液，加入盐酸和氧，把 CuCl 氧化为 $CuCl_2$，然后减压并降温，在分离器中把催化剂溶液与逸出的气体分离。从分离器底部引出的催化剂溶液，用泵加压送入分解器，用蒸汽直接加热，在 $CuCl_2$ 还原为 CuCl 时，草酸铜便分解成二氧化碳。排除了二氧化碳的催化剂溶液送回反应器继续使用。顶部蒸汽混合物，经水洗涤塔 13 吸收其中的乙醛，洗液返回除沫器，废气排入火炬。

(2) 两步法工艺

两步法是乙烯的羰基化反应和氯化亚铜的氧化反应分别在两个串联的管式反应器中进行的方法。因为用空气作氧化剂，又称空气法。反应在 1.0～1.2MPa、105～110℃条件下操作，乙烯转化率达 99%，且原料乙烯纯度达 60%以上即可用空气代替氧气。由于乙烯和空气不在同一反应器中接触，可避免爆炸危险。

两步法的工艺特点是催化剂溶液的氧化度呈周期性变化，在羰基化反应器中，入口高，出口低，并且，部分催化剂溶液在两个反应器之间不断循环，从而稳定地完成反应，同时也需连续抽出部分催化剂溶液进行再生。另外，两步法采用管式反应器，需要用钛管，同时流程长，钛材消耗比一步法高。但两步法用空气作氧化剂，避免了空气分离制氧过程，操作安全，减少了投资和操作费用。一步法和两步法工艺各有利弊，故生产上采用这两种方法的都有。

两步法反应部分工艺流程如图 5-13 所示。粗乙醛精制与一步法相似，不再赘述。

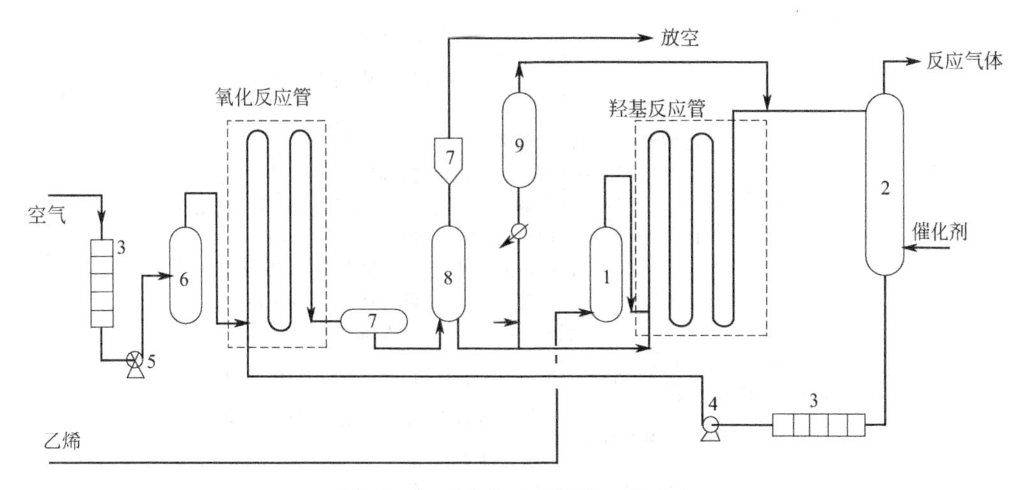

图 5-13 两步法反应部分工艺过程

1—乙烯缓冲器；2—闪蒸塔；3—过滤器；4—钛泵；5—鼓风机；6—空气缓冲器；7—分离器；8—储槽；9—再生器

5.5 乙醛氧化生产乙酸及化工利用

5.5.1 乙酸的性质和用途

乙酸俗称醋酸，分子式 $C_2H_4O_2$，相对分子质量 60.05，相对密度 $d_4^{20}=1.092$。沸点 118℃，熔点 16.6℃，闪点 38℃，自燃点 426℃，是具有特殊刺激性气味的无色透明液体。纯乙酸（无水醋酸）在 16.58℃时就凝结成冰状固体，故称冰醋酸。乙酸能与水以任意比例互溶，溶于水后，其冰点降低。乙酸也能与醇、苯及许多有机液体相混合。乙酸不燃烧，但其蒸气是易燃的，乙酸蒸气在空气中的爆炸极限是 4%。乙酸蒸气刺激呼吸道及黏膜，特别是对眼睛的黏膜有刺激作用，浓乙酸能灼伤皮肤。

乙酸是重要的有机酸之一，也是一种重要的石油化工中间产品，它与乙烯作用生成的醋酸乙烯酯是制造合成纤维维尼纶的主要原料。由乙酸制得醋酐进而制成醋酸纤维素是合成人造纤维、塑料和电影胶片片基的原料，另外，乙酸还广泛应用于医药、染料、农药、工业、化妆品、皮革等方面，是近几年来世界上发展较快的一种有机化工产品，预计我国今年需求量将达到 1440～1620kt。图 5-14 是乙酸深加工系列产品。

5.5.2 乙酸的生产概况

目前，工业上生产乙酸的方法主要有三种：乙醛氧化法，低级烷烃氧化法和甲醇羰基化法，其中低级烷烃氧化法是以石油副产品丁烷以及石油的轻馏分为原料。乙酸的工业合成路线如图 5-15 所示。

低级烷烃氧化法生产乙酸，原料来源丰富，但副产物多且难分离，乙酸的浓度低，副产品甲酸对设备也有腐蚀。甲醇羰基化法合成乙酸主要局限是催化剂的资源有限（如催化剂铑），设备用的耐腐蚀材料比较昂贵。

乙醛氧化法是以乙炔、天然气或乙烯为原料，先制成乙醛，再将乙醛氧化为乙酸，此法生产的乙酸浓度高，产率高，副反应少，技术条件比较成熟，操作条件较缓和，是目前工业上普遍采用的方法之一。

5.5.3 乙醛氧化制取乙酸

5.5.3.1 反应原理及催化剂

乙醛氧化制乙酸属催化自氧化范畴，是一强放热反应，主要反应为：

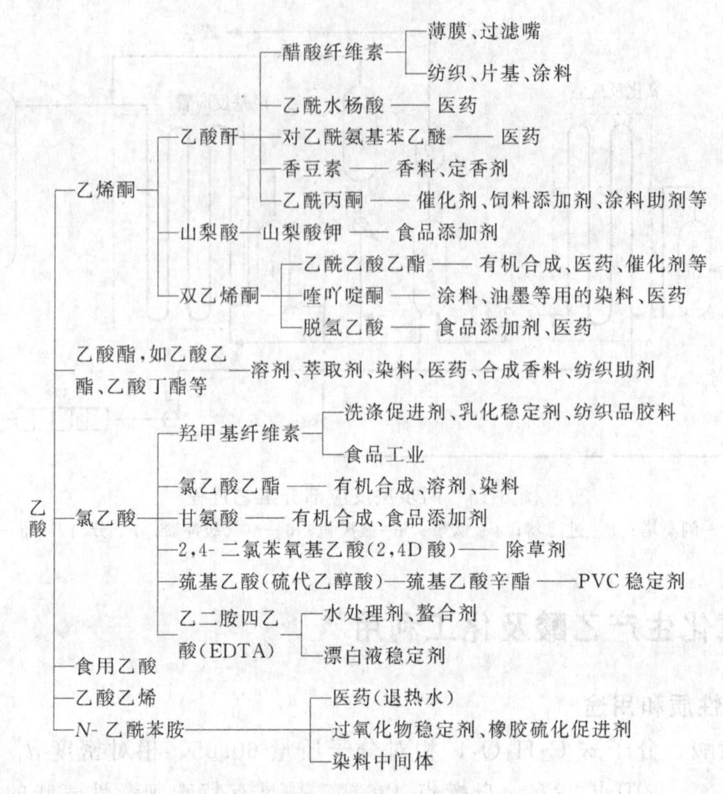

图 5-14 乙酸深加工系列产品

$$CH_3CHO + 1/2O_2 \xrightarrow[\text{加热、加压}]{(CH_3COO)_2Mn} CH_3COOH \qquad \Delta H = -346\text{kJ/mol}$$

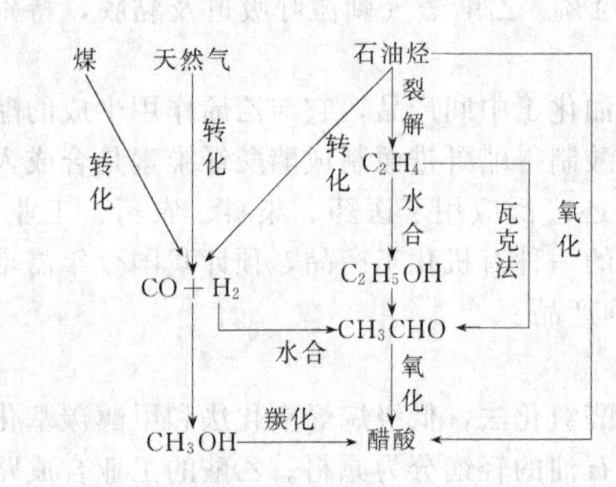

图 5-15 乙酸的工业合成方法工艺路线

常温下，乙醛可以吸收空气中的氧自氧化为乙酸，这一过程形成了中间产物过氧乙酸（CH_3COOOH），它再分解成为乙酸。在没有催化剂存在下，过氧乙酸的分解速率甚为缓慢，因此，系统中会出现过氧乙酸的浓度积累，而过氧乙酸是一不稳定的具有爆炸性的化合物，其浓度积累到一定程度后会导致分解而突然爆炸。因此，只有在消除爆炸的可能性之后，乙醛氧化法才能用于工业生产。

工业上由乙醛制乙酸均在催化剂存在下进行，常用的催化剂是可变价的锰、钴、镍等金属的乙酸盐，一般用乙酸锰效果较好。而且实践证明，在乙酸锰存在时爆炸的危险可以避免。乙酸锰在反应液中的含量为0.05%～0.1%。主要副产物是甲烷、二氧化碳、甲酸、醋酸甲酯等。当反应温度提高，以及采用乙酸钴为催化剂时，这些副产物会增多。

5.5.3.2 重要的工艺参数

① 氧化剂 工业上乙醛液相氧化生成乙酸可用空气或氧气作氧化剂。选用空气作氧化剂，比用氧气原料费用低，并且气相中氧浓度低比较安全。但由于氧气与反应液接触机会减少，乙醛转化率降低，同时还必须洗涤排放气，以除去惰性气体夹带的乙醛和乙酸。选用氧气作氧化剂，需用空气分离装置，原料费用高，且易与乙醛形成爆炸性混合物。一般在反应器空间充入惰性气体以防止爆炸。但氧气作氧化剂的优点是氧气能被反应充分吸收，且乙醛

的夹带量减少。目前多数装置采用氧气为氧化剂。

② 氧的扩散和吸收 为加快氧的扩散和吸收速度，并使之均匀地分散成适当大小的气泡，一般将氧气在反应器中分上、中、下几段通入，并设置氧气分布器。氧气分布板孔径与氧的吸收率成反比，要选择合适的孔径，过小，阻力增加，使氧的压力升高；过大，不仅气液接触不良，而且还会加剧酸液被气体夹带。

氧的扩散和吸收与氧的通入速度有关。通氧速度增加时，气液两相的接触面越大，氧的吸收率也就越大。但氧的吸收率与通入氧的速度不是简单的直线关系，当超过一定速度后，氧的吸收率反而会降低。此外，还会带出大量的乙醛和乙酸，从而破坏正常操作条件。

③ 反应温度 温度在乙醛氧化过程中是一个非常重要的因素，升高温度对过氧乙酸的形成和分解都有利，但氧的溶解度随着温度升高而降低，使气相中氧浓度增大，形成爆炸危险；温度低于40℃以下，过氧乙酸分解缓慢，造成过氧乙酸积累，亦具有危险性。一般用氧作氧化剂时，温度控制在55～85℃。

④ 反应压力 反应压力的大小，对氧化速率有直接影响，增加压力，有利于反应进行，对氧的吸收、扩散都有利，并能减少乙醛的挥发损失，但增加压力也增加了爆炸危险和动力费用。因此，只须稍加压力使乙醛在反应温度下保持液态。当用氧作氧化剂时，反应器顶部压力控制在0.15MPa左右。

⑤ 原料纯度 原料中若含水，会使催化剂失活，若含三聚乙醛或甲酸等物质也会使氧吸收率降低，应尽量减少它们的含量。

⑥ 催化剂的用量 工业上采用较普遍的催化剂是乙酸锰。乙酸锰的用量不同，氧的吸收率也不同，当原料中乙酸锰的用量为0.05%～0.063%时，氧的吸收率仅为93%～94%。因此，乙酸锰的加入量应大于0.065%，最好为0.08%～0.1%，如果用量再增加，便会给精馏操作带来麻烦，如增加蒸发器的清洗频率等。

反应时乙酸锰先溶解在乙酸中，经充分溶解后再通入氧化液，这样有利于乙酸锰在反应器内分布均匀。

5.5.3.3 工艺流程

氧化反应是一个强放热反应，为控制一定的反应温度，反应器（又称氧化塔）的结构必须能够不断地除去反应热，同时还应保证氧气与氧化液的均匀接触和安全防腐。工业上常用的氧化反应器有两种型式，根据换热方式不同，分为内冷却型和外冷却型两种，内冷式又分蛇管和列管两类，适用于不同规模和地区，难分优劣。

内冷却式分段鼓泡反应器，如图5-16所示。该反应器是具有多孔分布板的鼓泡塔。氧分数段通入，每段设有冷却盘管，原料液体从底部进入，氧化液从上部溢出来。这种形式的反应器可分段控制冷却水量和通氧量，但传热面太小，生产能力受到限制。

另一种是大规模生产中采用的具有外循环冷却器的鼓泡床反应器，如图5-17所示。反应液与设在反应器外部的冷却器进行强制循环以除去反应热，循环量的大小决定于反应器温度的控制和反应放热量的大小。由于循环量较大，塔内氧化液浓度基本均匀。这种形式的反应器结构简单，检修方便，但动力消耗大。

(1) 反应部分

外冷却型氧化塔乙醛氧化制乙酸工艺流程如图5-18所示。

乙醛和催化剂溶液在氧化塔1的上部加入，氧气分三段鼓泡通入反应塔中，通入反应器的氧气约大于理论值10%。乙醛转化率可达97%，氧的吸收率为98%，乙酸选择性98%左右。反应液在塔内的停留时间约3h，氧化产物自反应塔的上部溢流出来，氧化产物中含有少量低沸点、高沸点副产物及未反应的乙醛，送去精制。

未吸收的氧气夹带着乙醛和乙酸蒸气自塔顶排出，塔顶通入一定量的氮气以稀释未反应

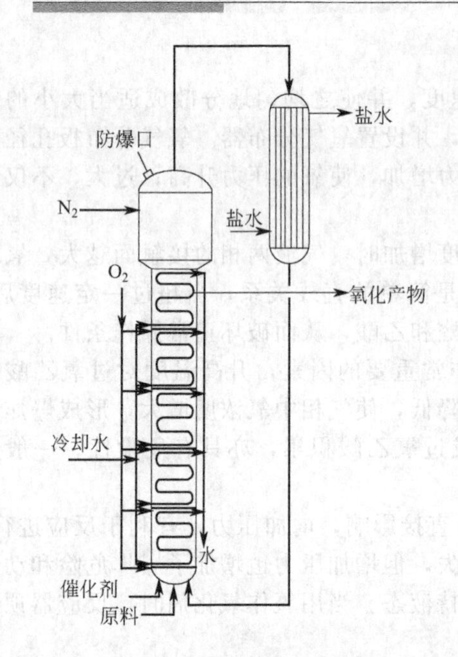

图 5-16 内冷却式分段鼓泡反应器

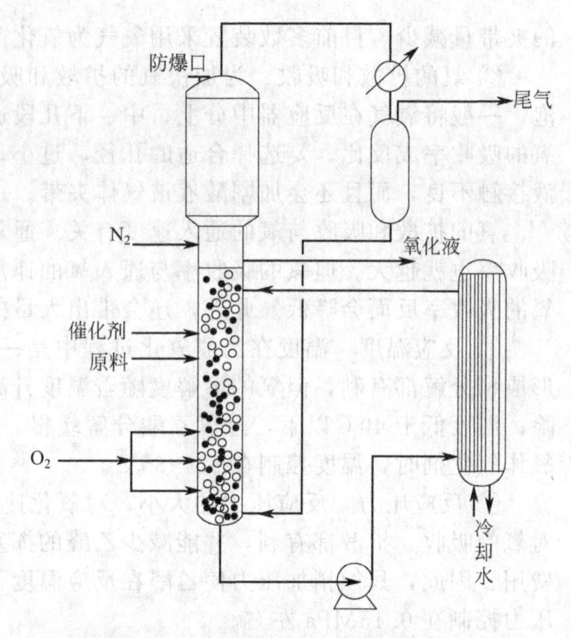

图 5-17 具有外循环冷却器的鼓泡床反应器

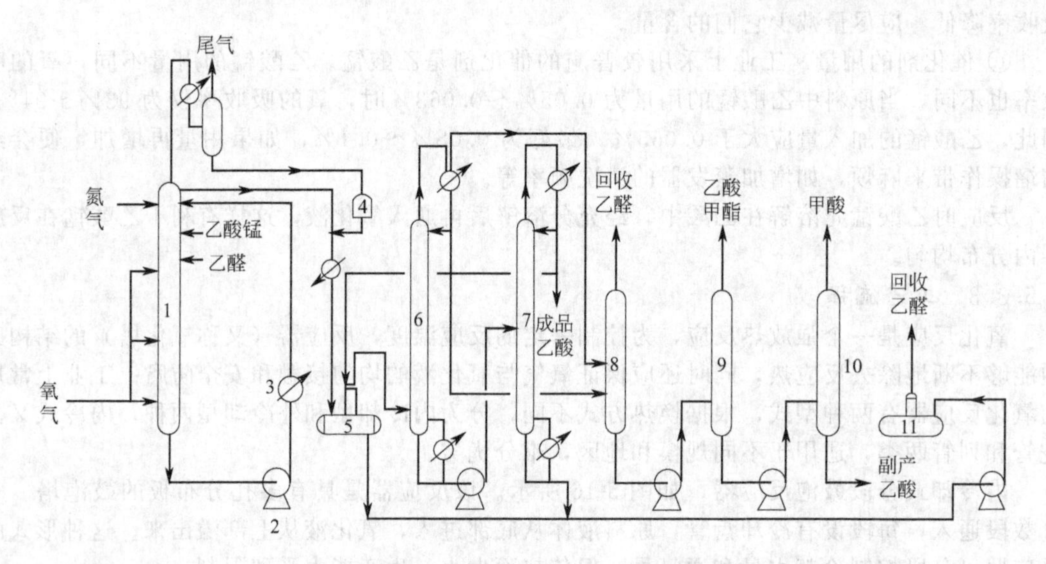

图 5-18 乙醛氧化生产乙酸工艺流程

1—氧化塔；2—氧化液循环泵；3—氧化液冷却器；4—氧化液中间储槽；5—蒸发器；6—低沸塔；7—高沸塔；8—乙醛塔；9—乙酸甲酯塔；10—甲酸塔；11—回收乙酸蒸发器

的氧气，使排出的尾气中氧气含量低于爆炸极限。反应器的安全装置一般采用防爆膜或安全阀，反应器材质需用 Mo2Ti 钢。

(2) 产品分离

从氧化塔溢流出来的氧化液经预热后进入蒸发器 5。蒸发器的作用主要是除去一些不挥发性的物质，如催化剂及高沸物，另一作用是使乙酸气化。在蒸发器上部装有除液滴筛板，并用少量乙酸自塔顶喷淋洗涤，除去蒸发气体中夹带的乙酸锰、多聚物等杂质，以防止塔顶的蒸气管道被阻塞。

从蒸发器顶部蒸出的乙酸及低沸点混合气进入低沸塔 6，底部残留的不挥发杂质送去回收乙酸和乙酸锰。塔顶馏出的甲酸、乙酸、乙酸甲酯、水和乙酸等组分混合物经冷凝后大部分回流，其余送入乙醛塔8，未凝气体和部分凝液同时送入乙醛塔回收未反应的部分乙醛。塔釜排出的含水高沸物的乙酸溶液，用泵送入高沸塔7。在高沸塔中将乙酸中的高沸物分离出来。除去高沸物杂质后的乙酸由塔顶蒸出，经冷凝冷却后，部分送入塔顶回流，其余为成品乙酸。塔釜液内还含有部分乙酸，与蒸发器釜液合并送去回收乙酸蒸发器。

在乙醛塔顶蒸出的合格乙醛，作为原料返回氧化塔，塔釜液用泵送入乙酸甲酯塔9使乙酸甲酯与甲酸、乙酸分离，在乙酸甲酯塔塔顶回收副产物乙酸甲酯，含甲酸、乙酸的塔釜液再用泵送入甲酸塔10，在甲酸塔中，甲酸与乙酸得到分离，塔顶甲酸与塔底乙酸均可回收。

蒸发器的蒸发残液及高沸塔的高沸物合并后，用泵送入回收乙酸蒸发器，回收的乙酸可用于配制催化剂。

甲酸的腐蚀性很强，乙酸中即使有少量甲酸存在，也会大大增加乙酸的腐蚀性，一般控制乙酸中甲酸含量不超过0.15%。

5.6 乙烯氧化生产醋酸乙烯及化工利用

5.6.1 醋酸乙烯的性质和用途

醋酸乙烯又称醋酸乙烯酯或乙酸乙烯酯。分子式$C_4H_6O_2$，相对分子质量86.05，相对密度$d=0.9312$，熔点-100.2℃，沸点72.5℃，闪点-5℃，自燃点427℃。常温下是一种无色透明的可燃性液体，在空气中的爆炸极限2.6%～13.4%（体积分数）。

醋酸乙烯酯是酯中最简单也是最重要的代表物，主要用途是作为聚合物单体，合成聚醋酸乙烯酯和聚乙烯醇。前者用于黏合剂，后者用作维尼纶纤维的原料、黏合剂、土壤改良剂等。另外，醋酸乙烯可与各种烯基化合物进行共聚，得到性能优良的高分子材料，广泛用于国民经济和国防工业各部门。图5-19为醋酸乙烯深加工系列产品图。

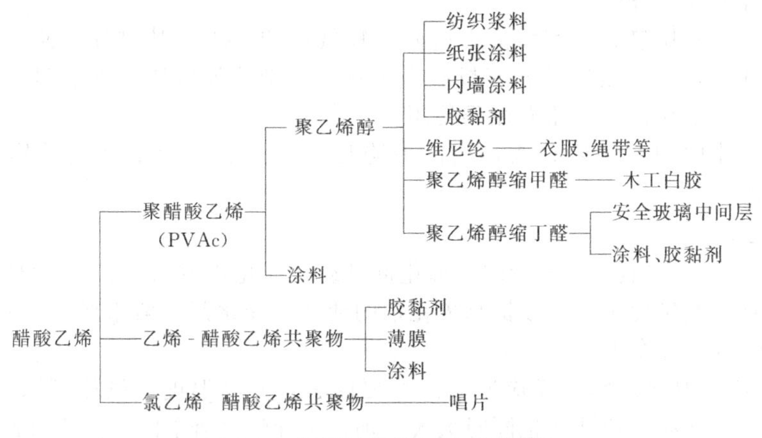

图5-19 醋酸乙烯深加工系列产品

5.6.2 醋酸乙烯的生产概况

醋酸乙烯酯是1912年被发现，20世纪20年代开始生产的。醋酸乙烯酯不能由醇与酸的酯化反应生成，因为乙烯醇是不稳定结构。20世纪60年代以前，工业上采用乙炔与乙酸反应的方法生产醋酸乙烯酯。此法具有操作方便、收率高等优点，但由于乙炔原料容易爆炸，而且成本较高，限制了该法的发展。随着石油化学工业的迅速发展，尤其是乙烯工业的兴旺发达，20世纪60年代就开始了由乙烯制醋酸乙烯酯的研究并获得了成功。1968年实现工业化以来，醋酸乙烯酯的生产逐渐由乙炔法转向乙烯法。目前，世界上70%以上的醋酸乙烯酯是由乙烯法合成的。

以乙烯和乙酸为原料生产醋酸乙烯，最初采用液相氧化法，以氯化钯和氯化铜的复合物作催化剂，并加入碱金属盐或碱土金属盐如乙酸钠、乙酸锂、乙酸钙等作促进剂。

乙烯液相法合成醋酸乙烯酯是在100～130℃和3～4MPa压力条件下，乙烯鼓泡通入溶有氯化钯-氯化铜-乙酸钠-乙酸锂的乙酸溶液中进行反应。乙酸中添加乙酸盐有助于氯化钯的还原。

乙烯液相氧化制醋酸乙烯酯的副产物很多，有二乙酸乙二酯、乙醛、氯衍生物、草酸、少量乙酸丁烯酯和乙酸甲酯以及少量甲酸，同时少部分乙烯（3%～7%）还被氧化为二氧化碳。该法副产物多，分离困难，而且采用氯化钯催化剂，原料中还有乙酸，对设备和管道的腐蚀相当严重，需使用大量的金属钛等耐腐蚀材料，因此，随着乙烯气相法的出现，乙烯液相法逐渐被代替。

乙烯气相法合成醋酸乙烯酯，产品质量高，副反应少，成本低，对设备和管道的腐蚀性小，目前已成为生产醋酸乙烯酯最经济、最合理的先进工艺。下面着重介绍该工艺。

5.6.3 乙烯气相法制取醋酸乙烯

5.6.3.1 反应原理

乙烯气相法生产醋酸乙烯酯，采用载于氧化铝或硅胶上的金属钯或钯合金为催化剂，乙烯、氧和醋酸呈气相在催化剂表面接触反应，主反应式如下：

$$H_2C{=}CH_2 + CH_3COOH + 1/2O_2 \longrightarrow CH_3COOCH{=}CH_2 + H_2O \qquad \Delta H = -146.4\text{kJ/mol}$$

主要副反应是乙烯完全氧化生成CO_2，此外还有少量的乙醛、乙酸乙酯及其他副产物生成。

以上副产物的量很少，在反应过程中，少量CO_2的存在有利于反应热的排除，确保安全生产和抑制乙烯转化为CO_2的反应。此反应由于受爆炸极限的影响，乙烯的配料比很大，因而乙烯的单程转化率不高，大量的原料气需要多次循环反应。这样循环气中CO_2含量可能高达30%以上，所以生产过程中必须连续抽出一部分循环气，经脱除CO_2处理后再返回反应器，以防止CO_2的积累。

工业生产中，常用热碳酸钾溶液来脱除循环气中的CO_2，其过程是使热碳酸钾溶液在加压下吸收CO_2，此时碳酸钾就转变成碳酸氢钾，当把溶液减压并加热时，碳酸氢钾立即分解放出CO_2，生成碳酸钾，重新循环使用。

碳酸氢钾在水中的溶解度很大，当溶液降压后，只需少量水蒸气供热，就可分解出CO_2，热量消耗不大。

5.6.3.2 工艺条件

① 催化剂　生产醋酸乙烯酯所用的催化剂是载在氧化铝或氧化铝-氧化硅上的金属钯和金，并添加一些乙酸钾促进剂，以提高催化剂的活性。催化剂一般组成为钯0.1%～2.0%，金0.03%～1.0%，乙酸钾1%～20%。

② 反应温度　温度是影响反应速率的主要因素，升高温度，虽然可以增加反应速率，但由于乙烯深度氧化副反应速率也同时大大增加，选择性显著下降。温度过低，反应速率下降，虽然选择性较高，但空时收率和转化率都较低。当使用钯-金-醋酸钾-硅胶催化剂时，反应温度一般控制在160～180℃。

③ 反应压力　乙烯氧化合成醋酸乙烯反应是物质的量减少的气相反应，加压有利于反应进行，并可提高空时收率和选择性，使设备生产能力增大，但压力过大，设备投资费用也增加，权衡经济和安全考虑，压力一般采用为0.6～0.8MPa。

④ 原料气配比　原料气配比原则上说应落在爆炸极限之外。但考虑到乙烯、氧混合气的爆炸范围，以及乙酸对催化剂活性和使用寿命的影响，乙烯、氧、乙酸三者配比中，乙烯

总是远远过量。乙酸比例的增加，在一定范围内，空时收率会提高，但乙酸转化率明显下降，而且过高的乙酸配比对催化剂活性和使用寿命不利，同时增加乙酸回收的负担。目前，工业上采用的配比范围一般为乙烯∶氧∶乙酸=(9～15)∶1∶(3～4)(摩尔比)。

原料中适量水的存在，可提高催化剂的活性，并可减少醋酸对设备的腐蚀。因此，生产中用含水醋酸，一般控制反应气中含水量约为6%(摩尔分数)。

⑤ 空速　乙烯转化率随空速减小而提高，选择性则随空速减小而下降。从生产角度考虑，空速过低，空时收率下降，即产量减少。空速增大，乙烯转化率虽下降，但选择性和空时收率均提高，并有利于反应热的移出。当然，空速过高，原料不能充分反应，转化率大幅度降低，循环量大幅度增加。所以，必须选择适宜的空速。

此外，空速还与压力有关，采用钯-金-醋酸钾-硅胶催化剂，当反应温度为160～180℃、压力为0.8MPa时，最佳的空速经综合考虑选为$2100h^{-1}$。

5.6.3.3　工艺流程

乙烯气相合成醋酸乙烯的工艺流程由醋酸乙烯合成、醋酸乙烯精制及循环气的精制三部分组成，流程如图5-20所示。循环气压缩后与新鲜乙烯混合进入醋酸蒸发器1的下部，与自上而下的醋酸逆流接触，而被醋酸蒸气所饱和。被饱和的气体从蒸发器顶部出来，用过热蒸汽加热到稍高于反应温度后进入氧气混合器2，与氧气接触混合，严格防止局部氧气过

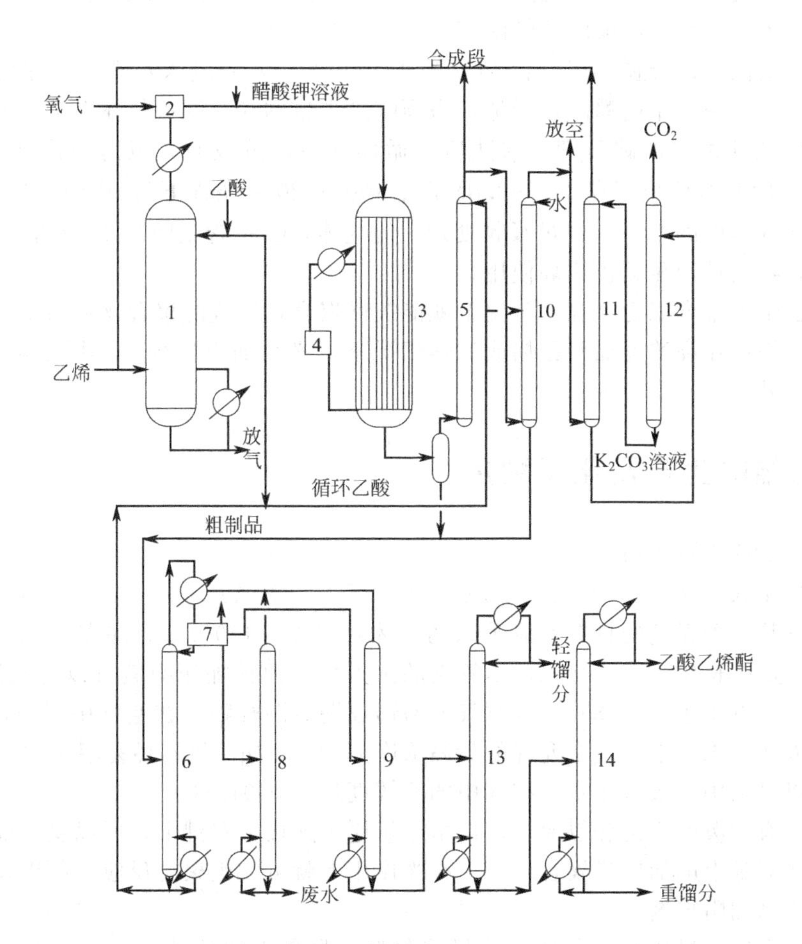

图5-20　气相法生产醋酸乙烯工艺流程

1—醋酸蒸发器；2—氧气混合器；3—反应器；4—冷却系统；5—吸收塔；6—初馏塔；7—脱气槽；8—汽提塔；9—脱水塔；10—水洗塔；11—二氧化碳吸收塔；12—解吸塔；13—脱轻馏分塔；14—脱重馏分塔

量，达到规定的含氧浓度后，在途中与助剂醋酸钾混合后，一起进入列管式反应器3。工业生产上大多采用列管式固定床反应器，钯-金催化剂均匀地填放在列管之中，原料气从催化剂层顶部进入，产物从底部引出，管间通入软化热水，水的汽化带走反应热。反应温度一般为150～200℃，压力0.6～1.0MPa，单程转化率按乙烯计为10%～15%，按醋酸计为15%～30%，按氧计是60%～90%。

反应产物从反应器底部引出，分步冷却到40℃左右，进入吸收塔5，塔顶喷淋冷乙酸，把反应气体中的醋酸乙烯酯加以捕集，从塔顶出来的未反应原料气，大部分经压缩机增压后，重新参加反应，小部分去循环气精制部分进行净化，净化的主要目的是脱除大部分CO_2。

被冷凝下来的液体反应产物通过一系列的蒸馏可得到成品醋酸乙烯，并回收未反应的醋酸，使副产物乙醛浓缩到有效利用浓度，其他低沸物、高沸物等待处理。

反应生成的醋酸乙烯酯、水和未反应的乙酸一起作为反应液送至初馏塔6，分出乙酸循环使用，塔顶出来的蒸气经冷凝后送脱气槽7进行降压，并在脱气槽中脱除溶解在反应液中的乙烯等气体，此气体也循环使用。反应液在脱气槽中分为两层，下层主要是水，送汽提塔8回收少量的醋酸乙烯酯，釜液作为废水排出。上层液为含水的粗醋酸乙烯酯，送脱水塔9进行脱水，然后进脱轻馏分塔13除去低沸物后，再进脱重馏分塔14，塔顶蒸气经冷凝后即可得到质量达聚合级要求的醋酸乙烯酯产品。

来自吸收塔的小部分循环气，含CO_2达15%～30%，先进入水洗塔，在塔中部用乙酸洗涤一次，除去其中少量的醋酸乙烯酯，塔顶喷淋少量的水，洗去气体夹带的乙酸，以免在CO_2吸收塔中消耗过多的碳酸钾。水洗后的循环气一部分放空，以防止惰性气体的积累，其余部分进入CO_2吸收塔，在0.6～0.8MPa、100～120℃条件下与30%的碳酸钾溶液逆流接触，以脱除气体中的CO_2，经过吸收处理后的气体，CO_2含量降至4%左右，经冷凝干燥除去水分后，再循环回压缩机循环使用。

纯醋酸乙烯的聚合能力很强，常温下就能缓慢聚合，生成的聚合物易堵塞管道、破坏塔的正常操作，因此在高浓度醋酸乙烯或加热情况下，必须加阻聚剂。常用阻聚剂有对苯酚、对苯二酚、二苯胺、乙酸胺等。

5.7 氯乙烯的生产及化工利用

5.7.1 氯乙烯的性质和用途

氯乙烯分子式C_2H_3Cl，相对分子质量力62.5，相对密度（－14.5℃）0.974。氯乙烯在常温常压下是一种无色的具有乙醚香味的气体。熔点－159.7℃，沸点－13.9℃，临界温度为142℃，临界压力为52.5MPa。尽管它的沸点低，但稍加压力就可以得到液体氯乙烯。氯乙烯易燃，闪点小于－17.8℃，与空气容易形成爆炸混合物，在空气中爆炸极限为4%～21.7%。对人体有毒，在空气中允许的最高浓度为500μg/g。氯乙烯易溶于丙酮、乙醇和二氯乙烷等有机溶剂中，微溶于水，在水中的溶解度是0.0001g/L。

氯乙烯具有活泼的双键和氯原子，但由于氯原子连接在双键上，所以氯乙烯的化学反应主要是发生在双键上的加成或聚合反应，在光作用下就可发生聚合反应。所以氯乙烯在储存或运输时，应当加阻聚剂。

氯乙烯是聚氯乙烯树脂的单体，是目前塑料产量最大的品种之一，在工农业、交通运输、日常生活等方面，聚氯乙烯制品的使用十分广泛。因此，氯乙烯的生产在石油化工生产中占有重要的地位。图5-21为氯乙烯深加工系列产品图。

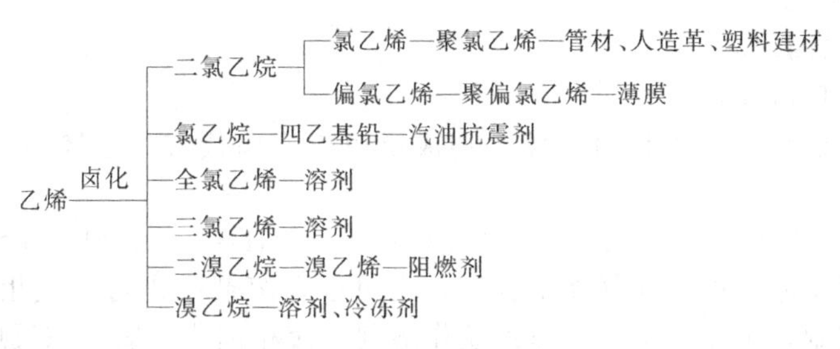

图 5-21 氯乙烯深加工系列产品

5.7.2 氯乙烯的生产概况

氯乙烯的工业生产方法概括起来有三种：乙炔法，乙烯法以及平衡氧氯化法。电石乙炔法生产氯乙烯是经典的生产方法，该技术成熟，流程简单、副反应少、产品纯度高，可达99.9%，但由于生产电石要消耗大量电能，故能耗大，且汞催化剂有毒，不利于劳动保护。自20世纪60年代以来大型化生产基本由乙烯路线取代。

随着石油化工的发展，使用最多的生产方法主要是乙烯法和平衡氧氯化法。目前，平衡氧氯化法生产氯乙烯的发展最快，该工艺过程具有工艺流程简单、原料单一、反应器能力大、生产效率高、生产成本低、单体杂质含量少和可连续操作等特点，是比较先进合理并经济的生产方法，在世界范围内，93%的聚氯乙烯树脂都采用由平衡氧氯化法生产的氯乙烯单体聚合而成。本节将重点介绍。

5.7.3 平衡氧氯化法生产氯乙烯

氧氯化法是以氧氯化反应为基础的生产方法。所谓氧氯化反应，就是在催化剂的作用下，以氯化氢和氧的混合物作为氯源来生产氯乙烯的反应。换而言之，就是在催化剂存在下将氯化氢的氧化和烃的氯化一步进行的方法。

平衡氧氯化法生产氯乙烯，总反应式为：

$$2\ H_2C{=}CH_2 + Cl_2 + 1/2O_2 \longrightarrow 2\ H_2C{=}CH{-}Cl + H_2O$$

此反应过程共包括三步反应。

① 乙烯直接氯化

$$H_2C{=}CH_2 + Cl_2 \longrightarrow ClCH_2CH_2Cl \qquad \Delta H = -171.5 kJ/mol$$

② 二氯乙烷裂解

$$CH_2ClCH_2Cl \longrightarrow CH_2{=}CHCl + HCl \qquad \Delta H = +79.5 kJ/mol$$

③ 乙烯氧氯化

$$CH_2{=}CH_2 + 2HCl + 1/2O_2 \longrightarrow CH_2ClCH_2Cl + H_2O \qquad \Delta H = -251 kJ/mol$$

其工艺示意流程如图5-22所示。

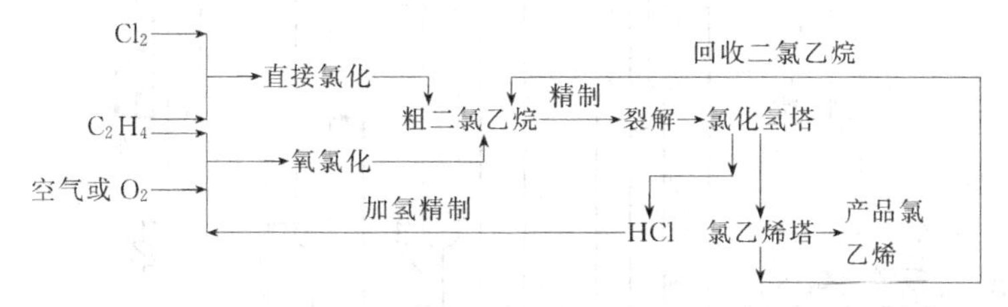

图 5-22 平衡氧氯化法生产氯乙烯的示意流程

由图5-22可见，该法生产氯乙烯的原料只需乙烯、氯和空气（或氧），氯可以全部被利用，其关键是要计算好乙烯与氯加成和乙烯氧氯化两个反应的反应量，使1,2-二氯乙烷裂解所生产的HCl恰好满足乙烯氧氯化所需的HCl。这样才能使HCl在整个生产过程中始终保持平衡，所以称为平衡氧氯化法，现分别介绍三步的生产过程。

5.7.3.1　乙烯直接氯化

(1) 乙烯氯化反应原理

由于乙烯的双键活泼，能和卤素发生加成反应生产卤代烷。乙烯与氯加成得 1,2-二氯乙烷：

$$H_2C{=}CH_2 + Cl_2 \longrightarrow ClCH_2CH_2Cl \qquad \Delta H = -171.5\text{kJ/mol}$$

该反应属于离子型反应，可以在气相中进行，也可以在溶剂中进行。气相反应由于放热大、散热困难，不易控制，工业上常用二氯乙烷作溶剂，液相催化加氯。该反应通常采用盐类作催化剂，工业上常用 $FeCl_3$ 为催化剂，它能促进 Cl^+ 的生成。反应机理为：

$$FeCl_3 + Cl_2 \longrightarrow FeCl_4^- + Cl^+$$

$$Cl^+ + H_2C{=}CH_2 \longrightarrow CH_2Cl^-CH_2^+$$

$$CH_2Cl^-CH_2^+ + FeCl_4^- \longrightarrow ClCH_2CH_2Cl + FeCl_3$$

主要副反应是生成多氯化物，另外，乙烯中的少量甲烷和微量丙烯也可以发生氯代和加成反应形成相应副产物。

(2) 乙烯氯化反应的因素条件

① 乙烯与氯的配比　乙烯与氯气的摩尔比通常为 1.1∶1。乙烯要求略过量，是为了保证氯气反应完全，使反应液中游离氯含量降低，从而减轻对设备的腐蚀并有利于后处理，同时，避免了氯气和原料气中的氢气直接接触而引起爆炸危险。生产中控制尾气中氯含量为 0～0.5%，乙烯含量不超过 1.5%。

② 反应温度　乙烯氯化反应是放热反应，一般温度控制在 53℃左右。反应温度过高，会使甲烷氯化等副反应增多。但反应温度过低，则使反应速率变慢。

③ 反应压力　从乙烯氯化反应式可知加压对反应有利，但在生产实践中，若采用加压氯化，必须采用液化氯气的办法，由于原料氯加压困难，所以反应一般在常压下进行。

④ 空速　空速直接影响设备的生产能力，在保证反应达到所要求的转化率前提下，提高空速，若采用塔径为 450mm 的塔进行反应，混合气空速设为 98.1h^{-1} 比较合适。

(3) 乙烯液相氯化生产二氯乙烷的工艺流程

早期开发的乙烯直接氯化流程，大多采用低温工艺，反应温度控制在 53℃左右，工艺流程如图 5-23 所示。

乙烯液相氯化所采用的反应器是气液相塔式反应器，塔内部装有套筒内件，原料乙烯与氯气一起通过喷嘴进入氯化塔 1 的套筒内，套筒内装有铁环和作为氯化液的二氯乙烷液体，

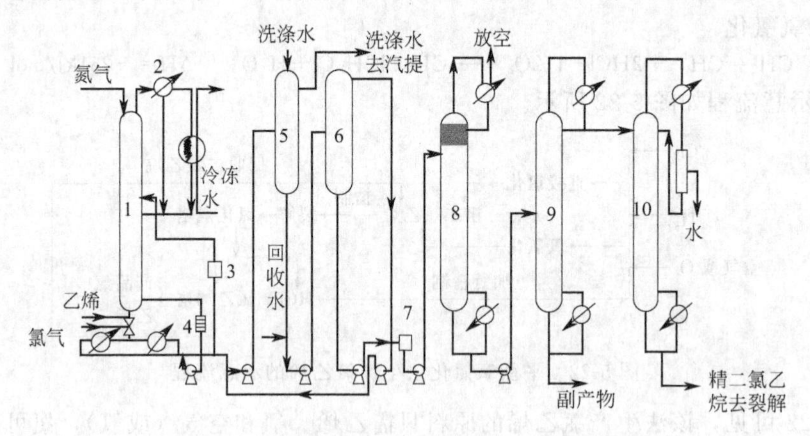

图 5-23　乙烯液相氯化生产二氯乙烷工艺流程

1—氯化塔；2—循环冷却器；3—催化剂溶解槽；4—过滤器；5，6—洗涤分层器；7—低沸塔进料槽；8—低沸塔；9—高沸塔；10—脱水塔

乙烯和氯气溶解在二氯乙烷中进行加成反应，生成二氯乙烷。为了保证气液相良好接触以及反应生成热的及时移除，氯化塔外部采用外循环冷却器。外循环冷却器中的液体和塔内液体因温度不一致，使液体相对密度不同，而形成循环，起到搅拌作用，改善氯化效果。

反应器中氯化液由套管内溢流至反应器本体与套管间环形空隙，将氯化液从氯化塔下部引出，经过滤器4过滤后将生成的二氯乙烷送至洗涤分层器5和6，其余的经循环冷却器2除热后循环回氯化塔。反应过程中催化剂会有损失，在催化剂溶解槽3中补充$FeCl_3$，使其溶解在循环液中，从氯化塔的上部加入，保证氯化液中的$FeCl_3$浓度维持在2.5×10^{-4}左右。

反应生成的粗二氯乙烷经两级串联的洗涤分层器两次洗涤后，送去低沸塔进料槽7，从低沸塔进料槽流出后进入低沸塔8的上部，塔顶温度控制在40～60℃，塔顶尾气经冷凝后放空。塔釜温度为92～94℃，塔釜为含高沸物的二氯乙烷。用泵打入高沸塔9中部。高沸塔塔顶温度为84～86℃，塔顶蒸出的二氯乙烷纯度大于99.5%，其中尚含有水，由脱水塔10塔顶进料，脱水塔塔顶温度控制在二氯乙烷和水的共沸点72～76℃，得到二氯乙烷和水的共沸物，经静止分层，分出水层，二氯乙烷层回流入塔。经脱水合格的二氯乙烷送去裂解。

低温氯化法生成二氯乙烷，该反应释放出的大量热量并没有得到充分利用，而且反应产物夹带出的催化剂还需要经过水洗处理，洗涤水要经汽提，这样能耗比较大，另外，在反应过程中要不断补加催化剂，污水还要经过专门的处理。由此，近年来研发出高温制取二氯乙烷的工艺，反应在接近二氯乙烷的沸点条件下进行。高温氯化法的工艺流程如图5-24所示。

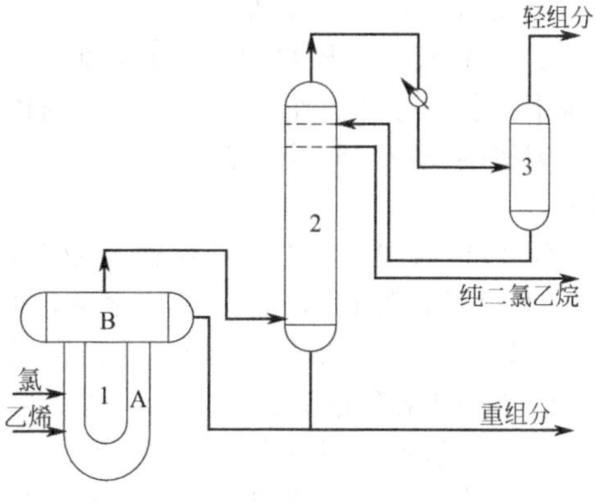

图5-24　高温氯化法制取二氯乙烷的工艺流程

A—U形循环管；B—分离器；1—反应器；2—精馏塔；3—气液分离器

二氯乙烷的沸点为83.5℃，当反应压力在0.2～0.3MPa时，操作温度可控制在120℃左右。反应过程中反应热由二氯乙烷的蒸出带出，由于是在液相沸腾条件下反应，未反应的乙烯和氯气也会被蒸气带出，为防止此问题的发生，高温氯化反应器设计成U形循环管和分离器的组合体。

乙烯和氯气通过喷散器在U形管上段底部进入反应器1，在反应器内溶解于氯化液中立即进行反应生成二氯乙烷。随着反应进行，液体上升并开始沸腾，形成的气液混合物进入分离器。从分离器上部出来的二氯乙烷蒸气进入精馏塔2，塔顶引出包括少量未转化的乙烯的轻组分，经塔顶冷凝器冷凝后，送入气液分离器3，气相送尾气处理系统，液相作为回流返回精馏塔塔顶。在精馏塔塔顶侧线获得产品二氯乙烷，塔釜重组分中含有大量的二氯乙烷，大部分返回反应器，少部分送回二氯乙烷-重组分分离系统，分离出三氯乙烷和四氯乙烷后仍返回反应器。

高温氯化法的优点是二氯乙烷收率高，反应热得到充分利用，并且生成的二氯乙烷是气相出料，不会带出催化剂，这样就不需要洗涤脱除催化剂，也不需要补加催化剂，反应过程中也没有污水排放。所以，与低温法相比，高温法可使能耗大大降低，同时原料利用率接近99%，二氯乙烷纯度可超过99.99%。由上所述，高温法生成二氯乙烷优点很多，但是关键之处是，这种型式的反应器物料循环速度要严格控制，速度太低，会导致反应物分散不均匀，局部浓度过高，太高，可能使反应进行得不完全，从而导致原料转化率下降。

5.7.3.2 二氯乙烷裂解

(1) 反应原理

二氯乙烷加压至高温裂解脱氯化氢，是目前工业上生产氯乙烯的主要方法，发生的主要反应为：

$$ClCH_2CH_2Cl \overset{\triangle}{\rightleftharpoons} H_2C{=}CHCl + HCl \quad \Delta H = -79.5kJ/mol$$

这是一个可逆吸热反应，同时还发生若干平行和连串副反应。

$$ClCH_2CH_2Cl \longrightarrow H_2 + 2HCl + 2C$$

$$H_2C{=}CHCl \longrightarrow HC{\equiv}CH + HCl$$

$$CH_2{=}CHCl + HCl \longrightarrow CH_3CHCl_2$$

(2) 二氯乙烷裂解的因素

① 反应温度 二氯乙烷裂解反应是吸热反应，故升高温度对反应平衡向右移动和提高反应速率有利。温度低于450℃时，转化率很低；当温度升至500℃时，裂解反应显著加快。但当反应温度过高，则深度裂解、聚合等副反应速率加快。从二氯乙烷转化率和氯乙烯选择性两方面考虑，一般反应温度控制在500～550℃。

② 反应压力 二氯乙烷裂解反应是分子数增多的反应，因此提高压力对反应平衡不利。但为保证物流畅通，维持适宜空速，抑制分解生碳的副反应，实际生产中常采用加压操作，大致范围为0.6～1.5MPa。

③ 原料纯度 原料中若含有抑制剂，就会大大减慢裂解反应速率和促进生焦。在二氯乙烷中能起较强抑制作用的是1,2-二氯丙烷，一般控制其含量在0.3%以下。铁离子会加速深度裂解副反应，应控制在1×10^{-4}以下。水对裂解炉管有腐蚀性，控制水分在5×10^{-6}以下。

④ 停留时间 精二氯乙烷送入裂解炉裂解成氯乙烯和氯化氢。应控制物料在炉中的停留时间。停留时间长，能提高转化率，但连串副反应、生焦副反应增加，氯乙烯选择性下降，且炉管清焦周期缩短。所以生产多采用短停留时间，以获得高选择性。通常停留时间为10s左右，转化率为50%～60%，氯乙烯选择性为97%左右。

(3) 二氯乙烷裂解生产工艺流程

此工艺过程中所要裂解的二氯乙烷是由乙烯液相氯化和乙烯氧氯化共同产生的，二氯乙烷在管式炉中进行裂解得产物氯乙烯。原料二氯乙烷的预热管设置在管式炉的对流段，反应管设置在辐射段。二氯乙烷裂解制取氯乙烯的工艺流程如图5-25所示。

精制二氯乙烷由定量泵从储槽1送入裂解反应炉2的预热段，借助裂解炉烟气将二氯乙烷原料加热达到一定温度，其中会有一小部分物料未气化。将所形成的气-液混合物送入分离器3，未气化的二氯乙烷经过滤器8过滤后，送至蒸发器4的预热段，然后进该炉的气化段气化。气化后的二氯乙烷经分离器3顶部进入裂解反应炉2的辐射段。在压力0.558MPa、温度500～550℃条件下，进行裂解获得氯乙烯和氯化氢。

裂解气出炉后，在骤冷塔5中迅速降温并除炭。为了防止盐酸对设备的腐蚀，骤冷塔中的急冷剂不用水而用二氯乙烷，此处未反应的二氯乙烷会部分冷凝。出塔气体经冷却冷凝后，所形成的气液混合物一起进入氯化氢塔6，在塔顶采出的主要为氯化氢，经制冷剂冷冻冷凝后送入储罐，部分作为本塔塔顶回流所用，其余送至乙烯氧氯化部分作为氧氯化的原料使用。

氯化氢塔的塔釜出料，主要组成为氯乙烯和二氯乙烷，其中含有微量氯化氢，该混合液送入氯乙烯塔7，在塔顶流出的二氯乙烷经冷却后送至氧氯化工段，与其余二氯乙烷一起进行精制后，再返回裂解装置。

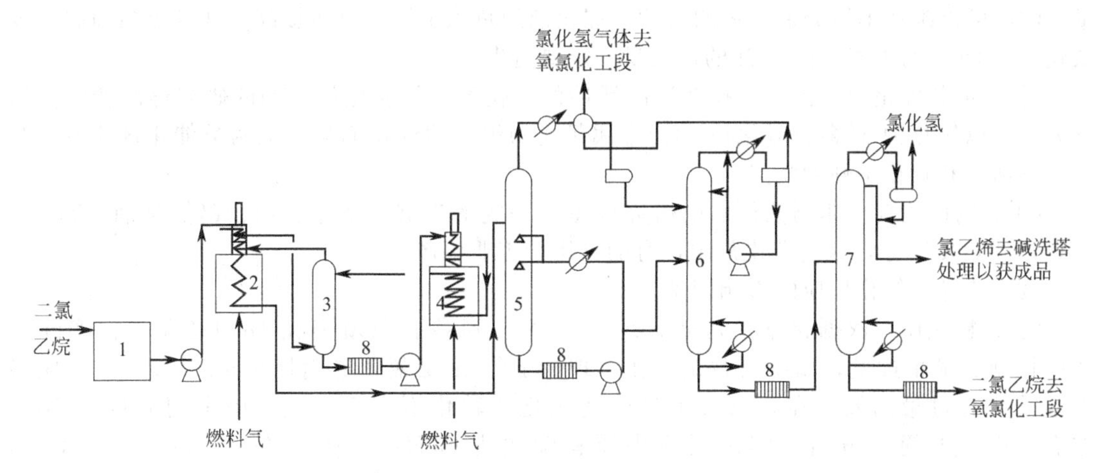

图5-25　二氯乙烷裂解制取氯乙烯的工艺流程

1—二氯乙烷储槽；2—裂解反应炉；3—气液分离器；4—二氯乙烷蒸发器；
5—骤冷塔；6—氯化氢塔；7—氯乙烯塔；8—过滤器

骤冷塔塔底液相主要含二氯乙烷，还含有少量的冷凝氯乙烯和溶解氯化氢。这些物料经冷却后，部分送入氯化氢塔进行分离，其余返回骤冷塔作为喷淋液。

5.7.3.3　乙烯氧氯化

(1) 反应原理

乙烯氧氯化反应是以乙烯、氯化氢、氧或空气为原料，在催化剂存在下，生成1,2-二氯乙烷的反应。

$$H_2C{=}CH_2 + 2HCl + \frac{1}{2}O_2 \longrightarrow ClCH_2CH_2Cl + H_2O \qquad \Delta H = -251kJ/mol$$

该反应为强放热反应，过程中主要副反应有三种。

乙烯的深度氧化反应：

$$H_2C{=}CH_2 + 2O_2 \longrightarrow 2CO + 2H_2O$$

$$H_2C{=}CH_2 + 3O_2 \longrightarrow 2CO_2 + 2H_2O$$

生成二氯乙烷和氯乙烷反应：

$$H_2C{=}CH_2 + HCl \longrightarrow CH_3CH_2Cl$$

$$CH_2ClCH_2Cl \xrightarrow{-HCl} H_2C{=}CHCl \xrightarrow{HCl+O_2} CH_3CHCl_2$$

还有生成其他氯衍生物。这些副产物的总量很少，仅为生成二氯乙烷量的1%以下。

该反应工业上常用的催化剂是以γ-Al_2O_3为载体的$CuCl_2$催化剂。反应过程中，随着催化剂$CuCl_2$的挥发，含铜量减少，催化剂的活性降低，且加剧了对设备的腐蚀。为改善这些缺点，添加第二组分KCl，与$CuCl_2$形成不易挥发的复盐或低共熔混合物，从而稳定催化剂的活性和延长其寿命。

根据催化剂的组成不同，可分为单组分催化剂、双组分催化剂、多组分催化剂，后来还出现了非铜催化剂。下面简单介绍一下这几类催化剂。

① 单组分催化剂　单组分催化剂就是$CuCl_2/\gamma$-Al_2O_3，是生产上应用最早的一类催化剂，其活性与活性组分$CuCl_2$的含量有关。工业上所用该催化剂的含铜量在5%（质量分数）左右，可以用成型的γ-Al_2O_3浸渍$CuCl_2$溶液得到。

② 双组分催化剂　在单组分催化剂中加入第二组分，用来提高催化剂的活性和热稳定性。常加入的第二组分是碱金属或碱土金属的氯化物，主要是KCl。通过研究分析，加入少

量 KCl，可以维持单组分催化剂的活性，催化剂的热稳定性也有所提高，并且也能抑制深度氧化产物 CO_2 的生成。但 KCl 的加入量一定要适当。

③ 多组分催化剂　为了寻找低温高活性的催化剂，氧氯化催化剂的研究逐渐转向多组分方向。以氯化铜-碱金属氯化物-稀土金属氯化物组成的催化剂与以上两类催化剂比较，其具有高活性和热稳定性的特点。

④ 非铜催化剂　非铜催化剂的研究取得了一定的进展，如铂、钼、钨催化剂，TeO_2、$TeCl_4$、$TeOCl_2$ 等，这些催化剂中，有的已用于工业生产。

（2）乙烯氧氯化反应的影响因素

① 原料配比　依据化学反应式，理论上每 2mol 氯化氢就消耗 1mol 乙烯，但实际生产中控制乙烯稍过量，以维持稳定操作。理论上每 2mol 氯化氢消耗 0.5mol 氧，在反应器中也需要有过量的氧存在，氧气不足会使氯化氢转化不完全，生产中采用氧过量 50% 左右。由以上简单分析，实际反应中原料配比为 C_2H_4 ∶ HCl ∶ O_2 = 1.01 ∶ 2 ∶ 0.85（摩尔比）。

② 反应温度　乙烯氧氯化反应是强放热反应，反应热可达 251.04kJ/mol，因此温度的控制很重要。另外，氧氯化反应过程有水生成，这就要求反应温度不能低于物料的露点温度，以避免设备遭受盐酸的腐蚀。反应温度又不能过高，温度过高，$CuCl_2$ 易挥发，造成催化剂活性组分流失，同时加快乙烯完全氧化反应速率，生成多氯化物等副产物增多。一般氧氯化反应温度都控制在 300℃左右。

③ 反应压力　常压或加压下反应皆可，一般选取 1MPa 以下。压力的高低要依据反应器的类型而定，流化床适于低压操作，固定床为克服流体阻力，操作压力稍高些。一般生产中常采用加压操作，加压可提高设备利用率，提高生产能力，还可以维持反应气体的分压。

④ 原料纯度　原料乙烯纯度越高，氯化产品中杂质就越少，对二氯乙烷的提纯就越有利。原料气中存在的乙炔、丙烯以及 C_4 烯烃，都能发生氧氯化反应，生成多氯化合物，使副产物增多，降低产品纯度而影响后加工。因此，要严格控制它们的含量。另外，原料气 HCl 主要由二氯乙烷裂解制得，使用前一般要进行除炔处理。

⑤ 停留时间　要想 HCl 在反应中几乎全部转化，必须有足够的停留时间，但停留时间过长，转化率会下降，这是因为在较长的停留时间里，发生连串副反应，二氯乙烷裂解产生 HCl 和氯乙烯。在低空速下操作时，适宜的停留时间一般在 5～10s。

（3）乙烯氧氯化反应装置

乙烯氧氯化反应器型式有三种：固定床反应器、流化床反应器以及复合床反应器。

① 固定床反应器　该类反应器常为列管式反应器，颗粒状催化剂填充其管内，管间用加压热水作载热体，原料气自上而下流经催化剂并进行反应。

固定床反应器的转化率高，但其传热较差，而氧氯化反应是强放热反应，这样就容易产生局部温度过高而出现热点，使反应选择性下降，催化剂的活性也下降，寿命缩短。

② 流化床反应器　该类反应器适用于大规模的生产，缺点是催化剂耗量大，单程转化率低。催化剂在反应器内处于沸腾状态，床层内装有换热器，可以有效地引出反应热，反应易于控制，床层温度分布均匀。

这种反应器是钢制圆柱形容器，高度约为直径的十倍左右，在反应器底部水平插有空气进料管，进料管上方设置有多个喷嘴的板式分布器，用于均匀分布进入的空气。在板式分布器上方有反应气进入管，此管连接另一分布器，该分布器与空气分布器具有同样数目的喷嘴，进料气体在喷嘴内混合后进入催化剂床层。

在反应器的反应段设置有一定数量的直立冷却管组，管内通入加压热水，使之汽化来移出反应热，并产生相当压力的水蒸气。氧氯化反应过程中有水产生，若反应器的某些部位保温不好，温度会下降，当温度达到露点时，水就凝结，会使设备受到严重的腐蚀。因此，反应器各部位的温度必须保持在露点以上。另外，在反应器上部设置三组三级旋风分离器，用以分离回收反应气体所夹带的催化剂。

③ 复合床反应器　流化床与固定床相结合的方式即为复合床反应器。反应时，原料气先经流化床，再进入固定床，使 C_2H_4 和 HCl 达到充分转化。复合床反应器兼具两种床型的优点，互相补充其不足之处。

(4) 氧氯化反应工艺流程

下面所介绍的是以空气做氧化剂的流化床乙烯氧氯化制取二氯乙烷的工艺流程。反应的部分工艺流程如图 5-26 所示。

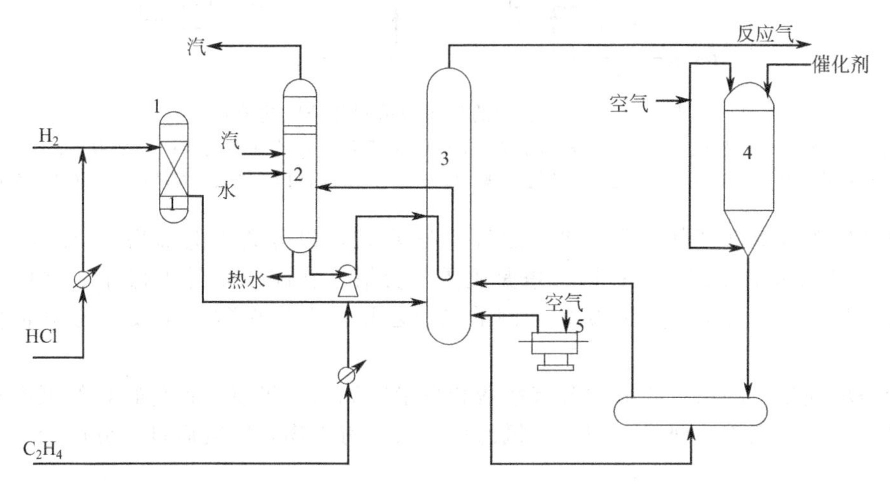

图 5-26　流化床乙烯氧氯化制取二氯乙烷反应部分工艺流程

1—加氢反应器；2—汽水分离器；3—流化床反应器；4—催化剂储槽；5—空气压缩机

来自二氯乙烷裂解装置的 HCl 气体经预热至 170℃左右后，与 H_2 一起进入加氢反应器 1，在钯（载于氧化铝）催化剂存在下，进行加氢精制，使其中所含有的有害杂质乙炔选择加氢为乙烯。原料乙烯经预热到一定温度后，与氯化氢混合一起进入反应器 3。作为氧化剂的空气由空气压缩机 5 送入反应器，三者在分布器中混合均匀后进入催化床层发生氧氯化反应。反应放出的热量由冷却管中热水的汽化带走。反应温度则由调节气水分离器 2 的压力进行控制。在反应过程中催化剂会有损失，需要不断向反应器内补加催化剂，来补偿催化剂的损失。

二氯乙烷的分离和精制部分工艺流程如图 5-27 所示。自氧氯化反应器顶部出来的反应气含有反应生成的二氯乙烷，副产物 CO_2、CO 和其他少量的氯代衍生物，以及未转化的乙烯、氧、氯化氢及惰性气体，还有主、副反应生成的水。此反应混合气进入骤冷塔 1 用水喷淋骤冷至 90℃并吸收气体中的氯化氢，洗去夹带出来的催化剂粉末。经喷淋后产物二氯乙烷以及其他氯代衍生物仍留在气相，从骤冷塔塔顶逸出，在冷却冷凝器中冷凝后流入分层器 4，与水分层分离后即得粗二氯乙烷。分出的水循环回骤冷塔。

从分层器出来的气体再经低温冷凝器 5 冷凝后，回收二氯乙烷及其他氯代衍生物，不凝气体进入吸收塔 7，用溶剂吸收其中尚存的二氯乙烷等后，含乙烯 1%左右的尾气排出系统。溶有二氯乙烷等组分的吸收液在解吸塔 8 中进行解吸。在低温冷凝器和解吸塔中回收的二氯乙烷，一起送至分层器。

从分层器出来的粗二氯乙烷经碱洗罐 9 碱洗、水洗灌 10 水洗后进入储槽 11，然后在三

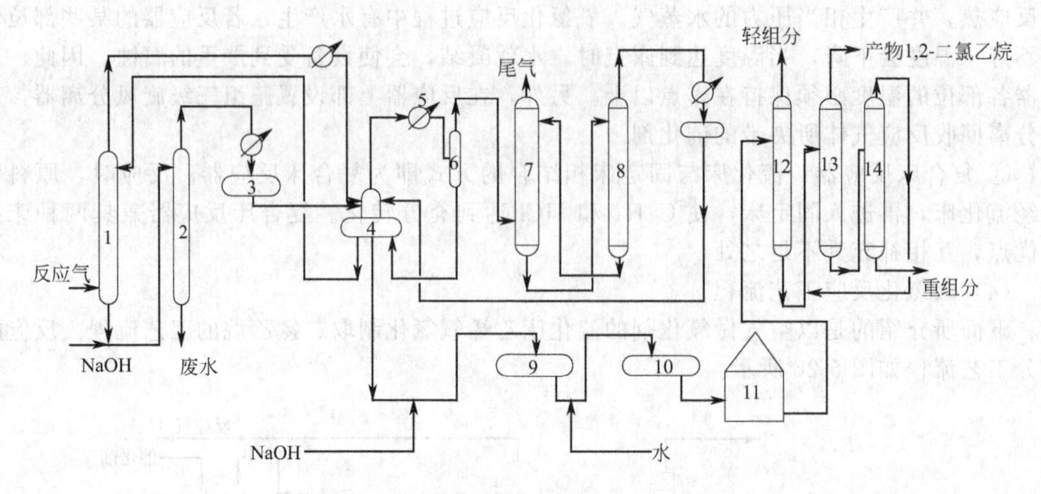

图 5-27 二氯乙烷的分离和精制部分工艺流程

1—骤冷塔；2—废水汽提塔；3—受槽；4—分层器；5—低温冷凝器；6—气液分离器；7—吸收塔；8—解吸塔；9—碱洗罐；10—水洗罐；11—粗二氯乙烷储槽；12—脱轻组分塔；13—二氯乙烷塔；14—脱重组分塔

个精馏塔中实现分离并精制。第一塔为脱轻组分塔 12，以分离出低沸物；第二塔为二氯乙烷塔 13，主要得成品二氯乙烷；第三塔是脱重组分塔，在减压条件下操作，对高沸物进行减压蒸馏，从中回收部分二氯乙烷。精制的二氯乙烷，送去作裂解工段作为制取氯乙烯的原料。

骤冷塔塔底排出的水吸收液中含有盐酸和少量二氯乙烷等氯代衍生物，经碱中和后进入汽提塔进行水蒸气汽提，回收其中的二氯乙烷等氯代衍生物，冷凝后进入分层器。

5.8 烃类氧化反应的注意事项

本章所述的环氧乙烷、乙醛、醋酸以及醋酸乙烯等产品的生产，从反应类型来看都属于烃类氧化范畴。用分子氧对烃类进行氧化是现代石油化工许多工艺过程的基础，除了上述产品外，甲醛、丙烯腈、丙酮、顺丁烯二酸酐、环氧丙烷、对苯二甲酸、苯酚等石油化工用途广泛的大吨位产品都采用了烃类催化氧化技术。目前，运用催化氧化的新技术、新工艺、新产品仍在不断开发、不断问世。下面概括叙述一下工业生产过程中，烃类氧化反应的注意事项。

所有的氧化反应都是放热反应，其副反应也是如此，特别是原料烃或产物的深度氧化，其反应热往往是主反应热的几倍或几十倍。因此，在氧化反应中，反应顺利进行的关键就是反应热及时而有效地移走，及反应温度要严格控制。否则，必然会导致以下形式的恶性循环，造成无法挽回的重大事故（图 5-28）。

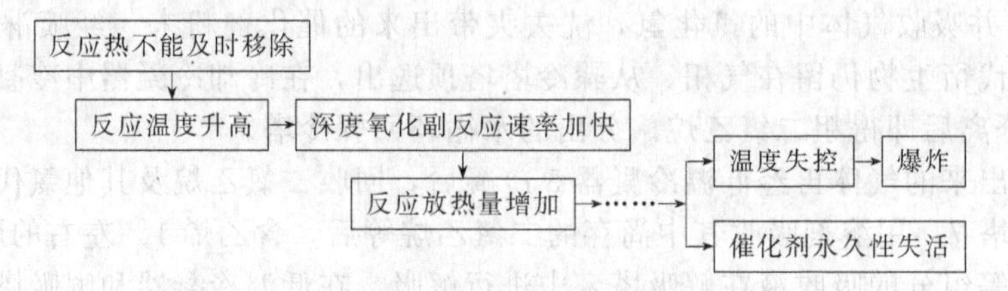

图 5-28 烃类氧化反应失控导致的恶性循环

从热力学分析，氧化反应的放热量较大，深度氧化的放热量更大，所以，深度氧化反应热力学趋势远大于主反应。烃类的氧化反应应当属于选择性氧化或不完全氧化，我们希望反应终止在某一阶段，避免完全氧化反应的发生，从而获得高收率的目的产物，但是，实际是烃类氧化的反应途径多种多样，是平行反应和连串反应共存的反应系统，反应的多样性和产物的复杂性，促使设法寻找高选择性的催化剂和良好的反应条件。

烃蒸气与氧或空气混合时，有一定的爆炸极限（液体进料除外），因此进料配比要严格控制在爆炸极限之外，实际生产中，常采取某一原料过量的对策。在一些原料转化率较低的反应中，大量未反应的物料需进行循环利用，同时反应系统要设有必要的安全防爆措施。烃类氧化所用氧化剂有多种，对大规模生产而言，氧化剂多采用气态氧，即空气或纯氧，而在实际工业生产中，究竟用哪一种，要根据具体情况具体分析。

另外，对于本章所讲的化工产品中，一些危险化学品的防护以及其在生产过程中的腐蚀与防护在文中都有涉及，在此就不再赘述。

思考题与习题

5-1　为什么说碳二系产品的生产构成了石油化工的基础？简要叙述生产乙烯的原料有哪些？

5-2　按结构性能的不同，聚乙烯可主要分为哪几种？生产聚乙烯的方法有哪些？并简单概括各种方法的不同之处。

5-3　制取环氧乙烷和乙二醇的方法有哪些？并阐述各自的反应原理。

5-4　直接氧化法生产环氧乙烷的工艺过程中，哪些主要工艺条件要严格控制，为什么？以及如何选择合适的催化剂？

5-5　乙烯氧化生产环氧乙烷除本章节提到的氧气法之外还有空气法，请查阅相关资料，比较二者的区别，并指出哪种方法更优化。

5-6　在制取乙二醇的工艺过程中，结合本章节内容，叙述出影响反应条件的因素有哪些？

5-7　乙烯水合法生产乙醇有哪几种方法？并介绍各自的特点。

5-8　结合图 5-29 分析，乙烯水合制取乙醇工艺过程中如何确定温度的？并考虑催化剂活性的影响。

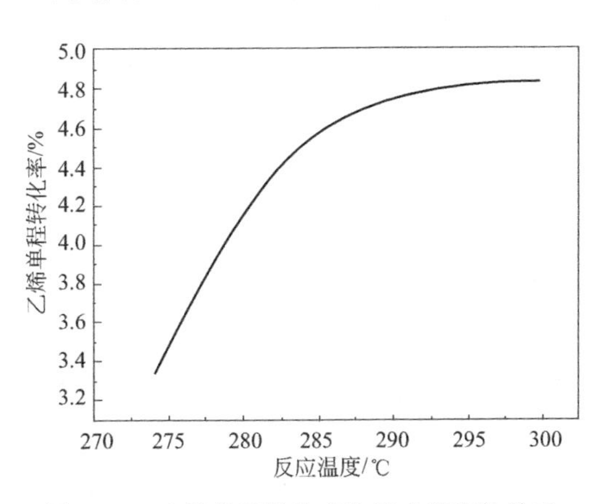

图 5-29　乙烯单程转化率和反应温度的关系

5-9　结合下面部分流程简图（图 5-30），概括叙述一步法和两步法合成乙醛的不同点。

5-10　叙述乙醛氧化生产醋酸的反应原理及其该生产工艺的主要特点，试画出内冷却型和外冷却型氧化塔的结构示意图，并结合图分析两种氧化反应器的各自特点。

5-11　纯乙酸乙烯保存或受热时，必须加入对苯二酚或二苯胺物质，为什么？

5-12　乙烯气相法生产醋酸乙烯的反应过程中，少量 CO_2 的存在有何作用？K_2CO_3 的作用又是如何控制的？

5-13　乙烯氧氯化生产氯乙烯包括哪几步？试述各自的反应原理。

5-14　用简图表示出氧氯化法合成氯乙烯的反应过程。

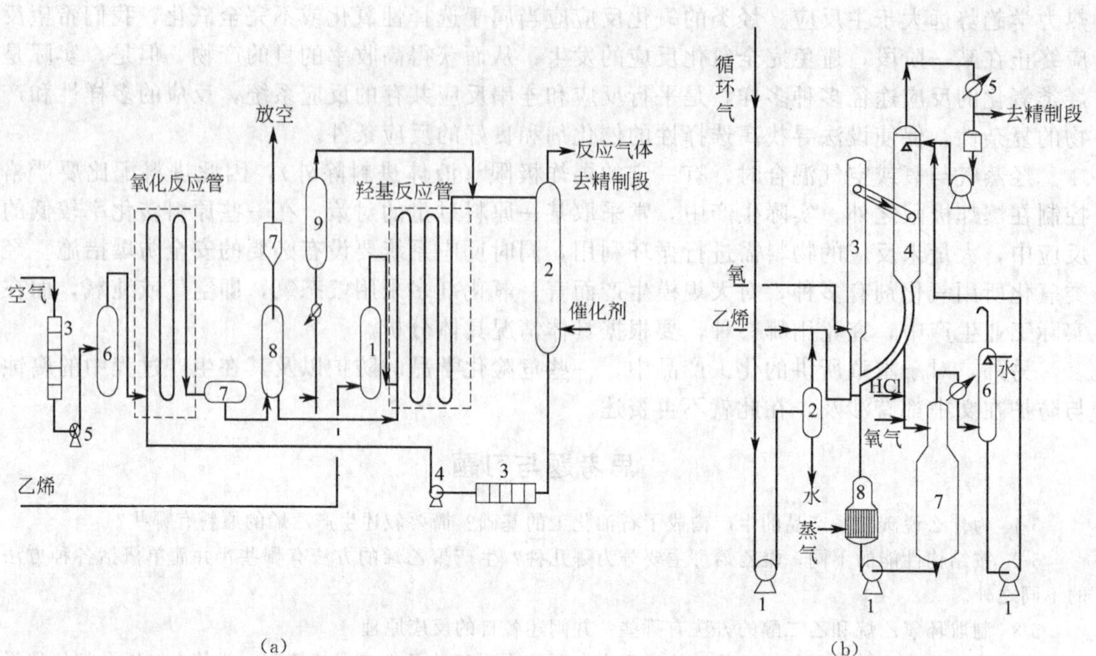
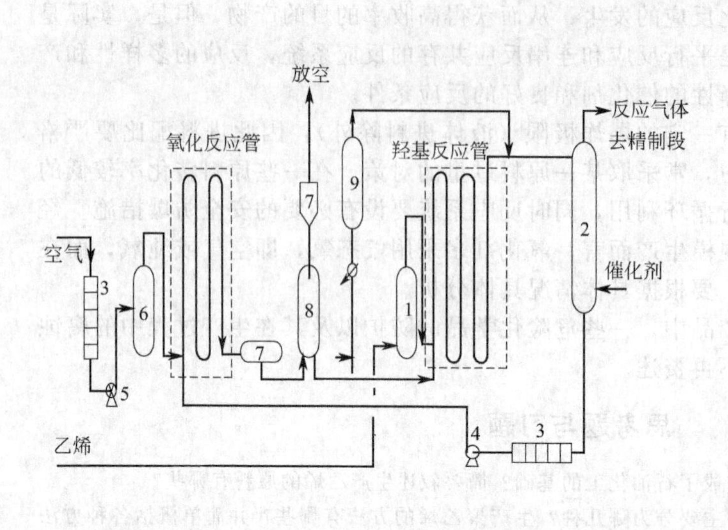

1—乙烯缓冲器；2—闪蒸塔；3—过滤器；
4—钛泵；5—鼓风机；6—空气缓冲器；
7—分离器；8—储槽；9—再生器

1—水环泵；2—气-液分离器；3—反应器；
4—除沫分离器；5～7—第一、第二、
第三冷凝器；8—水吸收塔

图 5-30 部分流程简图

第6章　碳三及其化工产品生产

碳三系指含有三个碳原子的脂肪烃、脂肪族含卤化合物、脂肪醇、醚、环氧化合物、羧酸及其衍生物，它们均是重要的化工原料及产品。在碳三中产量最大、用途最广的是丙烯。丙烯在常温常压下为无色可燃性气体，略带芳香味，比空气重，在高浓度下对人有麻醉作用，严重时可导致窒息。丙烯的主要来源有两个，一是由炼油厂裂化装置的炼厂气回收；二是石油烃裂解制乙烯时联产所得。近年来，由于裂解装置建设较快，丙烯产量相应提高较快。丙烷来源于催化裂化气，是无色可燃性气体，性质稳定，不易发生化学反应。丙烷是裂解制乙烯和丙烯的好原料，也可用于燃料和冷冻剂，在有机合成中可用于制备含氧化合物和低级硝基烷烃等。丙炔是无色气体，存在于碳三馏分中。

丙烯具有双键结构，因而具有烯烃的反应特性，如加成反应、氧化反应、羧基化、烷基化及聚合反应等。其主要产品及用途见图6-1。

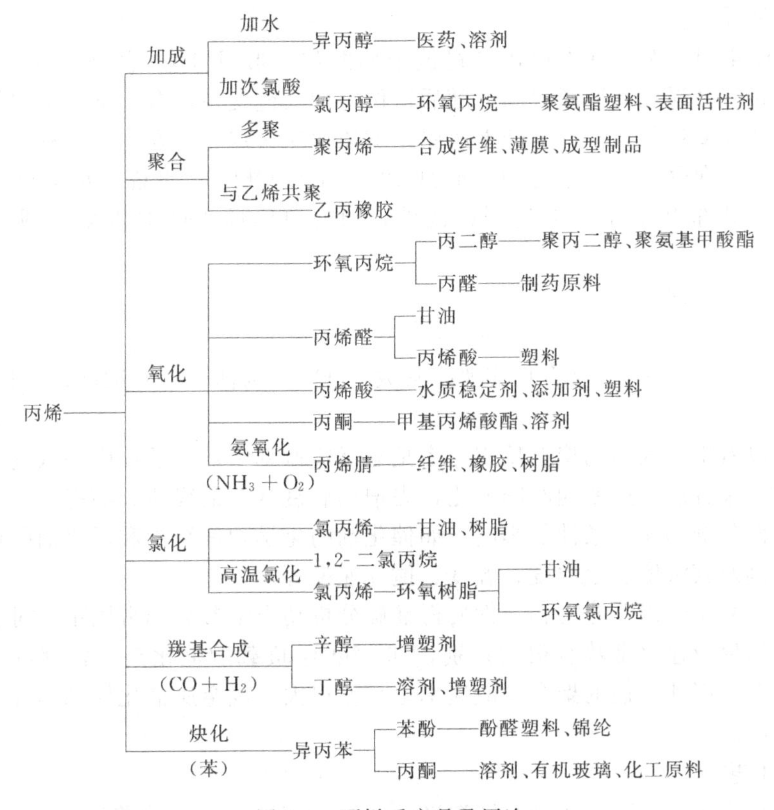

图6-1　丙烯系产品及用途

从图 6-1 可以看出，丙烯主要用于制取聚丙烯、丙烯腈、环氧丙烷、异丙酮和异丙苯等产品。此外，丙烯经聚合或氢化后可作添加剂以改善燃料的辛烷值。

本章主要介绍以丙烯为原料经化学加工合成聚丙烯、丙醛、异丙酮和异丙苯、丙烯酸、丙烯腈、丁（辛）醇等产品的生产过程。

6.1 丙烯的聚合工艺

6.1.1 聚丙烯的性质和用途

聚丙烯（PP）是无臭、无毒的乳白色粒状产品或粉状产品，相对密度 0.90～0.91，熔点 164～167℃。具有优良的力学性能、电绝缘性能、耐热性能，化学稳定性好，与多数化学药品不发生作用。但耐光性很差，易老化，低温下冲击强度差，染色性差，需采用添加助剂，共混、共聚等方法加以改进。不溶于水、也不吸水，可在水中煮沸，在 130℃下消毒。易加工成型。

聚丙烯可用作电扇马达罩和电器绝缘材料、家用电器如电视机、收音机外壳，防腐管道、板材、储槽和设备衬里、建筑材料，专用牌号可用于制作洗衣机筒料、输液瓶等；还可以用于制作编织袋、包装薄膜、外套编织袋包装，也可用于生产纤维。

6.1.2 聚合机理

丙烯聚合反应的机理相当复杂，以至于无法完全搞清楚。一般来说，可以划分为四个基本反应步骤：活化反应；形成活性中心；链引发；链增长及链终止。

对于活性中心，主要有两种理论：单金属活性中心模型理论和双金属活性中心模型理论。普遍接受的是单金属活性中心理论。该理论认为活性中心是呈八面体配位并存在于一个空位的过渡金属原子。

以 $TiCl_3$ 催化剂为例：首先单体与过渡金属配位，形成 Ti 配合物，减弱了 Ti—C 键，然后单体插入过渡金属和碳原子之间。随后空位与增长链交换位置，下一个单体又在空位上继续插入。如此反复进行，丙烯分子上的甲基就依次照一定方向在主链上有规则地排列，即发生阴离子配位定向聚合，形成等规或间规 PP。对于等规 PP 来说，每个单体单元等规插入的立构化学是由催化剂中心的构型控制的，间规单体插入的立构化学则是由链终端控制的。

丙烯聚合的反应速率常用下式表示：

$$R_p = k_p[C^*][M] \tag{6-1}$$

式中，R_p 为反应速率；k_p 为聚合反应速率常数；$[C^*]$ 为活性中心浓度；[M] 为丙烯单体浓度。

从上式可以看出，丙烯的聚合反应速率是与反应速率常数、活性中心浓度以及丙烯单体浓度成正比的。聚合反应速率随时间变化，先增加后衰减，最终达到稳态。

动力学受催化剂和聚合条件的影响，如催化剂的化学物理结构和活化剂的性能、催化剂和活化剂的比例及其浓度、氢浓度、温度、搅拌速度等。

催化体系的复杂性以及非均相特性使得准确分析动力学参数非常困难。对于不同类型的催化剂，它们的反应速率常数有很大差别，如 $MgCl_2$ 负载的催化剂与常规的 $TiCl_3$ 催化剂相比，要高很多，因此它们的聚合反应速率也相差很大。茂金属催化体系的反应速率常数则比氯化钛体系高。

6.1.3 生产工艺

聚丙烯的生产工艺主要有 4 种，即溶液法、溶剂浆液法（简称浆液法）、本体法和气相法。丙烯聚合催化剂的进步促使PP生产工艺不断简化、合理，从而节能、降耗，不仅大大降低了生产成本，而且提高了产品质量和性能。PP的生产工艺经历了低活性、中等规度的第一代（溶液法、浆液法），高活性、可省脱灰工序的第二代（浆液法及本体法），以及超高活性、不脱灰不脱无规物的第三代（气相法为主）等三个阶段，详见表6-1。

表6-1　PP生产工艺的进步

工艺发展阶段	第一代	第二代	第三代
特点	脱灰、脱无规物	脱无规物	不脱灰、不脱无规物
单体/(t/t)	1.050～1.150	1.015	1.010
能耗[①]/(kcal/t)	$(2.5\sim4.5)\times10^6$	1.6×10^6	1.3×10^6

① 1cal=4.18J，下同。

近年来，传统的浆液法工艺在PP生产中的比例明显下降，本体法工艺仍保持优势，气相法工艺则迅速增长。气相法以其工艺流程简单、单线生产能力大、投资省而备受青睐，这也是未来PP工艺的发展趋势。除了一些特种用途外，淤浆工艺的装置正在被淘汰。

目前世界上比较先进的PP生产工艺主要是本体-气相组合工艺和气相法工艺。典型代表有：Spheeripol本体-气相工艺、Hypol本体-气相工艺、Unipol气相流化床工艺、Novolen气相工艺、Innovene气相工艺以及住友的气相工艺。

6.1.3.1　*溶液法*

溶液法是早期采用的方法。丙烯在160～170℃的温度和2.8～7.0MPa的压力下进行聚合，所得到的PP溶解到溶剂中。这种方法可以迅速测定其聚合物的黏度，易于控制分子量和分子量分布，但所生成的树脂分子量低，特别是工艺流程长，无规物多达20%～30%，生产成本极高。

该技术的代表性工艺是Eastman的高温溶液工艺技术。聚合温度保持在150℃以上，阻止等规聚合物产品在烃类溶剂中析出。产品需脱催化剂残渣和脱无规物。

6.1.3.2　*浆液法*

① 常规催化剂浆液法　早期的浆液法是采用常规催化剂，用溶剂作稀释剂，将丙烯和催化剂加入到几个串联的反应器中，在50～80℃、1～2MPa下进行聚合反应，生成的聚合物成粉粒状漂浮在稀释剂中。反应结束后的浆液，经闪蒸脱除未反应的单体、脱除催化剂残渣和脱除无规物等工序，然后经干燥后得到成品。

该技术的代表性工艺是意大利Montecatimi浆液法工艺技术，它是1957年PP首次工业化采用的技术。另外Hercules、Solvay、三井油化、三井东压、住友化学等都开发了类似的技术。

② 高效催化剂浆液法　采用常规催化剂的浆液法，水平较低，必须考虑脱灰和脱无规物等问题。1975年Montedison和三井开发成功$MgCl_2$负载的高效催化剂后，使浆液法聚合工艺大大简化，导致了生产成本和建设费用的大幅度下降。其典型代表是三井油化的高效淤浆法工艺技术。

三井油化的高效淤浆法工艺，在采用了超高活性的高效催化剂以后，省去了原工艺中的脱灰、稀释剂和甲醇的回收等工序，无规物也大大减少，流程较采用常规催化剂时大大简化。此外，聚合物的粒型好、细粉少，并且，聚合物的力学性能如冲击强度、屈服强度、刚性等与常规催化剂生产的树脂相比有明显的提高。

6.1.3.3　*本体聚合工艺*

本体聚合工艺不采用烃类稀释剂，而是把丙烯既作为聚合单体又作为稀释溶剂来使用，在50～80℃、2.5～3.5MPa进行聚合反应，当聚合反应结束后，只要将浆液减压闪蒸既可脱除单体又可脱除稀释剂，简单方便。早期的本体聚合工艺所采用的常规催化剂，使得脱灰和脱无规物的工序与传统的淤浆工艺相似。后来高产率、高立构定向性催化剂的采用，使得传统的本体工艺省去了脱灰和脱无规物工序。

本体聚合工艺按采用的聚合反应器的不同，分为釜式聚合工艺和管式聚合工艺。

(1) 连续釜式聚合工艺

本体聚合工艺是20世纪60年代最初由Rexall药物化学公司和Phillips石油公司开发的。Rexall工艺中，液态丙烯在一搅拌的釜式反应器中聚合，反应结束后，得到50%～60%PP的悬浮液。然后悬浮液进入旋风分离器中，在大气压下，将聚合物和气态的单体分离，气态的单体经压缩冷凝后，返回聚合反应器。该工艺由于采用低活性的常规催化剂，必须脱除催化剂残渣和无规物，并且产品的等规度和收率较低。

三井油化的Hypol工艺是将釜式本体聚合工艺和气相工艺相结合，均聚物和无规共聚物在釜式液相本体反应器中进行，抗冲共聚物的生产在均聚之后，在气相反应器中进行。

该工艺采用最先进的高效、高立构定向性催化剂TK-Ⅱ，是一种无溶剂、无脱灰工艺，省去了无规物及催化剂残渣的脱除。该工艺可生产包括均聚物、无规共聚物和抗冲共聚物在内的全范围PP产品。

聚合物的收率可达20000～100000kg/kg负载催化剂，产品的等规度可达98%～99%，聚合物具有窄的和可控的粒径分布，不仅可以稳定装置的运转，且作为粒料更易运输。

目前世界上采用此工艺已有和在建的生产装置达25套，总生产能力达2200kt/a。

(2) 连续管式聚合工艺

① Phillips公司环管工艺　Phillips公司环管工艺是连续管式聚合工艺的典型代表，也是最早的本体聚合工艺之一。Phillips工艺采用环管型反应器，常规催化剂生产。环管型反应器具有全容积装料、单位反应容积所占的传热面积大、传热系数高、生产强度高，而且环管内物料流速快、凝胶少、切换牌号的时间短、设备结构简单等特点。

② Basell的Spheripol工艺　该工艺是环管液相本体工艺和气相工艺的组合。该工艺采用一个或多个环管本体反应器和一个或多个串联的气相流化床反应器，在环管反应器中进行均聚和无规共聚，在气相流化床中进行抗冲共聚物的生产。它采用高性能GF-2A或FT-4S球形催化剂，无需脱灰和无规物，聚合物的收率高达40000kg/kg负载催化剂，产品有可控的粒径分布，等规度为90%～99%。

该工艺可生产宽范围的丙烯聚合物，包括PP均聚物、无规共聚物和三元共聚物、多相抗冲和专用抗冲共聚物（乙烯含量高达25%）以及高刚性聚合物。产品质量极佳，并且投资费用和运转费用较低。

③ Borealis的Borstar工艺技术　该工艺通过选择反应器组合可生产均聚物、无规共聚物、多元共聚物和橡胶含量非常高的多相共聚物。当生产均聚物和无规共聚物时，该工艺包括一个环管反应器和一个气相反应器；当生产多相共聚物时，再加上一个或两个气相反应器。

环管反应器在超临界状态下操作，典型温度为80～100℃、压力5.0～6.0MPa，丙烯进行本体聚合。丙烯和从环管反应器出来的聚合物在流化床气相反应器中继续反应，该反应器的操作条件为温度80～90℃、压力2.5～3.5MPa。对于均聚物和无规共聚物的生产，从上述气相反应器出来的聚合物经过脱除残留烃，就可送去挤出、造粒；对于多相共聚物的生产，从气相反应器出来的聚合物再进入另一个较小的气相反应器中，生产共聚物的橡胶相。以上每个反应器的聚合条件都可独立控制，这样既可生产标准的单峰产品，又可生产宽分子量分布的多峰产品。反应器之间生产速率比也可调节，以满足最终产品用途的需要。

该工艺可生产宽范围的PP产品，从非常硬到非常软的聚合物，熔体流动速率（MFB）范围为0.1～1200g/10min，并且可定制用户需要的产品。

6.1.3.4 气相聚合工艺

PP气相聚合工艺是1969年由BASF公司首先工业化的。按采用的反应器类型的不同可分为气相搅拌床工艺和气相流化床工艺，前者又分为立式搅拌床和卧式搅拌床两种。

（1）气相搅拌床工艺

该工艺与流化床气相聚合工艺的差别是，反应器内气相单体的流动速度保持在流化速度以下，因此，时空产率要比流化床气相法高。向反应器内通入液相丙烯，令其吸收聚合热后气化，可以有效地除去聚合热。

① Innovene气相工艺 气相搅拌床工艺的另一典型代表是BP的Innovene气相工艺（原Amoco/窒素气相工艺）。该工艺采用卧式搅拌床气相反应器，通过液体丙烯气化控制反应温度。它采用第四代超高活性、非常高立构定向性和可控形态的负载型催化剂，可生产均聚物，无规共聚物和在较宽温度范围内刚性和冲击强度平衡性极好的抗冲共聚物。

该工艺能耗低，乙烯-丙烯抗冲共聚物性能出色，过渡料极少，聚合物产量高，且具有高开工率。由于每一工艺步骤被简化，因而该技术的最初基建投资低且减少了生产成本，并且产品具有均匀性和极好的质量控制性。

② 窒素的气相工艺 该工艺采用水平柱塞流反应器，采用的催化剂具有高活性和高选择性，并具有可控形态。该工艺流程简单，能量消耗较低，因此具有较低的投资费用和生产费用。此外，产率较高，产品一致性好，质量控制优异，产品适用性广，并且乙丙抗冲共聚物的性能极好。

（2）气相流化床工艺

UCC和Unipol工艺技术流程中没有预聚工序，而是采用一个大的气相流化床反应器生产均聚物和无规共聚物，再串联一个反应器，可生产抗冲共聚物。再加上它采用Shell公司开发的超高活性催化剂SHAC，流程简单，并省掉了催化剂钝化、脱灰和脱无规物。

该工艺可生产熔体流动速率为0.1～3000g/10min、等规度高达99%的均聚物；乙烯含量最高达12%（摩尔分数）或丁烯含量达21%（摩尔分数）、具有宽熔体流动速率范围（从低于0.1g/10min到高于100g/10min）的无规共聚物以及具有好的刚性和抗冲击平衡性能的各种抗冲共聚物。

该工艺简单，投资和运转费用较低，污染小，起火和爆炸危害极小，易于操作和维修。

6.2 异丙苯、苯酚和丙酮的生产

6.2.1 异丙苯、苯酚和丙酮的性质

异丙苯［$C_6H_5CH(CH_3)_2$］是无色透明的液体，293K时密度为864kg/m^3、折射率为1.4910，固态异丙苯的熔点为178.6K、沸点为425.4K。不溶于水，溶于乙醇、苯、乙醚和四氯化碳。异丙苯可以从煤及石油化工产品加工中获得，但产量很少，满足不了工业生产的大量需求。目前异丙苯主要用丙烯与苯进行烷基化而取得。工业上烷基化方法有三种：①在三氯化铝存在下液相烷基化；②磷酸/硅藻土作催化剂的气相烷基化；③在硫酸存在下进行的液相烷基化。这三种方法所得效果几乎相同，所采用的原料丙烯，可以是纯丙烯，也可以是丙烯-丙烷混合馏分。

苯酚俗称石炭酸。具有特殊气味的无色结晶，被空气氧化时成粉红色、深红色甚至是深褐色。苯酚的沸点为454.8K，熔点为314.1K，闪点为351K。微溶于水，易溶于乙醚和酒

精中。苯酚具有一定的腐蚀性，溅在皮肤上能引起灼伤。空气中苯酚的允许浓度为0.005mg/L。苯酚水排入江河会污染水质。

苯酚的化学性质活泼，能发生取代、缩合等反应。如苯酚与过量的溴水作用时，会生成2,4,6-三溴苯酚，反应式为：

$$C_6H_5OH + 3Br_2 \xrightarrow{H_2O} C_6H_2Br_3OH\ (2,4,6\text{-三溴苯酚}) + 3HBr$$

苯酚和甲醛在酸性或者是碱性条件下，都能生成酚醛树脂。前者为线型结构树脂，后者为高度网状结构的不溶性树脂。苯酚和甲醛在酸性条件溶液中的反应为：

$$n\,C_6H_5OH + nCH_2O \xrightarrow{H^+} -[C_6H_3(OH)-CH_2]-[C_6H_3(OH)-CH_2]_n-C_6H_4(OH) + nH_2O$$

苯酚是有机化工中的重要原料，用途很大。它是生产酚醛树脂、己内酰胺、尼龙66、环氧树脂和聚碳酸酯的重要原料，也广泛应用于医药、农药、染料及橡胶助剂等方面。近几年来，在世界范围内，苯酚的产量以年8%增长率上升。

丙酮是最简单也是最重要的酮，它是无色透明的易挥发液体，沸点为329.7K，凝固点为178.6K，闪点（密闭）为235K，易燃。其蒸气能与空气形成爆炸混合物，爆炸范围是2.55%～12.80%（体积分数）。

丙酮和水以及许多有机溶剂如醚、醇、酯等互溶，它是油脂、树脂、纤维素的良好溶剂，它能溶解25倍体积的乙炔。

丙酮的化学性质也很活泼，能发生取代、加成、缩合、热解等反应。例如：丙酮在碱性条件下，与氢氰酸加成，生成氰基异丙醇（又称丙酮氰醇）。

$$(H_3C)_2C=O + HCN \xrightarrow{OH^-} (H_3C)_2C(CN)OH$$

丙酮氰醇与浓硫酸和甲醇作用，即生成有机玻璃单体——甲基丙烯酸甲酯。

$$(H_3C)_2C(CN)OH + CH_3OH + H_2SO_4 \xrightarrow{\triangle} H_2C=C(CH_3)-COOCH_3 + NH_4HSO_4$$

丙酮和苯酚在碱性条件下，发生缩合反应，生成环氧树脂的重要单体——双酚A。

$$H_3C-\underset{\underset{O}{\|}}{C}-CH_3 + 2\,C_6H_5OH \longrightarrow HO-C_6H_4-C(CH_3)_2-C_6H_4-OH + H_2O$$

由于丙酮具有优良的物理和化学性质，在工业上用途很广。它不仅在油漆工业、炸药生产、萃取和乙炔装钢瓶时做溶剂。而且在合成其他有机溶剂、去垢剂、表面活性剂、药理、有机玻璃和环氧树脂生产中，也是很重要的原料。

6.2.2 异丙苯的生产

异丙苯是一种重要的化工原料，可直接作为引发剂和提高燃料汽油辛烷值的添加剂，还可以制造α-甲基苯乙烯、苯酚等。异丙苯最早用作汽油的添加剂，以提高汽油的抗震性，现在则是用于生产苯酚和丙酮的中间体。用异丙苯生产苯酚，不仅方法简单、成本低，而且还可以联产重要的化工原料丙酮。异丙苯的合成是由丙烯对苯进行烷基化而制取的。目前，工业上生产异丙苯的方法主要有以下三种：

① 以三氯化铝为催化剂进行气液相反应；

② 以磷酸-硅藻土为催化剂进行气固相反应；

③ 在硫酸存在下进行液相烷基化反应。

以上三种方法随生产方法不同而工艺条件各异。

采用磷酸/硅藻土为催化剂，以苯和丙烯为原料进行的气固相烷基化反应，操作压力为1.8～2.8MPa，反应温度为200～300℃。以磷酸/硅藻土为载体的磷酸催化剂，其中P_2O_5含量为62%～65%。反应中加入适量水可提高催化剂活性。对苯中的含硫化合物应严格限制，一般含量不允许超过0.15%。

液相烷基化反应是以90%的硫酸作催化剂，温度为25～45℃，苯与丙烯的摩尔比为5∶1，硫酸与烃类化合物之比为1∶1，生成的烷基化产物中含22%～27%的异丙苯和2%～3%的二烷基苯。

用三氯化铝为催化剂进行的烷基化反应，工艺过程主要有烃化反应、催化剂配合物的分离、水解中和及烃化液的精制等。苯和丙烯以0.3～0.4摩尔比进入反应器，反应温度约为108℃，压力为0.2～0.25MPa。生成的烃化液进入配合物沉降槽，利用密度差分离催化剂配合物。配合物返回反应器，烃化液则由上部溢流口流出并进入水解塔，除去未被分离的$AlCl_3$。水由水解塔上部加入，烃化液由下部加入，经逆流接触进行水解。水解后的烃化液具有一定的酸性。为保证烃化液是中性，向烃化液中加入稀碱进行中和，之后再水洗。经二次水洗的烃化液送入烃化液成品槽静置，并依靠重力差将其中水分分出。

烃化液组成中有苯、异丙苯、二异丙苯、乙苯、丁基苯及少量高沸物，混合物的相对挥发度较大。因此，可用普通精馏方法将其分离，得到精异丙苯。

6.2.2.1 反应原理

在催化剂磷酸/硅藻土的作用下，用过量的苯与丙烯发生烷基化反应，生成异丙苯，该反应为放热反应。

$$C_6H_6 + CH_3HC{=}CH_2 \xrightarrow[\substack{1.8\sim2.8MPa \\ 473\sim573K}]{\text{磷酸/硅藻土}} C_6H_5{-}CH(CH_3)_2 \quad +26.4kJ/mol$$

以硅藻土为载体的磷酸催化剂，其中五氧化二磷的含量为62%～65%（质量分数），反应中必须有水存在，否则活性不高。

异丙苯与丙烯能发生副反应生成二异丙苯；丙烯自聚与低聚，生成聚丙烯与丙烯低聚物（己烯、壬烯、四聚物）。

$$C_6H_5{-}CH(CH_3)_2 + CH_3HC{=}CH_2 \longrightarrow C_6H_4[CH(CH_3)_2]_2$$

$$n\,CH_3HC{=}CH_2 \longrightarrow \left[H_2C{-}CH(CH_3) \right]_n$$

$$CH_3HC{=}CH_2 + CH_3HC{=}CH_2 \longrightarrow C_6H_{12}$$

$$C_6H_{12} + CH_3HC{=}CH_2 \longrightarrow C_9H_{18}$$

$$C_9H_{18} + CH_3HC{=}CH_2 \longrightarrow C_{12}H_{24}$$

此外，原料丙烯中含有的乙烯、丁二烯和异丁烯与苯反应生成乙苯、仲丁基苯和叔丁基苯等。

6.2.2.2 异丙苯生产的工艺过程

苯的烃化过程由苯烷基化、水洗和碱洗以及精制三部分组成。其工艺流程如图 6-2 所示。

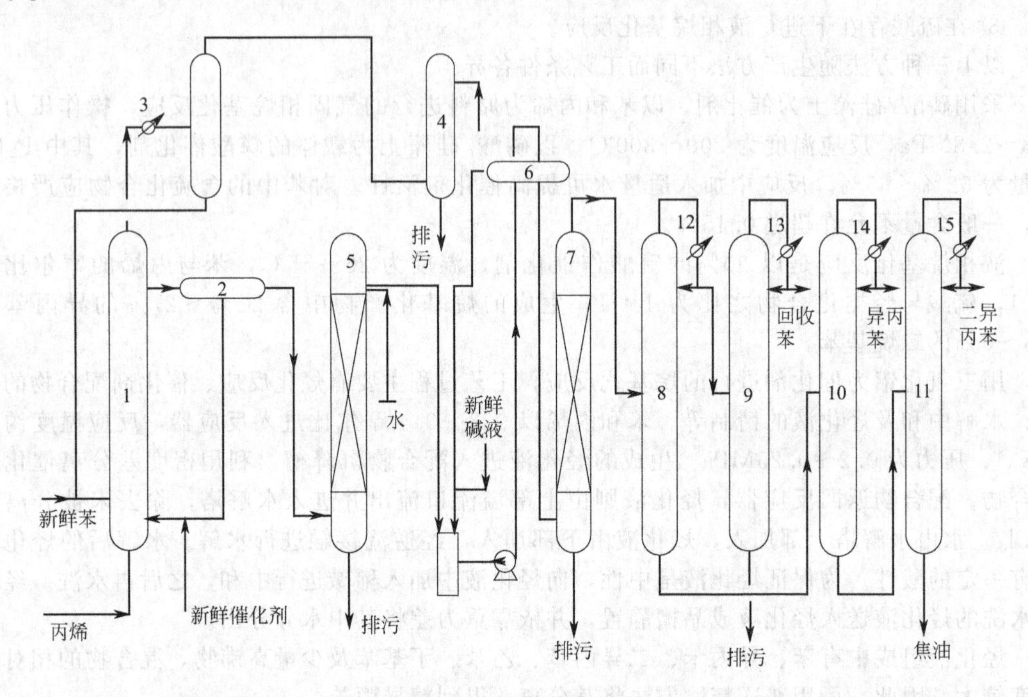

图 6-2 苯烃化工艺流程

1—反应器；2—沉降槽；3,12～15—冷凝器；4—尾气吸收塔；5—水解塔；6—分离器；7—水洗塔；8—预分离塔；9—回收苯塔；10—异丙苯塔；11—二异丙苯塔

新鲜苯和丙烯分别被加热后从不同的部位进入反应器 1。反应所用的催化剂经配制成配合物后和沉降槽 2 沉降的催化剂一同进入反应器。

苯烃化反应器为鼓泡塔式反应器。为防止盐酸腐蚀，内衬有搪瓷。苯和丙烯自底部进入反应器后，在三氯化铝配合物的作用下进行反应，反应热借苯的蒸发带出。为保持适宜的浓度，必要时通过改变丙烯与苯的摩尔比来控制。反应生成的烷基化液以溢流的形式流入催化剂沉降槽，在沉降槽中大量的催化剂配合物由沉降槽的底部分出，并循环回反应器。上层的烷基化液自流入水解塔 5，与水逆流接触，使未沉降的三氯化铝分解。分解后产生的氯化氢部分转入水相由水解塔釜排出。含酸性的烷基化液由水解塔顶溢流出后与碱液混合，送入分离器 6。在分离器内靠密度差将其分离为碱液和烃化液。烃化液进入水洗塔 7，将夹带的碱液洗净送至分离工序，碱液则可循环使用。

由反应器顶部排出的气体混合物经冷凝器 3 将苯冷凝后循环回反应器。不凝气体送至尾气吸收塔将夹带的氯化氢吸收后，其余气体放空。

碱洗后的烷基化液主要含有苯、乙苯、异丙苯、丁基苯和多烷基苯、焦油等，经预分离塔 8、回收苯塔 9、异丙苯塔 10 以及二异丙苯塔 11 分离后，分别得到苯、异丙苯、二异丙苯以及焦油。苯返回反应系统，异丙苯和二异丙苯分别送氧化系统。

6.2.2.3 烃化反应器开、停车操作要点

(1) 烃化反应器的置换

① 隔离　切断烃化反应器混合进料床间及过滤器出口管线切断阀，使反应、过滤系统及其他系统隔离。

② 泄漏率实验　用真空泵将烃化反应器及过滤器以及其连接管线抽真空至 0.133～0.199MPa，然后切断真空泵保持 1h，如果真空度小于 0.033MPa，然后用氮气升压至 0.05MPa。

③ 置换　用真空泵将反应、过滤系统抽真空到 0.133～0.199MPa，然后用氮气升压。

④ 含氧量分析　置换操作三次后，取样分析系统中气体含量，如果氧含量小于 0.2%（质量分数），则合格，否则重新置换合格。合格后系统保持 0.05～0.07MPa，并保持其他系统置换气体不得再进入反应及过滤系统。

（2）停车

烃化反应器的停车与其他系统紧密配合，除紧急情况外，不能单独停车，其停车的重要环节有如下几点。

① 先停水注入，防止催化剂失活。

② 停丙烯进料，但循环苯必须注入 4h，或通至反应器进出口无温差，以消耗残存的丙烯。

③ 用真空或氮气置换烃化反应器。

④ 置换后，在反应器前后管线加盲板，与其他系统隔离。

⑤ 如卸催化剂，则应在催化剂加热时，马上按规程操作。

6.2.3　苯酚、丙酮的生产

苯酚是重要的精细化工产品的原料之一，可用它生产染料、医药、炸药、塑料等。丙酮是重要的有机溶剂，又是生产表面活性剂、药物、有机玻璃、环氧树脂的原料。异丙苯的氧化方法较多，一般是经空气氧化得到过氧化氢异丙苯，之后在酸性催化条件下分解生成苯酚、丙酮。

6.2.3.1　苯酚、丙酮的生产原理

由异丙苯氧化生成苯酚、丙酮分两步完成，首先是异丙苯氧化生成过氧化氢异丙苯，然后经分解即得苯酚、丙酮。

① 过氧化氢异丙苯的生成　异丙苯氧化生成过氧化氢异丙苯的化学反应方程式为：

$$C_6H_5\text{—}CH(CH_3)_2 + O_2 \longrightarrow C_6H_5\text{—}C(CH_3)_2\text{—}OOH + 11.63\text{kJ/mol}$$

由于过氧化氢异丙苯的热稳定性较差，受热后能自行分解，所以在氧化条件下，还有许多副反应发生，反应式如下：

$$C_6H_5\text{—}C(CH_3)_2\text{—}OOH \longrightarrow C_6H_5\text{—}C(CH_3)_2\text{—}OH + \frac{1}{2}O_2$$

$$C_6H_5\text{—}C(CH_3)_2\text{—}OOH \longrightarrow C_6H_5\text{—}C(=O)\text{—}CH_3 + CH_3OH$$

$$C_6H_5\text{—}C(CH_3)_2\text{—}OOH \longrightarrow C_6H_5OH + H_3C\text{—}C(=O)\text{—}CH_3$$

$$CH_3OH + \frac{1}{2}O_2 \longrightarrow HCHO + H_2O$$

$$HCHO+\frac{1}{2}O_2 \longrightarrow HCOOH$$

这些副反应的发生，不仅使得氧化液的组成复杂，而且某些副产物还对氧化反应起到抑制作用。例如，微量的酚会严重抑制氧化反应的进行，生成的含羧基、羟基的物质不仅阻滞氧化反应，还能促使过氧化氢异丙苯的分解。

② 过氧化氢异丙苯的分解　在酸性催化剂的作用下，过氧化氢异丙苯可分解为苯酚、丙酮。其全反应方程式如下。

$$C_6H_5-C(CH_3)_2-OOH \xrightarrow{H^+} C_6H_5OH + H_3C-\overset{O}{\overset{\|}{C}}-CH_3 + 252.7\text{kJ/mol}$$

在发生主反应的同时还伴有副反应发生，而生成的副产物具有相互作用的能力，从而使催化分解过程的产物非常复杂。其主要的副反应如下：

$$C_6H_5-C(CH_3)_2-OOH \longrightarrow C_6H_5-C(CH_3)=CH_2 + H_2O + \frac{1}{2}O_2$$

$$2\,C_6H_5-C(CH_3)=CH_2 \longrightarrow C_6H_5-C(CH_3)_2-CH=C(C_6H_5)-CH_3$$

$$2\,H_3C-\overset{O}{\overset{\|}{C}}-CH_3 \longrightarrow (H_3C)_2C=CH-\overset{O}{\overset{\|}{C}}-CH_3 + H_2O$$

这些副反应不仅降低了苯酚、丙酮的收率，而且使产品的分离也变得困难。

6.2.3.2　苯酚、丙酮生产的影响因素

(1) 过氧化氢异丙苯生产的影响因素

在过氧化氢异丙苯生产过程中，影响反应的因素主要包括温度、压力、原料杂质及氧化深度等。

① 反应温度　温度与转化率的关系见图 6-3。由图 6-3 可见，温度越高，转化率越大。其原因是该反应具有较大的活化能，温度越高，反应速率常数越大，则反应速率越高。当反应温度由 110℃升到 120℃时，反应速率常数增加两倍。在主反应速率提高的同时，副反应速率也相应增加。据研究，对于分解反应，温度由 110℃升到 120℃，反应速率提高 2～3 倍，使反应的选择性大大降低。因此，控制反应温度对提高反应速率和过氧化氢异丙苯的收率至关重要。通常反应温度控制在 105～120℃之间。

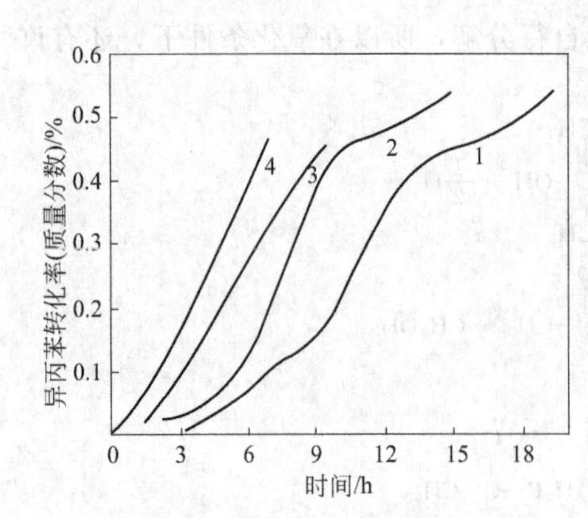

图 6-3　不同温度时异丙苯氧化的动力学曲线

1—110℃；2—115℃；3—120℃；4—125℃

② 原料异丙苯中的杂质　原料中的杂质可以分为两类：一类是本身对反应速率影响很小，但由于杂质本身在反应条件下也能发生反应，生成其他产物，而使过氧化氢异丙苯纯度下降，这类杂质主要有苯、甲苯、乙苯、丁苯及二异丙苯；另一类本身就是阻化剂，对反应速率有较大影响。在反应开始

时，由于这类杂质的存在常导致反应不能进行。常见的有硫化物、酚类及不饱和烃类等。因此，对于这些杂质要严格限制。工业生产中，一般要求原料中乙苯含量小于0.03%，丁苯含量小于0.01%，酚含量小于3ppm，总硫含量小于2ppm，氯含量小于4ppm。

③ 反应压力　压力对异丙苯氧化无特殊影响，反应一般在0.4～0.5MPa下进行。适当加压是为了提高氧分压，从而提高反应速率。但是过高的压力也无益处，压力过高对反应速率影响不大，而设备费用和操作费用随着压力的升高而增大。

④ 氧化深度　在任何温度下氧化，当达到一定的氧化深度时，氧化速率均呈下降趋势。温度越高，氧化速率下降越明显，产生这一现象的原因有两个，一是由于反应后期异丙苯浓度低，二是由于阻止氧化反应的某些杂质积累。反应温度高时，副反应速率也加快，阻止作用就要比温度低时提早出现。氧化深度高时，选择性下降也快。因此，过高的氧化深度是不合适的，但氧化深度过低时，会使设备体积增大，投资增加。一般氧化深度以过氧化氢异丙苯在反应物料中的含量表示，达到25%～30%较为适宜。

(2) 过氧化氢异丙苯分解过程中的影响因素

在过氧化氢异丙苯的分解过程中，采用的酸性催化剂一般为离子交换树脂，相应的影响因素主要有反应温度、过氧化氢异丙苯中的杂质及反应的停留时间。

① 反应温度的影响　反应温度越高，则反应速率越快。温度升高，相应的过氧化氢异丙苯扩散速度加快，从而加快了反应速率。但温度过高会使过氧化氢异丙苯的分解速率加快，副产物生成量增加。另外，温度升高容易使离子交换树脂失效。因此，温度不宜超过80℃。

② 过氧化氢异丙苯中的杂质对反应速率的影响　在氧化反应过程中，为了控制介质的pH，一般在异丙苯中加有Na_2CO_3或NaOH。因此，过氧化氢异丙苯中含有Na^+，Na^+可与活性基团中的氢发生交换，使树脂失去活性。因此，氧化反应后，应对氧化液进行水洗，除去其中的Na^+。另外，过氧化氢异丙苯中还含有苯乙酮、二甲基苯基甲醇、α-甲基苯乙烯等杂质。在分解反应中，这些杂质会进一步发生聚合、缩合等反应，而生成一些大分子的呈焦油状的副产物，它们将树脂表面覆盖，从而使得树脂活性降低。因此，要求过氧化氢异丙苯中的杂质要尽量低一些。

③ 停留时间　过氧化氢异丙苯分解反应采用不同的停留时间对生成亚异丙基丙酮量有较大的影响。停留时间越长，亚异丙基丙酮生成量越大。反应停留时间对生成亚异丙基丙酮的影响见表6-2。

表6-2　反应停留时间对生成亚异丙基丙酮的影响

序号	停留时间/min	亚异丙基丙酮/%	备　注
1	50	0.026	原料过氧化氢异丙苯浓度为82.39%
2	150	0.081	
3	250	0.140	

6.2.4 苯酚、丙酮的生产工艺过程

异丙苯法生产苯酚、丙酮的主要过程如图6-4。

苯酚、丙酮的生产工艺过程主要是由苯烃化生成异丙苯、异丙苯氧化、过氧化氢异丙苯分解三部分组成。

(1) 异丙苯氧化

异丙苯氧化过程的工艺流程如图6-5所示。空气加压至0.45MPa，并被加热后由氧化塔1底部送入塔内。用碱配制成pH8.5～10.5的精异丙苯，加热后由氧化塔顶进入塔内与

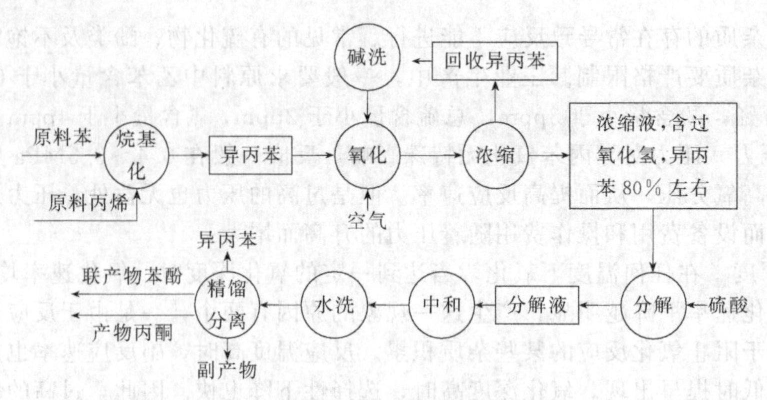

图 6-4 苯酚、丙酮生产过程示意图

空气逆流接触。氧化塔为板式塔，氧化温度为110～120℃。氧化塔顶部排出含有少量氧的气体混合物，经冷凝器5将异丙苯冷凝后送至气液分离器6。液相为异丙苯，回收使用，不凝气放空。由氧化塔底部排出的反应物料送入降膜蒸发器7增浓后进入第一提浓塔2，将大部分未转化的异丙苯蒸出。塔釜得到浓度为70%～80%（质量分数）的过氧化氢异丙苯，经冷凝后进入第二提浓塔3。塔釜得到浓度为88%的过氧化氢异丙苯，塔顶的凝液与第一蒸发塔的凝液混合后加入8%～12%（质量分数）的NaOH中和沉降，分出的碱液循环使用，异丙苯循环回氧化系统。

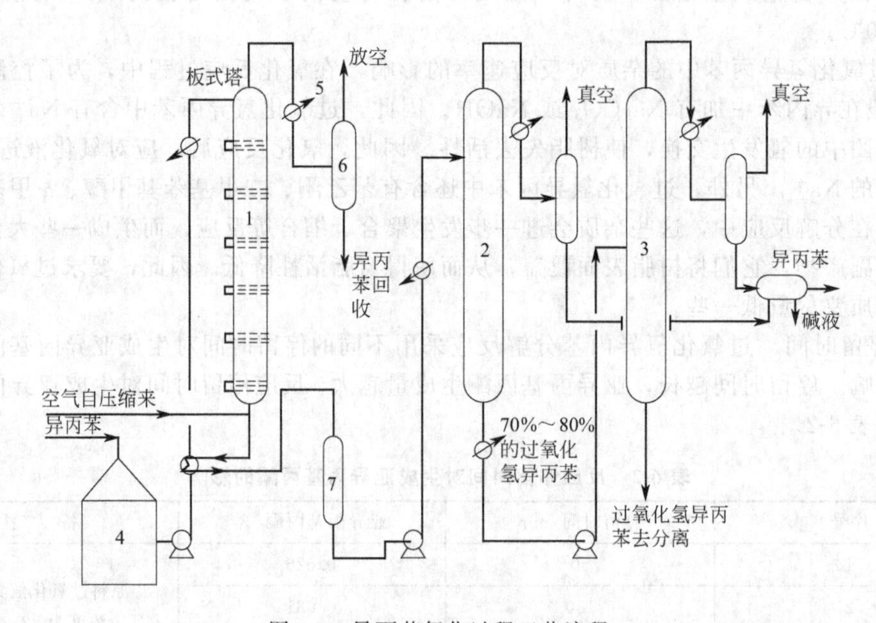

图 6-5 异丙苯氧化过程工艺流程

1—氧化塔；2 第 提浓塔；3—第二提浓塔；4—储槽；5—冷凝器；6—气液分离器；7—降膜蒸发器

(2) 过氧化氢异丙苯的分解及分解液的分离

分解精制过程工艺流程如图6-6所示。来自氧化系统的氧化液进入分解塔1的底部与酸性循环氧混合，并在分解塔中发生分解反应。分解液由分解塔顶部溢流进入缓冲罐，大部分分解液循环回分解塔，少量的分解液进入中和水洗塔2洗去其中的酸。在中和水洗塔的上部，分解液、碱液及循环碱液并流操作，塔釜液送至沉降槽3，分出碱液和分解液，碱液循环使用。槽上部的中性分解液送入分离系统，经粗丙酮塔4、精丙酮塔5、割焦塔6、第一脱烃塔7、第二脱烃塔8和精酚塔9后得到成品苯酚和丙酮。

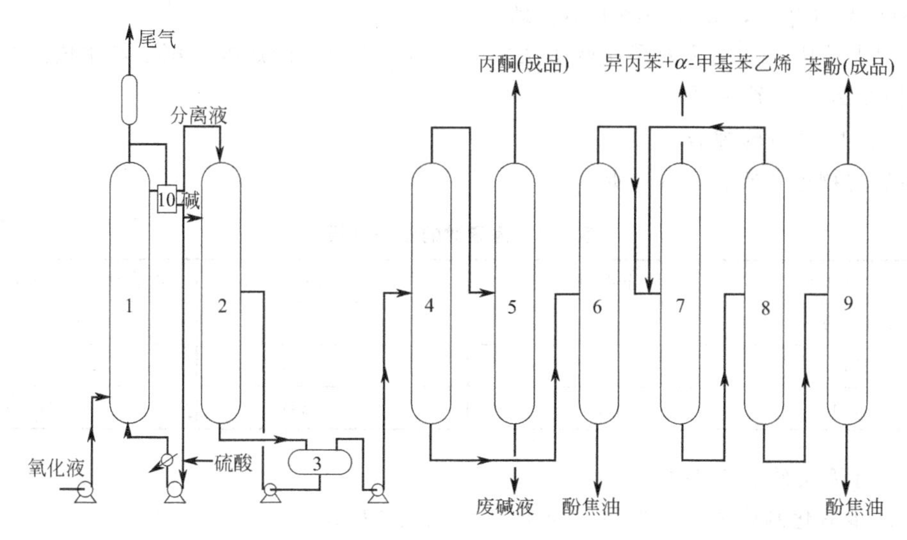

图 6-6　分解精制过程工艺流程

1—分解塔；2—中和水洗塔；3—沉降槽；4—粗丙酮塔；5—精丙酮塔；6—割焦塔；7—第一脱烃塔；8—第二脱烃塔；9—精酚塔

（3）氧化操作中不正常现象及处理方法

见表 6-3。

表 6-3　氧化操作中不正常现象及处理方法

序号	不正常现象	发生原因	处理方法
1	氧化反应慢，过氧化氢异丙苯浓度低	①原料中杂质影响 ②加料量太大 ③反应温度低	①对原料进行碱洗 ②减少加料量 ③提高反应温度
2	尾气带出大量液体	①塔顶液面过满 ②顶压太低 ③尾气放空量突然增大	①加大釜液采出量 ②调节顶压在规定指标之内 ③调节尾气防空量
3	防爆膜爆破	①防爆膜被腐蚀坏 ②顶压仪表失灵 ③物料剧烈分解	①停止加料、降温、更换防爆膜 ②停止加料、检修仪表、更换防爆膜 ③立即停止加料，降温，停车处理

6.3　丙烯氧化生产丙烯酸与化工利用

丙烯酸是一种重要的有机单体，主要用于合成丙烯酸酯。丙烯酸及其酯类主要用在合成塑料、合成纤维、合成橡胶、涂料、胶乳、黏合剂、鞣革和造纸等工业部门。

生产丙烯酸的方法较多，早期有乙炔法和丙烯腈水解法。由于这两种方法成本较高且有一定的毒性，目前已被丙烯氧化法所取代。

丙烯氧化生产丙烯酸有一步法和两步法之分。一步法具有反应装置简单、工艺流程短、只需一种催化剂的特点，因而投资少。但一步法具有以下几个缺点。

① 一步法把两种不同的反应放在一种催化剂上进行，强制一种催化剂去适应两个不同反应的要求，影响了催化剂作用的有效发挥，导致丙烯酸收率低。

② 把两步反应变为一步反应，反应热增加。要降低反应热，只能通过降低原料丙烯酸的浓度，因而生产能力降低。

③ 催化剂寿命短，导致经济上不合理。

鉴于以上原因，目前主要采用两步法生产，第一步生产丙烯醛，第二步生成丙烯酸。

6.3.1 丙烯酸的生产原理

6.3.1.1 丙烯酸的物理性质

丙烯酸的物理性质如表 6-4 所示。

表 6-4 丙烯酸的物理性质

沸点/℃(mmHg)	熔点/℃	折射率 n_D(温度/℃)	浓度/(mol/L)(温度/℃)
141.6(760)	—	—	1.0600(12)
71(50)	—	1.4210(20)	1.0478(20)
48.5(15)	12.3	1.4224(20)	1.0511(20)

6.3.1.2 丙烯酸的生产原理

丙烯两步氧化制取丙烯酸的主反应可用下列两式表示：

$$H_2C{=}CHCH_3 + O_2 \longrightarrow H_2C{=}CHCHO + H_2O + 340.8\text{kJ/mol}$$

$$H_2C{=}CHCHO + \frac{1}{2}O_2 \longrightarrow H_2C{=}CHCOOH + 254.2\text{kJ/mol}$$

由反应式可知，反应属强放热反应。因此，及时有效地移出反应放出的热量是反应过程的突出问题。除主反应外，还有大量的副反应发生，其主要产品有 CO 和 CO_2 等深度氧化物以及乙醛、醋酸、丙酮等。因此，提高反应选择性和主产物的收率也是非常重要的。要达到这一目的，必须在反应过程中使用催化剂。由于生产丙烯酸是分两步进行的，因而每步所用催化剂是不相同的。

第一步反应，丙烯氧化制丙烯醛所用催化剂大多为 Mo-Bi 体系，并以钼酸盐的形式表现出催化活性，而组成催化剂的基本元素则是 Mo、Bi、Fe、Co 等。作为助催化剂的元素很多，但各种催化剂均具有以下三个共同点：

① Bi 原子含量低，一般 Mo 原子与 Bi 原子之比为 (12∶1)～(12∶2)；

② 在大多数催化剂中添加 Fe、Ni、Co、W、Sn、Sb、Sr、Mn、Si、P 等元素可提高催化剂活性；

③ 在催化剂中添加少量碱金属及 Te 等元素，可提高丙烯醛的选择性。

催化剂的活性不仅与活性组分有关，还与载体及催化剂的制备方法有关。催化剂载体主要有二氧化硅、氧化铝、刚玉、羰基化硅等。由于该反应为强放热反应，则要求载体比表面要低、孔径要大、导热性能要好。

第二步反应为丙烯醛氧化制丙烯酸。从目前看，活性高的丙烯酸催化剂均为 Mo-V 催化剂，通常要在 Mo-V 系催化剂中添加助催化剂，使用较多的为 W，另外还有 Cr、Fe、Cu 等。载体的选择对丙烯酸的选择性有较大的影响，较好的载体有羰基化硅、硅与 α-三氧化二铝。

6.3.2 丙烯酸的生产工艺流程

丙烯氧化生产丙烯酸常采用列管式反应器，管内填装催化剂，工艺流程如图 6-7 所示。

液体丙烯在汽化器 1 内汽化后与水蒸气、空气以 1∶8∶11 的比例混合后送入第一反应器 3。在反应器上部利用反应放出的热量将其预热后送入催化剂床层，在催化剂作用下发生氧化反应，反应温度控制在 340～420℃之间。离开反应器的生成气与熔盐换热，使温度降低。生成气含有丙烯醛、少量丙烯酸以及副反应生成的一氧化碳和二氧化碳等，离开第一反应器后进入第二反应器 4。在第二反应器中丙烯醛氧化生成丙烯酸，反应温度控制在 280～

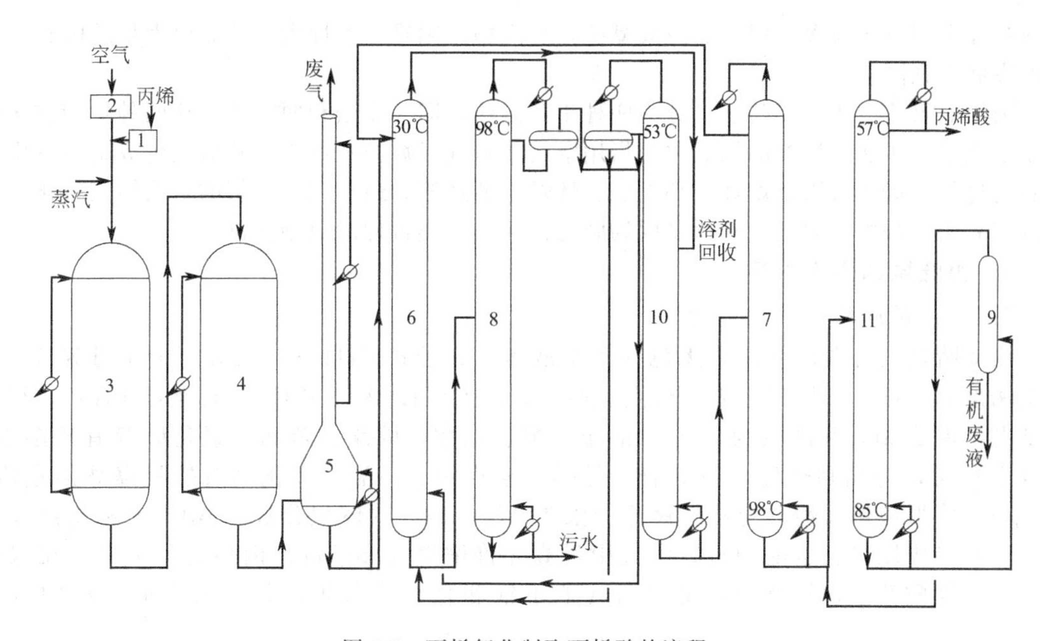

图 6-7　丙烯氧化制取丙烯酸的流程

1—丙烯汽化器；2—空气预热器；3—第一反应器；4—第二反应器；5—水洗塔；6—萃取塔；7—前馏分塔；8—残液汽提塔；9—釜液汽提塔；10—溶剂回收塔；11—丙烯酸塔

260℃之间，反应放出的热量通过管间的锅炉水移出。第二反应器中的气体，送入水洗塔 5 的底部，用丙烯酸水溶液吸收，温度从 250℃降到 80℃左右。吸收后的尾气仅含微量的丙烯酸，尾气送入燃烧炉使少量残留有机物转化为二氧化碳和水。水洗塔底部流出的水溶液含丙烯酸 20%～30%，送至分离工段进行回收。

粗丙烯酸水溶液用溶剂萃取时，所用溶剂对丙烯酸应有高选择性。常用的萃取液为乙酸丁酯、二甲苯或二异丁基酮。

萃取液在溶剂回收塔 10 中进行减压蒸馏，保持较低温度以减少生成聚合物和二聚物，同时塔顶蒸出的溶剂要不含丙烯酸，以便循环作为萃取剂。其塔顶蒸出的少量水与萃取残液汇合，经解吸回收萃取液后排污。溶剂回收塔的釜液送至前馏分塔 7，在塔顶蒸出乙酸、少量丙烯酸、水和溶剂。这一混合物循环返回萃取塔 6，回收少量的丙烯酸。前馏分塔的釜液送入丙烯酸塔 11，塔顶可得到丙烯酸成品，釜液送釜液汽提塔 9。蒸出的轻组分返回丙烯酸塔，重组分作为锅炉燃料。

在分离回收操作中，丙烯酸主要损失在于生成二聚物或三聚物。如果保持较温和的条件，缩短停留时间，并在每一步骤中加入阻聚剂，可以减少损失，回收率可达 95%。

6.4　丙烯氨氧化生产丙烯腈

丙烯腈是合成纤维、合成塑料、合成橡胶的重要化工原料之一。以丙烯腈为基本原料生产的纤维商品名为“腈纶”，俗称人造羊毛。丙烯腈与丁二烯、苯乙烯三者共聚可生产 ABS 树脂。丙烯腈与丁二烯反应可生产丁腈橡胶。丙烯腈还可用于生产药物、染料、抗氨剂、表面活性剂等中间体。

生产丙烯腈的方法主要有环氧乙烷法、乙炔氢氰酸法以及丙烯氨氧化法。环氧乙烷法由于原料昂贵，氢氰酸毒性大，操作过程复杂，成本高，因此 20 世纪 50 年代初即被乙炔氢氰酸法所代替。乙炔氢氰酸法具有生产工艺过程简单、成本比环氧乙烷法低等优点。但是，其反应过程中副反应较多，粗产品组成复杂，分离精制困难，毒性大，并需要大量的电石，故生产发展受到限制。

丙烯氨氧化合成丙烯腈法可分为两种生产方法，即一步法和两步法。这两种生产方法中一步法优于两步法。烃类的氨氧化是指用空气或氧气对烃类及氨进行共氧化生成腈或有机氮化物的过程。烃类可以是烷烃、环烷烃、烯烃、芳烃等，最有工业价值的是丙烯氨氧化。在烯丙基氧化过程中，丙烯氨氧化制丙烯腈可以作为此类过程的典型实例。

6.4.1 丙烯腈的生产原理

6.4.1.1 丙烯腈的性质及用途

丙烯腈是具有辛辣气味的无色易挥发液体。分子式 C_3H_3N，相对分子质量为 53.6，相对密度 0.806，沸点 77.3℃，熔点－82℃，闪点－1.1℃（开杯），自燃点 481℃。与水形成共沸混合物，共沸点为 71℃。溶于乙醚、乙醇、丙酮、苯和四氯化碳等有机溶剂。有氧存在时，遇光和热能自行聚合。易燃，遇火种、高温、氧化剂有燃烧爆炸的危险，蒸气与空气形成爆炸性混合物，爆炸极限为 3%～17%（体积分数）。剧毒，不仅蒸气有毒，而且经皮肤吸收也能中毒，空气中最高允许浓度为 20ppm。丙烯腈分子中存在双键和氰基，性质活泼，易混合，也易与其他不饱和化合物共聚，是三大合成材料的重要单体。

丙烯腈用来生产聚丙烯纤维（即合成纤维腈纶）、丙烯腈-丁二烯-苯乙烯塑料（ABS）、苯乙烯塑料和丙烯酰胺（丙烯腈水解产物）。另外，丙烯腈醇解可制得丙烯酸酯等。丙烯腈在引发剂（过氧甲酰）作用下可聚合成一线型高分子化合物——聚丙烯腈。聚丙烯腈制成的腈纶质地柔软，类似羊毛，俗称“人造羊毛”，它强度高，密度轻，保温性好，耐日光、耐酸和耐大多数溶剂。丙烯腈与丁二烯共聚生产的丁腈橡胶具有良好的耐油、耐寒、耐溶剂等性能，是现代工业最重要的橡胶，应用十分广泛。

丙烯腈的主要用途如图 6-8 所示。

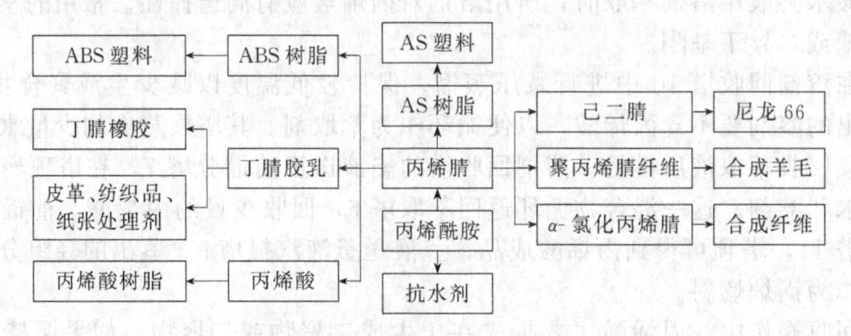

图 6-8 丙烯腈的主要用途

6.4.1.2 丙烯腈的生产原理

(1) 丙烯氨氧化生产丙烯腈的主副反应如下所示（反应温度 460℃）。

主反应：

$$H_2C{=}CH{-}CH_3 + NH_3 + \frac{3}{2}O_2 \longrightarrow H_2C{=}CH{-}CN + 3H_2O \quad +518.8\text{kJ/mol}$$

副反应：

$$H_2C{=}CH{-}CH_3 + \frac{3}{2}NH_3 + \frac{3}{2}O_2 \longrightarrow \frac{3}{2}CH_3{-}CN + 3H_2O \quad +552.3\text{kJ/mol}$$

$$H_2C{=}CH{-}CH_3 + 3NH_3 + 3O_2 \longrightarrow 3HCN + 6H_2O \quad +941.4\text{kJ/mol}$$

$$H_2C{=}CH{-}CH_3 + O_2 \longrightarrow H_2C{=}CH{-}CHO + H_2O \quad +351.5\text{kJ/mol}$$

$$H_2C{=}CH{-}CH_3 + \frac{9}{2}O_2 \longrightarrow 3CO_2 + 3H_2O \qquad +1925kJ/mol$$

$$H_2C{=}CH{-}CH_3 + 3O_2 \longrightarrow 3CO + 3H_2O \qquad +941.4kJ/mol$$

以上副反应是在丙烯氨氧化反应达到中度和深度时所出现的典型副反应。其产物可分为三类：第一类是氰化物，主要是氢氰酸和乙腈，丙腈的生成量甚少；第二类是有机含氧化合物，主要是丙烯醛，也可能有少量的丙酮以及其他含氧化合物；第三类是深度氧化产物一氧化碳和二氧化碳。

第一类副产物中的乙腈和氢氰酸均为比较有用的副产物，应设法进行回收。第二类副产物中的丙烯醛虽然量不多，但不易除去，给精制带来不少麻烦，应尽量减少。第三类副反应是危害性较大的副反应。由于丙烯完全氧化生成二氧化碳和水的反应热是主反应的三倍多，所以在生产中必须注意反应温度的控制。

上列各反应均是强放热反应，其平衡常数也很大，故丙烯氨氧化反应与其他副反应的竞争，主要由动力学因素决定，关键在于催化剂。丙烯氨氧化生产丙烯腈所用的催化剂主要是钼系和锑系两类。

钼系催化剂的结构可用 $[RO_4(H_2XO_4)_n(H_2O)_n]$ 表示。R为P、As、Si、Ti、Mn、Cr、Th、La、Ce等；X为Mo、W、V等。其代表性的催化剂为美国Sohio公司的C-41、C-49以及我国的MB-82、MB-86。以C-49催化剂为例，具有代表性的组分为P0.5、Mo12、Bi1、Fe3、Ni2.5、Co4.5、K0.1。一般认为Mo、Bi为催化剂的活性组分，其余为助催化剂。单一的 MoO_3 及 Bi_2O_3 均能使丙烯氨氧化反应进行，但丙烯转化率低，催化剂选择性差。P_2O_5 活性更低，三组分中以 Bi_2O_3 氨氧化最强。如果 MoO_3 和 Bi_2O_3 两组分按一定比例配制后，催化剂活性将明显提高，当 MoO_3 含量上升时，丙烯醛生成量增加，但丙烯腈增加不明显。当 Bi_2O_3 含量上升时，丙烯腈生成量明显增加，而丙烯醛生成量却很少。所以，MoO_3 组分生成醛能力较强，Bi_2O_3 深度氧化能力强，二氧化碳含量随 Bi_2O_3 含量的增长而增加。

P_2O_5 是较典型的助催化剂，加入微量后可使催化剂的活性提高，同时也能使 Bi_2O_3 组分深度氧化得到很大的抑制。在催化剂中加入钾可提高催化剂活性及选择性，原因是催化剂表面酸度降低。其他组分的引入与氧化催化剂的性能相似。

锑系催化剂的活性组分为Sb、Fe，锑、铁催化剂中的X-Fe_2O_3 将引起烯烃的深度氧化，$FeSbO_4$ 是烯烃选择性氧化的活性结构，而在这种催化剂中 Sb^{5+} 与 Sb^{3+} 间的循环是催化剂活性的关键。这种催化剂在低氧反应条件下，容易被还原而使性能变差，为克服催化剂易还原的缺点，可向催化剂中添加V、Mo、W等元素。添加电负性大的元素，如B、P、Te等元素，可提高催化剂的选择性。为消除催化剂表面的 Sb_2O_4，不均匀的白晶粒，可添加镁、铝等元素。具有代表性的锑系催化剂其大致组分为Sb25、Fe10、Te19、Wo25、Si30、O127。各种催化剂性能比较如表6-5所示。

表6-5　各种催化剂性能比较

催化剂	收率(摩尔分数)/%						选择性(摩尔分数)/%
	丙烯腈	乙腈	氢氰酸	氯丙烯	一氧化碳	二氧化碳	
C-41	70.2	3.5	2.2	—	8.5	11.1	73.2
C-49	77.7	2.4	3.2	—	4.9	8.9	80.1
NS-733B	75.2	0.4	1.8	—	1.2	16.0	79.5
MB-82	78.6	1.4	0.3	0.7	2.9	13.5	80.3

（2）丙烯氨氧化反应机理与动力学

两步反应机理：丙烯先脱氢生成烯丙基，然后与晶格氧反应生成丙烯醛，醛再进一步与吸附态氨结合转化为丙烯腈。

一步法机理：丙烯脱氢生成烯丙基，烯丙基直接氨氧化生成丙烯腈，而不需经过中间步骤。

$$H_3CHC{=}CH_2 \xrightarrow[O_2,\ NH_3]{k_1} H_3CHC{=}CHCN$$

$$H_3CHC{=}CH_2 \xrightarrow[O_2]{k_2} H_3CHC{=}CHCHO \xrightarrow{k_3\ NH_3,\ O_2} H_3CHC{=}CHCN$$

$$H_3CHC{=}CH_2 \xrightarrow{O_2} CO_2 + H_2O$$

$$H_3CHC{=}CHCHO \longrightarrow CO_2 + H_2O \longleftarrow H_3CHC{=}CHCN$$

丙烯氨氧化动力学：丙烯脱氢生成烯丙基的过程为控制步骤，在体系中氨和氧浓度不低于丙烯氨氧化反应的理论值时，丙烯氨氧化反应对丙烯为一级反应，对氨和氧均为零级反应。

丙烯氨氧化的反应速率方程式可表示为：

$$v = kC_A \tag{6-2}$$

式中 v——丙烯氨氧化的反应速率；

C_A——丙烯浓度；

k——速率常数，其值为 $2\times10^5\exp(-1600/RT)$，当催化剂中含 0.5% 的磷时，为 $2\times10^5\exp(-1600/RT)$。

从动力学方程式可知，反应速率与丙烯浓度有关。随丙烯浓度的提高，反应速率增大而氨与氧的浓度对反应速率并无影响。

6.4.2 丙烯腈的生产工艺条件

(1) 反应温度

反应温度是丙烯氨氧化合成丙烯腈的重要指标。它对反应产物的收率、催化剂的选择性及寿命、安全生产等均有影响。选择适宜的反应温度并控制其稳定性，可达到理想的反应效果，否则会降低丙烯腈的收率及选择性，使副产物增加。反应温度与各产物收率关系如图 6-9 所示。

由图 6-9 可知，随反应温度的升高，丙烯腈的收率增加，在 500℃左右出现最大值，而副产物在 420℃时出现极值，之后随温度的升高而下降。显然，较高的反应温度对丙烯腈的生产是有利的，但过高的温度对合成丙烯腈也是不利的。随温度的升高，一氧化碳和二氧化碳含量随之增加，造成丙烯腈裂解而生成炭黑。炭黑附着在催化剂表面，导致催化剂活性降低。温度过高还会造成氨分解，生成 N_2 和 H_2O，当温度达到 600℃时几乎 100% 地分解。氨分解将消耗大量的氧，引起催化剂内活性组分 Bi_2O_3 还原，使催化剂失活。目前，生产中反应温度控制在 410～480℃之间。

丙烯氨氧化是强放热反应，反应温度较高，因此在流化床反应器内设有一定数量的 U 形冷却管，通入高压热水，通过水的汽化带走反应热，从而控制温度使其达到催化剂的适宜活性温度。

(2) 反应压力

由动力学方程可知，压力增加，选择性及丙烯腈的收率降低。因此，生产中一般不采用加压操作，反应器中的压力只是为了克服后续设备的阻力，所以通常压力为 55kPa。

(3) 接触时间和空速

在流化床反应器中，原料气通过填装在反应器内的催化剂床层所需要的时间，就是它与催化剂的接触时间，简称接触时间。

$$\text{接触时间}\ t(\mathrm{s}) = \frac{\text{催化剂层静止高度(m)}}{\text{反应条件下空速(m/s)}}$$

氨氧化过程的主要副反应均为平行副反应，接触时间对丙烯转化率和丙烯腈单程收率的影响如图 6-10 所示。

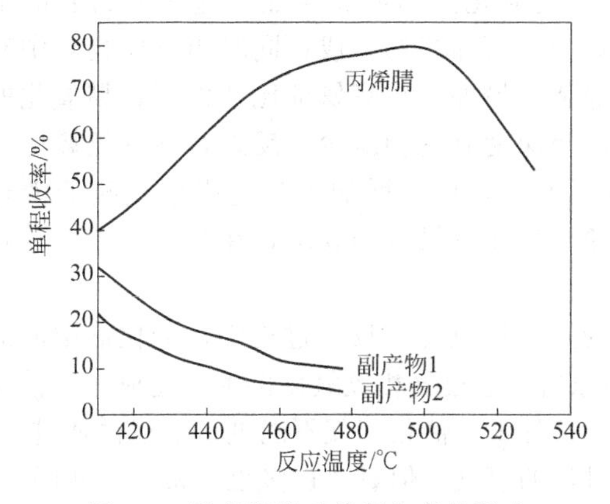

图 6-9　反应温度对单程收率的影响

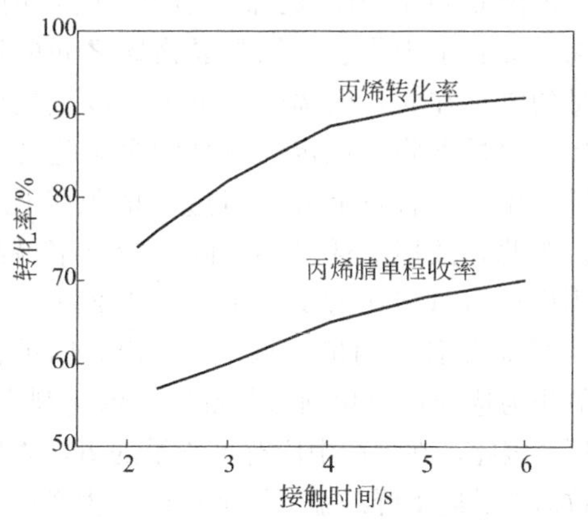

图 6-10　接触时间对丙烯转化率和丙烯腈单程收率的影响

适当增加接触时间，对丙烯氨氧化是有利的。但当接触时间增到一定值后，再增加，丙烯腈深度氧化的机会相应增加，丙烯腈的收率下降。同时，过长的接触时间，不仅会降低设备的生产能力，而且由于尾气中氧含量降低而会导致催化剂活性下降。

空速是指原料通过空床反应器的流动速率，又称空塔线速。

$$空速(m/s)=\frac{反应条件下,单位时间进入反应器的原料气体量(m^3/s)}{反应器的横截面积(m^2)}$$

空速和接触时间之间的关系是：空速过大，接触时间就短，反应不完全，丙烯的转化率就低；反之，空速太小，接触时间过长，副反应增多，丙烯的转化率就低。因此，工业生产中必须考虑这两个因素，选择合理的接触时间和空速。

（4）原料配比对反应的影响

① 氨烯比（氨与丙烯的摩尔比）　由化学反应方程式知理论所需氨烯比为 1∶1，但在实际生产中，反应一般在氨过量的情况下进行，这是因为氨是丙烯腈分子中氮的来源。氨烯比的大小直接影响丙烯腈的收率、氧化副产物及深度氧化副产物的生成量。图 6-11(a) 和图 6-11(b) 分别表示了在不同氨烯比条件下，丙烯醛出口浓度与接触时间的关系，以及深度氧化产物与接触时间的关系。

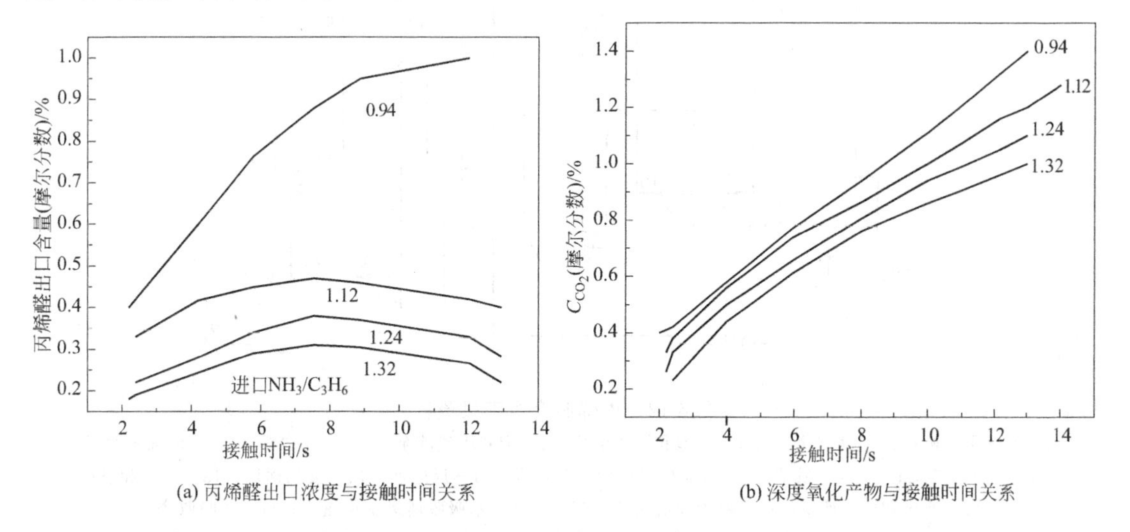

图 6-11　产物与接触时间关系

由图 6-11 可知，氨烯比小于 1 时，丙烯醛和深度氧化产物显著增加。这是因为氨的浓度高，抑制了吸附态丙烯与晶格氧之间的反应，减少了丙烯醛的生成；同时当反应物料中有适量的氨存在时，丙烯醛也可进一步氧化生成丙烯腈。另外，在高氨烯比条件下，易氧化的丙烯醛含量下降，稳定性较高的含氧化合物生成，使深度氧化物减少。反之，在低氨烯比条件下，副产物含量上升。但过高的氨烯比将使氨耗上升，且会增加中和过程中硫酸的消耗量。为此，按照氨耗最小、丙烯腈收率最高、丙烯醛生成量最少的要求，在工业生产中一般采用丙烯与氨之比为 1∶(1.15～1.25)。

② 氧烯比　丙烯氨氧化生产丙烯腈的催化剂的重要特点是在反应过程中，催化剂中的晶格氧作为选择性氧化剂参与反应。催化剂本身被还原后，通过气相氧氧化再生，完成一个催化循环。因此，在生产中应有足够量的氧，否则在缺氧条件下，催化剂就不能进行上述循环过程，导致活性迅速下降。鉴于以上原因，生产中常采用过量的氧气，但氧量过多也会带来一些问题，如丙烯浓度低、影响反应速率、降低了反应器的生产能力。在反应稀相段可能会继续发生氧化反应，使丙烯腈深度氧化为一氧化碳和二氧化碳，因而导致温度升高，丙烯腈的收率下降。在生产中，一般控制丙烯与氧之比为 1∶2.05。若以空气为氧化剂，则丙烯与空气之比为 1∶10.5。

③ 水烯比　主反应并不需要水蒸气参加。但由于选用了 P-Mo-Bi-Ce 催化剂，在原料中加入一定量的水蒸气，有多种好处：可以促使产物从催化剂表面解析出来，以免丙烯腈深度氧化，有利于提高丙烯的转化率和丙烯腈的收率；还能防止氨在催化剂上的氧化损失；又由于水蒸气稀释反应物，使反应趋于缓和，温度易于控制；能清除催化剂表面积炭。另一方面水蒸气的加入，势必降低设备的生产能力，增加动力消耗。今后应着眼于改进催化剂性能，以便少加或不加水蒸气。

6.4.3　丙烯腈的生产工艺流程

丙烯氨氧化法生产丙烯腈的车间可以分为两个工段，合成工段和精制工段。合成工段的流程如图 6-12 所示。

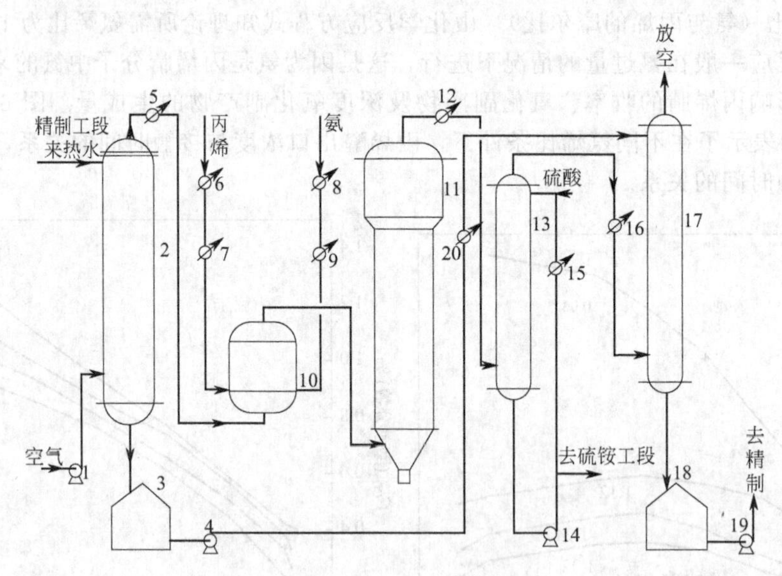

图 6-12　丙烯腈合成工段流程

1—空气压缩机；2—空气水饱和塔；3—饱和塔釜液槽；4—饱和塔釜液泵；5—空气加热器；6—丙烯蒸发器；7—丙烯过热器；8—氨蒸发器；9—氨加热器；10—混合器；11—反应器；12—废热锅炉；13—氨中和塔；14—氨中和塔釜液泵；15—氨中和塔循环冷却器；16—水吸收塔进气换热器；17—水吸收塔；18—水吸收塔釜液槽；19—水吸收塔釜液泵；20—吸收水冷却器

液体丙烯和氨经过蒸发，过热后进入混合器。空气经压缩机压缩后进入空气水饱和塔，在塔内和精制工段来的乙腈解吸塔釜液相遇，有部分水变成蒸汽被空气带出，再经加热后进入混合器与丙烯、氨混合。混合后的丙烯、氨、空气、水蒸气由反应器下部进入反应器，发生化学变化后的气体经废热锅炉回收热量后进入氨中和塔，在氨中和塔用稀硫酸溶液吸收未反应的氨，生成的硫酸铵进一步加工作肥料。除氨后的气体经冷却进入水吸收塔，用水吸收得到的丙烯腈、氢氰酸和乙腈等。水吸收液含 1.5%～2.0%的丙烯腈，作为合成工段的产品送精制工段精制。在水吸收塔内未被水吸收的气体由塔顶经排毒烟囱放空。

精制工段的流程如图 6-13 所示。由合成工段来的水吸收液经加热后入萃取塔，塔顶加入萃取水，从塔顶蒸出的气体经冷凝冷却分层后，油层为粗丙烯腈，一部分油层作为萃取解吸塔回流，一部分油层作为第一脱氰塔进料，水层回吸收塔釜液槽，塔釜出料进入乙腈解吸塔。

在第一脱氰塔顶蒸出氢氰酸后，塔釜出料进脱水塔。在脱水塔塔釜上面第二块塔板的气相抽出丙烯腈，经过冷凝冷却即得到产品丙烯腈。

为防止氢氰酸、丙烯腈聚合，在第一脱氰塔、脱水塔顶部应加入一定量的阻聚剂。为回收副产氢氰酸和乙腈及合成工段副产的硫酸铵，还应另配一些设备（以上两部分工艺过程图中没有画出来）。

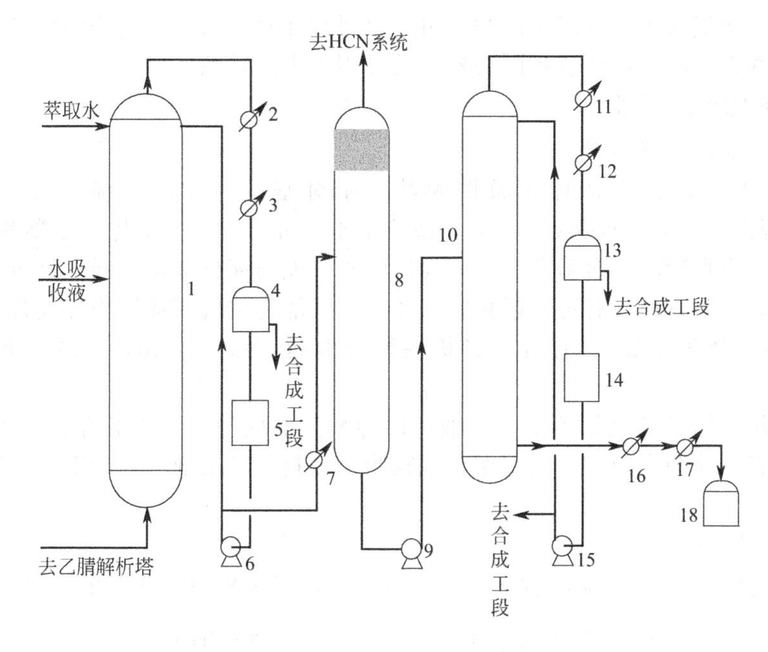

图 6-13　丙烯腈精制工段流程

1—萃取解析塔；2,11—塔顶冷凝器；3,12—塔顶冷却器；4,13—分层器；5,14—油层储槽；6—萃取解吸塔回流泵；7—第一脱氰塔进料加热器；8—第一脱氰塔；9—第一脱氰塔釜液；10—脱水塔；15—油层回流泵；16—精丙烯腈冷凝器；17—精丙烯腈冷却器；18—精丙烯腈储槽

副产物的回收及三废处理如下。

① 氢氰酸的回收　来自丙烯腈脱氢氰酸塔和乙腈脱氢氰酸塔的粗氢氰酸，在氢氰酸精馏塔中精馏后可得含量大于 99.5%的氢氰酸成品。塔釜液为氢氰酸、丙烯腈的水溶液，返回急冷塔作急冷液。

② 乙腈的回收　由萃取解析塔排出的含乙腈水，首先进入乙腈解析塔，塔顶蒸出含氢氰酸 20%左右的乙腈水溶液（塔底为水），送入脱氢氰酸塔。从塔顶蒸出粗氢氰酸，由塔中

部引出含70%左右的乙腈水溶液，再用化学法除去其中少量（1%）的氢氰酸、丙烯腈和丙烯酸。常用的处理剂为氢氰化钠和多聚甲醛，或氢氧化钠和硫酸亚铁等。除去杂质后的乙腈水溶液，再在脱水塔中用浓氢氧化钠或氯化钙脱水。然后进入乙腈成品精馏塔除去残留水分（约30%）得成品乙腈，含量在99%以上。

③ 三废处理　丙烯腈生产中产生的废气、废水、废渣，都含有氢氰酸、丙烯腈和乙腈等有毒物质。它们对人、畜均有致命的危害，还会污染空气和水，不能任意排放，必须妥善处理。

6.5 丙烯氯化制氯丙烯及环氧氯丙烷

环氧氯丙烷是一种用途很广的有机合成原料，主要用于生产合成树脂、合成甘油以及氯醇橡胶（医药、染料等有机合成产品的中间体），还可以用来生产溶剂、增塑剂、稳定剂和表面活性剂等。

环氧氯丙烷有多种生产方法，其中氯丙烯法（即丙烯高温氯化法）仍然是目前生产氯丙烷的主要方法，其次是醋酸烯丙酯-烯丙醇法。氯丙烯法生产环氧氯丙烷首先是高温氯化生产氯丙烯，然后次氯酸化制得二氯丙醇，再环化得到环氧氯丙烷。此法的特点是技术路线成熟，过程灵活性大，除生产环氧氯丙烷外，还可用于生产甘油。

6.5.1 氯丙烯的生产原理

6.5.1.1 氯丙烯的性质和用途

氯丙烯为无色液体，具有刺激性嗅味。相对密度0.9382，沸点44.6℃，凝固点−136.4℃，闪点−32℃，自燃点485℃。微溶于水，可与乙醇、氯仿、乙醚和石油醚互溶。与硝酸、硫酸、发烟硝酸、氯磺酸、烧碱反应强烈，能与氧化剂发生强烈反应。易燃，遇明火即燃烧，受高热分解放出有毒的氯化物气体，蒸气能与空气形成爆炸性混合物，爆炸极限2.9%～11.2%（体积分数）。有毒，皮肤接触会引起刺激和烧伤，空气中最高允许浓度为1ppm。

氯丙烯可用于制备环氧氯丙烷、甘油、丙烯醇、氯丙醇等有机化学品，也是农药杀虫剂、医药的原料、炸药中间体。还用作合成树脂、涂料、黏结剂、润滑剂、土壤改良剂和香料的原料。

6.5.1.2 氯丙烯的生产

① 丙烯氯化过程　在高温条件下，丙烯的α-氢原子极易和氯气发生下列反应。

$$H_2C{=}CH{-}CH_3 + Cl_2 \xrightarrow{470℃} H_2C{=}CH{-}CH_2Cl + HCl$$

该反应为放热反应，反应生成热为112.0kJ/mol。在发生主反应的同时，还伴有一系列副反应。温度较低时，丙烯与氯气发生取代反应，生成1-氯丙烯或2-氯丙烯。

$$H_2C{=}CH{-}CH_3 + Cl_2 \longrightarrow ClHC{=}CH{-}CH_3 + HCl$$

$$H_2C{=}CH{-}CH_3 + Cl_2 \longrightarrow H_2C{=}CCl{-}CH_3 + HCl$$

在氯气过量情况下，丙烯可完全分解生成碳和氯化氢。

$$H_2C{=}CH{-}CH_3 + 3Cl_2 \longrightarrow 3C + 6HCl$$

② 次氯酸化过程　由氯化过程生成的氯丙烯在低温下可与氯气和次氯酸发生加成反应。

$$\underset{}{H_2C{=}CH{-}\underset{\displaystyle Cl}{\underset{|}{CH_2}}} + HOCl \longrightarrow \underset{\displaystyle OH}{\underset{|}{H_2C}}{-}\underset{\displaystyle Cl}{\underset{|}{CH}}{-}\underset{\displaystyle Cl}{\underset{|}{CH_2}}$$

或

$$H_2C{=}CH{-}\underset{\displaystyle Cl}{\underset{|}{CH_2}} + HOCl \longrightarrow \underset{\displaystyle Cl}{\underset{|}{H_2C}}{-}\underset{\displaystyle OH}{\underset{|}{CH}}{-}\underset{\displaystyle Cl}{\underset{|}{CH_2}}$$

反应过程中同时发生以下副反应。

$$\mathrm{H_2C{=}CH{-}CH_2Cl + HOCl + HCl \longrightarrow H_2C(Cl){-}CH(Cl){-}CH_2Cl + H_2O}$$

$$\mathrm{2\ H_2C(Cl){-}CH(Cl){-}CH_2OH \longrightarrow H_2C(Cl){-}CH(Cl){-}CH_2{-}O{-}CH_2{-}HC(Cl){-}CH_2Cl + H_2O}$$

$$\mathrm{ClCH_2{-}HC{=}CH_2 + H_2C(Cl){-}CH(OH){-}CH_2Cl + Cl_2 \longrightarrow ClH_2C{-}CH(CH_2Cl){-}O{-}CH(CH_2Cl){-}CH_2Cl + HCl}$$

③ 环化过程 二氯丙醇最主要的性质在于它和碱性化合物发生环化反应生成环氧氯丙烷，其化学反应式如下。

$$\mathrm{ClH_2C{-}CHCl{-}CH_2OH + \frac{1}{2}Ca(OH)_2 \longrightarrow \underbrace{H_2C{-}CH}_{O}{-}CH_2Cl + \frac{1}{2}CaCl_2 + H_2O}$$

$$\mathrm{\underbrace{H_2C{-}CH}_{O}{-}CH_2Cl + \frac{1}{2}Ca(OH)_2 + H_2O \longrightarrow H_2C(OH){-}CH(OH){-}CH_2OH + \frac{1}{2}CaCl_2}$$

上述两个反应均为放热反应，反应生成热分别分 33.86kJ/mol 和 137.4kJ/mol。在反应过程中，若碱量过大或停留时间过长，则副反应发生剧烈。

上述三个过程中的副产物多达几十种，因此采用高纯度原料，控制适宜的工艺条件，并选择合理的反应器是提高产品质量、降低单耗的重要手段。

6.5.2 氯丙烯的生产工艺条件

6.5.2.1 氯化过程的影响因素

影响氯化过程收率和选择性的因素主要有反应温度、反应压力、反应时间和原料配比。

① 反应温度 在低温条件下丙烯与氯气以加成反应为主，生成物主要是 1,2-二氯丙烷。随温度的升高，丙烯与氯气的反应则以取代反应为主。此时氯丙烯的生成量逐渐增加，1,2-二氯丙烷的生成量逐渐减少。但是，即使温度高达 600℃，也还有一定数量的二氯丙烷生成。

虽然氯丙烯的组成随温度的升高而增加，但由于温度太高，产物氯丙烯将发生热分解反应和缩合反应，结果生成物中苯和高沸点化合物含量增加，氯丙烯收率下降，同时还影响传热效果。因此，必须控制适宜的反应温度。

图 6-14 表示了反应温度与氯丙烯组成的关系。由图 6-14 可知，氯丙烯的生成比例在 500℃左右时为最大，但在 500℃下容易发生积炭反应，故在实际生产中最适宜的反应温度为 500℃。

② 原料配比 氯化反应为放热反应，容易造成反应物料过热而发生深度氯化和碳的析出。另外，从化学反应方程式可看出，1mol 丙烯与 1mol 氯气反应生成 1mol 的氯丙烯。在反应过程中氯可以完全反应，如氯过量，则会生成二氯丙烯等高氯化合物；如氯过量太多，则会炭化燃烧，降低氯丙烯的收率。因此，为减少副产物的生成，必须保持丙烯过量。但丙烯过量太多则会增加回收丙烯的能量消耗，降低设备生产能力。图 6-15 表示了丙烯与氯气摩尔比对产物组成的影响。

③ 停留时间 接触时间长短对反应也有较大的影响，如果停留时间不足，则氯气没有充分反应就离开了反应器；如果停留时间过长，则反应物在高温下容易发生二次反应，均使氯丙烯收率下降。停留时间的长短与反应温度有着密切的关系，如果氯化温度较高，则停留时间可以短些。根据实际生产经验，在丙烯与氯的摩尔比为（4.5～5）：1 时，反应时间一般控制在 1～2s 为宜。

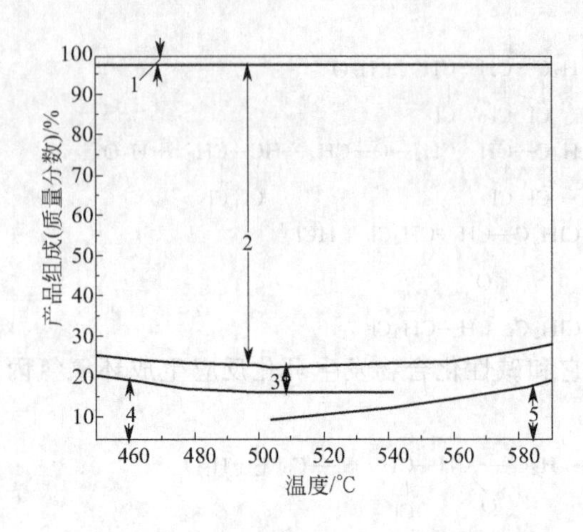

图 6-14　温度对丙烯氯化产物的影响

1—易挥发物；2—α-氯丙烯；3—高沸物；4—二氯化物；5—苯

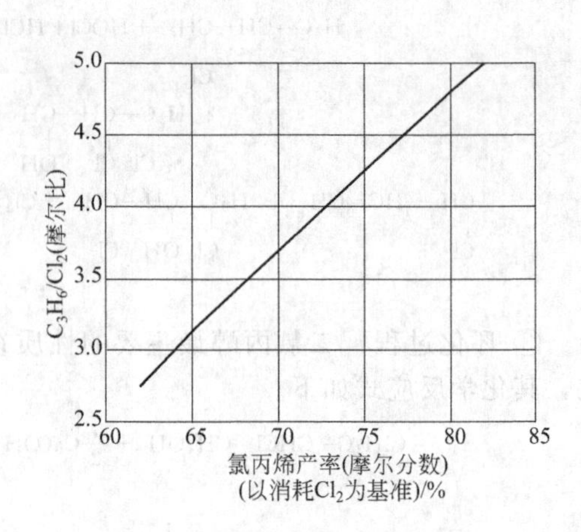

图 6-15　C_3H_6/Cl_2 摩尔比对 α-氯丙烯产率的影响

④ 原料混合　原料丙烯与氯气在规定配比和温度下混合，也是影响氯化反应的重要因素。只有混合均匀，才能保证主要产物的收率较高。如果混合不均匀，就会出现局部氯气过浓，生成二氯丙烯等产物，甚至发生炭化燃烧现象，降低氯丙烯的收率。在混合过程中，如果先混合再加热，在达到适宜的取代温度之前，将有一个以加成反应为主的阶段；若将丙烯与氯气分别预热到一定温度再进行混合，则会因反应过于剧烈而生成多氯化物和碳。工业上采用的则是先将丙烯预热至 200～400℃，然后在喷射式混合器中混合，以防止局部过热和较快的温升。

6.5.2.2　次氯酸化过程的影响因素

① 反应温度　氯丙烯与氯气在液相和气相中都能反应生成三氯丙烷，而生成二氯丙醇只能在液相中进行。因此，必须保证氯丙烯与氯气完全溶解于水溶液中，才能抑制气相反应。氯丙烯与氯气在水溶液中的溶解度随温度的升高而降低，要使氯气良好地溶解于水溶液中，温度过高是不利的。这就决定了氯丙烯与氯气在水溶液中反应时，温度不宜过高，否则气相反应加剧，副产物增多。若温度高于 50℃，二氯丙醇收率明显下降，因此生产上一般控制反应温度在 50℃以下。

② 循环量和反应液中二氯丙醇的浓度　由于氯气和氯丙烯在水溶液中溶解度很低，所以反应后的水溶液必须经过多次循环，才能得到一定浓度的二氯丙醇水溶液。水溶液的循环量要根据氯丙烯和氯气在水溶液中的溶解度计算，并要有一定的富裕量，以便保证氯丙烯与氯气在液相中进行反应。

在反应过程中最终反应液的二氯丙醇浓度高，则反应过程中的选择性低，反之则选择性高。这是因为二氯丙醇浓度高，气相反应增加，导致副产物增加。但反应物浓度太低，则环化过程蒸汽消耗增加，经济效益下降。因此，在生产中，最终反应液的二氯丙醇浓度一般控制在 4.0%～4.4%（质量分数）。

③ 配料比　配料比对二氯丙醇收率有较大的影响。当氯丙烯与氯气之比大于 1.0 时（摩尔比），以氯气计的二氯丙醇收率几乎不变。当氯丙烯与氯气之比小于 1.0 时（摩尔比），不论是以氯丙烯还是以氯气计，二氯丙醇收率均降低，这是因为过量的氯气更有利于副产物的生成。当氯丙烯与氯气之比等于 1.0 时（摩尔比），二氯丙醇的收率最高。因此，在工业生产中，氯丙烯与氯气的摩尔比接近 1.0。

④ 次氯酸水溶液的 pH 值　在反应过程中若要尽量减少氯丙烯与游离氯的副反应、提

高二氯丙醇的收率，则必须保持在次氯酸水溶液内最小的游离氯含量。游离氯的含量与pH值有很大的关系，当pH值一定时，游离氯的含量也维持一定值。因此，控制次氯酸水溶液的pH值，就可控制其游离氯含量。浓度为2%的次氯酸水溶液的pH值与二氯丙醇收率的关系如图6-16所示。

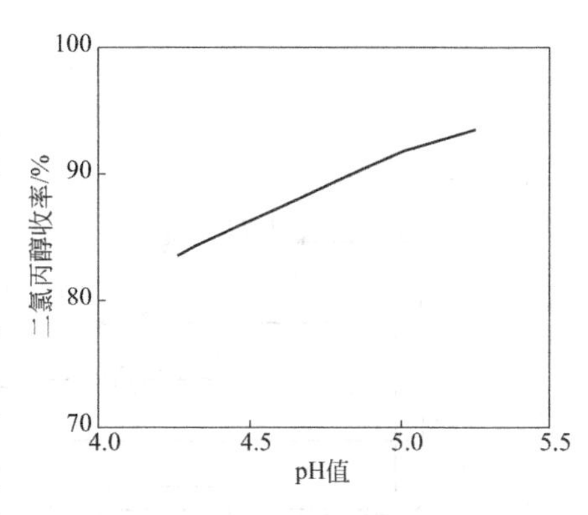

图6-16　次氯酸水溶液的pH值与二氯丙醇收率的关系

由图6-16可看出，当次氯酸水溶液的pH值由4升高到5时，二氯丙醇的收率有显著的提高。当次氯酸水溶液的pH值>5.5时，溶液中含次氯酸钙，不能与氯丙烯进行次氯酸化反应，反而使二氯丙醇收率降低，所以通常选择次氯酸水溶液的pH值在4.8～5.2的范围内。

6.5.2.3　环化过程的影响因素

① 反应温度　要提高环氧氯丙烷的收率必须提高1,2-二氯丙醇的反应速率。在实际生产过程中，一般采用提高反应温度，以达到提高1,2-二氯丙醇反应速率的目的。当升高反应温度时，1,2-二氯丙醇的反应速率比1,3-二氯丙醇增加得快，当反应温度为98～100℃时，两者的反应速率相接近。因此，当反应温度太低时，环化的收率也低。

② 碱用量　要保证二氯丙醇环化反应完全，二氯丙醇与碱的配料比是一重要因素。过量的碱可以完全中和反应生成的氯化氢，使反应保持碱性。但碱也不宜过量太多，因为碱浓度过高，将促使水解反应发生，从而降低环氧氯丙烷的收率，同时也造成碱的浪费。

环化碱使用量由碱倍率确定，即由碱的当量数与反应液中氯化氢当量数以及二氯丙醇当量数三者之比值确定，在生产中一般控制在1.2左右。

6.5.3　环氧氯丙烷的生产工艺流程

6.5.3.1　环氧氯丙烷的性质和用途

环氧氯丙烷是不稳定的无色或淡黄色液体，有类似氯仿的气味。相对密度1.176，沸点117.9℃，凝固点-57.1℃，闪点40.56℃（开杯）。微溶于水，能与醇、醚、氯仿和四氯化碳混溶。与硝酸、硫酸、发烟硫酸、氯磺酸、乙二胺等反应剧烈，遇明火、高温、氧化剂有燃烧危险，具有挥发性，蒸气与空气能形成爆炸性混合物。有毒，具有较强的刺激性。

环氧氯丙烷可用于合成甘油，也是生产环氧树脂、氯醇橡胶、增塑剂、稳定剂、表面活性剂、医药的工业原料，还可用作溶剂。

6.5.3.2　环氧氯丙烷的生产工艺流程

环氧氯丙烷生产过程主要包括丙烯高温氯化、二氯丙醇的次氯酸化、皂化以及产品精制等四个步骤。其工艺流程如图6-17所示。

纯度在98%以上的液态丙烯经缓冲罐1、过热器2蒸发，过热至350～380℃，并与氯气按4∶1的摩尔比配料，送入混合器3。混合后进入氯化反应器4，在470℃左右和常压条件下进行反应。反应产物所带热量主要用于丙烯预热，而自身被急冷，经急冷后的产物送至预分馏塔7。未反应的丙烯自预分馏塔顶去水洗塔5和碱洗塔6，除去其中的盐酸后循环使用。塔底为含80%左右的粗氯丙烯送入D-D分馏塔8。分馏D-D馏分(顺-1,2-二氯丙烯、反-1,3-二氯丙烯、1,2-二氯丙烷混合物）和低沸物，纯度可达98%左右，收率在80%以上。

氯丙烯的次氯酸化反应一般在次氯酸化反应器10中进行，反应温度为40℃，控制反应

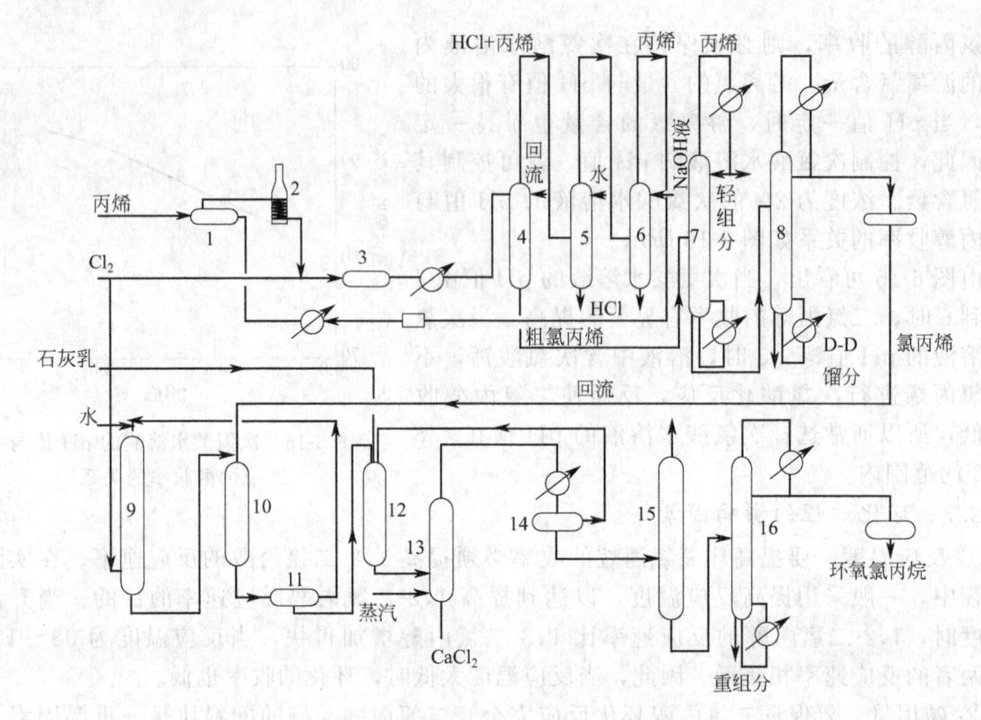

图 6-17 氯丙烯法生产环氧氯丙烷流程

1—缓冲罐；2—过热器；3，9—混合器；4—氯化反应器；5—水洗塔；6—碱洗塔；7，15—预分馏塔；8—D-D分馏塔；10—次氯酸化反应器；11—二氯丙醇储槽；12—皂化反应器；13—皂化反应蒸出塔；14—分相器；16—环氧氯丙烷塔

液中二氯丙醇浓度为4.2%。首先用泵将氯丙烯强制溶解在循环水溶液中，再用喷射器将氯气送到水与氯丙烯的循环水溶液中，并使氯气快速混合，送入反应器10反应。反应产物送入二氯丙醇储槽11，供环化使用。

储槽中的二氯丙醇水溶液经二氯丙醇预热器预热至70℃左右，送入混合器与20%～25%的$Ca(OH)_2$充分混合，并进行皂化反应。混合反应溶液连续加入皂化反应器12，完成全部环化反应。反应生成的环氧氯丙烷从皂化反应器顶部蒸出，经二氯丙醇预热器和环化物冷凝器冷凝到50℃，进入分相器14分出水层和油层。上部水层返回到皂化反应器顶部，下部油层是含量大于82%的粗环氧氯丙烷，送至环化物储槽。

粗环氧氯丙烷中除目的产物外，还含有一定量的水、氯丙烯、一氯丙烷、二氯丙烷等低沸物，以及三氯丙烷、四氯丙醚、二氯丙醇等高沸物。为得到高纯度的目的产物，必须进行精制。

由于环化产物为多组分混合物，故采用双塔连续精馏和单塔间断精馏工艺。在精馏过程中环氧氯丙烷容易发生聚合，生成的高聚物可引起塔釜和再沸器堵塞，影响塔的正常操作。为了稳定塔的操作，则采用大回流比和减压操作，并降低操作温度，避免聚合物生成。

粗环氧氯丙烷送入预分馏塔15，塔顶低沸物作为回流，塔釜采用再沸器加热、强制循环的工艺。从预分馏塔釜得到的环氧氯丙烷及高沸物，在环氧换热器中冷却到75℃，供给环氧氯丙烷塔16。从环氧氯丙烷塔釜分离出高沸物，塔顶得到精制的环氧氯丙烷。

6.6 环氧丙烷和丙二醇的生产

环氧丙烷是丙烯系列产品的重要产物之一，主要用于生产聚醚、破乳剂、乳化剂、消泡剂等多种精细化工产品。环氧丙烷的重要衍生物丙二醇是生产不饱和树脂的重要原料，也可用于生产醇酸树脂的增塑剂、墨水添加剂等，还能代替甘油用作烟草增混剂等。

环氧丙烷的生产方法主要有氯醇法和有机过氧化物间接氧化法。后者在技术上和经济上优越，具有收率高、选择性好、无腐蚀、无污染、成本低等优点，是一种很有前景的生产方法。

迄今为止，我国生产环氧丙烷主要用氯醇法。该法具有技术路线成熟、工艺路线简单、适用于不同的生产规模等特点。但该法需要大量的氯气、石灰，成本高，污染严重。丙二醇的生产主要采用环氧丙烷水合获得。

6.6.1　生产原理

6.6.1.1　环氧丙烷及丙二醇的性质和用途

环氧丙烷相对分子质量58.05，密度0.0830g/cm^3，沸点34.2℃，闪点－37.2℃，自燃点465℃。环氧丙烷是无色易燃易挥发的液体，有毒。在空气中爆炸极限3.1%～27.5%，与水部分互溶。长期以来环氧丙烷主要用于生产丙二醇，近年来主要用于生产聚氨酯泡沫塑料，也用于生产非离子表面活性剂、破乳剂。环氧丙烷制甘油的工艺路线是环氧丙烷→烯丙醇→甘油。由于聚氨酯泡沫的迅速发展，环氧丙烷的生产也得到迅速发展，产量在丙烯系列产品中仅次于聚丙烯和丙烯腈，占第三位。

丙二醇为无色透明黏稠液体，有辛辣味。相对密度1.0381，沸点188.2℃，凝固点－59℃，自燃点371.11℃，闪点（开杯）98.89℃。能溶于水、乙醇、丙酮、氯仿和醚类。室温下稳定，高温时易氧化生成丙醛、乳酸、丙酮酸和乙酸等。有毒，吸收性强。可燃，遇明火、高热或接触氧化剂时有发生燃烧的危险，蒸气与空气形成爆炸性混合物，爆炸极限为2.6%～12.6%（体积分数）。

丙二醇是不饱和聚酯、环氧树脂、聚氨酯树脂的重要原料，这方面的用量约占丙二醇总消费量的45%左右，这种不饱和聚酯大量用于表面涂料和增强塑料。丙二醇的黏性和吸湿性好，并且无毒，因而在食品、医药和化妆品工业中广泛用作吸湿剂、抗冻剂、润滑剂和溶剂。在食品工业中，丙二醇和脂肪酸反应生成丙二醇脂肪酸酯，主要用作食品乳化剂；丙二醇是调味品和色素的优良溶剂。丙二醇在医药工业中常用作制造各类软膏、油膏的溶剂、软化剂和赋形剂等，由于丙二醇与各类香料具有较好的互溶性，因而也用作化妆品的溶剂和软化剂等。丙二醇还用作烟草增湿剂、防霉剂，食品加工设备润滑油和食品标记油墨的溶剂。丙二醇的水溶液是有效的抗冻剂。

6.6.1.2　环氧丙烷生产的基本原理

生产环氧丙烷通常由三步组成，即丙烯氯醇化生产氯丙醇，皂化反应生成环氧丙烷，环氧丙烷的精制。

① 丙烯氯醇化生产氯丙醇的基本原理　氯丙醇主要由丙烯次氯酸化来生产。其反应式如下。

主反应：

$$CH_3{-}HC{=}CH_2 + HOCl \longrightarrow H_3C{-}\underset{OH}{\underset{|}{C}H}{-}\underset{Cl}{\underset{|}{C}H_2} \quad 90\%$$

$$\longrightarrow H_3C{-}\underset{Cl}{\underset{|}{C}H}{-}\underset{OH}{\underset{|}{C}H_2} \quad 10\%$$

副反应：

$$CH_3{-}HC{=}CH_2 + Cl_2 \longrightarrow H_3C{-}\underset{Cl}{\underset{|}{C}H}{-}\underset{Cl}{\underset{|}{C}H_2}$$

$$CH_3—HC{=}CH_2 + H_3C—CH(OH)—CH_2Cl + Cl_2 \longrightarrow CH_3(CH_2Cl)HC—O—CH(CH_3)(CH_2Cl) + HCl$$

反应中无法完全消除正氯离子配合物与氯离子进一步形成二氯丙烷的反应，但应尽量避免气态氯气和气态丙烯的直接接触。此外，降低氯丙醇的浓度可以减少二氯二异丙基醚的生成。

② 皂化过程的基本原理 皂化过程是用碱液将氯丙醇中的氯离子脱除，而生成环氧丙烷。其反应式如下：

$$2\ H_3C—CH(OH)—CH_2Cl + Ca(OH)_2 \longrightarrow 2\ CH_3—\underset{\diagdown O \diagup}{HC—CH_2} + CaCl_2 + 2H_2O$$

该反应是由氯丙醇在碱性催化剂解离平衡中发生闭环反应而形成，即

$$H_3C—CH(OH)—CH_2Cl + OH^- \rightleftharpoons \left[H_3C—CH(O^{\ominus})—CH_2Cl \right] \rightleftharpoons CH_3—\underset{\diagdown O \diagup}{HC—CH_2} + Cl^- + H_2O$$

在碱性环境中，环氧丙烷开环水解生成丙二醇。

$$CH_3—\underset{\diagdown O \diagup}{HC—CH_2} \longrightarrow H_3C—CH(O^-)—CH_2Cl \xrightarrow{+H_2O} H_3C—CH(OH)—CH_2OH + OH^-$$

在反应过程中氯丙醇的闭环反应速率远大于开环反应速率，因而反应过程中应尽量缩短停留时间以避免水解作用的影响。

6.6.1.3 丙二醇生产的基本原理

丙二醇主要由环氧丙烷开环水解而得，其反应方程式如下。

主反应：

$$CH_3—\underset{\diagdown O \diagup}{HC—CH_2} + H_2O \longrightarrow H_3C—CH(OH)—CH_2OH$$

副反应：

$$CH_3—\underset{\diagdown O \diagup}{HC—CH_2} + H_3C—CH(OH)—CH_2OH \longrightarrow H_3C—CH(OH)—CH_2—O—CH(CH_3)—CH_2OH$$

反应可在碱性或酸性催化条件下进行，但在工业生产中为减少副产物的生成，常用加压非催化水解。

6.6.2 生产工艺条件

6.6.2.1 环氧丙烷生产的工艺条件

(1) 氯丙醇浓度及氯离子浓度

氯丙醇浓度对反应的影响如图 6-18 所示，由图 6-18 可知，当氯丙醇浓度变化范围在 1.4%～5.1%之间时，氯丙醇浓度越低，氯丙醇的收率越高。但过低的氯丙醇浓度会导致大量废水产生，因此必须考虑一个较为适宜的浓度。目前，在工业生产中常采用多塔串联操作。出口浓度一般在 4%左右。

由反应方程可知，每产生 1mol 的氯丙醇同时有 1mol 的氯化氢生成。因此，随着氯丙醇浓度的降低，氯离子浓度也相应降低。

(2) 气含率

为避免反应过程中生成的副产物二氯化物由水溶液中析出，应该使生成的二氯化物及时从反应区内吹出。采用改变进料丙烯浓度、增加原料气中惰性气体量以及增加丙烯与氯气比等措施，可达到此目的。

① 图 6-19 为进料丙烯浓度在 20%～76%范围内变化（其余为氮气），氯丙烯浓度、选择性和收率的关系。丙烯浓度在 20%时，氯丙烯选择性可达 94%；当丙烯浓度为 76%时，

氯丙烯选择性仅为82.6%，二氯化物对于前者来说则明显下降。这是由于惰性气体增加，气液呈乳化状态，气泡直径仅为2～3mm左右，传质效果良好。当丙烯浓度增加时，因惰性气体减少，传质效果变差，气含率下降，液体循环量降低，溶氯效果变差，副产物增加，从而引起恶性循环。

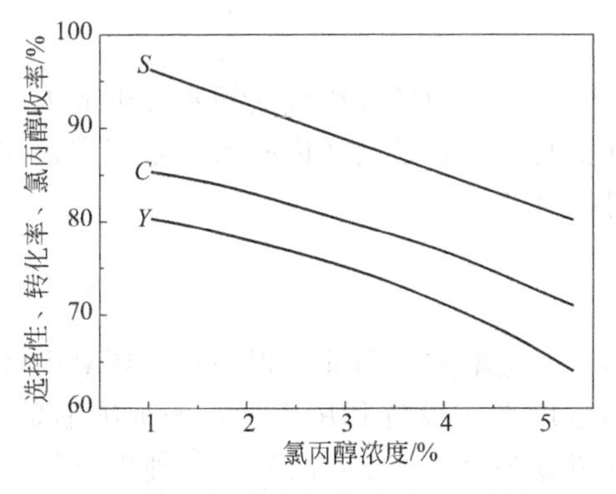

图6-18　氯丙醇浓度对反应的影响
S—选择性；C—转化率；Y—氯丙醇收率

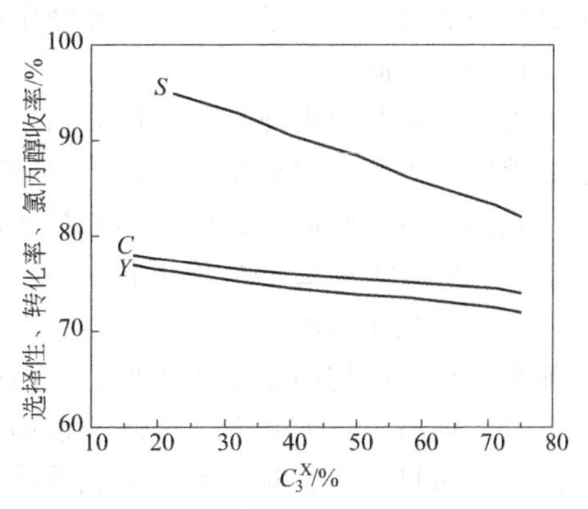

图6-19　进料丙烯浓度对反应的影响
S—选择性；C—转化率；Y—氯丙醇收率

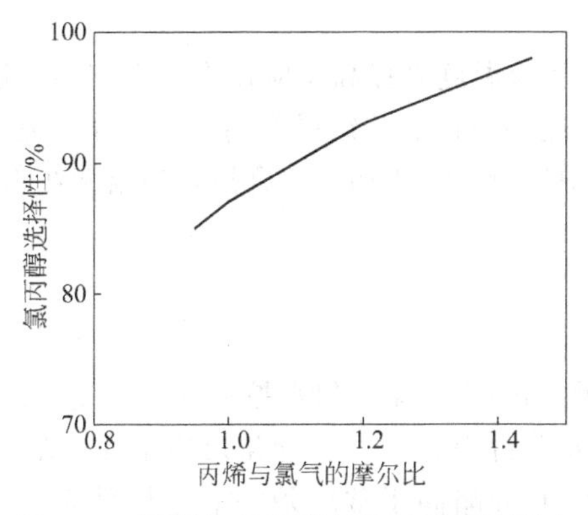

图6-20　丙烯与氯气摩尔比对反应的影响

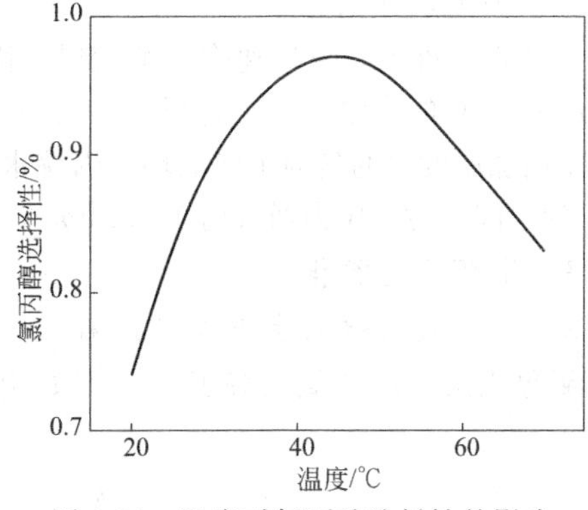

图6-21　温度对氯丙醇选择性的影响

② 图6-20表示丙烯与氯气摩尔比对反应的影响。由图6-20可知，提高丙烯与氯气摩尔比，可提高氯丙醇的选择性，使气液乳化状态良好。反之则下降，特别是当摩尔比小于1时，不仅使反应条件恶化，而且因尾气中含氯而引起爆炸。

由此可见，过量的丙烯和惰性气体都能改善反应状况，提高传热效果，促进副产物的吹出，使反应更有利于向氯醇化的方向进行。

(3) 反应温度

图6-21表示温度对氯丙醇选择性的影响。由图6-21可知，温度过低时，因反应速率过慢，降低了气液反应速率，增加了气相丙烯与气相氯气接触的机会，导致副产物生成量增加。温度过高时，降低了丙烯和氯气的溶解度，同样将加速气相反应的进行，增加副产物的生成量，致使选择性下降。在工业生产中，常选择45～55℃为适宜的操作温度，此时氯丙醇的选择性可达92%。

对于皂化反应，温度保持在二氯丙烷与水和氯丙醇与水的共沸点之间，即在78～96℃之间，以88℃为宜。

(4) 压力

压力对氯醇化过程影响不大，但对皂化过程有较大的影响，减压下操作有利。首先，减压操作有利于节省蒸汽，如果减压到46kPa（绝）时，保持反应温度80℃，环氧丙烷收率为95%，同时可节约蒸汽40%。

压力降低，可减少废液中丙二醇含量。压力降低到14～16kPa（绝），废液中丙二醇的收率低于2%，而且不随吹入蒸汽量改变。在常压或微正压下操作，则吹入蒸汽量对环氧丙烷生成量须加大到数十倍，方可使废液中的丙二醇收率降低到减压操作的水平。

(5) 停留时间

氯醇易与水共沸随环氧丙烷馏分从塔顶流出。塔内生成的环氧丙烷又易水合生成丙二醇随余液排出。因此控制皂化反应液停留时间是很重要的。一般是向塔内吹入大量蒸汽，使生成的环氧丙烷尽快脱离反应区，达到缩短停留时间的目的。

6.6.2.2　丙二醇的生产工艺条件

(1) 原料配比影响

随水与环氧丙烷的摩尔比增加，产品中丙二醇的含量增加。因此，提高水与环氧丙烷的摩尔比可以提高丙二醇收率。但水比过高，则产品浓度低，设备利用率低，增加浓缩费用。当以丙二醇为目的产物时，水与环氧丙烷之比不应超过20∶1。与此同时，各种生成物均与水比有关。因此，在工业生产中可根据市场需求，通过改变反应混合物中环氧丙烷与水的配比，或调节返回反应区的丙二醇来调节产物中丙二醇与一缩或二缩丙二醇的比例。

(2) 温度和压力

在通常条件下，反应速率一般较慢，因此以提高反应温度来提高反应速率，生产中一般选用150～200℃的高温条件进行反应。反应压力对反应速率及产品的组成影响很小。在工业生产中，采用加压的目的是为了保证环氧丙烷水合在液相中进行。采用加压水合法，当温度在150～200℃的范围内时，压力通常为1～3MPa。

6.6.3　生产工艺流程

6.6.3.1　环氧丙烷的生产工艺流程

氯醇化法生产环氧丙烷工艺流程如图6-22所示。丙烯、氯气和水按一定配比送入一台或多台串联的次氯酸化反应器1，在45～80℃和略高于常压条件下进行反应。反应产物由塔顶溢出，出塔反应液中氯丙醇含量为4.5%～5.0%，氯丙醇收率为90%左右，主要副产物为二氯丙醇，每生成1kg氯丙醇约副产0.11kg二氯丙烷。在反应过程中要尽量减少丙烯与氯气直接接触，而增加丙烯与次氯酸接触，以防止副产物二氯丙烯的生成。

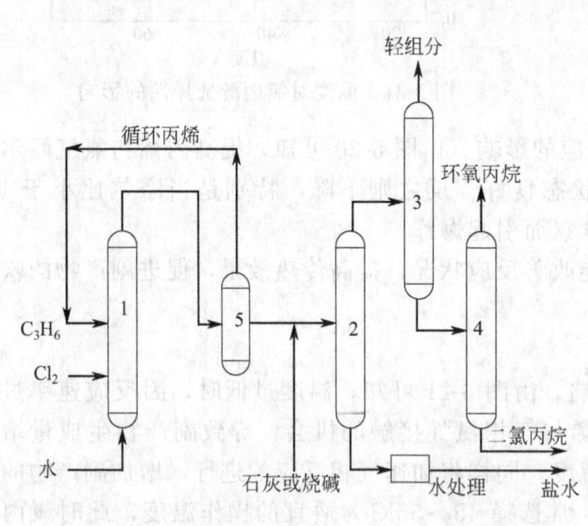

图6-22　氯醇化法生产环氧丙烷工艺流程
1—次氯酸化反应器；2—皂化反应器；3—初馏塔；4—精馏塔；5—水洗、碱洗塔

未反应的丙烯、氯化氢及少量二氯丙烷等自反应器顶部溢出，经水洗、碱洗塔5除去氯化氢，并分离有机氯化物。部分气体放空，以防止系统中惰性气体和氢的积累，大部分丙烯循环回次氯酸化反应器。

生成的氯丙醇用10%的石灰乳进行皂化。所用石灰乳要求氧化镁的含量低于1%，且几乎不含氮化物，因为这些杂质的存在，会导致丙醛或聚合物的生成。为防止腐蚀，石灰乳应过量10%～20%，皂化反应在常压和

34℃下进行，pH值控制在8～9。生成的反应液用普通精馏法分离，得到精制的环氧丙烷。

6.6.3.2 丙二醇的工艺流程

环氧丙烷直接水合法生产工艺流程如图6-23所示。该过程主要包括水解、浓缩脱水和精馏净化等。

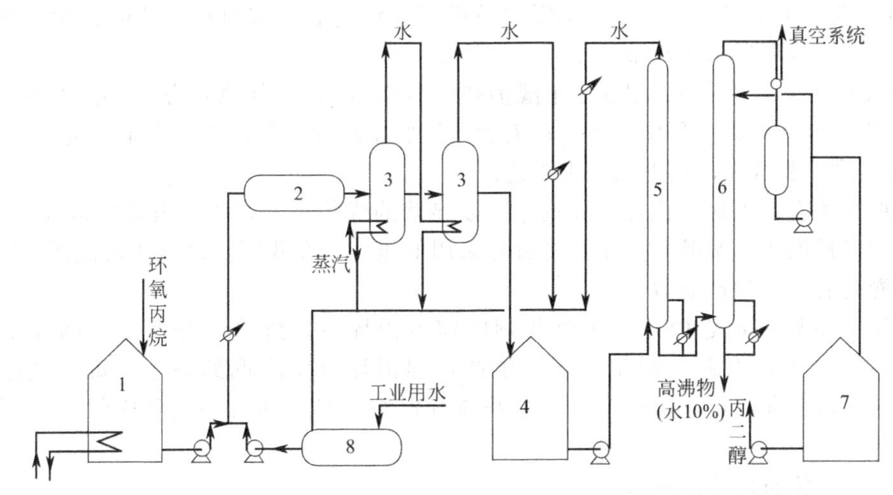

图6-23 环氧丙烷直接水合法制丙二醇工艺流程

1—原料储槽；2—水合反应器；3—多效蒸发器；4—粗丙二醇储槽；5—脱低沸物塔；6—精馏塔；7—丙二醇储槽；8—水储槽

环氧丙烷与新鲜水、循环水按一定配比混合，并经预热后进入水合反应器2。在150～200℃和加压下反应，生成的产物送入多效蒸发器3浓缩。丙二醇蒸发时伴有飞沫，所以不能完全脱水，在含水为5%～20%下，送至脱低沸物塔5，蒸发水分，冷凝回收，作为反应用水。回收水中混有丙二醇将增加高缩醇副产率。脱低沸塔底的反应物进入精馏塔6进行精制，从塔顶得到精制产品丙二醇，其含量大于99.9%（质量分数）。

6.7 丁、辛醇的生产

丁、辛醇是精细化工产品的原料之一，主要用于生产增塑剂、溶剂、脱水剂、消泡剂、分散剂、选矿剂、洁净剂、石油添加剂及合成香料等。由于丁醇和辛醇（2-乙基己醇）可在同一装置中用羰基法生产，故习惯称为丁、辛醇。

丁、辛醇的主要生产方法有发酵法、醇醛缩合法以及丙烯羰基合成法。

(1) 发酵法

该法是21世纪初开发成功的一种生产方法，以粮食或其代用品为原料，由丙酮-丁醇菌为发酵剂，发酵数小时后蒸馏即可得到丙酮、丁醇及乙醇的混合液。该方法设备简单、投资少，但耗粮量太多。

(2) 醇醛缩合法

此法是乙醛在低温与碱存在下，缩合得1-羟基丁醛，然后经酸化、蒸馏、丁醇醛脱水成为丁烯醛，再经催化加氢得到正丁醇。这条生产路线流程长、步骤多、设备腐蚀严重，目前只有少数工厂仍用此法。

(3) 丙烯羰基合成法

羰基合成法分为高压法、中压法和低压法。高压法是烯烃和一氧化碳、氢气在催化剂作用下，反应压力为20～30MPa，并在一定温度下，进行羰基合成反应生成脂肪醛，再经加氢蒸馏得到产品丁、辛醇。该方法较前述两种方法有较大的进步，但也有不少缺点，如副产物多，由于压力高，投资和操作费用高，操作困难，维修量大等。

用铑配合物为催化剂的低压氢羰基化法生产丁、辛醇的工业化技术，是引人注目的重要技术革新。并对合成气化学工业的发展，有极大的推动作用，该工艺的主要优点如下。

① 由于低压法反应条件缓和，不需要特殊高压设备和特殊材质，耗电也少，操作容易控制，操作和维修费比高压法节约10%～20%。

② 副反应少，每生产1000kg正丁醛消耗丙烯675kg，比其他方法少35%左右。

③ 催化剂容易分离，利用率高，损失少，虽然铑昂贵，但仍能在工业上大规模使用。

④ 污染排放非常少，接近无公害工艺。

由于低压法有以上这些优点，故近年来以显著的优势迅速发展，有取代高压法的趋势，各国拟建和建成的丁、辛醇装置绝大部分是采用低压法。在我国，高压法及低压法羰基合成制丁、辛醇均有工业生产装置。

低压法的主要不足之处是作为催化剂的铑资源烯少，价格十分昂贵，因此要求催化剂用量必须尽量少，寿命必须足够长，生产过程消耗量要降低到最小，每千克铑至少能生产106～107kg醛。此外，配位体三苯基膦有毒性，对人体有一定危害性，使用时要注意安全。

6.7.1 丁、辛醇的性质和用途

（1）正丁醇和辛醇（2-乙基己醇）的物理性质见表6-6。

表6-6 正丁醇和辛醇的物理性质

名称	外观	密度/(kg/m^3)	沸点/K	凝固点/K	闪点/K	溶解度(质量分数)/%	折射率
丁醇	无色透明	813.4	390.7	182.8	319	7.7	1.399
辛醇	无色透明	832.0	457.8	197	353	0.1	1.433

（2）正丁醇和辛醇的化学性质

正丁醇与辛醇在结构上都含有羟基，因此，在发生反应时，都能表现饱和一元醇的化学性质。以正丁醇为例，有如下性质：①与含氧的无机酸或有机酸作用生成酯；②与五氯化磷作用生成氯丁烷；③与氢卤酸脱水生成卤烷；④分子间脱水生成醚；⑤氧化反应则生成相应的醛或酸。

（3）正丁醇和辛醇的用途

正丁醇和辛醇是塑料工业的增塑剂（邻苯二甲酸二丁酯和邻苯二甲酸二辛酯）的原料。用这样的增塑剂使塑料制品具有塑性，特别是辛醇为原料的邻苯二甲酸二辛酯的增塑性最佳。目前，这两种增塑剂是塑料工业的主要增塑剂。

此外，正丁醇尚可作乙酸乙酯等树脂黏合剂的溶剂，本身还可以做洗涤剂、合成香料的原料。辛醇尚可作照相、造纸、油漆、印染的消泡剂，陶瓷工业釉浆的分散剂，选矿剂，清净剂和石油添加剂等。

6.7.2 辛醇的生产原理

6.7.2.1 羰基合成的化学过程

羰基合成的主反应为：

$$H_3CHC{=}CH_2 + CO + H_2 \xrightarrow{\text{催化剂}} CH_3CH_2CH_2CHO$$

烯烃羰基合成主反应是生成正构醛，由于原料烯烃和产物醛都具有较高的反应活性，故有平行副反应和连串副反应发生。平行副反应主要是异丁醛的生成和原料烯烃的加氢，这两

个反应是衡量催化剂选择性的重要指标。

$$H_3CHC{=}CH_2+CO+H_2 \longrightarrow (CH_3)_2CH_2CHO$$

$$H_3CHC{=}CH_2+H_2 \longrightarrow CH_3CH_2CH_3$$

主要连串副反应是醛加氢生成醇和缩醛的生成。

$$CH_3CH_2CH_2CHO+H_2 \longrightarrow CH_3CH_2CH_2CH_2OH$$

醛进一步反应生成酯：

$$CH_3CH_2CH_2CHO+CO+H_2 \longrightarrow HOOCC_4H_9$$

另外，生成的醛还可以发生缩合反应生成二聚物、三聚物及四聚物等重组分。

烯烃的羰基合成反应是放热反应，反应热效应较大，反应平衡常数也较大。因此，烯烃羰基合成反应及其副反应在常温、常压下均有较大的热效应和平衡常数，随温度升高，在数值上均有下降。所以，在热力学上是非常有利的。另外，要获得高选择性，必须使主反应在动力学上占有优势，即选择适宜的催化剂，并控制适宜的反应条件。

工业上经常采用的丙烯羰基合成催化剂有羰基钴和羰基铑催化剂。

(1) 羰基钴和膦羰基钴催化剂

各种形态的钴如粉状金属钴、氧化钴、氢氧化钴和钴盐均可使用，以油溶性钴盐和水溶性钴盐用得最多，例如环烷酸钴、油酸钴、硬脂酸钴和醋酸钴等。

研究认为羰基合成反应的催化活性物种是 $HCo(CO)_4$，但 $HCo(CO)_4$ 不稳定，容易分解，故一般该活性物种都是在生产过程中用金属钴粉或上述各类钴盐直接在羰基合成反应器中制备。钴粉于 3～4MPa、135～150℃能迅速发生反应，得到 $Co_2(CO)_8$。而 $Co_2(CO)_8$ 再进一步与氢作用转化为 $HCo(CO)_4$。

若以钴盐为原料，Co^{2+} 先由 H_2 供给 2 个电子还原成零价钴，然后立即与 CO 反应转化为 $Co_2(CO)_8$。反应系统中 $Co_2(CO)_8$ 和 $HCo(CO)_4$ 的比例由反应温度和氢分压决定。在反应液中要维持一定的羰基钴浓度，必须保持足够高的一氧化碳分压。一氧化碳分压低，羰基钴会分解而析出钴。这样不但降低了反应液中羰基钴的浓度，而且分解出来的钴沉积于反应器壁上，使传热条件变坏。温度愈高，阻止 $Co_2(CO)_8$ 分解需要的 CO 分压愈高。在室温下，CO 分压为 0.05MPa 时，$Co_2(CO)_8$ 就很稳定，而温度升到 150℃时，CO 分压至少要 4MPa 才稳定。催化剂浓度增加时，为阻止 $Co_2(CO)_8$ 分解，所需的 CO 分压也增高，如 150℃时，钴浓度从 0.2%增加到 0.9%时，CO 分压至少须相应地从 4MPa 增高到 8MPa。

原料气中二氧化碳、水、氧等杂质的存在使金属钴钝化而抑制羰基钴的形成，氧含量$<1\%$即有明显的影响，但一旦羰基钴已形成并连续操作后，这些物质的影响就小了。某些硫化物如氧硫化碳、硫化氢、不饱和硫醚、硫醇、二硫化碳、元素硫等能使催化剂中毒而影响羰基合成反应的顺利进行，故原料烯烃中硫质量分数应小于 10×10^{-6}。

羰基钴催化剂的主要缺点是热稳定性差，容易分解析出钴而失去活性，因而必须在高的一氧化碳分压下操作，而且产品中正/异醛比例较低。为此进行了许多研究改进，以提高其稳定性和选择性，一种是改变配位基，另一种是改变中心原子。

膦羰基钴催化剂是用三烷基膦或其他膦化物取代氢羰基钴中的羰基配位基。它一方面可增强催化剂的热稳定性，提高直链正构醛的选择性。同时还具有加氢活性高、醛缩合及醇醛缩合等连串副反应减少等优点，但适应性差。

(2) 膦羰基铑催化剂

1952 年席勒（Schiller）首次报道羰基氢铑 $HRh(CO)_4$ 催化剂可用于羰基合成反应。其主要优点是选择性好，产品主要是醛，副反应少，醛醛缩合和醇醛缩合等连串副反应很少发生或者根本不发生，活性也比羰基氢钴高很多，正/异醛比率也高。早期使用 $Rh_4(CO)_{12}$ 为催化剂，是由 Rh_2O_3 或 $RhCl_3$ 在合成气存在下于反应系统中形成。羰基铑催化剂的主要缺点是异构化活性很高，正/异醛比率只有 1∶1。后来用有机膦配位基取代部分羰基如 $HRh(CO)(PPh_3)_3$，异构化反应可大大被抑制，正/异醛比率达到 15∶1，催化剂性能稳定，能在较低 CO 压力下操作，并能耐受 150℃高温和 1.87kPa 真空蒸馏，能反复循环使用。此催化剂母体商品名叫 ROPAC。

在反应条件下 ROPAC 与过量的三苯基膦和 CO 反应生成一组呈平衡的配合物，其中 $HRh(CO)_2(PPHh_3)_2$ 和 $HRh(CO)(PPHh_3)_2$ 被认为是活性催化剂。三苯基膦浓度大，对活性组分生成有利。

6.7.2.2 醛类的气相加氢

醛类在催化剂作用下，可与氢反应被还原成醇。因此，由羰基合成得到的丁醛及辛烯醛通过加氢而生成丁醇和辛醇。

$$CH_3CH_2CH_2CHO + H_2 \longrightarrow CH_3CH_2CH_2CH_2OH$$

$$CH_3\underset{\displaystyle CH_3}{\underset{|}{C}}HCHO + H_2 \longrightarrow CH_3\underset{\displaystyle CH_3}{\underset{|}{C}}HCH_2OH$$

$$CH_3CH_2CH_2CH{=}\underset{\displaystyle CH_2CH_3}{\underset{|}{C}}CHO + 2H_2 \longrightarrow CH_3CH_2CH_2CH_2\underset{\displaystyle CH_2CH_3}{\underset{|}{C}}HCH_2OH$$

此反应为放热反应，反应条件随着催化剂种类的不同有所不同。在进行上述反应的同时还会发生一些副反应，如：

$$CH_3CH(CH_3)CH{=}\underset{\displaystyle CH_2CH_3}{\underset{|}{C}}CHO + 2H_2 \longrightarrow CH_3CHCH_3CH{=}C(CH_2CH_3)CH_2OH$$

另外，在反应器中温度高会生成酯。为减少副反应的发生，加氢过程需采用适宜的催化剂。加氢催化剂有多种，所用催化剂不同，其操作条件也不同。采用镍基催化剂，操作条件为，压力 3.9MPa、温度 100～170℃、液相加氢，采用铜基催化剂，为气相加氢，压力为 0.6MPa，温度为155℃。后者具有一定的优越性。

铜基催化剂的主要成分为 CuO 和 ZnO，在使用前被还原为 Cu、Zn。该催化剂的优点在于副反应少，不用往系统中加水，生产能力高，加氢选择性好；其不足之处在于，力学性能差，如有液体进入易破碎等。

6.7.3 丁、辛醇生产的影响因素

6.7.3.1 羰基合成过程的影响因素

① 反应温度 反应温度对反应速率以及正、异丁醛比的影响如图 6-24 所示。由图 6-24 可见，温度升高，反应速率增高很快，而温度对正、异丁醛比的影响极小。所以，在较高温度下反应有利于提高设备的生产能力，但温度过高，催化剂失活速率加快。鉴于以上原因，在使用新鲜催化剂时，应控制较低的反应温度，而在催化剂使用的末期，可以提高反应温度以提高反应活性。在工业生产中，适宜的温度范围在 100～115℃之间。

② 丙烯分压 由实验可知反应速率与丙烯分压的一次方成正比，正、异丁醛之比随着丙烯分压增高而略增。因而，提高分压可提高羰基合成的反应速率，并提高反应过程的选择性。但是，过高的丙烯分压将导致尾气中丙烯含量增加，使丙烯的损失加大。因而，为在整个反应过程中保持均恒速率，对新催化剂采用较低的丙烯分压，随着催化剂的老化，为保持收率不变，丙烯分压可逐步提高。在生产中，丙烯的分压在 0.17～0.38MPa 之间。丙烯分压对总反应速率及正、异丁醛之比的影响如图 6-25 所示。

③ 氢气分压 氢气分压对反应的影响如图 6-26 所示。随着反应气中氢分压的增高，总反应速率略有增高，但在氢分压较高区域，对反应速率影响不如氢分压较低时明显。正、异丁醛之比与氢分压的关系较复杂，呈现有一最高点的曲线形状。

氢分压对反应速率及正、异丁醛比的影响均不太大，但氢分压高时，丙烷生成量增多。

一般氢分压控制在 0.27～0.7MPa 之间。

④ 一氧化碳分压　一氧化碳分压对反应的影响如图 6-27 所示。由图 6-27 可知，反应气中一氧化碳分压增高时，总反应速率增高，但分压较高对反应速率影响不如分压低时明显。

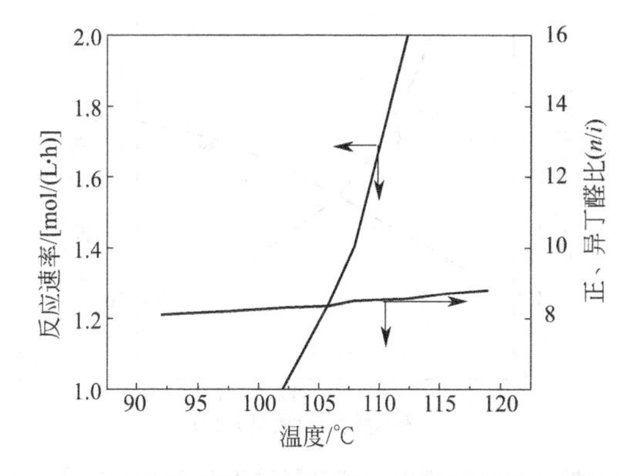

图 6-24　温度对总反应速率及正、异丁醛比的影响

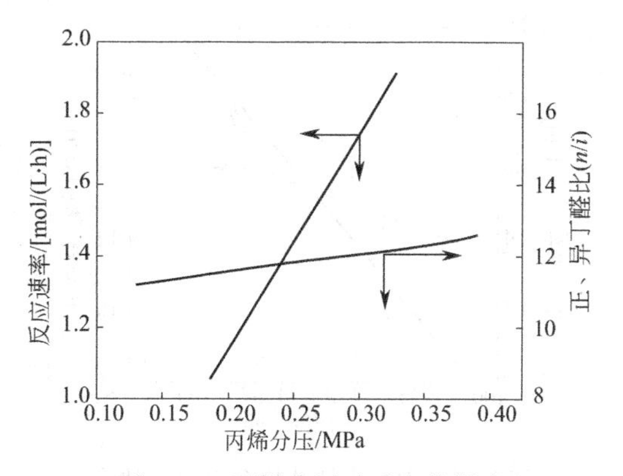

图 6-25　丙烯分压对反应的影响

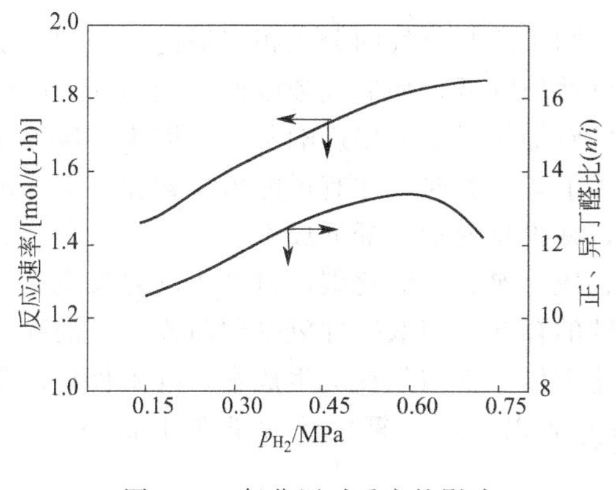

图 6-26　氢分压对反应的影响

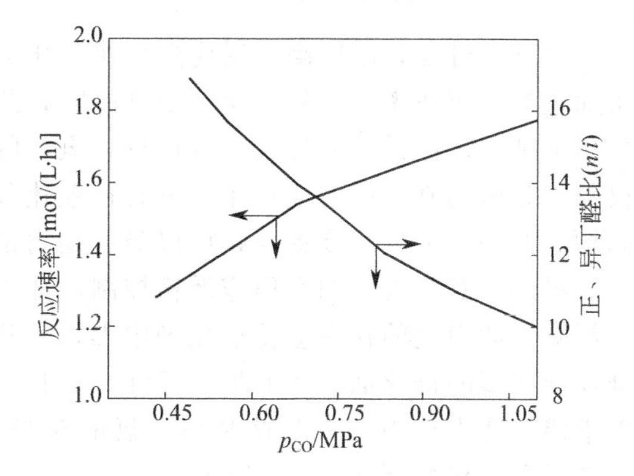

图 6-27　一氧化碳分压对反应的影响

一氧化碳分压对正、异丁醛比的影响极为明显，一氧化碳分压高时，正、异丁醛比迅速下降。由于一氧化碳会取代催化剂中三苯基膦而与铑结合，从而减弱了配位体三苯基膦对提高正、异丁醛比的作用，所以一氧化碳分压不能高于 0.103MPa。一氧化碳分压过低时，总反应速率下降，而且丙烯加氢反应增多，丙烷生成量增加，故一氧化碳分压不能低于 0.055MPa。综合考虑，最佳一氧化碳分压为 0.07MPa。

⑤ 铑浓度及三苯基膦含量　铑浓度与总反应速率及正、异丁醛比的关系如图 6-28。由图 6-28 可见，随着铑浓度的升高，总反应速率升高，生产能力增加，而且铑浓度升高，正、异丁醛比例增大，反应选择性提高。但是，铑浓度增加，给铑的回收分离造成困难，导致铑的损失增大。因此，应该选择适宜的浓度，通常新鲜催化剂应采用较低的铑浓度。

三苯基膦是反应抑制剂，因此随着反应液中三苯基膦浓度增大，总反应速率减小，三苯基膦主要作用在于改进正、异丁醛的比例。随着三苯基膦浓度增高，正、异丁醛之比呈线性提高，如图 6-29 所示。反应液中三苯基膦浓度一般控制在 8%～12%（质量分数）范围内。

6.7.3.2　加氢反应过程的影响因素

影响加氢过程的主要因素有浓度、系统的氢分压以及温度。据研究，加氢反应的动力学方程可由下式表示：

$$r=2.8\times10^{8}\left[\exp\left(-\frac{56100}{T}\right)\right]p_{丁醛}^{0.6}\,p_{H_2}^{0.4} \tag{6-3}$$

式中，T 为反应温度，K；$p_{H_2}^{0.4}$，$p_{丁醛}^{0.6}$ 为氢气和丁醛分压，Pa；r 为丁醛消失的反应速率，kg/(m^3 催化剂·h)。

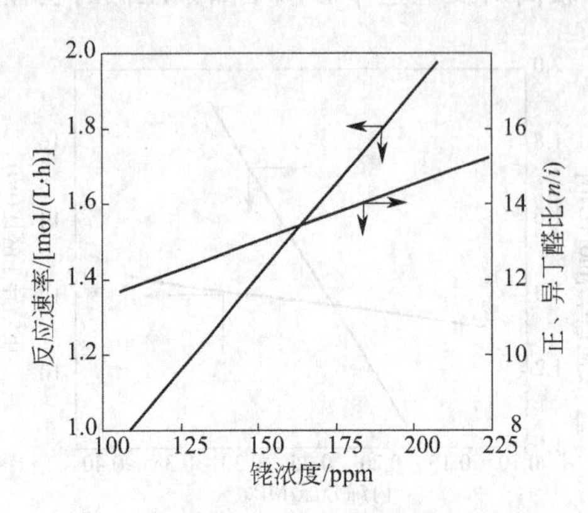

图 6-28 液相中铑浓度与总反应速率及正、异丁醛比的关系

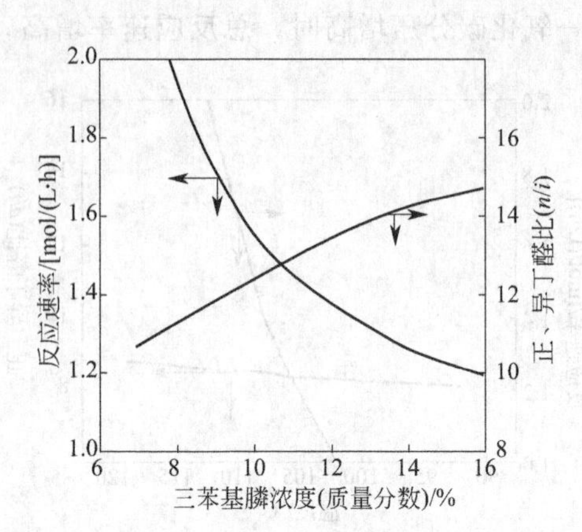

图 6-29 液相中三苯基膦浓度与总反应速率及正、异丁醛比的影响

由方程可知，温度高，反应速率快；压力高，则丁醛和氢气的分压相应提高，有利于加快加氢的反应速率。另外，氢气浓度高时，总压可适当降低，如氢气浓度低，则需在较高的总压下进行。但是，从反应方程可见，氢气的浓度对加氢反应速率影响不大，因为反应速率仅与氢分压的 0.4 次方成正比，只有在催化剂活性下降较大时，才有可能出现转化率下降的问题。但是，氢气浓度提高，可以降低动力消耗，减少排放量，降低成本。

另外，对氢气中的杂质应严格控制，如甲烷、硫、氯、一氧化碳、氧气等均对反应有不利影响。如甲烷的存在会使催化剂中毒，一氧化碳的存在会使双键加氢受到阻碍，氧的存在会使金属型的催化剂氧化而失去活性，并且在催化剂作用下与氢反应生成水，导致催化剂强度下降。在生产中，一般控制硫、氯的含量在 1ppm 以下，一氧化碳含量在 10ppm 以下，氧含量要严格控制在 5ppm 以下。

6.7.4 丁、辛醇的生产工艺流程

6.7.4.1 生产工艺

丁、辛醇生产的工艺流程如图 6-30 所示。

净化后的合成气与丙烯进入两个并联的搅拌釜式反应器 1。在反应器中三苯基膦铑催化剂溶于反应器中，气体由釜底分布器分散成细小的气泡，使溶液形成稳定的泡沫，并在泡沫区发生反应。该反应为放热反应，放出的热量一部分由在每个反应器内的冷却盘管移出，另一部分热量用循环气和产品气流以显热的形式带出。生成的产品随气相进入气流，反应温度在 100～110℃，反应压力为 1.7～1.8MPa。

在反应器内，液面的高度控制是很重要的，液面高度过高，会加大液体的夹带量而造成催化剂损耗，液面太低，又会减少反应物的实际停留时间，导致反应效果差。

由反应器出来的气流首先进入雾沫分离器 2，分出的液体循环回反应器，气体送入羰基合成冷凝器 15。大部分产品被冷凝，未被冷凝的气体冷却到 40℃后循环回反应器。经冷凝后的液相产物中溶有大量的丙烷和丙烯，这些气体可在稳定塔 4 中脱除。稳定塔为板式塔，塔顶压力为 0.62MPa、塔顶温度为 93℃、釜温为 140℃左右，采用蒸馏的方法除去溶解的丙烷和丙烯。将稳定塔顶蒸出的气体冷却并除去其中的液滴，气体经压缩后返回氧化反应器。稳定塔釜的粗产品，冷却后送异构物分离工序。

稳定塔釜液重组分异构物的分离。塔顶为 99%异丁醛，塔釜为 99.64%的正丁醛，其中

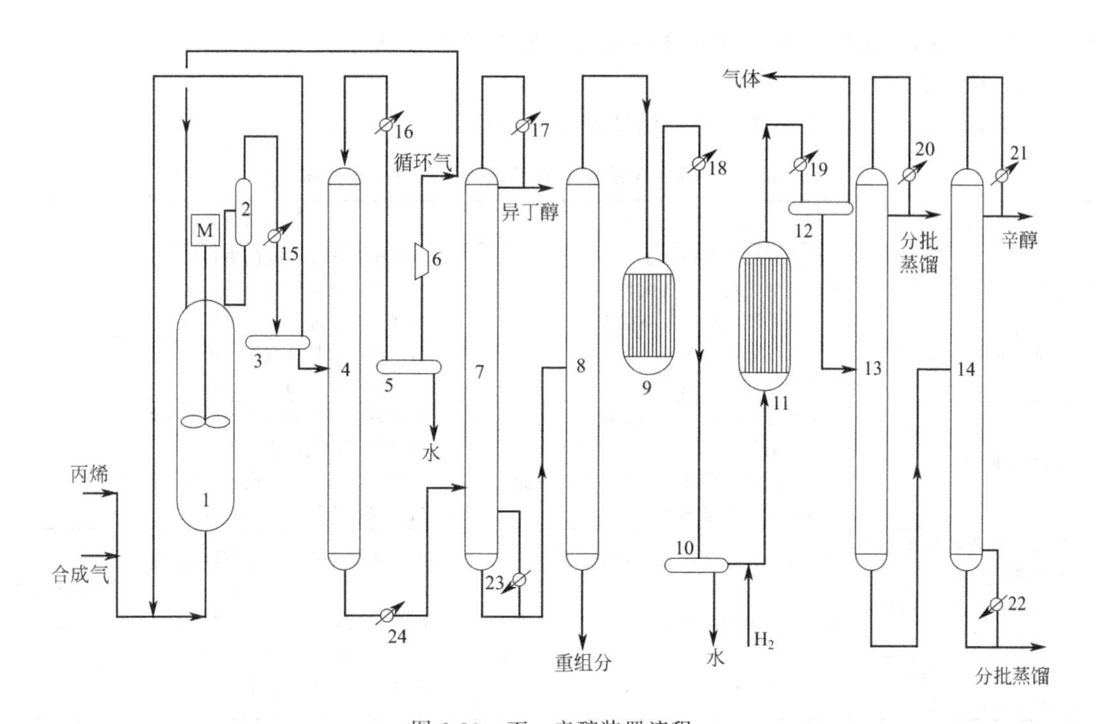

图 6-30 丁、辛醇装置流程

1—羟基合成反应器；2—雾沫分离器；3,5,10,12—气液分离器；4—稳定塔；6—压缩机；
7—异构物分离塔；8—正丁醛塔；9—缩合反应器；11—加氢反应器；
13—预蒸馏塔；14—精馏塔；15～21,24—冷凝器；22,23—再沸器

异丁醛含量应小于0.2%。异构物塔釜的正丁醛进入正丁醛塔8，除去其中的重组分，塔釜为25%（摩尔分数）重组分和75%（摩尔分数）丁醛，塔顶为99.86%（摩尔分数）的正丁醛，送至缩合反应部分。

正丁醛进入缩合反应器9，反应温度为120℃，反应压力为0.5MPa左右。反应器为釜式均相无搅拌、无夹套型式。反应在稀氢氧化钠存在下发生缩合和脱水反应。反应生成物经冷却后，送至分离器10，依靠密度差将生成液分为油层和水层。油层为含有饱和水的2-乙基-3-己烯醛，此混合液不需要精制即可进行加氢反应；水层送入碱性污水道。在缩合反应过程中碱浓度的控制十分重要，碱浓度过低，则反应速率慢，转化率下降。碱浓度过高，则反应速率过快，易形成共沸物。实践证明最佳操作浓度为2%。

从缩合反应器来的2-乙基-3-己烯醛，进入蒸发器，在124℃的温度下成为气体，与氢气混合送入加氢反应器11。加氢反应器为列管式反应器，管内装有催化剂，混合原料气在催化剂的作用下进行反应，反应物随气流排出。反应放出的热量由管间的饱和水移出，并副产蒸汽。加氢反应器生成的气体经冷凝器19冷凝后，进入气液分离器12。分出的未凝气体送入燃烧系统，液体为粗醇产品，送往精制系统。加氢过程既可生产辛醇，也可生产丁醇，两种产品的路径相同。

由加氢反应器出来的粗辛醇进入精制系统。精制系统由三个真空操作的塔组成。第一塔为预蒸馏塔13，其任务是将原料中的氧与甲烷除去，塔顶温度为87℃，塔釜温度为164℃。预蒸馏塔顶蒸出的产物除氢和甲烷外，还有水、少量的醛和醇。经冷凝后气体随真空系统抽出，液相部分回流，部分送入蒸馏塔，塔釜产物送至精馏塔14。精馏塔主要将辛醇与重组分分离，塔顶温度为129℃，釜温为150℃。精馏塔顶为含辛醇99.62%（摩尔分数）的产品，塔釜为2-乙基己醇和重组分，为减少损失，分批送入蒸馏系统对其中有用组分进行回收利用。

6.7.4.2 反应工程中的不正常现象的发生原因及处理方法

(1) 羰基合成

羰基合成过程中的不正常现象及处理方法见表6-7。

表6-7 羰基合成过程中的不正常现象及处理方法

不正常现象	发生原因	处理方法
羰基合成反应器温度高或低	①丙烯进料太多或太少 ②催化剂进料太多或太少 ③冷却系统的压力太高或太低	①适当减少或增加丙烯的进料量 ②适当减少或增加催化剂进料量 ③适当降低或增加冷却系统压力
羰基合成反应器的压力太高或太低	①合成气进料太多或太少 ②丙烯进料太少或太多	①适当减少或增加合成气的进料 ②适当减少或增加丙烯的进料
丙烯转化率低	①羰基合成反应器的温度低 ②催化剂的进料太少 ③羰基合成反应器的冷却系统压力低 ④合成气中的氢含量低	①适当提高羰基合成反应器的反应温度 ②适当增加催化剂的进料 ③适当提高羰基合成反应器冷却系统的压力 ④适当增加合成气中氢气的含量
粗羰基合成液储槽水相液面太低或太高	脱气塔的直接蒸汽量太少或太多	适当增加或减少脱气塔的直接蒸汽量
由粗羰基合成液储槽出来的工艺水呈棕色	脱钴器加入的空气量太多	适当减少脱钴器加入的空气量
由羰基合成产品槽出来的工艺水中钴盐含量高	加入脱钴器中的工艺水量少	适当增加脱钴器的工艺水量

(2) 丁醛蒸馏

丁醛蒸馏过程的不正常现象及处理方法见表6-8。

表6-8 丁醛蒸馏过程的不正常现象及处理方法

不正常现象	发生原因	处理方法
醇醛塔、醛醛塔产生液泛现象	①加热蒸汽量太大 ②加料量突然增加很大 ③回流量太大	①适当减少加热蒸汽量 ②严格控制加料量的均匀稳定 ③适当减少回流量
醇醛塔塔底温度低	①加料量过大 ②加热蒸汽量太少 ③回流量过大 ④回流物料温度低	①适当减少加料量 ②适当增加加热蒸汽量 ③适当地减少回流量 ④适当地提高回流物料的温度
醇醛塔塔顶温度过高	①回流量过小 ②加热蒸汽量过大	①适当地增加回流 ②适当地减少加热蒸汽量
醛醛塔的塔底温度过低,塔顶温度过高	①加料量过大 ②加热蒸汽量太少 ③回流量过大 ④回流物料温度低	①适当减少加料量 ②适当增加加热蒸汽量 ③适当地减少回流量 ④适当地提高回流物料的温度
正丁醛不合格(纯度低)	①醛醛塔回流量过大 ②醛醛塔加热蒸汽量过少 ③醇醛塔的塔顶温度过高	①适当减少醛醛塔的回流量 ②适当增加醛醛塔的加热蒸汽 ③严格控制醇醛塔的塔顶温度

思考题与习题

6-1 简述碳三及其化工产品在化工生产中的作用。

6-2 阐述异丙苯生产工艺流程生产中的氧化操作的不正常现象及处理方法。

6-3 试分析异丙苯氧化制过氧化氢异丙苯过程中，为何过氧化氢异丙苯浓度偏低。

6-4 生产丙烯酸的两种方法有什么优缺点，并阐述两步法生产丙烯酸的工艺流程。

6-5　丙烯酸生产工艺流程中，水洗塔为什么是底部的容器直径大于上部的容器直径？

6-6　在丙烯氨氧化生产丙烯腈的过程中，会发生哪些化学反应。为提高反应的产率，应当注意什么问题？

6-7　在丙烯腈生产中，原料比和反应温度对产品收率有何影响？原料中加入水蒸气起什么作用？

6-8　请简述制备环氧氯丙烷环化过程的影响因素。

6-9　试阐述环氧丙烷生产的工艺流程。

6-10　铑配合物为催化剂的低压氢羰基化法生产丁、辛醇技术有何优缺点？

6-11　请简述丁、辛醇生产过程中加氢反应过程中的影响因素。

6-12　简述丁、辛醇生产过程中丁醛蒸馏过程中的不良现象及处理方法。

第7章 碳四、碳五馏分及其化工产品生产

随着我国石化行业的快速发展，尤其是乙烯产量的不断提高，副产品碳四、碳五馏分的量亦在不断地增加。特别是近些年来大型乙烯装置投产，裂解碳四、碳五馏分量成倍增长。本章主要介绍碳四、碳五馏分的来源、分离技术以及化工利用。

7.1 碳四、碳五馏分来源

7.1.1 热裂解制乙烯联产碳四、碳五

烃类热裂解制乙烯过程可得联产物碳四和碳五馏分（详见第4章），该方法因原料、裂解深度及裂解技术的不同，所得到的碳四和碳五馏分的组成存在较大差异。烃类热裂解制乙烯过程可得联产物碳四馏分的特点是：烯烃（丁二烯、异丁烯、正丁烯）尤其是丁二烯的含量高；烷烃含量很低；1-丁烯含量大于2-丁烯。如以石脑油为裂解原料时，碳四馏分的产量约为乙烯产量的40%左右。

对于烃类热裂解联产得到的碳五馏分，其特点是裂解原料越“轻”，碳五产率越低；随裂解原料越趋于重质化，碳五产率与二烯烃含量亦随之上升。一般以石脑油为裂解原料时，碳五产率约为2.5%；而以常压轻柴油为裂解原料，则产率可达到3%以上。

我国乙烯生产多采用轻柴油或石脑油等较重的液态烃作为裂解原料，副产品碳五馏分含量通常是乙烯产量的14%～17%。

7.1.2 炼厂催化裂化制乙烯联产碳四、碳五

炼厂催化裂化所得液态烃主要以碳四和碳五馏分为主，通常情况下，炼厂催化裂化碳四烃的收率为装置进料总量的6%～8%（质量分数），碳五馏分约为装置进料的8%～12%。表7-1列出了炼厂催化裂化生产碳四馏分的典型组成。碳四馏分含量约占到液态烃的60%（质量分数）。这部分碳四馏分组成的特点是，丁烷（尤其是异丁烷）含量高，2-丁烯的含量高于1-丁烯，不含丁二烯（或者含量甚微）。

表7-1 炼厂催化裂化生产碳四馏分的典型组成

组成	含量(质量分数)/%	组成	含量(质量分数)/%	组成	含量(质量分数)/%
C_3 烃	0.3	异丁烯	15.5	异丁烷	35.6
顺-2-丁烯	10.0	1-丁烯	13.0	丁二烯	<0.4
反-2-丁烯	14.0	正丁烷	11	C_5 烃	0.2

催化裂化得到碳五馏分因工艺条件、原料、加工深度等不同，得到的碳五馏分组成及产率

不同。催化裂化碳五馏分主要含异戊烯和异戊烷，基本不含碳五二烯烃，通常一套120万吨的催化裂化装置可以回收异戊烯（3～4）万吨。表7-2为两种催化裂化碳五馏分典型组成。

表7-2　催化裂化碳五馏分典型组成　　单位：%

组　分	1	2	组　分	1	2
3-甲基-1-丁烯	—	1.2	2-甲基-2-丁烯	21.6	15.6
异戊烷	34.14	48.8	环戊烷	—	1.0
1-戊烷	0.25	3.6	环戊烯	—	0.4
2-甲基-1-丁烯	12.44	8.1	戊二烯	0.32	0.2
正戊烷	5.57	5.8	其他	3.9	—
反-2-戊烯	}19.78	9.8	合计	100.0	100.0
顺-2-戊烯		5.5			

注：碳五馏分来源于FCC汽油分馏，原料为减压柴油。

7.1.3　其他工业来源

碳四的工业来源除了炼厂催化裂化和裂解制乙烯联产外，还来源于油田气（天然气）和α-烯烃联产等途径。油田气是原油生产过程中的伴生气，其组成为饱和烃，碳四的质量分数为1%～7%，可以直接回收利用，也可作裂解原料。

乙烯低聚制α-烯烃（高碳醇的原料）时可以得到1-丁烯，1-丁烯产量约占α-烯烃产量的6%～20%，使用不同的催化剂，所得产物有较大的不同，其中碳四烃产率为6.5%～25%。

除此之外，利用酒精脱水、脱氢也可制得丁二烯等碳四烯烃。

7.2　碳四、碳五馏分分离

7.2.1　概述

碳四馏分组成结构复杂，烯烃的沸点差又较小，化学性质比较相似，因而用一般的方法难以进行分离。传统的方法是用溶剂萃取，来将1,3-丁二烯与其他组分分开，然后，用硫酸吸收法分离异丁烯。但这些方法能耗大、成本高，已经淘汰。异丁烯和1-丁烯的沸点差仅为0.64℃，因此用一般的精馏技术很难将其分开。然而，作为工业原料，更需要高纯度的异丁烯和1-丁烯。因此，碳四馏分的分离关键是异丁烯和1-丁烯的分离。至于丁二烯、2-丁烯、异丁烯可分别采用溶剂萃取法、简单精馏法、化学反应法等分离技术。

裂解碳五馏分是石脑油及其他重质原料裂解制乙烯过程中产生的副产物，异戊二烯（IP）、环戊二烯（CPD）和间戊二烯的利用价值较高且含量较多，三者约占裂解碳五馏分的40%～60%。这些双烯烃具有特殊的分子结构，化学性质活泼，可合成许多重要的高附加值产品。

随着乙烯工业的快速发展和对合成橡胶及合成树脂的需求增大，裂解碳五馏分作为一种重要的化工原料，其分离利用日益受到世界各国的普遍重视。裂解碳五馏分中含有二三十种组分，且各组分不仅沸点相近，还可相互形成两组分及三组分共沸物，故采用普通蒸馏的方法难以得到高纯度产品。裂解碳五馏分分离工艺主要包括以分离异戊二烯为主的全分离工艺和以分离CPD为主的简单分离工艺。全分离工艺一般采用溶剂通过萃取精馏来分离IP、间戊二烯和CPD等，工业上常用的溶剂为乙腈（ACN）、二甲基甲酰胺（DMF）、*N*-甲基吡咯烷酮（NMP）等。简单分离工艺一般采用热二聚法分离出双环戊二烯（DCPD）。

近年来世界各国为降低生产成本、节约能耗相继开发成功了一些新技术、新工艺，这些新技术、新工艺为碳四、碳五馏分的综合利用，创造了有利的条件。其中尤以裂解碳五馏分的分离最为典型，本节主要介绍裂解碳五馏分异戊二烯、环戊二烯和间戊二烯分离及其碳

四、碳五馏分分离工艺的进展。

7.2.2 碳五馏分分离技术

7.2.2.1 环戊二烯的分离

目前，加热二聚仍是最广泛采用的碳五馏分分离方法。该工艺利用环戊二烯受热比其他碳五烃容易二聚的特点，将环戊二烯加热二聚为双环戊二烯。再利用双环戊二烯的沸点（550℃）明显高于其他碳五烃的沸点（30～45℃）的性质，通过一般蒸馏即可从碳五馏分中单独分离出环戊二烯。

（1）加热二聚、精馏分离粗双环戊二烯工艺

裂解碳五馏分首先进入二聚反应器，在100～130℃下，加热反应1～3h。二聚反应物料送入常压蒸馏塔，该塔内置30块塔板，塔釜温度＜130℃，塔顶分离出未反应的碳五馏分。塔底的二聚反应物进入真空塔，经减压蒸馏（釜温＜100℃，8.0～10.7kPa），塔底可得到纯度为90％～95％的黄色液态粗双环戊二烯产品。

（2）加热二聚、萃取分离三种二烯烃工艺

碳五馏分萃取分离环戊二烯、异戊二烯和间戊二烯的工艺流程如图7-1示。裂解碳五馏分首先进入二聚反应器，在较为缓和条件（在100～130℃，停留时间1h）下进行二聚反应。反应物料送入常压蒸馏塔，塔釜为低纯度的双环戊二烯。未反应的碳五馏分从塔顶进入溶剂萃取蒸馏塔，在塔顶分离出碳五烷烃和烯烃，釜液送至解吸塔。解吸塔釜溶剂返回萃取蒸馏塔，塔顶碳五二烯烃进入脱重塔，脱重塔顶得到粗异戊二烯去进一步精制，塔釜得到环戊二烯和间戊二烯，与脱碳五塔釜粗环戊二烯一起再经常压、减压蒸馏，可获得＞85％的双环戊二烯。

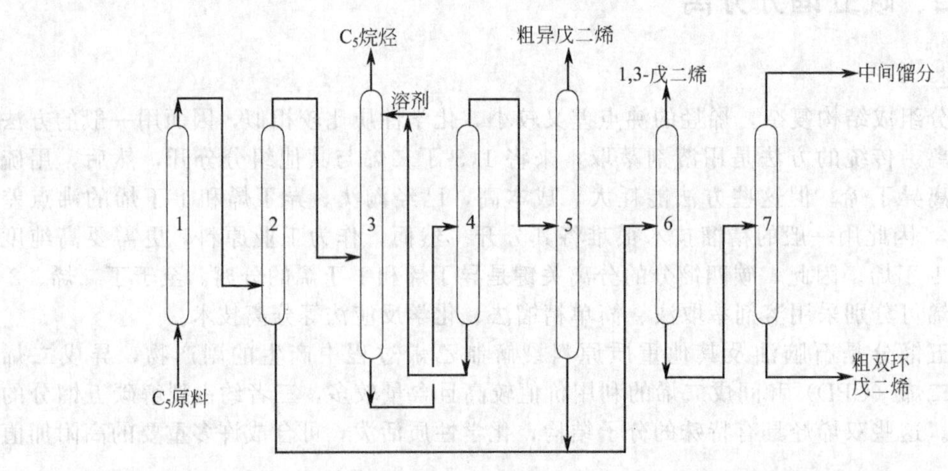

图7-1 碳五馏分萃取分离环戊二烯、异戊二烯和间戊二烯的工艺流程

1—二聚反应器；2—脱碳五塔；3—第一萃取蒸馏塔；4—脱轻塔；5—脱重塔；6—间戊二烯塔；7—真空塔

（3）高纯环戊二烯的生产工艺

管式反应器粗环戊二烯解聚工艺流程如图7-2示。工业上一般采用粗双环戊二烯加热解聚制取高纯度环戊二烯，反应温度200～450℃，可加稀释剂，也可不加稀释剂。经预热的原料粗环戊二烯与循环组分一起进入过热器，大部分环戊二烯汽化。过热器反应温度为250～300℃，压力为0.1～0.3MPa，流体流速为1.5～3.0（原料体积/管道体积）。由过热器出来的原料进入闪蒸塔，底部脱出未汽化的重组分，顶部物料进入解聚炉，保持温度在350～450℃，停留时间在0.5～3.5s，气体流速在60～90m/s。解聚后的气体进入汽提塔，塔内设有10～15块塔板，塔顶温度在50～60℃，塔釜温度在160～170℃，控制回流比在1～5。

汽提塔釜未解聚的粗环戊二烯以及甲基双环戊二烯二聚体返回过热器，塔顶环戊二烯和甲基双环戊二烯进入精馏塔，塔内置 30 块塔板，精馏塔顶蒸出纯度达到 99.5%的环戊二烯。该工艺可使用稀释剂（蒸汽或氮气等惰性气体）以缩短操作周期，但会增加分离难度。

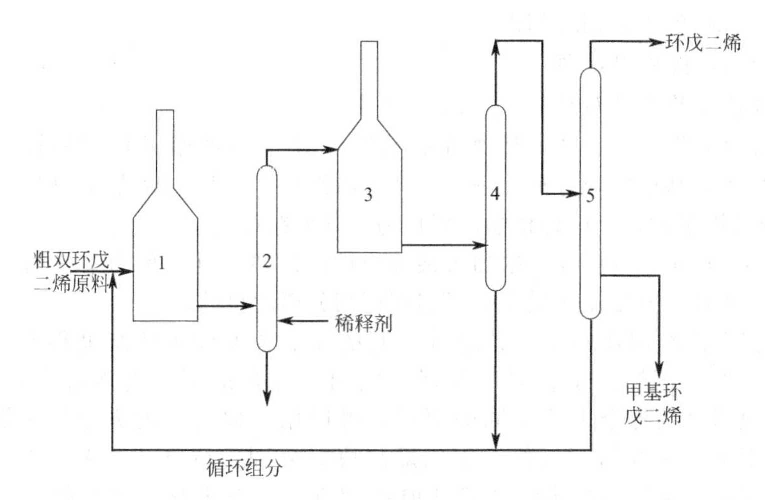

图 7-2　管式反应器粗环戊二烯解聚工艺流程
1—过热器；2—闪蒸塔；3—解聚炉；4—汽提塔；5—精馏塔

7.2.2.2　间戊二烯的分离

间戊二烯也是裂解碳五馏分中含量较高、应用较广的组分。采用萃取蒸馏法分离异戊二烯时，同时可以获得纯度为 70%～85%的间戊二烯浓缩物，再进一步精馏即可得到纯度为 90%～99%的间戊二烯。根据应用要求，可以采用简单的分离流程获得 50%～75%的间戊二烯浓缩物，此流程一般在热二聚分离环戊二烯后，将余下的碳五馏分再进行精馏分离来得到间戊二烯浓缩物。

7.3　丁二烯的生产及下游产品加工

7.3.1　概述

丁二烯（butadiene）通常指 1,3-丁二烯（1,3-butadiene），又名二乙烯、乙烯基乙烯，相对分子质量 54.092。其同分异构体 1,2-丁二烯，至今尚未发现工业用途。丁二烯在常温常压下为无色而略带大蒜味的气体，沸点 268.6K，在空气中的爆炸极限为 2%～11.5%（体积分数）。丁二烯微溶于水和醇，易溶于苯、甲苯、乙醚、氯仿、无水乙腈、二甲基甲酰胺、糠醛、二甲基亚砜等有机溶剂。丁二烯是一种非常活泼的化合物，易挥发，易燃烧，与氧气接触易形成具有爆炸性的过氧化合物及聚合物。气体丁二烯比空气重，一旦泄漏，易在地面及低洼地处集聚，与空气形成爆炸物，明火、静电等均能导致爆炸。在丁二烯的生产、储存和运输过程中，必须采用严格的安全措施。丁二烯具有毒性，低浓度下能够刺激黏膜和呼吸道，高浓度下能引起麻醉。工作现场空气中丁二烯的允许浓度为 0.1mg/L。

丁二烯分子具有共轭双键，易发生加成反应、聚合反应，是重要的石油化工基础原料，它的最大用途是生产各种合成橡胶（丁苯橡胶、丁腈橡胶、顺丁橡胶）。此外，丁二烯在合成树脂、合成纤维以及精细化工产品的合成方面也具有广泛的用途与价值。

1863 年卡文托（E. Cawenton）首次从杂醇油热分解生成物中发现丁二烯。1866 年白塞罗（M. Berthelot）用乙炔和乙烯的加成反应，第一次在实验室成功制备出丁二烯。从此之后各国研发出各种制造丁二烯的方法。

随着石油化学工业的发展，轻柴油裂解生产乙烯装置副产大量碳四馏分，这其中含有40%～60%的丁二烯，这就为丁二烯的生产提供了一种丰富而廉价的原料来源。因此，各种利用碳四生产丁二烯的工艺相继问世。

7.3.2 丁二烯的抽提生产原理

7.3.2.1 萃取精馏的基本原理

萃取精馏是在精馏塔中，加入某种高沸点溶剂，在溶剂的作用下，使难分离混合物的相对挥发度差值增大，从而实现分离的一种特殊精馏操作。这时，所谓的“轻”组分从塔顶蒸出；“重”组分从塔釜排除。这种精馏过程称为“萃取精馏”。

萃取精馏的实质是在碳四馏分中加入某种极性高的溶剂（又称为萃取剂），使碳四馏分中各组分之间的相对挥发度差值增大，以实现精馏分离的目的。

碳四馏分在极性溶剂作用下，各组分之间的相对挥发度和溶解度很有规律，相对挥发度顺序为：丁烷＞丁烯＞丁二烯＞炔烃。碳四馏分在溶剂中的溶解度，则与此相反。根据这一基本规律以及各个工艺不同的要求，可以用萃取精馏的方法将来源不同的碳四馏分中丁烷与丁烯、丁烯与丁二烯、丁二烯与炔烃分别进行分离。例如在丁烯氧化脱氢制丁二烯的过程中，采用乙腈为溶剂的萃取精馏方法，首先是将来自炼油装置的丁烷与丁烯分离（简称为前乙腈），再将丁烯氧化脱氢制丁二烯后的碳四馏分中丁烯与丁二烯分离（简称为后乙腈）。

萃取精馏最经典的流程如图7-3所示。萃取精馏塔1上部的一段（10块塔板左右），用于回收溶剂的。溶剂不是由塔顶部加入，而是在距塔顶数块塔板处加入。溶剂入口以下为萃取精馏段。要分离的混合物（A，B），由塔中部加入。“重”组分与溶剂一起由塔釜出去进入蒸出塔2，在这里将溶剂中的“重”组分蒸出，即“重”组分与溶剂进行分离，溶剂经过换热冷却后循环使用。近年来，为了节能，除充分利用溶剂的显热外，还在流程中做了改进。改进后的新流程如图7-4所示。

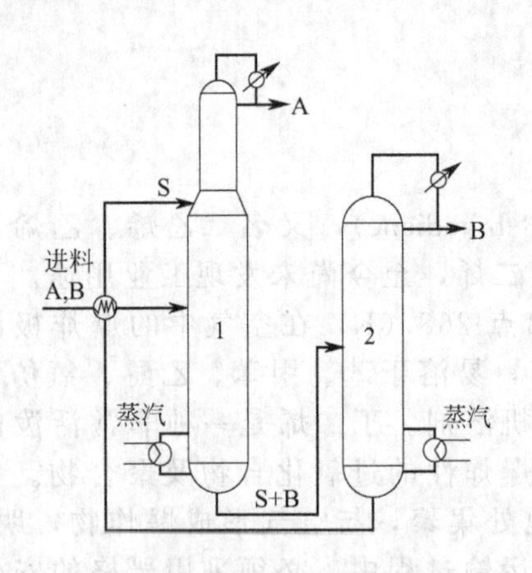

图7-3 经典萃取精馏流程
1—萃取精馏塔；2—蒸出塔

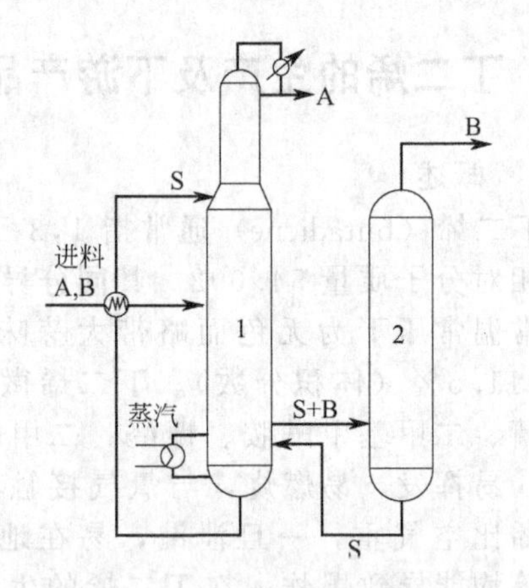

图7-4 改进萃取精馏流程
1—萃取精馏塔；2—蒸出塔

7.3.2.2 萃取精馏的操作特点

萃取精馏的最大特点是加入萃取剂，并且萃取剂的量较多（是被分离组分的5～17倍），沸点又高，在操作过程中每一层塔板上都要维持一定的溶剂浓度，一般为70%～80%，而且要使被分离组分和萃取剂完全互溶，严防分层，否则会使操作恶化，破坏正常的气液平衡，达不到预期的分离效果。根据这一操作特点，在进行萃取精馏操作时，应该注意以下几点。

（1）必须严格控制好溶剂比（即溶剂量与加料量之比）

溶剂比过大，则会使能耗显著增加，而且影响处理能力；反之，则会破坏正常操作，使其产品不合格。这是萃取精馏和工艺设计最关键的影响因素。

（2）萃取剂的进塔温度和含水量对操作的影响

萃取剂的进塔温度必须严格控制，一般比塔顶温度高3～5℃。因为萃取剂的用量大，它的温度微小变化都会影响到每层塔板上的各组分的浓度分布及气-液平衡。若萃取剂的温度低，会使塔内回流量增加，进而使"恒定浓度"降低，不利于正常分离；温度过高，则容易导致塔顶产品不合格。一般极性溶剂含水的目的是为了增加其选择性和降低操作温度，减少聚合。但含水量不宜过多，因为过多会降低碳四的溶解度。另外，含水的乙腈还会加剧其分解，对设备腐蚀加剧。乙腈含水量一般为5%～10%为宜。

（3）维持适合的回流比

这一点不同于普通精馏，萃取精馏塔的回流比一般非常接近最小回流比。当回流比过大，不仅不会提高产品的质量，反而会降低产品的质量。因为增加回流量就直接降低了每一层塔板上溶剂的浓度，不利于萃取精馏操作，使分离变得困难。

（4）被分离组分的进料状态和组分含量变化

在萃取精馏操作过程中，物料一般以饱和蒸气状态进入塔内，使操作较为平稳。也有的生产厂家采用液相进料，但相对能耗增加，对分离效果并无显著影响。原料中组分含量变化时，应随之改变操作条件。碳四馏分中丁二烯含量由44%改变到50%时，则萃取剂用量要随之增加，塔釜温度也要降低。

7.3.2.3　萃取剂的作用及选择

萃取剂的作用是利用其极性改变被分离混合物之间的相对挥发度。如碳四馏分从分子结构上看有明显的差别，丁烷全是饱和键，丁烯分子中有一个不对称双键，丁二烯分子中有两个对称双键（又称"共轭"双键），炔烃的分子中有一个叁键。而这种结构上的差别为碳四馏分分离提供了依据。

从碳四馏分中抽提丁二烯，所用的溶剂（乙腈、*N*-甲基吡咯烷酮、二甲基甲酰胺等）均是极性比碳四馏分高的物质，其结果使碳四馏分中各组分相对挥发度按炔烃＜二烯烃＜单烯烃＜丁烷的顺序排列。利用这一规律就可以用不同的工艺流程将它们一一分开，以满足不同分离要求。

萃取剂另外一个特点是对被分离组分具有很高的溶解能力，即对碳四的溶解度大，因此液相不易分层。

依据以上原理，选择萃取剂的主要标准有以下几点。

① 选择性高　即加入萃取剂后能大幅度地改变被分离组分的相对挥发度。

② 挥发性小　即具有比被分离组分高得多的沸点，且不与其他组分形成共沸物，以便于分离回收，萃取剂损耗少。

③ 萃取剂与被分离组分有足够的互溶度　即两者能良好地混合，使其在每层塔板上都充分发挥萃取剂的作用，且不发生化学反应。

④ 化学稳定性好　在高温下不分解，没有腐蚀，无毒或毒性小，从而使其在生产过程中安全、可靠，有利于环境保护。

⑤ 萃取剂应廉价，来源广泛易得。

7.3.3　丁二烯的抽提生产工艺

以碳四馏分为原料抽提生产丁二烯的实质是萃取精馏。目前，萃取精馏技术在我国石油化工方面应用较为成熟。因此，萃取精馏在丁二烯抽提生产过程中得到广泛应用。

萃取精馏又以萃取剂的不同分为乙腈（ACN）法、二甲基甲酰胺（DMF）法、*N*-甲基吡咯烷酮（NMP）法、二甲基乙酰胺法、糠醛法和二甲基亚砜法。此外还有醋酸铜氨溶液化学吸收法（CAA），它不同于萃取精馏。目前世界上碳四馏分的分离方法以萃取精馏分离为主，而萃取剂又以乙腈、二甲基甲酰胺、*N*-甲基吡咯烷酮三种为主，因此本小节仅以ACN法、DMF法、NMP法为主要介绍。

7.3.3.1 ACN法

(1) 工艺流程

乙腈法（ACN法）是以含水5%～10%的乙腈溶剂，采取萃取精馏的方法分离丁二烯。该法由美国壳牌（Shell）公司研究开发，于1965年工业化。乙腈法根据工艺流程的不同，又可以分为旧乙腈法、一级乙腈法和二级乙腈法三种。

① 旧乙腈法　该法的原理是通过加氢反应脱出碳四馏分中的碳四炔烃，采用一级萃取精馏除去丁烷、丁烯，再经脱轻组分塔除去丙炔，最后经脱重组分塔除去重组分得到成品丁二烯。此工艺特点技术陈旧，技术经济指标落后，已被淘汰。

② 一级乙腈法　该法的原理是碳四中碳四炔烃全部由脱重塔采用精密精馏方法从丁二烯中除去，要采用大的回流比（约为10）。此工艺特点不经济，而且成品丁二烯含炔烃量高，不能满足顺丁橡胶的聚合要求。

③ 二级乙腈法　该法生产过程基本与DMF法相同，采用第二级萃取精馏来清除丁二烯中的炔烃，不同之处在于不用压缩机。因为乙腈沸点低，又能与丁二烯形成共沸物，故必须增设用水萃取回收并提取乙腈的装置。我国自行开发的二级乙腈法抽提丁二烯工业装置，于1971年建成投产，并为引进的第一套裂解制乙烯装置配套。该装置的投产标志着国内首次已拥有了二级乙腈萃取精馏方法除炔烃的技术。

为了节能降耗，在引进日本JRS的技术基础上，依靠自己的技术力量对原有的装置进行了改进。改造后的工艺采用抽侧线除碳四炔烃技术，并能适应处理毫秒炉联产碳四馏分的需要（原料碳四主要炔烃含量高达2.5%～3%，丁二烯含量56%～60%）。改进后的工艺流程见图7-5。

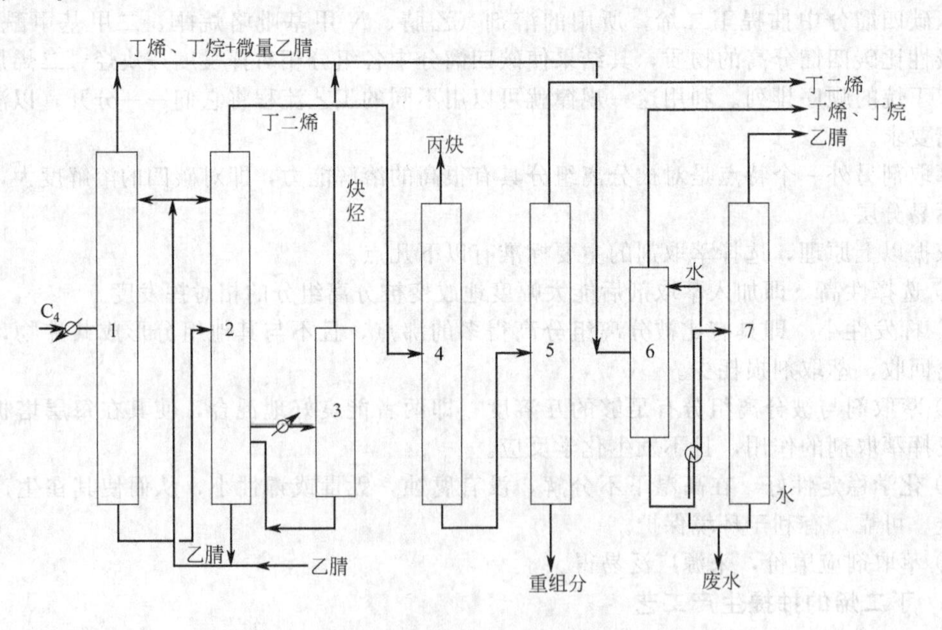

图7-5　改造后乙腈法碳四馏分提取丁二烯流程

1—第一萃取精馏塔；2—第二萃取精馏塔；3—侧线蒸出塔；
4—脱丙炔塔；5—脱重塔，6—水洗塔；7—乙腈回收塔

改进后的 ACN 法工艺流程为：先将乙腈分别加入塔 1、塔 2 顶部，碳四经加热气化后加入到塔中部。第一萃取精馏塔 1 塔顶出的丁烷、丁烯馏分送至水洗塔 6。丁烷、丁烯馏分中丁二烯含量降低到 3%（为了后加工以分离 1-丁烯，可以将塔板数增加，丁二烯含量可降低到 4.0×10^{-5}以下）。塔 1 釜排出的含有丁二烯和炔烃的饱和乙腈溶液，依靠自身的压力直接加入到第二萃取精馏塔 2 中部，省掉了原二级乙腈法中的丁二烯和乙腈、炔烃与乙腈两台解吸塔，使得第一、第二萃取精馏塔有机地连成一个大系统。塔 2 变成一台非常复杂的塔，上部起萃取精馏的作用，下部起解吸的作用。塔顶出来的丁二烯含碳四炔烃小于 3.0×10^{-6}。在塔 2 下部炔烃浓度较高的部位增设一个侧线口，将几乎全部的炔烃和重组分（丁二烯二聚体）采出，侧线馏分中乙腈是过量的。为回收其中的乙腈，增设了一台侧线蒸出塔 3，将炔烃和乙腈分离，塔釜乙腈返回到塔 2 下部，塔 2 顶部的炔烃送至水洗塔 6，回收其中的乙腈。

最后经过两级普通精馏塔 4 和塔 5，分别除去丁二烯中丙炔、顺-2-丁烯和重组分（乙腈）等。经改进的工艺流程，丁二烯中的少量乙腈没有采用水萃取的流程，而是借以脱重组分时一同除去，经生产实践证明这一技术是可行的。

改进后的二级乙腈法工艺流程大为简化、先进、合理，能耗降低 50%以上，操作周期延长，产品质量提高。经过七年多的生产实践，证明此工艺是切实可行的、功效显著。

(2) 工艺条件及典型设备

ACN 法抽提丁二烯比高沸点的（DMF，NMP）溶剂操作温度低，其最高温度为第二萃取精馏塔塔釜解吸段温度（134～135℃），所有塔顶冷凝器均用循环冷却水为冷剂。所有设备——塔器、容器、换热器、泵均采用碳素钢，其工艺条件见表 7-3。

表 7-3　主要工艺条件及控制指标

序号	项　　目	第一萃取塔	第二萃取塔	侧线蒸出塔	脱丙炔塔
1	加料量/(t/h)	6/7	40/46	2.2/2.3	3.5/4
2	乙腈加入量/(t/h)	36/42	8/10	—	—
3	回流量/(t/h)	14/16.4	7/8	1/2.0	3.6/4
4	塔顶采出量/(t/h)	2.3/2.8	3.9	0.5/1.2	0.02/0.05
5	塔釜采出量/(t/h)	40/72	36/70	1.2/2.8	3/5
6	温度(顶/釜)/℃	52/115	43/133	72.8/86	38/44
7	压力(顶/釜)/MPa	0.5/0.6	0.39/0.43	0.03/0.05	0.32/0.36
8	侧线出量/(t/h)	—	2.2/2.3	—	—
9	水洗比	—	—	—	—
10	塔径/m	2.2/2.4	1.6/2.0	0.8	1.2
11	塔板数/层	210	128	40	60
12	加料量/(t/h)	3/3.5	3.5/4	—	—
13	乙腈加入量/(t/h)	—	—	—	—
14	回流量/(t/h)	1.5/2	14/16	—	—
15	塔顶采出量/(t/h)	—	3.5/4	—	—
16	塔釜采出量/(t/h)	—	0.03/0.05	—	—
17	温度(顶/釜)/℃	80/103	44/58	/38±2	—
18	压力(顶/釜)/MPa	0.02/0.04	0.34/0.4	—	—
19	侧线出量/(t/h)	—	—	—	—
20	水洗比	—	—	1∶1.2/1.5	—
21	塔径/m	1.2	1.6	0.8	—
22	塔板数/层	37	90	填料	—

在生产过程中乙腈有少量的水解生成乙酸、氨和盐。氨随碳四烃逐渐排出，但在循环物料中积聚起来的醋酸则能起到催化水解作用并引起对设备的腐蚀。国内在 20 世纪 70 年代建

造的四套 ACN 法装置，均因为腐蚀问题而更新了丁二烯解吸塔。80年代以后，各厂都采取了有效措施，严格控制乙腈中水的含量（≤10%），加强对溶剂的净化和加入阻聚剂，收到了明显的效果。

ACN 法的特点是：操作温度低，不用压缩机；适应性强，技术成熟；近年来又有新的改进和提高，能耗降低，可以处理各种来源的碳四馏分。产品丁二烯质量较好，能满足顺丁橡胶聚合的要求。

(3) 辅料毒性及安全

乙腈是一种优良的溶剂，还可用在碳五馏分抽提异戊二烯等工艺上。溶剂乙腈来自丙烯腈副产物，价廉易得，对人体毒性小，属于低毒品。乙腈化学性质稳定（在高温下有少量水解，生成乙酸和氨，但对过程影响不大），腐蚀性小，故生产装置中全部设备可用碳素钢制造。

(4) 节能降耗

近些年来，国内有关厂家经过改进流程，优化工艺条件，使二级乙腈法的能耗明显下降。改进之一是在原有装置的基础上增加塔板，降低溶剂比。例如 20 世纪 70 年代国内 ACN 法溶剂比为 10～12，90 年代已降低到 6，不仅能耗降低，而且处理能力增加。改进之二是降低回流比。改进之三是充分利用溶剂和蒸汽凝液显热进行换热。此外，第一萃取塔增加了中间再沸器，使该塔蒸汽用量降低了 40%左右，节能效果十分显著。

7.3.3.2 DMF 法

用 DMF 作溶剂从碳四馏分抽取丁二烯的方法是由日本翁瑞（GEON）公司开发的，故此法也称 GBP 法。

(1) 工艺流程及特点

该法的工艺流程基本原理是采用二级萃取精馏，一级萃取精馏是除去比丁二烯相对挥发度大的丁烷、丁烯；二级萃取精馏是除去比丁二烯相对挥发度小的碳四炔烃。在脱轻组分塔中用普通精馏的方法除去丙炔和水，再在脱重塔中除去重组分即得到高纯度的成品丁二烯。工艺流程见图 7-6。

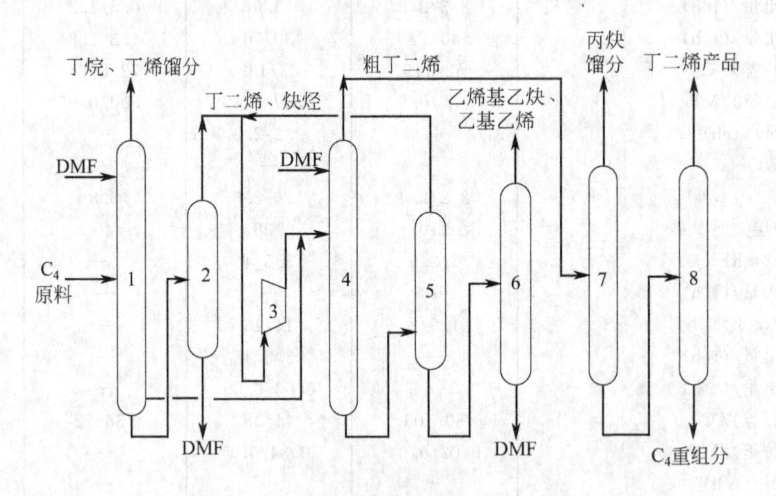

图 7-6 二甲基甲酰胺提取丁二烯流程

1—第一萃取塔；2—第一汽提塔；3—压缩机；4—第二萃取塔；
5—丁二烯回收塔；6—第二汽提塔；7—精馏塔；8—脱重塔

原料碳四馏分以气相进入丁二烯萃取精馏塔（第一萃取塔）1 中，由塔顶上部加入溶剂（DMF），丁烷、丁烯馏分由塔顶采出，直接送出装置，进一步加工利用或作民用液化气烧掉。塔釜中溶解于溶剂中的丁二烯、碳四炔烃（主要为乙烯基乙炔、丁炔）进入第一汽提塔2。丁二烯和炔烃由塔顶采出，经螺杆式压缩机加压后进入炔烃萃取精馏塔（第二萃取塔）4。溶剂由塔2塔釜采出，经过热利用循环使用。塔4上部加入少量的溶剂，脱出炔烃后，丁二烯由塔4顶采出，进入脱轻组分塔。含有炔烃、丁二烯的溶液，由塔4釜采出，进入丁二烯回收塔5、第二汽提塔6，炔烃及部分丁二烯由塔6塔顶采出，可直接送装置作燃料烧掉，溶剂由塔釜采出，经热利用后循环使用。丙炔由塔7塔顶采出，送入火炬系统。丁二烯由塔7塔釜采出，进入脱重塔8。成品丁二烯由塔8塔顶采出，重组分由塔釜采出。为了净化溶剂，还设有溶剂精制系统（图中未示出）。

为了满足顺丁橡胶对原料的要求，我国对引进的六套DMF法生产装置，均设置了一套水洗系统，可使成品丁二烯中二甲胺值$<1\times10^{-6}$。

为了提高装置的生产能力，在第一萃取塔后面增设了一台丁二烯预汽提塔，利用压差直接将部分丁二烯加入到炔烃精馏塔（即二萃塔），而不经过压缩机，这样使DMF法装置生产能力大大提高。同时，在其他方面（例如萃余丁烯中丁二烯含量、溶剂比、塔板数）进行系列的改进后，国内形成了一套完整技术路线。

DMF法工艺的特点是：操作温度较高，阻聚剂效果好，操作周期可连续运转一年左右；溶剂无水，无设备腐蚀；该溶剂对炔烃选择性好，产品丁二烯质量高。DMF法适用于从裂解碳四馏分、丁二烯氧化脱氢碳四馏分和丁烷脱氢碳四馏分中抽提丁二烯。

根据该工艺的特点，在生产过程中应该注意以下几点：

① 根据碳四馏分中丁二烯含量多少的变化，及时调整溶剂比，保证一级萃取精馏塔塔顶的产品质量合格；

② 适当降低各塔的操作温度和操作压力，有利于减少丁二烯的自聚，从而达到延长操作周期的目的；

③ 连续加入阻聚剂，是减少系统自聚的有效方法。

DMF法工艺设备的材质均采用碳钢，其中包括塔器、容器、换热器等。工艺中的洗胺塔除其中一台洗胺塔为填料式，其余均为浮阀式。本工艺的关键设备是丁二烯螺杆式压缩机。DMF法工艺流程的主要特点是采用复杂的萃取精馏塔操作，因此除具有一般精馏的特点外，还有两个关键性控制因素：一是溶剂量和溶剂进塔温度，因为溶剂浓度在全塔中为70%～80%，因此它的微小变化会使碳四馏分的分布都有明显的变化；二是回流比，应稳定在一定最佳值，不宜过大，否则会降低溶剂在塔板上的浓度，对分离不利，而且会增加能耗。

（2）节能降耗

① 合理利用溶剂的显热　DMF法工艺中溶剂显热是指溶剂DMF在不改变相态的情况下，在各塔器中因温度降低所释放出的热量。通过设置显热交换器进行换热，这样一来溶剂的显热全利用，有效地节约了蒸汽消耗。

② 蒸汽凝液的显热合理利用　减少了成品精馏塔系统的蒸汽用量。

③ 改进工艺增加塔板数　改进工艺增加塔板数，降低回流量，这也是节能有效的措施之一。在满足产品质量的前提下，应尽量降低回流量，这样达到节省蒸汽用量与节省冷却水用量，起到有效节能的功效。

（3）辅料毒性及安全

二甲基甲酰胺是一种优良的溶剂，除广泛用于碳四抽提丁二烯外，还可以用于碳五抽提异戊二烯等，该溶剂无水时对设备无腐蚀性。二甲基甲酰胺（DMF）的主要物理性质见表7-4。

表 7-4 丁二烯分离用萃取剂的一般物理性质

指 标	乙腈	DMF	二甲基乙酰胺	糠醛	*N*-甲基吡咯烷酮
相对分子质量	41.0	73.1	87.1	96.1	99.1
沸点/℃					
无水萃取剂	81.6	152.7	165.8	161.7	202.4
含水萃取剂					
含 5%水	78.0	130.7	136.7	—	142.1
含 10%水	76.7	—	125.4	—	—
熔点/℃	−46	−61	−64	−34	—
20℃时的密度/(g/m³)	0.7830	0.9439	0.9430	1.1598	1.0270
25℃时的黏度/mPa·s	0.35(21℃)	0.80	0.92	1.70	1.65
空气中最高允许浓度/(mg/m³)	10	10	—	10	100

二甲基甲酰胺具有一定毒性，对人体有特异性损害，对胃、肾脏以及血液循环系统也有一定的损害。空气中最大允许浓度为 10mg/m³。

7.3.3.3 NMP 法

目前碳四馏分抽提生产丁二烯采用最多并非常具有竞争力的工艺路线有 CAN（乙腈）工艺、DMF（二甲基甲酰胺）工艺及 NMP（*N*-甲基吡咯烷酮）工艺。这些路线的基本抽提原理和基本工艺过程大体相同，热利用都达到了极限，具体分离组合差别较小，主要差别在溶剂、溶剂的性能，及由此而造成的产品收率、产品质量、装置投资和消耗指标的差别上。按主要和综合方面的指标来看，以 NMP 工艺为目前抽提最佳工艺。见图 7-7。

(1) 工艺流程及特点

原料碳四馏分由吸收塔 1 中部侧线进入，在塔底得到碳五组分，塔顶组分加热气化循环，继续前一步操作至脱出大部分碳五（主要为轻组分）后。塔 1 顶部采出馏分进入解吸塔 2，塔 2 底部组分经热交换由塔 2 上部侧线进入循环；塔 2 顶部采出馏分进入吸收塔 3，在塔 3 顶部加入含水 NMP 溶剂，丁烷、丁烯由塔 3 顶部采出，直接送出装置；塔 3 塔釜的丁二烯、丁烯、碳四炔烃、溶剂进入脱气塔 4，塔 4 顶部采出碳四由塔 3 下部侧线进入循环利用，塔 4 底部采出组分经泵输送至丙炔精馏塔 6，塔 4 上部侧线采出馏分送入水洗塔 5 下部侧线；由塔 5 顶部加入含水 NMP 溶剂，洗涤后由塔 5 的顶部采出得到粗丁二烯，底部采出组分经泵输送至塔 4 循环利用；丙炔精馏塔 6 顶部采出含丁二烯的组分经压缩机 9 输送至塔 4 下部侧线循环利用，底部采出组分经泵输送至塔 2 循环利用，上部侧线采出含溶剂 NMP 的组分送至蒸馏塔 7 中部侧线；塔 7 的顶部采出炔烃、1,2-丁二烯，底部采出 NMP 由塔 6 的中部侧线返回循环利用；由塔 5 顶部采出的粗丁二烯送入丁二烯精制塔 8，由塔 8 顶部采出甲基乙炔、C_3 馏分，底部得到 C_5 重组分，下部侧线得到产品丁二烯。为了净化循环溶剂，另设有溶剂精制系统，本流程未画出。

日本合成橡胶（JSR）公司研究开发的节能新工艺，通过改变溶剂进入吸收塔 1 的位置，取得了较好的节能效果。溶剂加入位置由原来的第 94 块塔板（自上而下）改为第 52 块塔板。塔顶温度为 45.2℃，塔釜温度为 63.5℃，回流比为 0.65，溶剂循环量为 37t/h。

工艺改进后，溶剂用量比原来减少了 38%，再沸器所需热量减少了 26.6%。由于溶剂用量减少，脱气塔 4 的塔顶气体进入压缩机的量也随之减少，从而可使用较小功率的压缩机，因此获得节能效果。

关于丙炔的脱除问题，因丙炔和丁二烯在极性溶剂中的相对挥发度几乎相等，所以不能用萃取精馏法脱出。反之用普通精馏法很容易脱除。还有顺-2-丁烯在萃取过程中，虽比丁二烯“轻”，但不必完全脱除，而在最后用普通精馏法脱除较为经济。

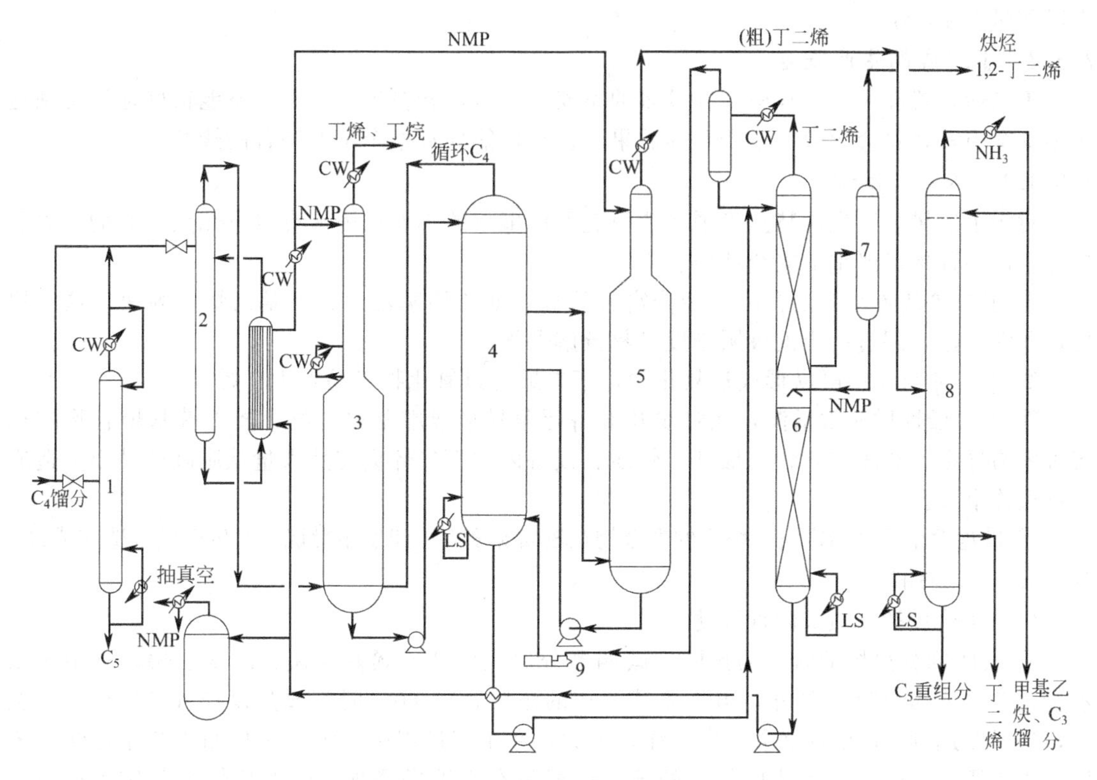

图 7-7 NMP 法工艺流程

1,3—吸收塔；2—解吸塔；4—脱气塔；5—水洗塔；

6—丙炔精馏塔；7—蒸馏塔；8—丁二烯精制塔；9—压缩机

NMP 工艺的特点是溶剂化学稳定性好，对碳四馏分具有很好的溶解能力，选择性与抗水性较好。由于向溶剂中加入水（5%～10%），使其沸点在常压下由 202℃降低到 125.5～143.5℃之间。另外碳素钢设备无腐蚀作用，对炔烃选择性较好，产品质量高，吸收塔的溶剂比为 10～18。

（2）典型设备

NMP 工艺设备材质均采用碳素钢，除一台螺杆压缩机外，其余为塔器、容器、换热器和泵。压缩机为双螺杆，功率为 2000kW，吸气量为 22000m^3/h，排水压力为 0.64MPa。

NMP 工艺的设备台数为 100，GPB 工艺的设备台数约为 125，老的 ACN 法设备台数多于 125 台，由此可看出，改进的 ACN 工艺设备投资最大，GPB 工艺居中，NMP 工艺最小。GPB 工艺的溶剂 DMF 综合性能不如 NMP，改进 ACN 工艺虽然向 NMP 工艺靠近，但溶剂 ACN 性能差，说明 NMP 性能最好，工艺最先进，

（3）辅料毒性及安全

NMP 无毒性，DMF 和 ACN 均有毒。燕山石化公司合成橡胶厂丁二烯抽提装置采用 DMF 溶剂。定为有毒岗位。工人实行五班制，三班倒，一班工人专门疗养。曾发生过两名检修工人手沾 DMF 溶剂发生急性中毒送进医院抢救的实例。此外，含 DMF 溶剂的污水，不易生化处理。乙腈也有毒，按 LD_{50} 标准，实验数据中其毒性最大。按溶剂蒸气在空气中的允许浓度，DMF 值最小，乙腈接近 DMF，NMP 最大，说明 DMF 和 ACN 毒性大，同时也说明 NMP 法具有优越性。

（4）能耗

ACN 法电能消耗较少，NMP 和 GPB 相近。但从蒸汽耗量、冷却水耗量、溶剂耗量等

均以 NMP 为最好。

7.3.4 丁二烯的生产安全

丁二烯装置在生产过程中存在较多的不安全因素，若在生产过程中不能很好地注意到这些不安全因素，将会导致非常严重的后果，甚至可能导致整个生产装置的毁坏。

7.3.4.1 不安全因素

对于丁二烯装置生产特点来说，能引起恶性事故的不安全因素有以下几点，它们均对丁二烯生产装置构成严重的安全威胁。

① 丁二烯装置原料混合碳四馏分富含炔烃，如乙烯基乙炔、乙基乙炔、丙炔，这些炔烃均非常危险，超过一定的极限浓度极易分解爆炸。

② 丁二烯与氧接触易形成过氧化物，丁二烯的过氧化物极易发生自燃。

③ 丁二烯性质非常活泼，在管线及设备死角易形成端基聚合物，随着端基聚合物的积聚很容易导致管线胀破，设备破坏，管线、设备内的丁二烯会突然大量从胀破处冲出，造成火灾爆炸事故。

④ 塔盘发生聚合堵塞时，塔内的聚合物在较高温度下可能发生燃烧，对生产设备造成威胁。

7.3.4.2 预防措施

(1) 对炔烃类物质危险性预防

① 碳四馏分炔烃危险性的预防　碳四馏分炔烃包括乙烯基乙炔、乙基乙炔，其中尤以乙烯基乙炔最为危险。据研究当乙烯基乙炔的浓度达到 80% 时，放热反应在 140℃ 开始发生，当温度达到 165℃ 时就会发生爆炸。因此，在生产过程中必须严格控制乙烯基乙炔的浓度。丁二烯装置碳四炔烃浓度最高的地方一般是在水洗塔塔顶，碳四炔烃由此排到火炬系统，因而必须严格控制好该处的碳四炔烃尤其是乙烯基乙炔的浓度，保证装置生产安全。实际生产过程中一般采取以下措施控制碳四炔烃浓度在安全要求范围内。

a. 保持脱气塔侧线采出温度稳定在 125～130℃，以保证水洗塔采出组分的相对稳定。

b. 保证炔烃在线分析的准确性，即在线分析能够准确及时地反映采出物流中碳四炔烃的浓度。因此，在线分析准确性相当重要，它可以保证炔烃的安全，也还可以减少非排放损失，从而依据炔烃浓度来调整排放量。

c. 调整好抽余液稀释物流的量。由脱气塔侧线采出的物流中大部分是水，当经洗炔塔塔顶冷凝器冷却后，水冷凝为液体，这时碳四炔烃的浓度会因组分水蒸气的消失而急剧升高，因此炔烃物流在进入冷凝器前必须先用抽余液进行稀释，这样可以保证经冷却器后的炔烃物流炔烃浓度不超标。因此必须控制抽余液稀释物流的流量，当出现原料中炔烃浓度升高时，应及时适当地提高稀释抽余液的量。

② 丙炔危害性的预防　在碳四炔烃中，丙炔也是一种高度危险的炔烃，丙炔的浓度越高，越容易发生爆炸。当丙炔的浓度达到 40% 时，在 100℃ 就会发生爆炸；当丙炔的浓度达到 80% 时，仅在 25℃ 时就会发生爆炸。因此，在生产中必须严格控制系统中丙炔的浓度。主要控制措施有如下几点。

a. 控制好丙炔塔的操作稳定，防止操作波动。

b. 依据设计数据控制丙炔塔顶的温度。

c. 保证在线分析的准确性，定期以化验室分析标定在线分析的准确性，以防止丙炔的浓度超过 50%。

d. 丙炔管线易发生堵塞，为防止丙炔管线堵塞，影响丙炔排放，定期增大丙炔物流的排放，冲洗可能的堵塞物并试通管线，从而达到防止丙炔管线堵塞、疏通管线的作用。

③ 碳四炔烃及丙炔浓度超标后的处理

a. 碳四炔烃排放浓度超标后的处理　碳四炔烃浓度分析接近或超过50%时，应增加碳四炔烃排放量，通过降低塔釜再沸器蒸汽量和降低脱气塔侧线采出点的温度，同时增大抽余液稀释物流。

b. 丙炔浓度超标后的处理　当丙炔塔顶温度接近42℃或浓度达到50%时，应增大丙炔排放量，同时增大塔釜再沸器凝液量以增大塔上升蒸气量，从而达到稀释丙炔。

④ 进一步减少炔烃危害的方法　引进选择性加氢技术，将碳四馏分中的炔烃进行加氢转化为烯烃。这样丁二烯装置的安全性将会提高，同时产品收率会增大，加工损失率会降低。

(2) 抑制生成丁二烯过氧化物

丁二烯必须在较高氧含量的前提下才能够生成丁二烯过氧化物，因此必须控制好丁二烯装置系统氧含量，尤其在丁二烯浓度较高的场所更需要监控好氧含量。基本措施有以下几点。

① 装置区丁二烯纯度较高的场所如第二萃取精馏塔、丙炔塔顶、丁二烯精馏塔顶等应定期通过排火炬线排放降低塔顶氧含量。

② 对装置的第二萃取精馏塔、丙炔塔顶、丁二烯精馏塔顶定期做氧含量分析，控制氧含量低于10ppm。

③ 对罐区丁二烯储罐、碳四馏分罐做定期氧含量分析，用高纯度氮气进行置换氧气从而降低氧含量。

④ 对易漏氧的真空系统定期进行气密性检测，防止真空系统泄漏，氧进入真空系统。

(3) 防止管线、设备死角产生端聚物

若要防止管线、设备死角产生端聚物，应设法减少死角或强制死角部位流动。防止管线、设备死角产生端聚物的措施有以下几点。

① 将丙炔塔、丁二烯精馏塔再沸器全部投入使用，不留备用以防止备用再沸器成为死角。当再沸器有堵塞现象时，通过实验将堵塞较严重的再沸器切除清理后重新投入使用。

② 在安全阀引线较长的引入线根部增加爆破膜，以减少死角。

③ 在丁二烯纯度较高的第二萃取精馏塔、丙炔塔顶、丁二烯精馏塔顶冷凝器折流板上部增加液体喷射线，这个射线由回流线上引出，一方面增加流动性，另一方面增加阻聚剂的含量，以防止端聚物的形成和集聚。

④ 在死角例如切换阀门处增加喷射线，以使这一段死角通过液体进而防止死角的形成，达到防止端聚物在此生成并生长集聚。

(4) 防止聚合物燃烧

在停工处理过程中采取以下措施可以达到防止聚合物燃烧的目的。

① 在塔倒空后，当可燃气测爆合格后才能够进行蒸汽蒸煮，防止聚合物吸附过多的丁二烯。

② 蒸汽蒸煮后，再向塔内充入氮气待塔内温度降至40℃后，才开始拆卸塔入孔。

③ 拆卸塔入孔后采取自然通风，并加强监测塔壁温度情况，以防止聚合物燃烧。

7.3.5　丁二烯下游产品

丁二烯是重要的石油化工基础原料，它的最大用途是生产各种合成橡胶（丁苯橡胶、丁腈橡胶、顺丁橡胶）。聚丁二烯橡胶（简称BR）是仅次于丁苯橡胶的世界第二大通用合成橡胶，具有弹性好、耐磨性强、耐低温性能好、生热低、滞后损失小、耐屈扰性、抗龟裂性以及动态性能好等优点，可与天然橡胶、氯丁橡胶以及丁腈橡胶等并用，在轮胎、抗冲击改性、胶带、胶管以及胶鞋等橡胶制品的生产中具有广泛的应用。此外，丁二烯在合成树脂、合成纤维以及精细化工产品的合成方面也具有广泛的用途。

丁二烯下游产品按照聚合物的微观结构，聚丁二烯橡胶可分为高顺式聚丁二烯橡胶（顺式-1,4-丁二烯结构90%以上，即国内所说的顺丁橡胶）、低顺式聚丁二烯橡胶（顺式-1,4-丁二烯结构35%～40%，简称LCBR）、中乙烯基聚丁二烯橡胶（1,2结构35%～65%）和高反式聚丁二烯橡胶（反式-1,4结构65%）4种产品。其微观结构的不同主要取决于催化剂、聚合溶剂和聚合反应温度。钴系、钛系、镍系和稀土钕系催化剂主要用于生产高顺式-1,4-聚丁二烯橡胶，其他聚丁二烯橡胶品种则主要采用锂系催化剂体系。

① 丁腈橡胶　由丙烯腈与丁二烯乳液聚合得到的产品通称为丁腈橡胶。通常按丙烯腈含量（一般15%～50%）来划分丁腈橡胶的品种。因为丁腈橡胶具有耐油性和耐老化性能，可用来制造油箱、耐油胶管、垫圈等工业产品。此外，将丁腈橡胶加入到聚氯乙烯以及ABS树脂中，可以对其改性，达到不同客户的需求。

② 丁苯橡胶　丁二烯与苯乙烯乳液聚合可以聚合生产丁苯橡胶和胶乳。丁苯橡胶是目前合成橡胶中能够替代天然橡胶的一种产量最大的通用橡胶，主要用来制造汽车轮胎。

③ 氯丁橡胶　2-氯-1,3-丁二烯乳液聚合可以得到氯丁橡胶，其原料可由丁二烯和氯气反应制取。

④ 聚丁二烯橡胶　聚丁二烯橡胶又称顺丁橡胶（结构单体是顺式-1,4-丁二烯），经溶液聚合法生产得到。聚丁二烯橡胶具有弹性大、耐磨性优良、耐老化性强和发热量小等优越性能，广泛被用于汽车轮胎制造。国内20世纪60年代自行研发的顺丁橡胶技术，经过多年的技术改进，产品质量有了显著的提升。

除此之外，随着塑料工业的迅猛发展，利用丁二烯、丙烯腈和苯乙烯三元共聚制得ABS树脂，具有耐冲击、耐热、耐油、耐化学药品性、易于加工等优越性能，因而得到广泛应用。利用甲基丙烯酸甲酯代替丙烯腈进行改性可以得到MBS树脂。丁二烯在不同条件下与苯乙烯可以生产BS和SBS等产品。

7.4 正丁烷氧化制顺丁烯二酸酐工艺

7.4.1 概述

顺丁烯二酸酐（maleic anhydride）又名马来酸酐或2,5-呋喃二酮，简称顺酐。为无色针状或粒状结晶，熔点为326.1K，易升华，有强烈刺激性气味。顺酐可溶于乙醇、乙醚和丙酮，在苯、甲苯和氯仿中有一定的溶解度，难溶于石油醚和四氯化碳。顺酐与热水作用会水解生成顺丁烯二酸（俗称马来酸）。

顺酐（MA）由于其分子中含有共轭马来酰基，即一个乙烯键连接两个羰基，性质非常活泼，能发生加成、自聚、共聚、酰胺化、烷基化、酯化、磺化、水合、氧化和还原等多种反应，所以其深加工产品种类很多，主要有不饱和聚酯树脂（UPR）和1,4-丁二醇(BDO)、增塑剂、表面涂料、农用化学品、润滑剂、苹果酸和富马酸等，用途很广泛。

顺酐的主要生产方法有苯氧化法、碳四馏分氧化法和正丁烷氧化法，各种原料路线均以其独特优势在技术开发和工业应用。

在我国1960年以前，苯氧化法是顺酐工业生产的唯一方法。苯氧化法生产历史悠久(始于1928年)，工艺技术成熟，产率高，因此至今仍有30%～40%的顺酐是采用此法生产的。但由于苯原料中存在两个多余碳原子从而决定它是一种固有的低效原料，其技术现在逐步淘汰。碳四馏分氧化法是以碳四馏分为原料，空气为氧化剂，在V-P-O系催化剂作用下生产顺酐的方法。此法具有原料价廉易得、催化剂寿命长、产品成本较低等优点。但是由于碳四馏分组分复杂，目的产物收率和选择性较低，其技术推广受到诸多限制。到20世纪80年代中期，世界范围的MA工业的发展全部集中在正丁烷制MA工艺路线。

7.4.2 正丁烷氧化制顺丁烯二酸酐工艺

7.4.2.1 反应原理

在催化剂的作用下，正丁烷氧化制顺丁烯二酸酐主反应方程式为：

$$C_4H_{10}+\frac{7}{2}O_2 \longrightarrow \text{(顺丁烯二酸酐)} +4H_2O$$

主要副反应是原料丁烷和产物顺酐的深度氧化产生一氧化碳和二氧化碳，反应方程式为：

$$C_4H_{10}+\frac{11}{2}O_2 \longrightarrow 2CO+2CO_2+5H_2O$$

$$\text{(顺丁烯二酸酐)} +2O_2 \longrightarrow 2CO+2CO_2+H_2O$$

从上述反应方程式可见，正丁烷氧化法的主、副反应是强放热反应。因此，在反应过程中及时移出反应热十分关键。如果工艺条件控制不当，反应最终都将生成副产物一氧化碳和二氧化碳。

正丁烷氧化制顺酐的催化剂是以 V-P-O 为主要组分，并添加各种助催化剂。一般的助催化剂组分为：Fe、Co、Ni、W、Cd、Zn、Bi、Li、Cu、Zr、Cr、Mn、B、Mo、Si、Sn、U、Ba 和稀土元素等氧化物。加入助催化剂主要是用于增加催化剂的活性、选择性或调节催化剂表面酸碱度以及 V-P 配位状态。

7.4.2.2 催化剂

正丁烷转化成 MA 工艺路线的日益重要，致使人们不断地研究、开发和改善该工艺。自 1980 年以来，美国专利开始公布有关 MA 的专利技术，研究主要集中在催化剂方面。用正丁烷生产 MA 使用的催化剂是钒-磷-氧化物（V-P-O)。制备该催化剂工业化的最佳工艺是钒氧化物和磷酸反应生成钒基磷酸氢盐（$VOHPO_4 \cdot 0.5H_2O$)，然后将该物质加热使其失水，不可逆地生成钒基焦磷酸 $(VO)_2P_2O_7$，钒基焦磷酸是正丁烷转化成 MA 所需的催化活性相。

V_2O_5 与 H_3PO_4 可在水或有机介质（例如异丁醇）中反应生成 $VOHPO_4 \cdot 0.5H_2O$。使用有机介质可使催化剂比表面积增加，对反应物的吸附能力增强以至于正丁烷氧化活性增加；另一作用是影响活性相结晶，与水介质工艺路线制备的催化剂相比，这种影响持续存在于活性相，并导致在催化剂表面产生路易斯酸结点，这些结点吸收氢原子，使催化剂表面上的正丁烷活化。

对于 $VOHPO_4 \cdot 0.5H_2O$ 转化为 $(VO)_2P_2O_7$ 有两类专利技术。第一类是通过钒基磷酸氢盐在控制环境下加热到 415℃与氮气、空气和蒸汽结合而转化。第二类是催化剂置于 MA 反应器时钒基磷酸氢盐转化成活性相的一种原位工艺过程，这一工艺过程使空气中的催化剂与逐渐进入的催化剂缓慢加热生成气体流出物。使用原位活化法的投资较小，但由于反应器流向分布不均，使活性催化剂中存在非均匀性的可能。另一方面，控制环境工艺的使用减少了工厂停工的概率，并增加了反应器中催化剂的均匀性。

在合成期间，有时在 V-P-O 催化剂中添加助剂以提高其活性和选择性。助剂可在催化剂前驱体形成期间添加，也可在转化到其活性相前浸渍到催化剂前驱体表面。一般它们在催化剂中起双重结构作用，首先助剂促进催化剂前驱体转化成期望的 V-P-O 活性相，并降低非选择 V-P-O 相的数量；其次助剂参与控制催化剂活性的一种固溶体的形成。

由于V-P-O催化剂不稳定，所以长时间在反应温度下有失去磷的倾向。固定床反应器中的热点有加速磷损失的趋势，磷损失将造成催化剂选择性降低。为减轻这些因素的影响，并创造催化剂在较低温度下可以操作的环境，生产中常将挥发性有机膦化合物加到反应器中以减缓催化剂的磷损失。补充磷还有控制催化剂活性的效应，以改善催化剂在反应器中的选择性。另外，填充于反应器中的催化剂可用惰性物质分层，以减少每个单位体积的反应程度，这样可降低催化剂热点温度。采用这些措施后，可减小反应器中积热，改善催化剂的性能。

流化床反应系统赋予V-P-O催化剂系统其独特的性质。流化床反应器内部的混合过程对V-P-O催化剂的机械强度提出一种更高要求，这就要求催化剂具有一定的抗磨损性。为满足这一要求，V-P-O通常与胶体硅或多硅酸一起喷雾干燥。用胶体硅制备的V-P-O催化剂会使选择性下降。而采用多硅酸喷雾干燥的催化剂不会使选择性下降。

7.4.2.3 工艺条件

(1) 反应温度

在一定空速和进料浓度条件下，反应温度对正丁烷氧化制顺酐的转化率和选择性有不同的影响。正丁烷的转化率随温度的升高而增加，而反应的选择性随温度的升高而下降。这是因为随着温度的升高，容易发生深度氧化反应生成一氧化碳和二氧化碳。

(2) 空速

空速对正丁烷氧化反应制顺酐的转化率具有一定影响。当空速太低时，反应接触时间太长，虽然转化率高，但是容易造成深度氧化，导致收率降低；当空速过高时，反应接触时间太短，反应转化率太低，同样造成收率降低。可是当空速增加时，生成顺酐的反应选择性和催化剂生产能力增加。因此，适宜空速的选择需综合考虑多方面因素，诸如原料消耗、设备投资、三废处理要求等。

(3) 原料气中正丁烷浓度

随着原料气中正丁烷浓度的增加，正丁烷的转化率和顺酐的收率均有所下降，而生成顺酐的反应选择性在正丁烷浓度（体积分数）为1.2%～2.2%范围内变化不明显。当正丁烷浓度为2.6%时，生成一氧化碳和二氧化碳的副反应有较大增加。另外，随着正丁烷浓度的增加，催化剂的生产能力有明显的增加。但当正丁烷浓度达到爆炸极限内时，操作不安全。工业上生产一般正丁烷浓度控制在1.5%～1.7%，采用流化床反应器比采用固定床反应器的正丁烷进料浓度要高，甚至可在爆炸极限范围内操作。

7.4.2.4 工艺流程

在催化剂作用下，以正丁烷和空气（或含氧气体）为原料制顺酐工艺有：固定床法、流化床法和移动床工艺。后处理（回收、精制）工艺主要有水吸收和非水吸收。从世界各国开发研究的正丁烷氧化制顺酐的工艺路线来看，固定床、流化床和移动床三种工艺路线各具特色。

20世纪90年代以前，以正丁烷为原料氧化制顺丁烯二酸酐的工业生产装置以固定床法为主。但由于固定床氧化工艺存在较多的缺点，如催化剂床层易出现热点区导致温度控制困难；原料中正丁烷浓度较低（一般控制在爆炸极限外，正丁烷浓度≤1.8%），单管生产能力低，反应管数多；催化剂装卸不便等。因此，在20世纪80年代末期流化床氧化生产顺丁烯二酸酐的工艺方法得到迅速的发展。这主要是因为该工艺还具有传热好并能够控制在恒温下操作，催化剂装卸容易，维修方便，不必使用熔盐或可燃性传热介质等优点，而且连续开工周期长，有效利用了能量，降低了成本。流化床氧化生产顺丁烯二酸酐的工艺方法的特点是反应物料中正丁烷的浓度高，甚至可以在正丁烷爆炸极限（体积分数）1.86%～8.41%的浓度范围内操作，这不仅降低了压缩空气等动力费用，而且反应生成气体中的顺酐浓度较高，使后期处理工艺也较为经济，获得了较大的生产能力，所以目前流化床技术得到了广泛的应用。正丁烷移动床氧化制顺酐是当前被关注开发的新技术，正在工程技术开发之中。

(1) 正丁烷固定床氧化制顺酐工艺

典型的正丁烷固定床氧化制顺酐工艺流程如图7-8所示。原料正丁烷在汽化器汽化并加热后，与经过滤并压缩到反应所需压力的空气混合，一起通入列管式固定床反应器3，在V-P-O催化剂的作用下发生氧化反应。利用熔盐在反应管间的强制循环移出反应热以控制反应温度，并副产高压蒸汽。反应器出口气体首先进入热交换器6与软水进行热交换，再经冷却使其温度降低到顺酐的露点以下，进入分离器7，40%～50%的顺酐可以在分离器7冷凝析出并进入粗顺酐槽。分离器顶部出来的气体进入洗涤塔9，用水逆流洗涤，把未能够冷凝的顺酐全部变成顺酸，顺酸溶液集聚在洗涤塔底部的酸储槽里，水洗涤后的尾气送到火炬系统燃烧。酸储槽里的顺酸用泵送至脱水塔10脱水后，粗顺酐进入粗酐储槽8，塔顶蒸出水经冷凝后循环回洗涤塔9。粗顺酐用泵送入精馏塔11精制即得到熔融状态顺丁烯二酸酐产品。

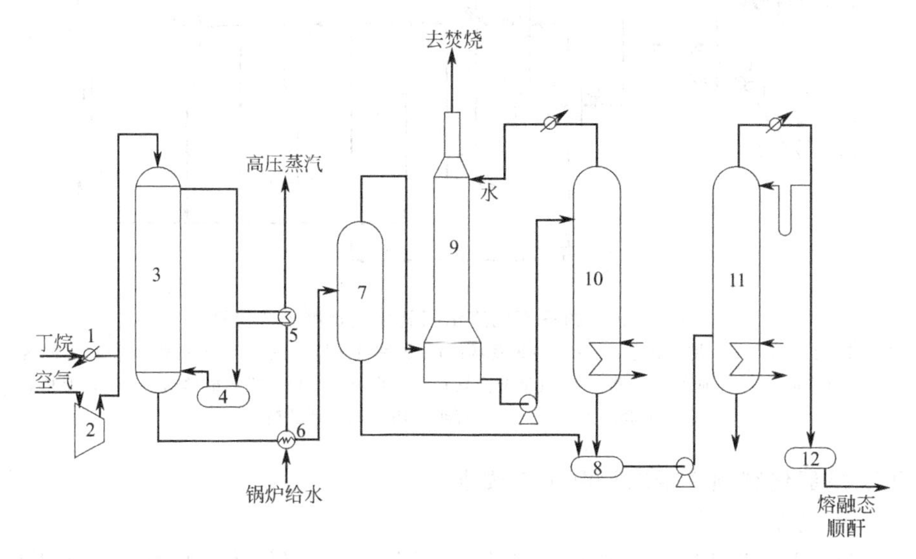

图7-8 典型的正丁烷固定床氧化制顺酐工艺流程

1—丁烷汽化器；2—空气压缩机；3—反应器；4—熔盐槽；5—废热锅炉；6—热交换器；7—分离器；8—粗顺酐储槽；9—洗涤塔；10—脱水塔；11—精馏塔；12—顺酐产品储槽

(2) 正丁烷流化床氧化制顺酐工艺

典型的正丁烷流化床氧化制顺酐工艺流程如图7-9所示。液态丁烷（含正丁烷质量分数为96%和异丁烷质量分数为4%）由泵2送至蒸发器3蒸发后，再经过热器4进入流化床反应器1；压缩空气经过热器6加热后也送至流化床反应器。流化床反应器内的催化剂为V-P-O-Zr催化剂（V∶P∶Zr=1∶1.2∶0.13），反应器反应温度控制在673K。反应器的大部分热量由反应器内的两套冷却盘管移出，并副产蒸汽，小部分热量由反应生成气带出。离开反应器的反应气体经废热锅炉7和生成气冷凝器8降温至353K后，进入气液分离器9。在气液分离器中分离出35%液态顺丁烯二酸酐进入粗顺酐储槽11，以待精制。分离器顶部气体（温度353K，压力1.1×10^5Pa）依次进入吸收塔10（图中只画出一个吸收塔），含质量分数为0.6%顺酐的六氢邻苯二甲酸二丁酯溶剂（温度为333K）由塔顶进入，逆流吸收气体中的顺酐。由塔顶排出的废气中含质量分数为0.05%的顺酐、0.97%的一氧化碳和0.65%的丁烷，送至焚烧炉焚烧。从塔釜排出的吸收液含顺酐的质量分数为9.9%，六氢邻苯二甲酸二丁酯90.0%和其他化合物0.1%，经加热后进入解吸塔12。在塔顶温度为398.7K、压力为6.8×10^4Pa的条件下，蒸出顺酐，塔釜液（解析后的溶剂）大部分返回吸收塔循环使用，小部分送至薄膜蒸发器除去高沸点杂质后返回溶剂循环系统。解吸塔顶蒸出的顺酐与来自粗顺酐槽的粗顺酐液体合并送入脱轻组分塔14。在塔顶温度391K、压力为1.4×10^3Pa的条件下蒸出轻馏分，并送废料处理装置，塔釜物料送入顺酐精馏塔15。精馏塔顶温度为398.7K，压力为6.8×10^4Pa，塔顶得到产品顺酐，塔釜物料送入薄膜蒸发器13。薄膜蒸发器操作温度为533K，压力为1.2×10^3Pa，在该条件下蒸出残余的顺酐和六氢邻苯二甲酸二丁酯，经冷却后作为吸收剂返回吸收塔。

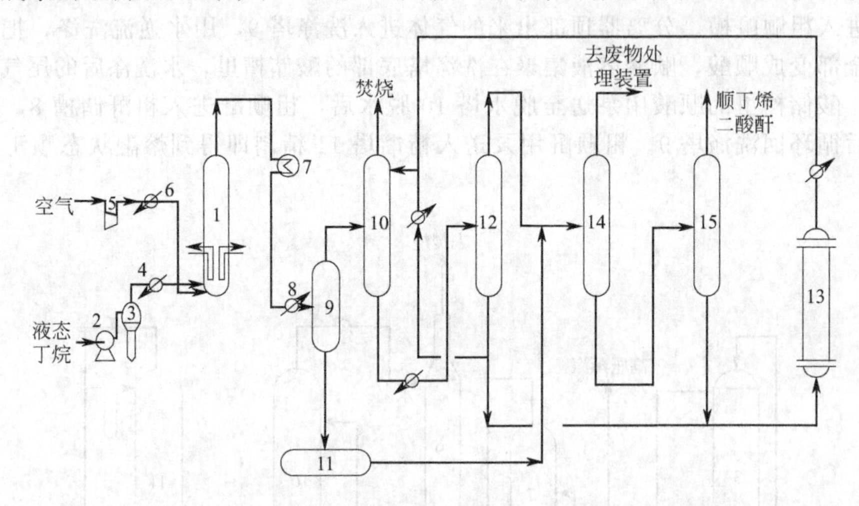

图7-9　典型的正丁烷流化床氧化制顺酐工艺流程

1—流化床反应器；2—丁烷加料泵；3—丁烷蒸发器；4—丁烷过热器；5—空气压缩机；6—空气过热器；7—废热锅炉；8—生成气冷凝器；9—气液分离器；10—吸收塔；11—粗顺酐储槽；12—解吸塔；13—薄膜蒸发器；14—脱轻组分塔；15—顺酐精馏塔

7.4.3　正丁烷氧化制顺丁烯二酸酐工艺改进

7.4.3.1　改进循环工艺

三菱化成公司和英国BOC气体公司联合开发了一种采用气体循环技术的正丁烷氧化生产MA的改良工艺。新工艺的关键是采用了BOC开发的选择性烃类分离系统，可从MA中回收和循环未反应的正丁烷，这使该工艺可在较低的正丁烷转化率下操作，尽量提高MA的选择性以及总产率（与单程工艺相比，总产率增加20%），同时显著降低CO_2生成。该吸附分离系统可选择性地从循环物流中滤出惰性成分和CO_2，同时几乎可以100%地回收原料。空气可以作为原料回收用吹扫气，同时也为反应器提供一些氧气，反应器也可用纯氧以减少循环回路。不含产物的尾气送至吸附塔，选择性地吸附正丁烷，而惰性成分和碳氧化物通过吸附塔后形成废物流。当吸附剂饱和时，需隔离吸附塔，经降压和吹扫后回收正丁烷，并将其与补充进料和含氧气体一起送至反应器循环。

该工艺能减少排放物，产品选择性较高，减少进料浪费，使废气处理降到最低。由于大部分未反应的烃类被回收，因而可以用催化剂还原替代热焚烧来处理废气。目前该工艺正在日本水岛的三菱化学工厂进行中试，工业化装置也在设计和施工中。

7.4.3.2　以氧气替代空气作氧化剂

DuPont公司率先在MA生产中使用氧气。Sisas公司的一个子公司开发并应用了一种用氧气作氧化剂，以正丁烷为原料制MA的闭合环路工艺。该公司已经将其工厂7个反应器中的2个从空气转换成氧气，还将转换其余的反应器。Dutta公司和Gualy公司发表的一项研究表明使用氧气转化率较高，但选择性较低。使用氧气，MA总产率可以提高近10%。

三菱化成/BOC公司使用纯氧工艺，单程转化率较低，但通过循环未反应的正丁烷，可使总转化率接近100%。同时由于在低单程转化率下操作，故选择性较高（约提高20%）。利用空气进行循环不经济，因为气体体积大并夹杂惰性成分。新工艺的操作条件与目前三菱公司的正丁烷氧化法类似，使用的催化剂相同，但投资成本比传统工艺低10%，生产成本低20%。

7.4.3.3 提高的催化剂性能

20世纪80年代，现BP Amoco公司和Monsanto公司各自以氧化钒为催化剂，在固定床中以正丁烷为原料选择性氧化制MA。最近，DuPont公司开发了一种移动床工艺，也采用钒基催化剂。该工艺的关键是找到一种坚固氧化催化剂的方法，以应付催化剂循环带来的强度问题。BP Amoco公司开发了一种新型催化剂AmocoⅣ。除寿命更长且更有效外，该催化剂对环境更友好。该催化剂是使用一种无卤工艺生产的，因此不含卤素残留物。SD公司提供了一种不用氯化物材料制备V-P-O催化剂的方法，其工业化了一种新型的“SynDane”改进型MA催化剂，该催化剂不含氯化物，活性好，选择性高，寿命更长。Hunstman公司开发了一种新型催化剂，该催化剂使产率增加6%，比传统的催化剂寿命更长。三菱化成公司开发了一种使用不同金属氧化物混合物的新型催化剂（牌号ZM-5），可提高MA产率，还可将流化床设计能力增加50%。

7.4.3.4 顺丁烯二酸酐工艺的吸收和提纯

通过水洗或无水溶剂萃取获得粗MA。传统的工艺通过反应器流出物的冷凝得到50%的MA粗品；而剩下的50%被吸收为马来酸水溶液，然后这些水溶液必须脱水以获得MA。脱水后获得的MA与冷凝获得的MA粗品一起蒸馏提纯。在无水吸收系统中使用的是有机溶剂，如用六氢邻苯二甲酸二丁酯吸收来自反应器流出气体中的MA，这样可免除水洗需要的高能耗脱水步骤。以溶剂为基础的无水吸收系统与水吸收系统相比，具有较高的MA吸收率，且更有效。

① SD公司的基于水吸收和精制系统的工艺广泛用于世界各地的以正丁烷和苯为原料制MA的工厂。反应器排出气体在冷却器中冷却，然后送至调和给水冷却塔，冷却至MA露点以下。MA液滴通过分离器从排出气体中分离出来。冷凝的粗品泵至粗酐储槽储存，冷凝后留在气体物流中的部分MA在水洗塔中通过转化成马来酸分离出来，马来酸累积在水洗塔底部的酸储存段，酸溶液在脱水/精制塔内转化成MA，用二甲苯作为马来酸转化成MA的共沸剂。脱出的水送至水洗塔再循环。当完成酸溶液转化到MA后，冷凝的粗MA添加到蒸馏罐进行间歇蒸馏精制。

② UCB公司吸收和精制工艺（BID化学公司所有）也通过MA的部分冷凝和水洗来吸收反应排放气体中存在的MA。在马来酸脱水生成MA的过程中，UCB公司的工艺明显与SD公司的工艺不同。在UCB工艺中，蒸发MA溶液中的水以浓缩马来酸溶液。浓缩的马来酸溶液和冷凝的粗MA在特殊设计的反应器中通过一种热过程转变成MA产品。

③ Huntsman公司的溶剂吸收和精制系统将用作基于溶剂吸收系统的通用模式，反应器排出气体在两个热交换器中冷却，冷却的气体产品经过溶剂吸收器中专门溶剂的吸收后，产品中的MA几乎全部被吸收。从吸收器底部出来的富含MA的溶剂流出物称为富油，送至汽提塔加热，从溶剂中真空汽提出MA，其纯度大于99.8%，送至工厂提纯工序分馏生产极纯的MA。通过汽提已分离出MA的少量溶剂流出物，送至工厂溶剂提纯段以除去杂质。

④ ALMA吸收工艺使用专门溶剂以从反应生成气中分离出MA；蒸馏粗MA以分离出轻组分和重杂质。采用无水连续MA吸收系统生产出质量优异的产品，并减少蒸汽消耗。与水吸收系统相比，减少了投资和产品脱水损失（形成副产品）以及废水排放。

7.5 甲基叔丁基醚的生产

7.5.1 概述

甲基叔丁基醚（methyl *tert*-butyl ether）简称MTBE，以混合碳四中的异丁烯和甲醇为原料，在大孔强酸阳离子树脂为催化剂的作用下制得，主要作为辛烷值汽油改进剂而引人注目。MTBE在汽油组分中有良好的调和效应，稳定性好，而且可与烃类燃料以任何比例互溶。

MTBE的生产工艺也可以作为分离碳四中异丁烯的一种新的有效方法。即通过生产MTBE，将碳四中的异丁烯进行一般的转化和深度转化，一般转化主要是以生产高辛烷值汽油调和组分，这类装置多建在炼油厂。以催化裂化的碳四为原料，合成MTBE后的碳四中不饱和碳四可进行烷基化反应生成一些化工原料。深度转化后残留碳四中的异丁烯含量$<0.5\%$，可进一步分离，提纯得到高纯度1-丁烯和2-丁烯作为化工原料。另一方面MTBE作为中间化工产品，在一定条件和催化剂作用下，还可将MTBE裂解，即可得到高纯度异丁烯，可用作化工原料（如作丁基橡胶或聚异丁烯），也有着重要的意义。

虽然甲基叔丁基醚具有较高的辛烷值、沸点低、化学稳定性好、难于被氧化等优越性能而被广泛应用于汽油添加剂与反应溶剂和试剂，但是甲基叔丁基醚的毒性仍然愈来愈受到人们的关注。因为MTBE易与水融合，可掺入土壤，破坏地下水质，所以MTBE可能是一种潜在的污染物。一般，MTBE的急性毒性比乙醚大。动物对高浓度MTBE的毒理症状表现为麻醉、呼吸失调、颤抖等。MTBE的最大无作用剂量（NOAEL）为$1260mg/m^3$，最少有作用剂量为$3990mg/m^3$。MTBE是具有特殊气味的可燃性液体，吸入少量后一般可导致鼻或咽喉炎症。关于MTBE的致癌性还有待研究，仅有部分证据证明MTBE对动物有致癌作用，目前专家建议MTBE归为C类致癌物。因此，MTBE在某种程度上也受到了一定的制约。

7.5.2 甲基叔丁基醚的生产

7.5.2.1 反应原理

MTBE是以甲醇和混合碳四馏分中异丁烯为原料，在大孔强酸阳离子树脂为催化剂的作用下反应生成。该反应是一个放热可逆反应，同时还伴随有副反应发生。反应方程式如下。

主反应：

$$H_3C-C(=CH_2)-CH_3 + CH_3OH \longrightarrow H_3C-C(CH_3)_2-OCH_3 \quad +36.52kJ/mol$$

副反应：

$$2\ H_3C-C(=CH_2)-CH_3 \longrightarrow (CH_3)_2C=CH-CH(CH_3)_2 \quad +69.34kJ/mol$$

$$H_3C-C(=CH_2)-CH_3 + H_2O \longrightarrow H_3C-C(CH_3)_2-OH \quad +35.03kJ/mol$$

$$2CH_3OH \longrightarrow CH_3OCH_3 + H_2O$$

即① 异丁烯聚合生成二聚或三聚物；

② 异丁烯与原料中的水反应生成叔丁醇；

③ 甲醇脱水缩合生成二甲醚（DME）。

此反应一般在液相条件下进行，而且是很容易进行的可逆平衡放热反应。一般在 40℃即可发生。反应温度越高，速度越快。但反应温度越低，平衡常数越高，转化率也越高，MTBE 合成反应的平衡常数见表 7-5。该工艺副产数量不多，只要控制合适的反应条件，可以减少副反应的发生。

表 7-5 MTBE 合成反应的平衡常数

反应温度/℃	25	40	50	60	70	80	90
平衡常数 K	739	326	200	126	83	55	38

7.5.2.2 甲醇与异丁烯的反应机理

国内外对采用大孔磺酸型阳离子树脂为催化剂，利用醇和异丁烯醚化反应合成 MTBE 的反应机理进行了研究。实验表明在碳四馏分中异丁烯（含量 50%）和甲醇为原料合成 MTBE 中，当醇烯比大于 1 时，初始反应速率对甲醇而言为零级反应。当醇烯比小于 1 时，呈负数级反应。初始反应速率与异丁烯浓度呈线性关系。反应速率强烈依赖于催化剂上的磺基—HSO_3 的浓度，大约呈三级反应关系，其反应活化能为 71.1kJ/mol。我国学者也进行了这方面的试验研究，求得的反应活化能为 72.3kJ/mol。目前较为一致的观点是甲醇与异丁烯合成 MTBE 的初始反应速率对甲醇而言是零级反应，对异丁烯而言是一级反应。

异丁烯是叔烯烃，反应性强，原料纯度不需要很高，在化学热力学上异丁烯的转化率与温度成正比，与异丁烯的浓度以及甲醇、异丁烯的分子比成正比。在大多数情况下异丁烯的转化率都在 90%以上。

7.5.2.3 催化剂

目前，合成 MTBE 的催化剂主要有四类：无机酸、酸性阳离子交换树脂、酸性分子筛和杂多酸催化剂。

一般来说，酸性物质均可作为合成 MTBE 反应的催化剂。采用无机酸（如 H_2SO_4）作为催化剂，虽然可以促进合成 MTBE 的反应，但无机酸会加速脱水反应，导致副反应，从而使选择性下降。同时，无机酸对设备腐蚀性较强，而且存在废酸处理困难、产物分离难度大、废水量大等缺点。进入 20 世纪，随着人们对化工生产“绿色化”的追求愈来愈强烈，无机酸类催化剂正被其他的新型催化剂所替代。

（1）酸性阳离子交换树脂

目前工业生产多采用大孔酸性阳离子交换树脂作催化剂。国外采用 Bowcx 15W，Amberlgst 15（A-15），Lcwatit Spc 118 及 Nacitc 等牌号催化剂，国内采用自行研制的 S-型大孔磺酸阳离子树脂，它们都是苯乙烯与二乙烯基苯共聚后的磺化物。在放热反应中，温度过高，会使磺酸基脱落而活性下降，甚至会发生炭化反应。工业上使用寿命一般为两年。酸性阳离子交换树脂虽然具有高活性的优点，但也存在热稳定差、反应选择性差、易受高酸性的影响、装填困难且易碎等缺点。

（2）分子筛催化剂

近几年来，国内外对分子筛催化剂进行了深入研究。一致认为分子筛催化剂具有热稳定性好、反应选择性高、不易受到物系酸性的影响，而且寿命长的特点。分子筛与酸性阳离子交换树脂 A-15 比较具有以下优点：

① 高的热稳定性和无酸性流出物；

② 对 MTBE 不但有高的选择性，而且对甲醇与异丁烯进料比的敏感性较差；

③ 催化剂可在较高温度和空速进行反应，并有较高的 MTBE 产率；

④ 通过焙烧易再生和活化，故分子筛有望广泛应用于MTBE的生产。

(3) MTBE合成用催化剂发展方向

对于MTBE合成用的新型催化剂研究开发，应从下述几方面改进来提高其催化性能。

① 甲醇与异丁烯的进料比应尽可能接近化学计量，从而减少甲醇回收和循环费用。

② 反应温度尽可能低，以利于提高异丁烯的平衡转化率。

③ 新型催化剂的异丁烯转化率应达到90%～96%的水平。

④ 工业催化剂的寿命至少为两年。

我国自行研制的催化剂有大孔磺酸阳离子交换树脂（S型）和D72等型号，其性能见表7-6。

表7-6　甲基叔丁基醚生产用催化剂性能

项　　目	S型	D72型	项　　目	S型	D72型
堆积密度(干基)/(g/mL)	0.58	0.72	转化率/%		
比表面积/(m^2/g)	38.8	14.8	50℃,空速5h^{-1}	69.4	71.4
交换容量/(mmol H^+/g)	4.54	4.8	70℃,空速5h^{-1}	94.24	91.66
孔容/(mL/g)	0.375	0.183	90℃,空速5h^{-1}	87.96	93.20
平均孔径/nm	22.0	24.7	粒度/nm	0.3～1.2	0.3～1.2(≥95%)

7.5.2.4　影响反应速率的主要因素

前已叙述，在酸性离子交换树脂存在下，异丁烯和甲醇合成甲基叔丁基醚是一个可逆放热反应，而且伴随有副反应发生。为使这一反应过程达到最优化，应当选择在适宜的工艺条件下进行。工艺条件包括反应温度、反应压力、醇烯比、空速以及原料的浓度等。这些工艺条件对反应过程的影响结果，通常用反应的转化率、选择性和收率来衡量。

① 反应温度　在一定的异丁烯浓度和醇烯比下，反应温度的高低不仅影响异丁烯的转化率，而且也影响生成MTBE的选择性、催化剂的寿命和反应速率。在低温下反应速率慢，反应转化率由动力学控制。随着反应温度增加，平衡转化率下降，反应速率增加，达到平衡所需要的时间缩短。因此在高温时，反应转化率受热力学控制。为了增加可逆反应的平衡转化率，延长催化剂的寿命，减少副反应，提高选择性，应当采用较低的反应温度。适宜温度在50～80℃。提高反应温度，虽可以提高反应速率，但二甲醚的生成量也随反应温度的提高而增加。而且反应温度超过140℃时，催化剂将被烧坏失去催化能力。

根据放热反应的特点，反应温度低时异丁烯转化率高。因此当装置串联两台反应器时，常设一台在较高温度下操作以提高反应速率，另一台在较低温度下操作以保证所要求达到高的转化率。

② 反应压力　反应压力必须保持物料在液相反应，一般在0.8～1.4MPa。

③ 空速　反应空速与催化剂性能、原料中异丁烯浓度、要求达到的异丁烯转化率、反应温度等因素有关，质量空速一般取1～2h^{-1}。

④ 醇烯比　增加醇烯比可以减少异丁烯二聚物与三聚物的生成，但将增加产品分离部分设备的负荷与操作费用。当要求异丁烯的转化率为90%～92%时，醇烯比为（0.8～1.05）∶1（摩尔比）；当要求异丁烯转化率>98%时，醇烯比为（1.1～1.2）∶1（摩尔比）。

⑤ 原料　强酸阳离子交换树脂催化剂中H^+会被金属离子所置换而使催化剂失活，因此要求进入反应器的原料中金属阳离子的含量小于1mg/kg。如原料中含有胺等碱性物质，也会中和催化剂的磺酸根而使得催化剂失活，这类杂质也必须从原料中除去。

碳四馏分中的水含量必须限制。一般含饱和水为300～500mg/kg，对叔丁醇的生成量影响不大。但必须脱除所含的游离水，因为水会与异丁烯反应生成叔丁醇，增加了副反应，从而影响MTBE的纯度。

原料碳四馏分中异丁烯含量的多少，因来源不同而差别较大。催化裂化（FCC）的碳四馏分中异丁烯含量较低（18%～23%），适宜作炼油型的，转化率要求不高（90%），下游品可以作为烷基化原料；而裂解碳四馏分经过抽提丁二烯之后的萃取剩余碳四馏分，异丁烯含量高达40%～46%，则要求转化率高达99.5%以上，方能满足下游生产1-丁烯的需要。后者称为化工型。

⑥ 其他因素　除了上述五个参数的影响以外，仍有诸多其他影响因素。其中比较重要的是催化剂的活性、选择性、耐高温性、强度等。这些因素直接影响到转化率以至于整个装置的经济效益，因此对催化剂质量应要求严格。另外比较重要的影响因素还有原料的预热温度，原料预热温度的高低可以影响到异丁烯的转化率和反应床层温度分布。此外还有床层温度的控制。当用载热体移走反应热时，载热体的流量、温度等工艺参数都会影响到反应的正常进行。这方面的情况比较复杂，要结合具体情况进行分析，不断改进操作，以达到优质、高产、低耗的目的。

7.5.2.5　生产工艺简介

由碳四合成MTBE，各国有诸多公司拥有自己的技术。每项技术虽各有特点，但基本方法相似。我国有齐鲁石化公司化工研究所、洛阳石化工程公司等开发的技术，过程也基本相同，主要分炼油和化工两种类型。前者仅利用碳四中的异丁烯，下游产品不再加以利用，它采用低的醇烯比（一般为0.9），异丁烯的转化率较低（一般为90%）；而后者则要求从下游产品中生产高纯度的1-丁烯，要求异丁烯的转化率高达99.5%以上，工艺上采用高醇烯比和两段反应来达到异丁烯高转化率。

采用碳四和甲醇反应制得MTBE的技术兴起于20世纪70年代，迄今为止，在国际上已形成比较成熟的技术。拥有MTBE合成专利技术主要有意大利的Suam公司、德国的Hüls公司和美国的GR&L公司。此外还有德国的EI工艺、法国的石油研究院（IFP）等。各技术的主要区别在MTBE合成部分。

（1）意大利Suam公司工艺

该工艺以聚苯乙烯-二乙烯基苯磺酸型离子交换树脂为催化剂，液相反应，反应器为列管式固定床。反应温度50～60℃，甲醇稍过量。所得产品中甲基叔丁基醚的纯度在98%以上。为解决甲醇过量引起的MTBE的分离困难问题，采用两段串联的列管式反应器。在第一反应器中甲醇过量，在第二反应器中异丁烯过量，以保证甲醇全部反应。最后用精馏方法对反应产物进行分离。

（2）德国赫斯（Hüls）工艺

该工艺与Suam相似，所不同的是第一反应器为列管式，采用较高反应温度，而第二反应器为带有冷却水盘管的空塔，采用较低反应温度。该工艺的主要特点是对原料组成变化适应性强，并且可以生产用作燃料、化学品和溶剂等多种规格的MTBE。但是列管式反应器制造复杂，催化剂填充困难，操作弹性小。

（3）催化蒸馏工艺

催化精馏新工艺是美国化学研究特许公司和新化学公司联合研发的新技术，它主要利用炼厂低浓度异丁烯的碳四馏分生产MTBE，该工艺有复合和催化蒸馏两种。复合MTBE法采用的甲醇与异丁烯进料比低于化学计量比值，使异丁烯完全转化。后一方案中把筒式固定反应器与蒸馏塔结合在一起，构成一个催化蒸馏塔，该工艺叫催化蒸馏工艺。反应放出的热量用于产物的分离，具有显著的节能效果，这是催化蒸馏工艺之所以受人们重视的主要原因。由于生成物通过蒸馏很快离开反应区，所以有利于可逆平衡向生成产物的方向不断进行，并能采用较高的反应温度，以加快反应速率而不受转化率限制。该法的缺点是催化剂装填麻烦，设备结构复杂。但产品质量高、工艺简单、技术成熟。

（4）美国 UOP 公司的联合工艺

该工艺主要以油田气或炼厂气中的组分丁烷为原料，经异构化后转化为异丁烷，进而脱氢生成异丁烯，异丁烯再经过与甲醇醚化生成 MTBE。该工艺特点：原料来源广泛，成本低廉，单程转化率高，设备投资低，可靠性高。

（5）我国研究开发 MTBE 的合成技术

1983 年，我国利用自己的技术路线建成的第一套年生产 5500t 的 MTBE 生产装置。该装置应用了中国齐鲁石化公司开发的 MTBE 反应技术和美国催化精馏技术，以丁二烯抽提装置副产物丁烷、丁烯馏分为原料，其中丁二烯含量$<4.0\times10^{-5}$，异丁烯含量 40%左右。另一条工艺路线膨胀床反应技术于 1989 年和 1990 年相继在镇海和抚顺石化公司投入工业生产。该工艺具有反应器结构简单、催化剂装卸方便、能耗低等优点，但是也存在操作弹性小、转化率低、对催化剂强度要求高等缺点。

7.5.2.6　工艺流程简介

用甲醇和含有异丁烯的碳四馏分为原料，在催化剂作用下合成 MTBE 的各工艺生产过程基本相似。MTBE 的全部生产过程由四个部分组成：原料预处理、醚化、MTBE 回收、甲醇回收及循环利用。图 7-10 为 MTBE 生产工艺一般流程。

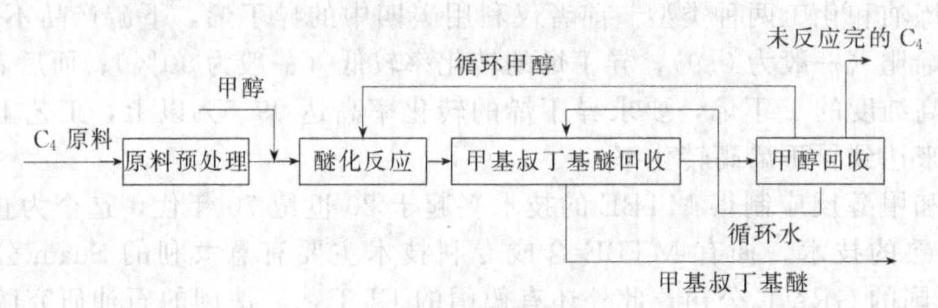

图 7-10　MTBE 生产工艺一般流程

（1）C_4 原料预处理

原料中的乙腈、氨、二甲基甲酰胺等碱性化合物或金属阳离子可导致离子交换树脂失活，应采取水洗或吸附方法脱除这些杂质，使杂质的总含量低于 1mg/kg(ppm)。

（2）醚化反应

C_4 原料与甲醇经过预热和混合后进入反应器。第一反应器一般为列管式固定床等温反应器。列管中填充强酸性离子交换树脂，壳侧通过冷却水移出反应热，控制一定反应温度。反应系统为液相反应，反应温度 40～70℃，反应压力 11.77～14.8MPa。异丁烯/甲醇摩尔比为 1.0～1.2，异丁烯液体空速为 0.1～0.2h^{-1}。一般而言，单纯以生产 MTBE 为目的的燃料型装置多采用单台反应器，而以分离 C_4 馏分为目的的化工型装置通常采用两台串联反应器。在一段反应器（主反应器）中异丁烯的转化率为 80%～90%，在二段反应器（终反应器）残余的异丁烯进一步转化，醚化转化率最终达到 96%～99.8%。二段反应器通常采用塔式固定床绝热反应器。

在有的工艺流程中主反应器也可以采用塔式固定床绝热反应器，反应物采取外循环冷却方式散热。如果两个串联反应器均采用塔式绝热固定床，则必须在段间设置冷却器以控制温度。法国石油研究院（IFP）开发的主反应器极具特色，工艺反应器采用膨胀床，催化剂颗粒处于悬浮状态，这样有利于散热，并延长树脂催化剂的使用寿命。

近些年来对终反应器的研究开发取得突破性的进展，成功地研发了催化精馏塔。该技术将异丁烯醚化反应和 MTBE 产物的蒸馏分离结合为一体，这样不仅省去了后续的 MTBE 蒸馏塔，更重要的是有效地利用了反应热作为蒸馏操作的能源，并克服了异丁烯醚化反应的平衡限制，有效地提高了异丁烯的最终转化率。

(3) MTBE 回收

异丁烯与甲醇虽然以等摩尔比反应，但是由于反应受到平衡限制，为了提高平衡转化率，通常甲醇需过量 10%～20%，醚化反应产物送至 MTBE 回收塔。剩余的碳四烃与甲醇形成的共沸物在塔顶采出，在塔底得到 MTBE 产品。

(4) 甲醇回收及循环利用

将剩余的碳四烃与甲醇形成的共沸物送至水洗塔。物料与水逆流接触洗涤，未反应碳四烃从塔顶排出，塔底为甲醇水溶液（含少量 MTBE）。甲醇水溶液送至甲醇回收塔，甲醇从塔顶蒸出并循环回主反应器，塔底的水循环至水洗塔。国内研究开发的典型 MTBE 合成工艺流程如图 7-11 所示。该工艺流程是国内利用自己的技术路线建成的第一套 MTBE 生产装置。该装置应用了齐鲁石化公司开发的 MTBE 反应技术和美国催化精馏技术，以丁二烯抽提装置副产物丁烷、丁烯馏分为原料，其中丁二烯含量$<4.0\times10^{-5}$，异丁烯含量 40%左右。该工艺主要设备采用一台三段外冷筒式反应器（内装 S-型树脂）和一台催化精馏塔。在催化精馏塔釜可以得到 98%以上的 MTBE 产品；在塔顶得甲醇和碳四，将该馏分先经水洗塔除去甲醇，再经两台精密精馏塔，分别除去轻、重组分即可得到高纯度的 1-丁烯产品。水洗塔釜出来的甲醇经过精馏提浓后，即可收回甲醇。

各工艺流程所不同之处一是因为反应器的不同，物料流向亦不相同；二是反应热移走的方式不同，故流程也不相同。但是主要的两个部分是必需的，即：

① 反应部分，不论采用哪一种反应器，都必须根据需要，控制适当的醇烯比，以达到

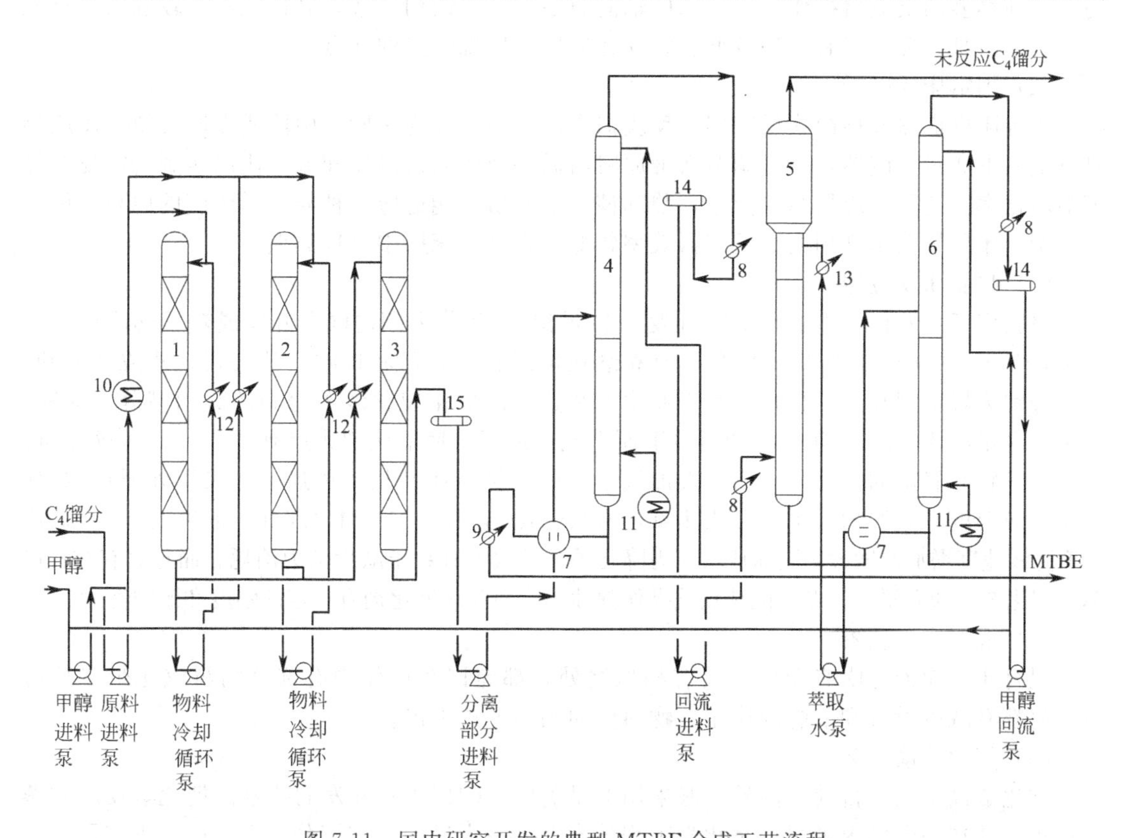

图 7-11　国内研究开发的典型 MTBE 合成工艺流程

1—第一净化醚化反应器；2—第二净化醚化反应器；3—醚化反应器；4—C_4 分离塔；5—水洗塔；6—甲醇回收塔；7—换热器；8—冷凝冷却器；9—产品冷却器；10—进料加热器；11—重沸器；12—冷却器；13—进料冷却器；14—回流罐；15—缓冲罐

所要求的异丁烯转化率；

② 分离回收部分，主要任务是将反应得到的MTBE产品进行提纯，回收未反应完的碳四馏分中过量甲醇并循环使用。在工业生产上，因原料不同或对产品要求不同，工艺流程有一反三塔、两反三塔等方式。

7.5.3 液-固相反应器

7.5.3.1 反应器概述

反应器是合成MTBE的重要设备。由于该反应为液固相非均相放热反应，因此如何移出反应热以及控制反应温度是反应器设计中的关键。一般地讲，任何一种可以把反应热移出的普通反应器都可以使用。从取热方式来分，有内冷式和外循环式两种；从物料流向上分，有直流和逆流两种。

7.5.3.2 反应器的结构

目前MTBE工业生产上所采用的反应器，有列管式反应器、固定床反应器、膨胀床反应器、混合床反应器和催化蒸馏反应器五种，这五种反应器在国内工业上都有应用，均取得了满意的结果。而最近一种由我国自行研究开发的新型催化蒸馏反应器与国外不同，有自己的独特之处，已在工业装置上应用。

(1) 列管式反应器

列管式反应器的结构类似管壳式换热器。在管内填装催化剂，管外通冷却水以冷却催化剂。这种类型的反应器操作简单，床层轴向温差小。但结构复杂，制作维修比较麻烦，且催化剂装卸困难。反应器有效率较低、容易在床层中出现热点的缺点。

(2) 固定床反应器

固定床反应器又称筒式反应器。反应器内催化剂可分为一段、两段或多段装填。反应物料自上而下通过反应器，通过调节新鲜原料与循环液的入口温度和循环比以达到所需要的异丁烯转化率。这种反应器结构简单，装卸催化剂容易，能适应各种异丁烯浓度的原料。但操作复杂，床层轴向温度稍高。反应器效率较低，容易在床层中出现热点。

(3) 膨胀床反应器

膨胀床反应器最先由法国IFP开发，20世纪80年代末国内联合开发成功了膨胀床反应技术，并于1989年8月和1990年8月相继在镇海石化总厂和抚顺石油公司，建成2万吨/年（分别为炼油型和化工型）两套工业生产装置。以催化裂化装置得到的碳四馏分为原料，异丁烯含量约为10%～40%，物料自下而上流过床层，使催化剂床层有25%～30%膨胀量。催化剂颗粒有轻微的扰动，因而大大加快了床内质量传递和热量传递。因采用外循环取热，床层径向温度分布均匀，不易形成热点，有利于减少副反应二甲醚（DME）的生成。床层膨胀程度随线速度增加而增大，因而床层压力降几乎为常数，有利于减少动力消耗。而且具有结构简单、催化剂装卸方便等优点。但缺点是操作弹性小，并要求催化剂有一定的强度和耐磨性能。

(4) 混合床反应器

混合床反应器与膨胀床反应器有相似之处，都允许在操作中有部分物料汽化带走反应热，故都有减少设备和节能的作用。物料流向则是上进下出。

(5) 催化蒸馏工艺

催化蒸馏工艺，目前国内外普遍采用的是美国（CR&L）开发的技术。把化学反应和蒸馏过程合并在一台塔内进行，是化学工程技术上的一大进展。该塔分为上、中、下三段，上段为精馏段，中段为反应段，装有催化剂，下段为提馏段，上下两段都安装有塔板（或填料），利用它将反应产物不断地移出反应区，破坏反应平衡使反应向生成甲基叔丁基醚的方向不断进行，从而使异丁烯达到高转化率。该工艺特别适用于化工型的，一般异丁烯的转化率可以达到99.6%以上。

由于MTBE的合成所用催化剂颗粒非常细小，如果直接将催化剂装入反应段中，将导致阻力很大，而使上升的气体和向下流动的液体无法穿过反应段。为解决这个问题，美国（CR&L）公司开发的催化蒸馏技术中，将催化剂装入特制的玻璃丝网制成的许多小袋中，再将小袋用不锈钢丝包扎成捆，然后放入塔中。这种方法的缺点是不仅结构复杂，而且需要人进入塔中装卸催化剂，操作极不方便。前苏联尼姆斯克开发的工艺比较先进，它利用大颗粒磺酸离子交换树脂（KN）催化剂来催化蒸馏，含有异丁烯的碳四馏分进入反应段的下部，而甲醇进入反应段上部。借此实现了生成物MTBE不断从催化蒸馏塔的下部产出，不含丁二烯的碳四馏分从塔顶采出。当反应物的比例比较接近化学计量时，异丁烯的转化率可以高达99%。此工艺于1987年用于工业生产装置。该工艺简单，能耗低，具有明显优势。

国内也开发成功了自己的催化蒸馏技术，该技术在催化剂的装填方法和美国的技术不同。催化剂不使用捆扎法而是采用散堆填法，这样装填很方便，反应效果也非常理想。近年来又研究开发了混相反应蒸馏（MRD）新工艺，该工艺的反应效率与催化蒸馏工艺相同。二者相比，MRD工艺过程更为简单，投资更节省。

7.6　异戊二烯的生产

7.6.1　概述

在1910年，人们就已经了解到了天然橡胶的基本组成是异戊二烯（isoprene）。1943年，美国Enjay公司用丙酮作溶剂，从裂解碳五馏分中抽提出异戊二烯作为丁基橡胶的第三单体使用。1954年，采用Ziegler-Natta型催化剂使异戊二烯进行等规聚合生成异戊二烯橡胶的实验获得成功。此后，世界异戊二烯的生产得到迅速发展。

异戊二烯生产方法基本可以归为三类，即异戊烷、异戊烯脱氢法、裂解碳五馏分萃取蒸馏法和化学合成法（异丁烯—甲醛法、乙炔丙酮法、丙烯二聚法）。对于异戊二烯的生产方法，各国根据自己的资源情况和技术条件选择其合适的工艺路线，主要有脱氢法、异丁烯-甲醛法、裂解碳五抽提法等工艺。

7.6.2　异戊烷和异戊烯脱氢法

7.6.2.1　*异戊烷两步脱氢法*

异戊烷两步脱氢法是前苏联开发成功的，并于1968年在前苏联首先工业化，目前是独联体和东欧国家生产异戊二烯的主要方法。原料异戊烷来自催化裂化或直馏汽油，工艺过程分为三步，首先是将异戊烷脱氢为异戊烯，再将异戊烯催化脱氢得到异戊二烯，然后用二甲基甲酰胺或乙腈萃取蒸馏制得高纯度的异戊二烯产品。

首先，由异戊烷催化脱氢制异戊烯。异戊烷脱氢制异戊烯为可逆吸热过程，可生成三种异构体。脱氢采用类似催化裂化的流化床反应装置，催化剂为微球状的氧化铬-氧化铝，其中铬含量为5%～15%。原料异戊烷在蒸发器加热到500～550℃后进入到反应器，控制原料空速100～300h^{-1}，温度在540～610℃，反应器上部压力≤65kPa，催化剂在反应器及再生器之间循环。由于磨损和夹带，催化剂会出现明显的损失，需要不断加入新的催化剂，其补加量是加入原料的0.8%～1.0%。从反应器出来的气体经洗涤、压缩、冷却、蒸馏、无水二甲基甲酰胺或乙腈萃取蒸馏得到含异戊烯80%、异戊二烯8%～12%的混合馏分，作为进一步脱氢的初始原料。异戊烯和异戊二烯的总收率为28%～33%，选择性为66%～73%。

然后，异戊烯脱氢制异戊二烯过程采用片状钙-镍-磷酸型催化剂，两台绝热式固定床反应器，反应和再生切换使用，每一操作周期为30min，在500～650℃下脱氢生成异戊二烯，收率达到33%～38%，选择性为82%～87%。

最后，脱氢产物经两个萃取蒸馏塔，用无水二甲基甲酰胺萃取蒸馏得到粗异戊二烯，再经环己酮和丁醇在氢氧化钠溶液存在下进行处理，除去环戊二烯，再经加氢反应除去炔烃。该过程使用的催化剂为镍-硅藻土，产品异戊二烯的纯度>99%。

异戊烷两步脱氢法具有原料价廉易得的优点，但也存在工艺流程过于复杂的缺点。

7.6.2.2 异戊烯催化脱氢法

1961年美国Shell公司首先采用异戊烯催化脱氢法生产异戊二烯。该工艺流程主要分为：从炼厂碳五馏分中抽提分离异戊烯、异戊烯催化脱氢和脱氢产物分离精制得异戊二烯产品三步。

(1) 异戊烯萃取分离

以石油炼厂催化裂化装置副产的碳五馏分为原料，其中约含10%～30%异戊烯。20世纪70年代后，由于石油炼厂广泛采用分子筛代替原来的硅铝球催化剂，裂解汽油中异戊烯含量降至16%左右。将炼厂的碳五馏分送至第一吸收塔，用65%的硫酸吸收萃取，萃取液经水洗、碱洗后再进入溶剂汽提塔用C_6～C_{10}直链烷烃溶剂反萃取，将酸相分离出，循环使用，油相经蒸馏分离出异戊烯，收率约为85%。

(2) 异戊烯催化脱氢

采用氧化铁、氧化铬和碳酸盐催化剂，在固定床绝热反应器中，于600℃脱氢生成异戊二烯，单程收率约为35.5%。

(3) 脱氢产物分离精制

脱氢所得的粗异戊二烯进入第二吸收塔，采用乙腈溶剂进行萃取蒸馏和精制，可获得99.2%～99.7%纯度的异戊二烯产品。

异戊烯催化脱氢法的特点是可以使用浓度范围很广（10%～30%）的异戊烯为原料，大部分设备可以采用碳素钢。

7.6.2.3 合成法生产异戊二烯

异戊二烯合成方法有异丁烯-甲醛法、乙炔-丙酮为原料的炔酮法和丙烯二聚法。本小节简要介绍这三种方法工艺过程。

(1) 异丁烯-甲醛法

异丁烯-甲醛法生产异戊二烯主要有两种，分别是两步法和一步法，其中两步法已经工业化，一步法处于中试阶段。

① 异丁烯-甲醛两步法 第一步在酸性催化剂存在下，异丁烯与甲醛经Prins反应缩合生成4,4-二甲基-1,3-二氧六环（DMD）。

$$H_3C-C(=CH_2)-CH_3 + 2HCHO \xrightarrow{70\sim100℃} \text{DMD}$$

第二步DMD裂解生成异戊二烯、甲醛和水。

$$\text{DMD} \xrightarrow{250\sim280℃} CH_2=C(CH_3)-CH=CH_2 + HCHO + H_2O$$

原料异丁烯为催化裂化或蒸汽裂解碳四馏分经分离丁二烯后的组分（其中异丁烯含量为30%～50%）。该法不必将异丁烯从碳四馏分中分离出来，因为该反应甲醛对异丁烯进行选择性反应。甲醛原料为甲醇经空气氧化生成的30%～40%的甲醛水溶液。异丁烯-甲醛两步法合成异戊二烯工艺流程如图7-12示。

在稀硫酸催化剂的作用下，甲醛水溶液与含异丁烯的碳四馏分在塔式反应器中逆流接触进行缩合反应。反应控制条件：温度为70～100℃，压力为0.7～0.8MPa，异丁烯/甲醛摩

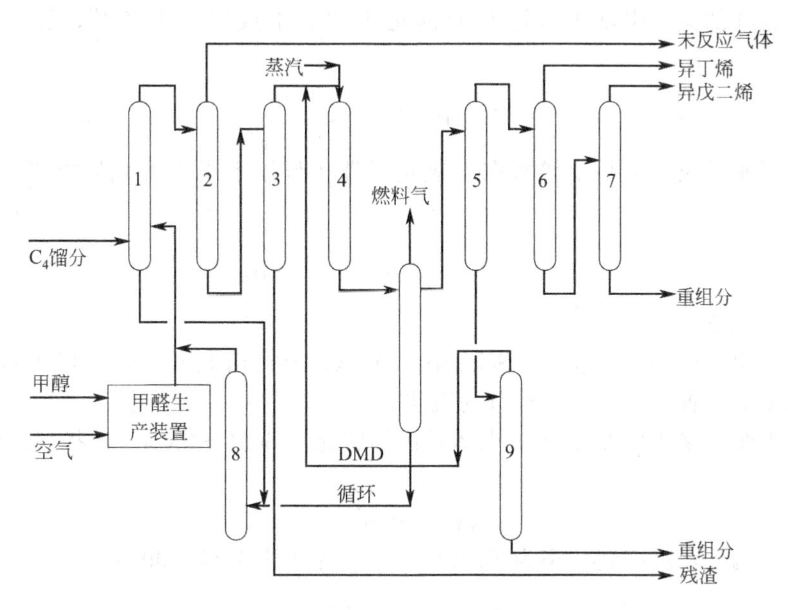

图7-12　异丁烯-甲醛两步法合成异戊二烯流程

1—DMD第一步反应器；2—脱丁烷塔；3—DMD塔；4—第二步分解反应塔；5—脱重塔；6—异丁烯塔；7—异戊二烯塔；8—甲醛提浓塔；9—DMD回收塔

尔比为1∶(2～3)。异丁烯的转化率为89%～98%，甲醛转化率为92%～96%。生成的DMD以异丁烯计收率为88%～89%，甲醛计为80%～83%。

缩合生成的DMD经蒸馏脱出剩余碳四组分以及重组分，得到较纯的DMD。DMD经水蒸气稀释后，用磷酸活化的固体磷酸钙为催化剂，采用移动床反应器，在250～280℃或更高温度下气相裂解生成异戊二烯。DMD转化率80%～90%，异戊二烯选择性48%～89%。DMD裂解生成的甲醛返回缩合反应器。因为裂解生成的副产物与异戊二烯不会形成共沸物，所以采用一般蒸馏方法即可达到分离效果，产品为99.6%以上的聚合级异戊二烯。

② 异丁烯-甲醛一步法　鉴于异丁烯-甲醛两步法存在流程长、副产物复杂等缺点。由异丁烯-甲醛一步法生产异戊二烯对各国工程人员都具有极大的吸引力，尤其日本和前苏联在相关方面做了大量的研究开发工作。反应方程式为：

$$H_3C-C(=CH_2)-CH_3 + 2HCHO \xrightarrow[\text{气相催化}]{200\sim300℃} CH_2=C(CH_3)-CH=CH_2 + H_2O$$

在以固体酸、磷酸盐等为催化剂，异丁烯远远过量的条件下进行反应。由于该法具有单程转化率和选择性均较低，而且异丁烯循环量大等特点，迄今为止未见工业化生产报道。

(2) 乙炔-丙酮法

乙炔和丙酮为原料合成异戊二烯是意大利SNAM公司研究开发，并于1970年实现工业化生产，该技术主要包括三步。

第一步：炔化反应，乙炔和丙酮在液氨中经氢氧化钾催化合成甲基丁炔醇，以丙酮计收率可达95%。

$$H_3C-C(=O)-CH_3 + HC\equiv CH \xrightarrow[1.96MPa]{200\sim300℃} (CH_3)_2C(OH)-C\equiv CH$$

第二步：选择加氢，甲基丁炔醇经钯催化剂加氢生成甲基丁烯醇，加氢收率大约达到 99%。

$$\text{甲基丁炔醇} + H_2 \xrightarrow[4\sim9\text{MPa}]{50\sim80℃} \text{甲基丁烯醇}$$

第三步：脱水反应，甲基丁烯醇在三氯化铝催化作用下脱水生成异戊二烯，选择性达到 99.8%。

$$\text{甲基丁烯醇} \xrightarrow[\text{常压}]{260\sim300℃} \text{异戊二烯} + H_2O$$

(3) 丙烯二聚法

丙烯二聚法由美国 Goodyear 和 Scientific Design 公司研究开发，未经中试，直接从小试一步放大到工业装置，其工艺过程分为三步。

第一步：丙烯二聚生成 2-甲基-1-戊烯，丙烯转化率 60%～95%，选择性达到 95%。

$$2\,\text{丙烯} \xrightarrow[\text{三丙基铝，200MPa}]{150\sim200℃} \text{产物}$$

第二步：异构化，反应转化率为 70%～75%，选择性 90%～99%。

$$\xrightarrow[\text{酸性硅铝}]{150\sim200℃，70\sim75\text{MPa}}$$

第三步：裂解（脱甲基），异戊二烯总收率为原料的 50%～70%。

$$\xrightarrow{650\sim800℃} \text{异戊二烯} + CH_4$$

7.6.2.4 碳五馏分抽提法

在重油裂解过程中碳五馏分是主要副产品，含有 20 多种组分，其中双烯含量约占裂解碳五馏分的 40%～60%。随着石油工业发展，利用碳五馏分生产异戊二烯具有巨大的潜力。本小节主要介绍以裂解碳五馏分为原料生产异戊二烯。

碳五馏分是石油化工炼油装置、催化裂化装置以及重质烃裂解装置裂解制乙烯过程中的副产物，是一种具有潜在价值的基本原料。通过它可生产一系列高附加值的化工产品，从而降低乙烯生产成本，提高企业的经济效益和竞争力。在碳五馏分的综合利用中，最具有利用价值的是异戊二烯、间戊二烯和（双）环戊二烯。其中异戊二烯是主要的产品之一，在碳五馏分中的含量占 15%～25%，在合成橡胶、医药农药中间体的生产以及合成润滑油添加剂、橡胶硫化剂和催化剂等方面具有广泛的用途，开发利用前景十分广阔。随着我国乙烯工业快速发展，碳五资源将日益丰富，加上碳五分离技术的日益完善与成熟，碳五分离装置的建设步伐逐步加快，双烯资源量将不断增加。

异戊二烯生产工业上主要是溶剂萃取蒸馏法。溶剂萃取的基本原理是利用溶剂对不同组分的溶解度差异，加入选择性溶剂改变裂解碳五馏分间的相对挥发度，进而通过蒸馏达到分离异戊二烯的目的。不管选用何种溶剂，分离过程均大致包括以下四个步骤：环戊二烯分离、溶剂萃取、异戊二烯精制和溶剂回收。工业上一般选用乙腈、二甲基甲酰胺、*N*-甲基吡咯烷酮为溶剂。

(1) 二甲基甲酰胺抽提法

二甲基甲酰胺抽提法又称 GPI 法，由日本瑞翁公司于 1971 年研发成功，并实现工业化，其工艺流程如图 7-13 所示。该工艺以石脑油裂解碳五馏分为原料，溶剂为无水二甲基甲酰胺。裂解碳五馏分首先进入二聚反应器 1，环戊二烯聚合为双环戊二烯，物流进入蒸馏塔 2，塔底分出双环戊二烯送至塔 9，塔顶物料送入第一萃取蒸馏塔 3，与塔顶加入的二甲基甲酰胺接触，控制塔顶压力为 0.049MPa，温度为 40℃，塔釜压力为 0.137MPa，温度为

140℃，塔板数为 87。塔 3 顶部蒸出戊烷和戊烯馏分，塔釜的二烯烃和溶剂进入第一解吸塔 4，其操作压力为常压，塔釜温度为 160℃。塔 4 釜液返回第一萃取蒸馏塔或去溶剂精制系统，塔 4 顶部蒸出的二烯烃送至第一精馏塔 5。从塔 5 釜中分离出 1,3-戊二烯和环戊二烯进入蒸馏塔 9，塔 5 顶部分离出的粗环戊二烯送至第二萃取蒸馏塔 6，与顶部加入的溶剂二甲基甲酰胺接触，控制塔 6 顶部压力为 0.049MPa，温度为 40℃，底部压力为 0.167MPa，温度为 130℃，塔板数为 100 块。塔 6 底部物料进入解吸塔 7 回收循环使用溶剂，塔 6 顶部的粗环戊二烯物流进入第二精馏塔 8，塔顶蒸出轻组分 2-丁炔等，塔釜即得到纯度为 99.5%的聚合级异戊二烯产品，过程总收率为原料中异戊二烯的 90%～95%。GPI 法具有以下特点：①二甲基甲酰胺对异戊二烯溶解度大，选择性好，用量少，操作费用低；②溶剂对设备无腐蚀性，全流程设备可用普通碳素钢；③该工艺同时可以副产一定纯度的间戊二烯和双环戊二烯产品。

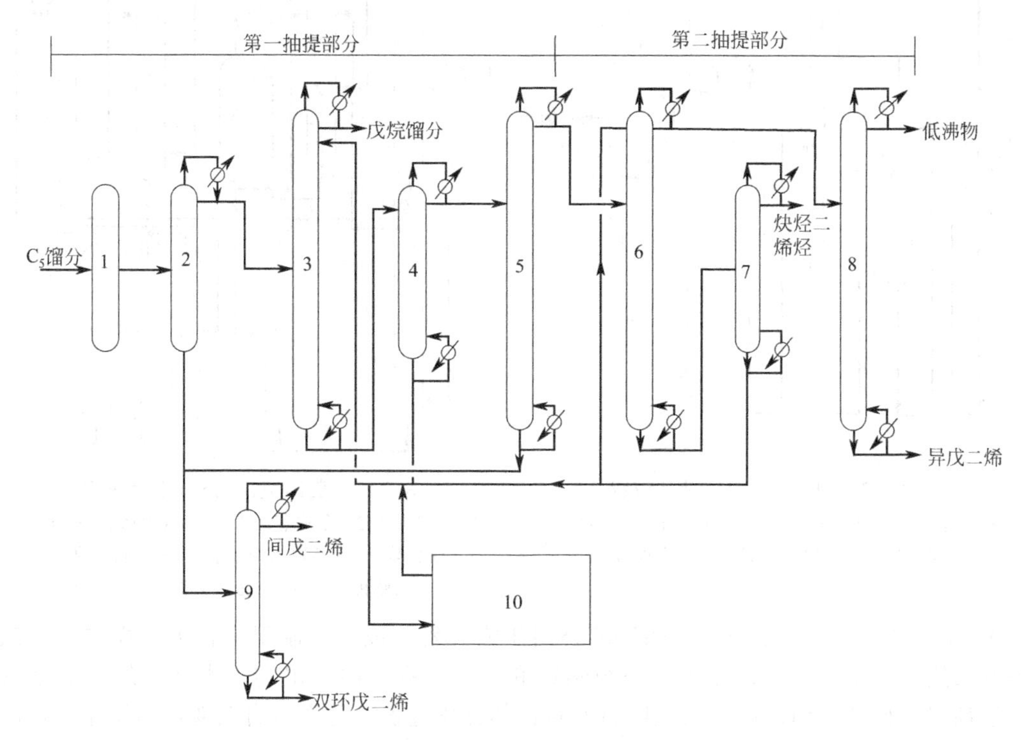

图 7-13　日本二甲基甲酰胺法工艺流程

1—二聚反应器；2,9—蒸馏塔；3—第一萃取蒸馏塔；4—第一解吸塔；5—第一精馏塔；6—第二萃取蒸馏塔；7—第二解吸塔；8—第二精馏塔；10—溶剂精制

(2) 乙腈抽提法

乙腈抽提法是最为广泛的碳五馏分分离技术，该法分别由美国 Esso 公司、美国 Atlantic Richfield 公司、日本合成橡胶公司研发，其基本原理相同，各公司仅在流程安排与操作上具有一定的差异。Esso 技术由美国 Esso 公司于 20 世纪 50 年代初开发成功，是国外最早工业化的碳五馏分分离方法。该法可得纯度为 97%的异戊二烯产品，可直接利用或进一步蒸馏提纯制取纯度为 99.5%的异戊二烯。主要特点是：①无热二聚工序；②两级萃取，两级蒸馏，一级汽提；③馏出物需水洗，废液排放量大；④溶剂回收循环使用。工艺流程如图 7-14 所示。裂解碳五馏分首先进入蒸馏塔 1，塔中有 70 块塔板，控制回流比为 13∶1，压力为 0.248MPa，顶温为 59～60℃，底温为 77.78～79.45℃，塔 1 顶部蒸出异丙基乙炔、二甲基乙炔、2-甲基-1-丁烯-3-炔等炔烃，塔 1 底物料送至第一萃取蒸馏塔 2。塔 2 中内置 100 块塔板，控制回流比为 5∶1，溶剂为乙腈，乙腈和烃类质量比 1∶1，压力为 0.207MPa，

顶温为62.78℃，底温为107.22℃，塔2顶部蒸出物料送至水洗塔4，塔4顶部物料送出进一步加工，塔4底部溶剂回收提纯后循环使用。塔2底部物料送至蒸馏塔3，由塔3顶部蒸出物料进入第二萃取蒸馏塔5，塔5中内置70块塔板，控制回流比为6：1，溶剂和进料质量比2：1，压力为0.069MPa，顶温为48.89℃，底温为101.67℃。塔5顶部获得物料进入水洗塔6，由塔6顶部得到纯度为97%的异戊二烯粗产品，可直接进一步蒸馏提纯制得纯度为99.5%的异戊二烯。若需要，可将塔5底部物料抽出，先进入汽提塔7，然后送入水洗塔8分离其他的双烯烃。

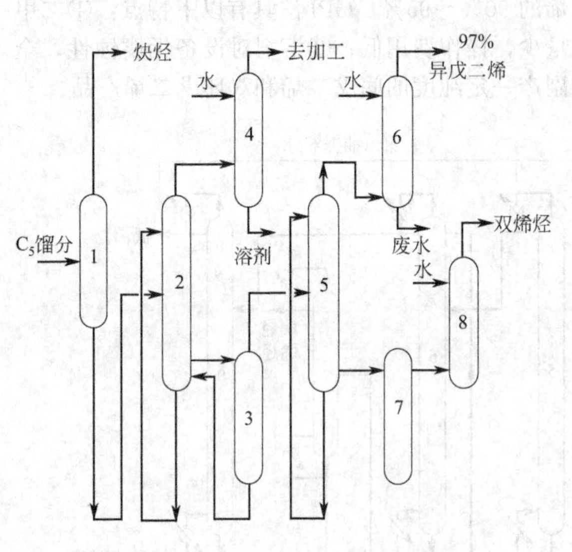

图7-14 美国Esso公司乙腈法流程

1,3—蒸馏塔；2—第一萃取蒸馏塔；4,6,8—水洗塔；5—第二萃取蒸馏塔；7—汽提塔

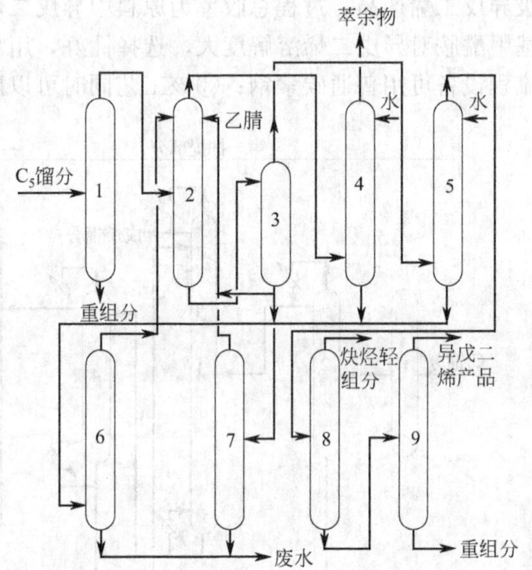

图7-15 美国Arco公司乙腈法流程

1—脱重塔；2—萃取蒸馏塔；3—汽提塔；4—抽余物洗涤塔；5—萃取物洗涤塔；6—乙腈回收塔；7—乙腈再生塔；8—脱炔烃塔；9—脱二烯塔

Arco技术由美国Atlantic Richfield公司研究开发，该法可制得聚合级异戊二烯。该工艺是有加热二聚工序，一级萃取、两级蒸馏和一级汽提。因馏出物需水洗，故废液排放量大，溶剂回收循环使用。由于汽提塔温度高，其分离过程中易产生自聚物，堵塞系统，停车清洗频繁，工艺流程如图7-15所示。

裂解碳五馏分首先进入脱重组分塔进行热处理，使环戊二烯二聚为双环戊二烯后，再经蒸馏回收利用。除去环戊二烯等重组分的碳五馏分进入萃取蒸馏塔2，采用乙腈为溶剂，烷烃和大部分的单烯烃从塔2顶部分离出送至洗涤塔4，塔4顶部物料送至萃余物储槽，底部物料进入乙腈回收塔。萃取蒸馏塔2底部物料送汽提塔3，塔3釜液返回塔2或送至再生塔7，汽提塔3顶部分离出的物料送至萃取物洗涤塔5，塔5底部物料送乙腈回收塔6提浓精制后循环使用，塔5顶部分出的粗异戊二烯进入脱炔烃塔8除去轻组分后再去塔9，由塔9顶部获得聚合级异戊二烯。

乙腈法特点：①溶剂乙腈为丙烯氨氧化生产丙烯腈的副产物，来源丰富，价格低廉，对设备腐蚀性小；②因为乙腈的黏度低，所以萃取蒸馏塔塔板效率高。

(3) *N*-甲基吡咯烷酮法

N-甲基吡咯烷酮法又称BASF法，由德国BASF公司于1968年开发成功，该法采用*N*-甲基吡咯烷酮为溶剂，产品异戊二烯纯度为97%，炔烃质量分数小于100mg/kg，收率可达95%以上。该法流程简单，溶剂无毒，此外因不采用热二聚除环戊二烯，因而异戊二烯

收率较高。但存在溶液黏度大、异戊二烯纯度低、其余组分以混合物形式存在等缺点。N-甲基吡咯烷酮法工艺流程见图 7-16 所示。

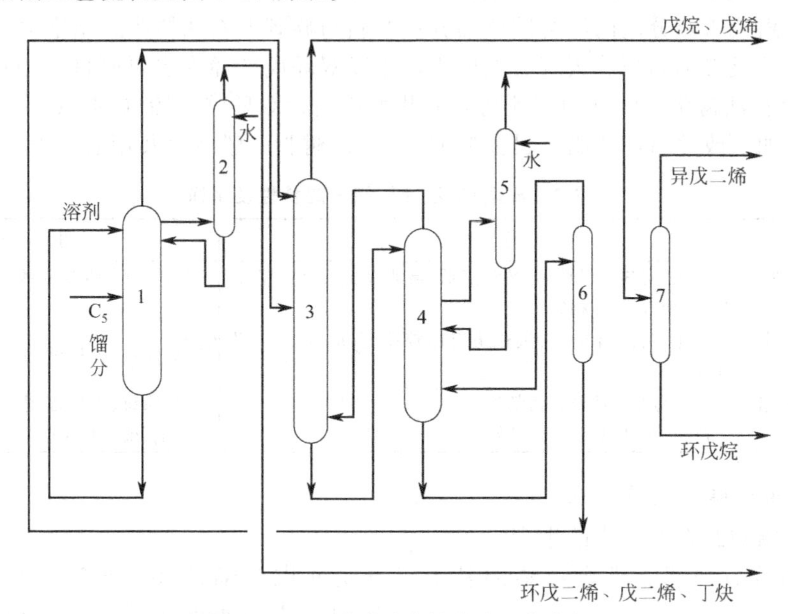

图 7-16　N-甲基吡咯烷酮法工艺流程

1—预洗塔；2,5—水洗塔；3—萃取蒸馏塔；4—汽提塔；6—溶剂回收塔；7—精馏塔

该工艺以石脑油裂解碳五馏分为原料，在预洗塔 1 中用 N-甲基吡咯烷酮洗涤，环戊二烯等从塔顶侧线抽出，进入水洗塔 2，塔 2 顶部得到环戊二烯、1,3-戊二烯和 2-丁炔的混合物，预洗塔 1 顶部出来的不含有环戊二烯的物料进入萃取蒸馏塔 3，塔 3 顶部蒸出戊烷、戊烯，塔 3 釜底组分为溶剂溶解的双烯并送至汽提塔 4，塔 4 釜液进入回收塔 6，溶剂再生后循环使用。塔 4 顶部蒸出物料送回萃取蒸馏塔 3，塔 4 中部侧线抽出异戊二烯物料送至水洗塔 5 后再送至异戊二烯精馏塔 7，由塔 7 获得产品异戊二烯纯度为 97%，炔烃质量分数小于 100mg/kg，收率可达 95%以上。

BASF 法工艺特点：流程简单，溶剂无毒，此外因为不采用热二聚除去环戊二烯，所以异戊二烯的收率较高。

（4）共沸蒸馏法

共沸蒸馏法是由美国 Goodyear 公司研发的，分离原理是利用异戊二烯和正戊烷可以形成二元共沸物组成的性质，首先由碳五馏分中蒸出比共沸组成沸点较低的组分，再利用碳五馏分中的正戊烷（也可以补加一定量的正戊烷）与异戊二烯形成沸点为 33.6℃ 的共沸物，进而达到分离目的。共沸物组成一般异戊二烯 73%，正戊烷 27%。

共沸蒸馏法工艺特点：①工艺简单，能耗低；②由于物系相对挥发度变小，共沸物蒸馏塔板数达到 118 块，回流比达 100∶1；③该法适用于含正戊烷较多的碳五馏分或正戊烷存在对异戊二烯进一步加工无影响的情况（如制异戊橡胶，正戊烷在聚合反应中可以作为溶剂）。

7.7　碳五树脂的综合利用

7.7.1　概述

7.7.1.1　国内碳五石油树脂的分类

碳五石油树脂是指以乙烯装置副产的裂解碳五馏分为原料，进行分离聚合后制得的固态或黏稠状液态、相对分子质量低于2000的聚合物。具有酸值低、混溶性好、熔点低、黏合性好、耐水和耐化学品等特点。根据原料不同，分为以下几类：①混合碳五石油树脂，指原料经过初步分离或未经分离的混合碳五馏分；②脂肪族碳五石油树脂，指富含间戊二烯的碳分馏分；③双环戊二烯脂环族碳五石油树脂，指以双环戊二烯为主要原料；④共聚树脂，分为 C_5/C_9 共聚石油树脂、碳五和其他物质的共聚树脂、双环戊二烯（DCPD）与其他物质的共聚树脂；⑤加氢改性石油树脂。目前典型 C_5 石油树脂一般特性及用途见表7-7。

表 7-7　典型 C_5 石油树脂一般特性及用途

C_5 石油树脂种类	特　性	用　途
脂肪族 C_5 石油树脂	色浅、耐热耐候性好、软化点低、与非极性聚合物相容、与极性聚合物不相容	热熔胶、胶带及橡胶增黏等
脂环族 C_5 石油树脂	软化点高、有臭气、氧化稳定性较差、反应性好、共聚性好	油墨、涂料、胶黏剂、沥青改性、橡胶增黏
C_5/C_9 共聚石油树脂	极性与非极性聚合物都相容	油墨、涂料、胶黏剂、橡胶增黏
加氢 C_5 石油树脂	色浅、无臭、氧化稳定性好	胶黏剂、聚合物改性

7.7.1.2　*石油树脂的生产方法*

(1) 碳五脂肪族石油树脂的生产

碳五脂肪族石油树脂聚合单体的基本组分是间戊二烯（50%～75%）浓缩物，其来源主要有两种途径。第一种途径是通过碳五馏分进行预处理除去环戊二烯和异戊二烯，进而提高间戊二烯的浓度，预处理过程见图7-17。

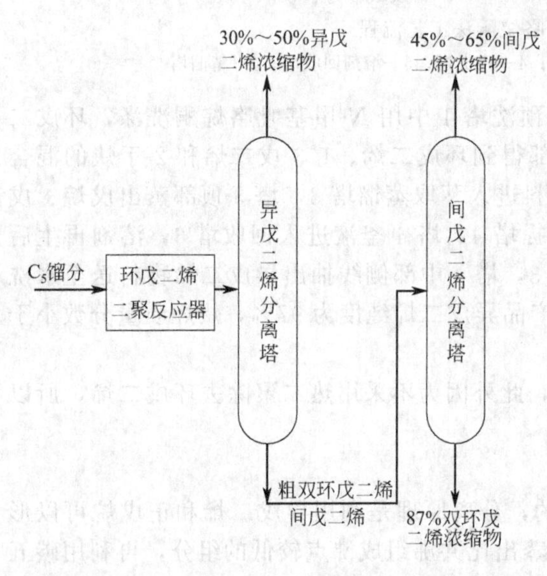

图 7-17　C_5 脂肪族石油树脂原料预处理流程

碳五馏分首先进入热二聚反应器反应，反应物流进分离塔，塔顶分出异戊二烯（30%～50%）浓缩物，塔底物送至间戊二烯分离塔，由塔顶得到间戊二烯（45%～65%）浓缩物（其中异戊二烯<3%，环戊二烯<2%）。

第二种途径是采用溶剂萃取精馏制备异戊二烯，该过程可联产间戊二烯（65%～75%）浓缩物。两种途径所得到的间戊二烯浓缩物均可以作为碳五脂肪族石油树脂的聚合单体。一般较高含量的间戊二烯馏分作为聚合原料制得的石油树脂色泽较浅，性能较好。间戊二烯浓缩物典型组成见表7-8。

表 7-8　间戊二烯浓缩物典型组分

组成	精馏法间戊二烯浓缩物/%	萃取精馏法间戊二烯浓缩物/%	组成	精馏法间戊二烯浓缩物/%	萃取精馏法间戊二烯浓缩物/%
间戊二烯	50～60	65～75	苯	1.62	<0.5
异戊烯	<3	<1	环戊烷	2.36	5.34
CPD/双环戊二烯	<3	<2	环戊烯	12.68	17.93
2-甲基-2-丁烯	12.67	0.29			

碳五树脂聚合工艺流程见图7-18。在氮气保护下先加入稀释剂芳烃（或烷烃），然后加入催化剂 $AlCl_3$，保持温度25℃，再逐渐加入浓缩的间戊二烯和共聚单体，控制加料速度使

反应温度不超过40℃，并使反应器1中固体含量为45%～50%，反应时间控制在1～1.5h。所得反应产物送至碱洗塔2，塔顶为脱除绝大多数催化剂的聚合液，送往水洗塔3，除去聚合液中的碱液和残留催化剂，水洗塔顶物经催化剂分离器6净化后送至汽提塔和减压蒸馏塔5，蒸出稀释剂、未聚合组分以及低聚合物，得到高分子量固体石油树脂。若使用BF_3催化剂，则可得到液体或低软化点树脂。

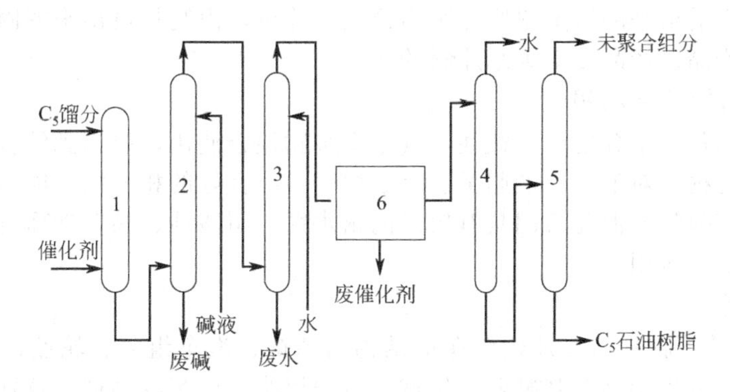

图7-18 C_5石油树脂生产工艺流程

1—聚合反应器；2—碱洗塔；3—水洗塔；4—汽提塔；5—减压蒸馏塔；6—催化剂分离器

选择不同的共聚单体可改进树脂的性能，可得到不同的专用树脂。如与异丁烯共聚可得到窄分子量分布的树脂；若与环戊烯共聚可得到高软化点的树脂。常用的共聚单体还有顺酐、萜烯、芳香族化合物。催化剂$AlCl_3$浓度一般为反应物浓度的2%～2.5%；BF_3气体一般为反应物浓度的0.3%～0.75%。

（2）碳五脂环族石油树脂生产

碳五脂环族石油树脂聚合单体的基本组分是纯度为75%～95%的双环戊二烯，若采用较低浓度双环戊二烯则合成的树脂颜色较暗，性能较差。双环戊二烯容易热聚，一般不需要使用催化剂，生产工艺流程简单。聚合采用连续工艺，双环戊二烯和溶剂甲苯预热后进入聚合反应器，在225～280℃、1～4MPa条件下，反应时间1～4h。反应液输入闪蒸罐，蒸出的溶剂循环使用，脱溶剂后物料送入汽提塔除去未反应单体，产品为浅黄色固态树脂，收率可到达90%以上。

由于双环戊二烯具有极强的反应性，通常可与其他单体共聚来改性树脂，以制取不同的专用树脂。如与丙烯醇的共聚树脂适用于油墨，与酚（双酚A、邻甲酚等）共聚树脂适于作环氧树脂改质材料和固化涂料。常用的共聚单体还有乙酸乙酯、顺酐、苯乙烯、蒎烯等。

双环戊二烯树脂中含有大量不饱和双键，不稳定。采用加氢工艺可使树脂中不饱和成分氢化，制得白色或透明的加氢石油树脂。加氢采用固定床工艺，钯/三氧化二铝为催化剂，庚烷为溶剂（或正己烷），反应压力2.0～3.5MPa，温度为260～310℃，空速为0.2～2.0h^{-1}、汽油比为100～400。

（3）混合碳五石油树脂生产

目前英国ICI公司使用混合碳五馏分制备石油树脂，该工艺采用预聚合热处理，使环戊二烯二聚为双环戊二烯，双环戊二烯再与其他共轭二烯烃发生二聚的同时与其他不饱和烃形成交联聚合物。预聚合在三个管式反应器中进行，碳五原料、溶剂苯通过预热器进入第一个二聚反应器，在160～200℃、停留时间为5min、3.45MPa条件下进行反应。反应物进入第二个二聚反应器，反应温度为180℃，停留时间为20min；反应物经过冷却后进入第三个二聚反应器，反应温度为135℃，反应时间为40min，反应物含环戊二烯<1%。

预聚合后的碳五馏分连续供给四个串联的完全相同的聚合反应器，各反应器温度相同，均用计量泵控制加入三氯化铝-异丙基苯配合物催化剂，各反应器出来的物流均把温度降至约 60℃后再进入下一个反应器，每个反应器的停留时间约 3min。从最后一个聚合反应器出来的物流被冷却到 60℃，用异丙醇-水-氨进行催化剂脱活和洗涤。产品再加热至 100℃，用水和 10%的异丙醇混合物进行混合、分离，然后水洗。

水洗后的树脂进行汽提，加热到 175℃ 的树脂闪蒸进入汽提塔，塔内压力为 0.0035MPa；汽提塔出来的熔融树脂送至不锈钢制片机，由制片机出来的固体树脂进入锤磨机，经包装成为产品。产品收率为总原料的 35%。

7.7.2 碳五树脂的综合利用

碳五石油树脂很少单独使用，往往与其他聚合物混合使用，以达到综合利用、增强功能的目的。因为碳五树脂对油品、油脂类、合成树脂具有良好的相容性，能够在许多溶剂中互溶。碳五树脂与其他物质混配后因具有较好的耐水性、耐酸性、黏合性而且熔点低，所以碳五树脂得到了广泛的应用。

7.7.2.1 胶黏剂

C_5 石油树脂用于胶黏剂涉及建筑业的结构与装饰、汽车组装、轮胎、木材加工、商品包装、书刊装订、卫生用品、制鞋业等领域。石油树脂是许多胶黏剂，特别是新型胶黏剂如热熔胶、压敏胶必不可少的增黏组分。

近年来，碳五石油树脂以其剥离粘接强度高、快黏性好、价格较低的特点，逐步取代价格较高的萜烯树脂和松香树脂而占主要地位，使得石油树脂在压敏胶带中的使用比例逐年急增。药用胶带用量近年来也逐步增长。

7.7.2.2 纸张施胶剂

石油树脂经马来酸酐改性，再经碱化，即可制得溶于水的施胶剂原料。在造纸工业中以前均用松香作为上浆剂，石油树脂与松香相比，有利于提高纸张的平滑度、疏水性、适应性及耐起泡性。松香是现在用得最多的施胶剂，占全部施胶剂的 80%以上。石油树脂比松香富有疏水性，取代松香作为纸张施胶剂效果极好。

7.7.2.3 涂料添加剂

在涂料工业方面，石油树脂常用于与其他物质混合使用，这样既降低了产品成本，又使涂料的光泽、硬度、防水性和耐化学性得到改善。石油树脂通常用来制造增强乳胶涂料，浅色的石油树脂还可用于生产油溶性涂料，以提高其光泽和附着力。石油树脂作为油漆添加剂，可加快漆膜的干燥速度，提高漆的耐水性、耐酸碱性以及表面硬度和光泽，可用于钢材的防锈漆、船底漆以及一般的家具漆等。

7.7.2.4 路标漆

道路标志漆是石油树脂的主要用途之一，尤其是热熔路标漆在国外发展很快，国外石油树脂路标漆的用量占路标漆总量的 25%～30%。随着汽车的普及和高速公路的发展，熔接型交通路标漆已成为路标漆的主流。这种路标漆具有干燥速度快、耐久性好、无溶剂等特点，是由树脂、颜料、反射材料、增塑剂、无机填料等组成。含 10%～30%加氢石油树脂的路标漆具有足够的耐久性、良好的热稳定性和耐候性。随着国内大量建设高速公路和一般道路，用于路标漆的石油树脂将大量增加。

7.7.2.5 油墨添加剂

石油树脂能溶于烃类树脂中，且软化点高、性能稳定，因而适用于印刷油墨。它对印刷油墨的流变性和连接料的稳定性影响很大，而在组分中石油树脂只要达到松香 55%～60%即可获得最佳的增塑作用。在配方中加入石油树脂能改进印刷油墨的光泽和耐磨性。

7.7.2.6 合成橡胶添加剂

在橡胶中加入碳五石油树脂可起到软化、补强、增黏等作用，从而改善橡胶的加工性能，其用量为 15%左右。目前最适合丁基内胎生产，对硫化干扰小，可使 105℃热永久变形系数减小，提高丁基内胎的使用寿命。国外已在丁苯橡胶、顺丁橡胶、卤化丁基橡胶等合成橡胶中大量使用碳五树脂。

7.7.2.7　医用容器及包装材料添加剂

以加氢石油树脂作为添加剂可以解决单独使用聚丙烯或聚丁烯作为医用容器及包装材料（如储血包、液体药物包装袋、输液管等）时存在的耐热性差、透明性差和柔软性等问题。

此外，高新技术的发展将推进石油树脂在我国其他许多领域的应用，包括发展聚烯烃新品种、防振材料、光学记录材料、电影业的新材料等为石油树脂的应用开辟了更广阔的前景。

思考题与习题

7-1　简述碳四、碳五馏分来源，及炼厂催化裂化和热裂解制乙烯联产碳四、碳五馏分的组分特点。

7-2　碳四馏分分离技术主要有哪些？简述各分离技术的分离特点。

7-3　为什么采用普通蒸馏技术很难达到碳五馏分各组分之间的分离？裂解碳五馏分中具有化工利用价值且含量较高的组分有哪些，对这些组分有哪些主要分离技术？

7-4　简述利用碳四馏分抽提生产丁二烯原理。图 7-19 为典型萃取精馏流程、图 7-20 为改进萃取精馏流程，试比较两流程进行了如何的改进，改进后可达到什么目的？

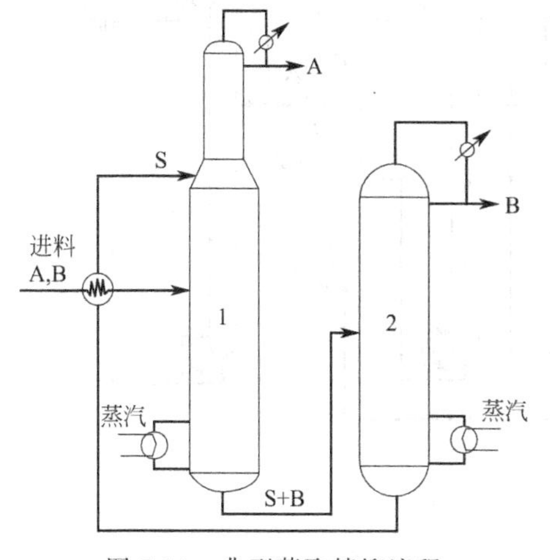

图 7-19　典型萃取精馏流程
1—萃取精馏塔；2—蒸出塔

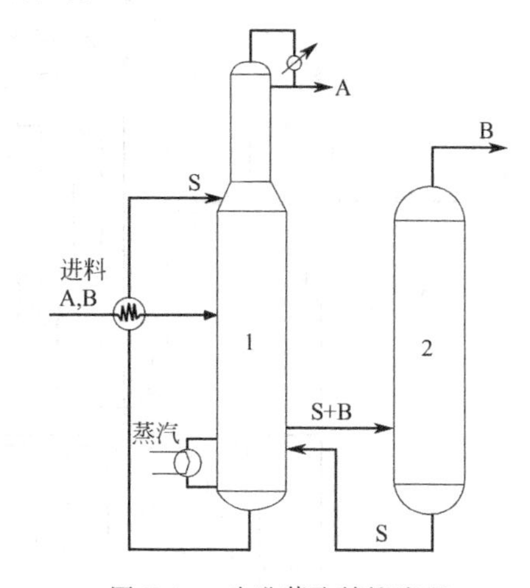

图 7-20　改进萃取精馏流程
1—萃取精馏塔；2—蒸出塔

7-5　丁二烯抽提生产工艺主要有哪些？分析丁二烯生产过程的不安全因素，试从生产实际探讨其预防控制措施。

7-6　简述正丁烷氧化制顺丁烯二酸酐的反应原理，并分析其工艺条件影响因素。

7-7　简述制甲基叔丁基醚的反应原理，其工艺影响因素主要有哪些？

7-8　(1) 生产甲基叔丁基醚反应器主要有哪些并简述其结构特点？

(2) 固定床工艺是生产甲基叔丁基醚的重要途径，图 7-21(a)、图 7-21(b) 是甲基叔丁基醚固定床工艺流程，分析工艺流程后回答以下问题。

① 试简要叙述主物料管线物料走向以及两工艺有何异同并分析这种差异能给合成反应起到什么作用。

② 标出图中数字符号代表的设备名称及未标出的物料、产品的进出料位置，指出各设备的功能。

7-9　(1) 异戊二烯生产方法有哪些？

(2) 二甲基甲酰胺法是碳五馏分抽提法生产异戊二烯的重要方法之一，图 7-22 是日本二甲基甲酰胺法工艺流程，分析工艺流程后回答以下问题。

① 二甲基甲酰胺法中溶剂具有哪些优点？

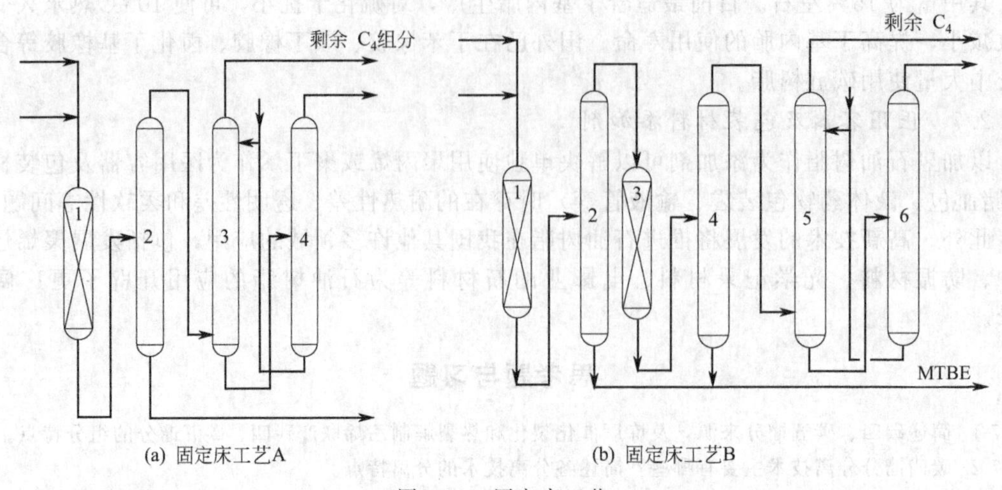

图 7-21 固定床工艺

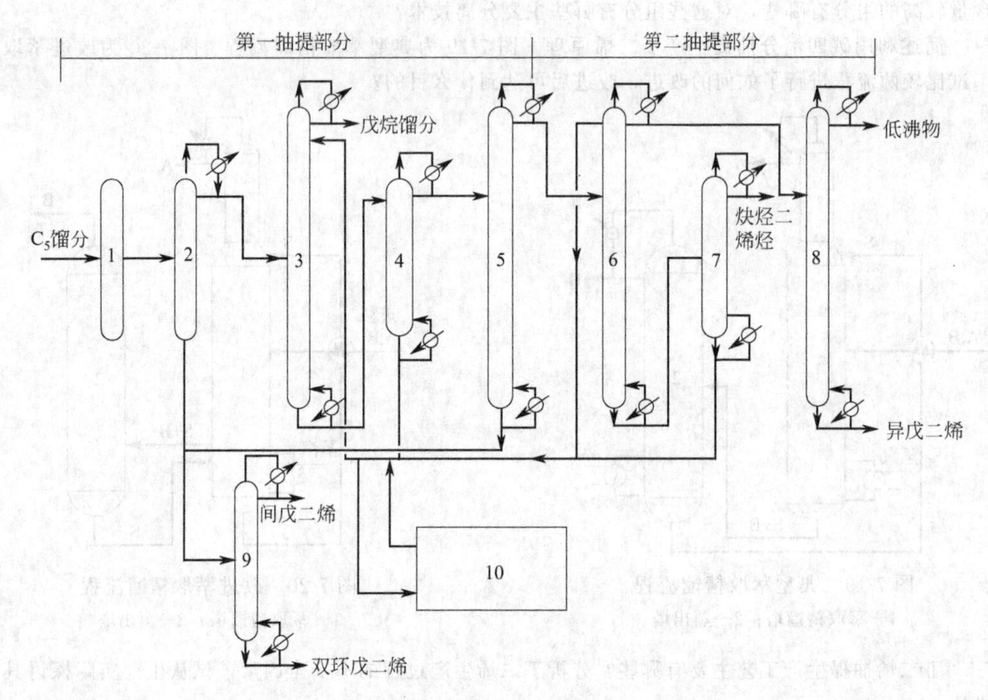

图 7-22 日本二甲基甲酰胺法工艺流程

1—二聚反应器；2，9—蒸馏塔；3—第一萃取蒸馏塔；4—第一解吸塔；5—第一精馏塔；
6—第二萃取蒸馏塔；7—第二解吸塔；8—第二精馏塔；10—溶剂精制

② 简述该法的基本原理。

③ 标出主物料管线，分析各管线物料主要成分。

7-10 国内碳五石油树脂的种类有哪些以及分类的依据是什么？试简述各碳五石油树脂的利用情况。

第8章　芳烃及其化工产品生产

8.1　苯、甲苯和二甲苯

近三十年来，苯、甲苯、二甲苯的应用范围已从原来的炸药、医药、染料、农药等传统化学工业迅速扩大到高分子材料、合成橡胶、合成纤维、合成洗涤剂、表面活性剂、涂料、增塑剂等新型工业。C_9 及 C_{10} 重芳烃则又是生产石油芳烃过程中数量可观的联产品。这些联产品经分离后，有些重芳烃，如偏三甲苯、均三甲苯、甲乙苯及均四甲苯等因其特定的分子结构，已成为精细化工产品的重要原料。在生产高温树脂、特种涂料、增塑剂、固化剂等精细化工产品中，充分显示了重芳烃独特的性质，广泛应用于医药、染料、合成材料以及国防和宇航工业等尖端科技部门。

8.1.1　苯的性质及化工利用

常温下苯是无色透明的油状液体，具有特殊的、并不刺鼻的芳香气味。苯的沸点为80.1℃（760mmHg，1mmHg=133.322Pa，下同），在5.5℃时便结成为晶状的固体。在常温下，苯即可挥发。苯蒸气密度是空气的2.77倍。苯不易溶于水，在22℃时，每100mL水中，仅能溶解0.082g，而与乙醇、醋酸、乙醚、丙酮、氯仿、二氯化碳及四氯化碳等溶剂可充分混合。苯的闪点−10～−12℃，在空气中自燃温度为72℃，与空气混合物的燃烧下限为1.4%，上限为8%，故在制造或使用苯的场所，必须禁止明火。

苯和其他芳香族化合物相比，在化学上有其特性，即苯分子中的氢容易被氯原子取代成为氯苯，硝基取代则成为硝基苯等。但苯不容易起加成反应，因为苯环的碳-碳双键(C═C)比较稳定。

苯在化学工业上其用途之一是通过苯乙烯中间体来生产聚苯乙烯塑料和合成橡胶等；其二是通过环己烷中间体进一步加工得到尼龙；其三是通过生产异丙苯制备苯酚和丙酮。上述三种用途在苯的原料使用中占到80%～90%。苯的其他用途很多，其中包括苯硝化再还原成苯胺，苯也可以进行氯化生成氯苯，苯还可通过烷基化反应用来生产合成洗涤剂的烷基苯。苯直接氧化可得顺丁烯二酸酐，这种产品用来生产涂料工业中所有的醇酸树脂，尤其是汽车用漆。

苯的主要化工利用见图8-1。

8.1.2　甲苯及其化工利用

甲苯（toluene）是芳香族化合物重要成员、石油化工基本原料之一，相对分子质量92.14，是一种无色液体，具有与苯相似的芳香味。1835年，Pelletier和Walter在研究天然妥卢香脂的热降解产品时首先发现了甲苯这种物质，妥卢香脂是南美哥伦比亚的小城妥卢

(Tolu) 生产的，由此得名甲苯 toluene。第一次世界大战前，甲苯主要来源于煤焦化副产的煤焦油。在第二次世界大战开始时，美国实现了生产高辛烷值汽油的催化重整工艺，战时正好满足了生产 TNT 炸药的需要。重整技术不仅生产出了甲苯，而且也生产出了苯和二甲苯，满足了工业上不同的需要。

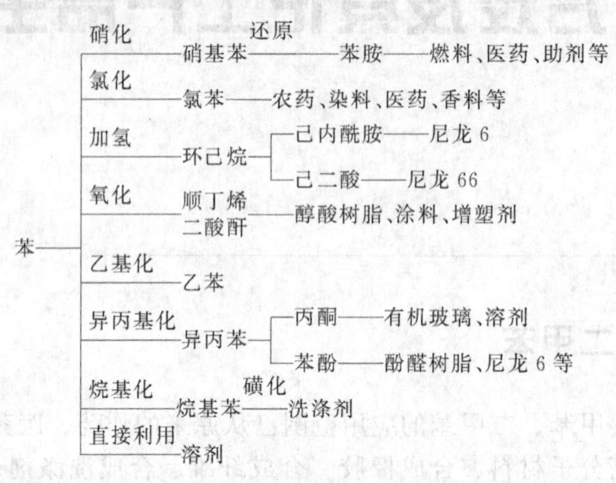

图 8-1 苯的化工利用

甲苯的化学性质与苯相类似，由于甲基存在，增加了反应性能。甲苯可发生的化学反应如下。

① 取代反应　卤素与甲基发生取代反应，连续生成一氯、二氯和三氯化合物。芳环上的氢活泼，在有催化剂时，可以生成临、对位氯甲苯。氯代反应使用的催化剂有碘、磷、硫、氯化铁、氯化锑和氯化铝等。

$$C_6H_5CH_3 \xrightarrow[h\nu]{Cl_2} C_6H_5CH_2Cl \xrightarrow[h\nu]{Cl_2} C_6H_5CHCl_2 \xrightarrow[h\nu]{Cl_2} C_6H_5CCl_3$$

② 加成反应　甲苯容易加氢生成甲基环丙烷，在加热或催化剂下甲苯易脱烷基生成苯。

$$C_6H_5CH_3 + H_2 \longrightarrow C_6H_{11}CH_3$$

$$C_6H_5CH_3 + H_2 \xrightarrow{\text{热催化剂}} C_6H_6 + CH_4$$

③ 氧化反应　在催化剂存在下，甲苯与氧反应可生成苯甲酸，如催化剂为钴和锰，以溴作助催化剂时，反应收率相当高。侧链甲基也能氧化生成其他化合物。

$$C_6H_5CH_3 \xrightarrow[\text{Br, Co, Mn}]{O_2\text{, }50℃} C_6H_5COOH$$

④ 歧化反应　在催化剂存在下，甲苯可以发生歧化反应或与其他烃发生烷基转移反应，这些反应是可逆的。工业上常用此反应生成工业价值更大的苯和二甲苯。

$$C_6H_5CH_3 \overset{\text{催化剂}}{\rightleftharpoons} C_6H_6 + C_6H_4(CH_3)_2$$

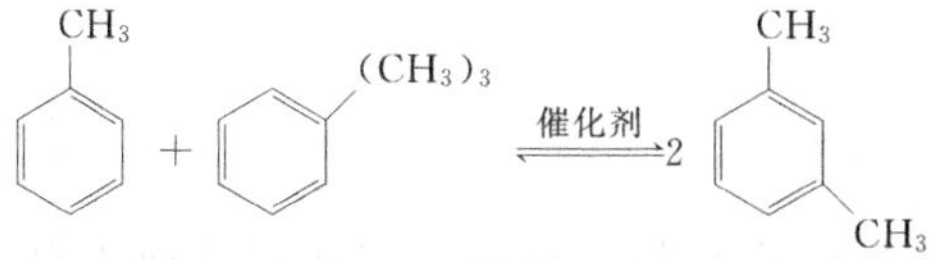

$$C_6H_5CH_3 + C_6H_3(CH_3)_3 \xrightleftharpoons{催化剂} 2\ C_6H_4(CH_3)_2$$

⑤ 硝化反应　甲苯的硝化比苯容易，但硝化主要产物是邻、对位硝基甲苯（占96%～97%），继续硝化，邻硝基甲苯硝化生成2,4-二硝基甲苯。二硝基甲苯再硝化即得三硝基甲苯（TNT）。

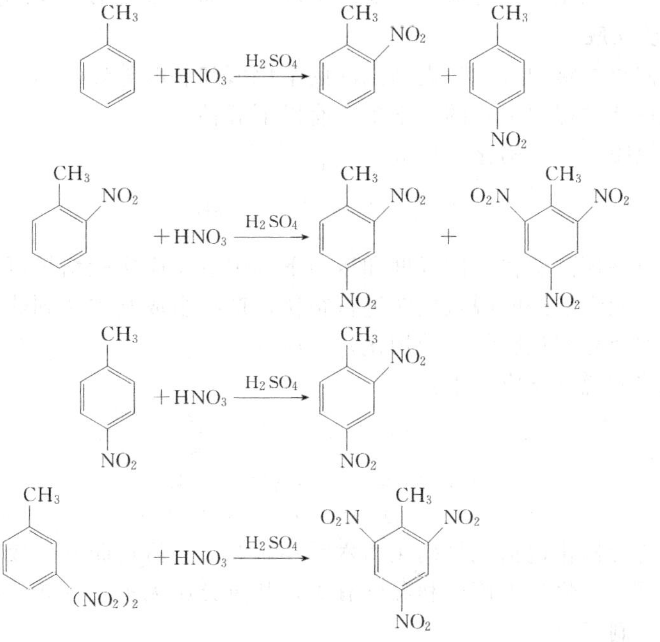

$$C_6H_5CH_3 + HNO_3 \xrightarrow{H_2SO_4} o\text{-}CH_3C_6H_4NO_2 + p\text{-}CH_3C_6H_4NO_2$$

$$o\text{-}CH_3C_6H_4NO_2 + HNO_3 \xrightarrow{H_2SO_4} 2,4\text{-}CH_3C_6H_3(NO_2)_2 + 2,4,6\text{-}CH_3C_6H_2(NO_2)_3$$

$$p\text{-}CH_3C_6H_4NO_2 + HNO_3 \xrightarrow{H_2SO_4} 2,4\text{-}CH_3C_6H_3(NO_2)_2$$

$$CH_3C_6H_3(NO_2)_2 + HNO_3 \xrightarrow{H_2SO_4} 2,4,6\text{-}CH_3C_6H_2(NO_2)_3$$

（TNT）

⑥ 磺化反应　与硝化反应相类似，甲苯的磺化也得到邻、对位的化合物。

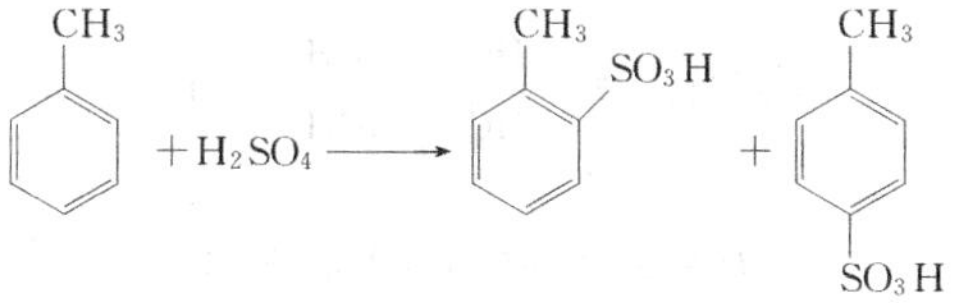

$$C_6H_5CH_3 + H_2SO_4 \longrightarrow o\text{-}CH_3C_6H_4SO_3H + p\text{-}CH_3C_6H_4SO_3H$$

甲苯、二甲苯的化工利用如图8-2、图8-3所示。

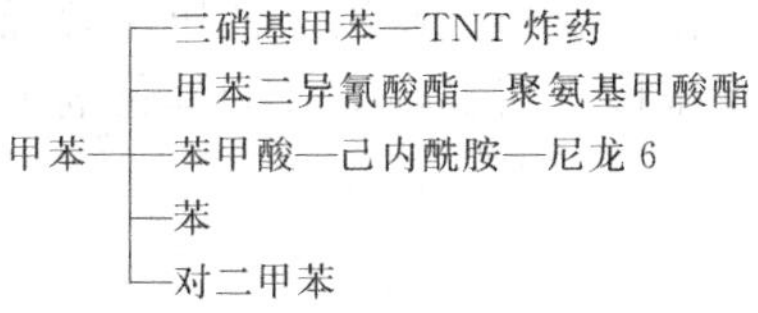

甲苯—
- 三硝基甲苯—TNT炸药
- 甲苯二异氰酸酯—聚氨基甲酸酯
- 苯甲酸—己内酰胺—尼龙6
- 苯
- 对二甲苯

图8-2　甲苯的化工利用

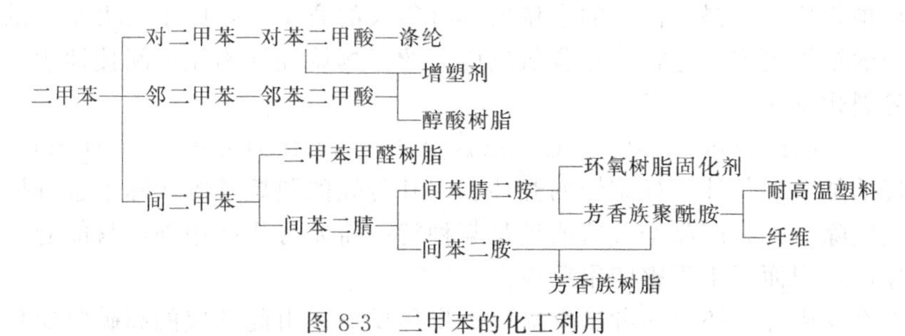

图8-3　二甲苯的化工利用

8.2 催化重整生产芳烃

芳烃的生产除了煤蒸馏得到有限的液体产品外，目前芳烃产品主要来自重整油、石脑油或柴油、汽油、烃类热裂解等（烃类热裂解反应原理参看第4章）。1949年，美国环球油品公司（UOP）成功地制成了活性高、稳定性好的铂催化剂，极大地提高了芳烃转化率，延长了开工周期，从此催化剂重整成为制取高辛烷值汽油和芳烃的主要炼油工艺。

8.2.1 重整化学反应

石油加工中催化重整的目的是提高汽油的辛烷值和制取芳烃，因此了解反应过程具有重要意义。在催化重整过程中主要的化学反应有以下五种。

（1）六元环烷脱氢（芳构化）反应

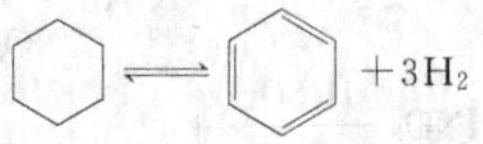

$$\text{环己烷} \rightleftharpoons \text{苯} + 3H_2$$

从环己烷和甲基环己烷在不同温度和压力下的脱氢反应实验结果可知：高温、低压对环烷烃脱氢有利。六元环烷烃的脱氢反应进行很快，产物组成基本达到热力学平衡值。

（2）五元环烷烃异构化脱氢（芳构化）反应

如甲基环戊烷的脱氢反应如下：

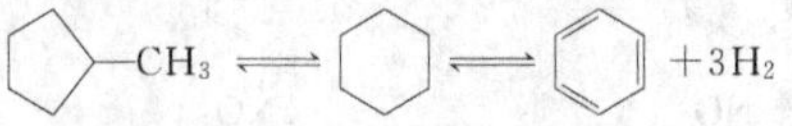

$$\text{甲基环戊烷}(-CH_3) \rightleftharpoons \text{环己烷} \rightleftharpoons \text{苯} + 3H_2$$

甲基环戊烷　环己烷　苯

$\Delta H = 49.2$kcal/mol（于500℃时）

五元环烷烃的芳构化包括先异构化为六元环烷烃，然后再脱氢生成芳烃。五元环烷烃异构化是恒分子数反应，化学平衡仅和温度有关，和氢分压无关。五元环烷烃异构反应速率很慢，是芳构化的控制步骤。

（3）烷烃的脱氢环化反应

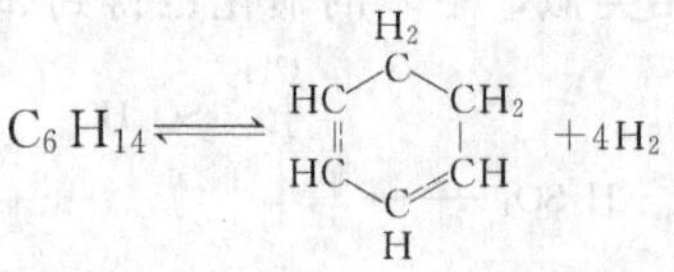

$$C_6H_{14} \rightleftharpoons \text{苯} + 4H_2$$

$\Delta H = 63.7$kcal/mol（于500℃时）

上述反应包括一系列中间步骤：烷烃先脱氢环化生成五元环烷烃，再异构化成六元环烷烃，最后脱氢成芳烃，反应历程比较复杂。高温、低压对烷烃的芳构化有利，而压力的影响尤其显著。烷烃的脱氢环化速率很慢，仅在高活性的催化剂上，于高温低压的条件下才能较多地转化成芳烃。

（4）烷烃的异构化反应

例如：$n\text{-}C_7H_{16} \longrightarrow i\text{-}C_7H_{16}$

烷烃的异构化反应对提高汽油的辛烷值具有很大的意义。碳原子数大于6的正构烷烃异构化后比原来的结构更容易进行环化脱氢反应，故正构烷烃异构化可间接地生产芳烃。

（5）加氢裂化反应

例如：$n\text{-}C_6 + H_2 \rightleftharpoons C_1 + n\text{-}C_5,\ i\text{-}C_5,\ t\text{-}C_6 \quad \Delta H = -16.1$kcal/mol（于500℃时）

除了烷烃的加氢裂化外，环烷烃的开环、烷基芳烃的脱烷基等实际上也都属于加氢裂化反应。这类反应除对提高产品辛烷值或满足某种特殊需要可能有用外，只能起到降低液收和消耗氢气的作用，因而属于重整的副反应。

除以上五类反应外，还有一种副反应——生焦反应，由此形成的高碳氢比焦状物质吸附在催化剂的活性中心或堵塞载体中的微孔是造成催化剂失活的主要原因。提高氢分压有助于抑制焦的生成。

8.2.2　重整催化剂

重整催化剂是由一种或多种金属元素高度分散在多孔载体上制成的，主金属是铂，含量在0.3%～0.7%（质量分数），还含有卤族元素如氟或氯，含量在0.5%～1.5%（质量分数）。

重整催化剂是一种双功能催化剂，卤素及载体提供酸性功能，用以促进五元环和六元环等烷烃的异构化；金属组元提供脱氢功能，缺一不可。例如甲基环戊烷在仅有金属组元的催化剂上几乎不能形成芳烃，而环己烷在仅有酸性功能的催化剂上几乎也不能转化成芳烃。两种功能又必须保持恰当的平衡，酸性过强会促进裂化反应，导致液收率及芳烃产率的降低，而金属过多并不能提高脱氢活性，某些金属元素如铼、铱等过量还能促进“氢解”反应，对芳烃生产不利。

随着低压重整的技术发展需要，相应调节催化剂两种功能之间的平衡，反应压力高时，酸性功能宜维持较低值，以防止过度的裂解反应。反应压力低时，脱氢反应易进行，控制因素由金属功能转向酸性功能，此时适当提高酸性功能不会大量促进裂化反应，相反对异构脱氢有利。因此，低压重整催化剂上的平衡氯含量应维持较高值。在重整操作中还应十分注意原料含氮量，以防止氯化物对酸性功能产生不利的影响。

（1）金属组元

重整催化剂的金属组元为Ⅷ族元素，其中铂的活性最高。1948 年铂重整问世以后，单铂催化剂曾独占重整领域达二十多年之久，1967 年铼重整开发成功后，才被双（多）金属催化剂所取代。各国已经工业化的双（多）金属重整催化剂主要有三大系列：铂-铼系列，铂-铱系列和铂-Ⅳ族金属系列。

① 铂-铱系列　铂-铼催化剂目前工业上应用最广泛。雪夫隆公司的铼催化剂 A、B、D、E、F 型，UOP 公司的 R-16、R-50 系列及恩格哈德公司的 E-500、E-600 系列均属于这一类。早期的铼催化剂的主要特点是稳定性极好，随着工业化技术进步，各种铼催化剂在活性方面也不断提高。如 UOP 公司的 R-50 催化剂的活性和稳定性均胜于 R-16G，相同条件下反应温度可低 20～25 ℉（11.1～13.8℃）。铼的作用机制目前还有争论，一种观点认为铂和铼之间至少有某种方式的相互作用，至于形成合金还是形成一种分散度更高的铂尚无定论，但肯定可以避免深度的脱氢反应，抑制结焦，从而提高催化剂的稳定性。另一种观点认为在重整条件下，铼不可能还原到金属态。只能到正四价的 Re^{4+}，Re^{4+} 能使生焦物质加氢，从而降低了积炭速度，延长了催化剂使用寿命。

② 铂-铼系列催化剂　埃克森公司的 KX-130 和 I. F. P 公司的 RG-451 均属于铂-铼系列。铱组元的引入大幅度提高了催化剂的脱氢环化能力，并增强了稳定性，但其氢解能力极强，选择性比较差，常需加入其他金属作为衰减剂，形成铂铱-X 多金属催化剂。X 组分包括金、铅、锡、铝、钛等，其中锡、铝、钛等采用较多。埃克森公司对铂-铱系列重整催化剂金属分散度问题进行了大量的研究，提出了“金属簇团”（metallic clusters）理论。主要观点是：铂铱能高度分散在载体上，晶粒小于 50Å（$1Å=10^{-10}$m，下同）的双金属簇中的原子间距为 2.5～4.0Å，簇团之间的平均距离至少是它的十倍。这一理论对指导催化剂制备有很大的促进作用。

③ 铂-Ⅳ族金属系列催化剂　在铂催化剂中引入某种Ⅳ族金属如锗、锡等形成另一重要的双金属催化剂系列，其活性、选择性和稳定性均较好。例如 UOP 公司的 R-20、R-30 系列至今还被公认为一种适合于低压运转的催化剂，广泛用于连续重整装置。

（2）载体

重整催化剂载体除用于承载高度分散的金属元素之外，还起着酸性组元的功能，对催化剂性能有重大的影响。

从晶相上看，由于 γ-Al_2O_3 的热稳定性比 η-Al_2O_3 好，能耐更高的反应温度且可频繁地再生。而 η-Al_2O_3 则因表面—OH 基浓度大，便于 Cl^- 的持留，故酸性较强，初活性较好，因此有一些重整催化剂使用 γ-Al_2O_3 和 η-Al_2O_3 混合载体。

从杂质上，重整催化剂要求载体纯度很高。一些性能良好的催化剂 SiO_2、Fe_2O_3 和 Na_2O 三项杂质的总含量≤0.02%，杂质多会影响表面酸性、晶相纯度和热稳定性。

重整催化剂载体要求含中孔较多，且应分布均匀。因若细孔太多，经一定运行时间后，细孔内部结焦，就会妨碍分散在这部分细孔中的金属发挥作用，影响其稳定性。雪夫隆公司强调载体孔容必须大于 0.5mL/g，80～150Å 的孔径（最合适是 100～140Å）最好能占总孔容的 85%以上，大于 1000Å 的大孔只能占 0.1%～3%。

催化剂外形影响扩散效应。对环烷烃脱氢来说，因传质是控制步骤，故催化剂形状的影响就更为突出。不同形状的重整催化剂反应活性数据见表 8-1。目前工业上普遍采用直径为 1.5～2.0mm 球形载体制作催化剂。

表 8-1 不同形状的重整催化剂的活性比较

催化剂形状	相对活性/%	催化剂形状	相对活性/%
1/8in 圆柱形	100	环状	61
1/16in 圆柱形	104	8 字形	104
哑铃形	90	三叶形	130
工艺条件	中东 60.6～202℃石脑油；压力 8.75kgf/cm²，空速 $2.45h^{-1}$。氢油比 6～7(体积)		

注：1kgf=9.80665N，1in=2.54cm 下同。

(3) 卤素

卤素常用氯元素，适宜的氯含量为 0.4%～1.0%。氯易被水分带走，γ-Al_2O_3 载体持氯功能较差，更易流失。工业上常用加氯办法来调节催化剂的平衡氯含量。补加的氯化物常用液氯或二氯乙烷、二氯丙烷，不采用四氯化碳。有些重整装置还使用含氟的催化剂。氟的酸性比氯强，不易流失，但在使用过程中不能调节其含量，不易发挥出催化剂的最佳水平。

8.2.3 重整过程反应条件

(1) 反应温度

对强烈吸热的芳构化反应来说，增加反应温度既增加了热力学推动力，又提高了反应速率，因而对芳构化反应十分有利。

(2) 反应压力

低压可增加环烷烃脱氢和烷烃脱氢环化反应的热力学推动力，并抑制了烷烃和环烷烃的加氢裂解反应，因此有利于芳烃的生成。

压力对芳烃产率的影响结果得出：当压力由 $40kgf/cm^2$ 下降到 $20kgf/cm^2$ 时，芳烃产率增加 4%～5%，气体（C_1～C_4）产率下降 2～3 倍。

具体选择反应压力时应注意：

① 催化剂的低压运转性能，特别是稳定性；

② 原料的族组成、沸程及积炭倾向；

③ 对开工周期的要求。

过低的反应压力导致动力消耗和生产费用的增长，因而并不经济。目前实际采用的最低压力为 $7kgf/cm^2$。

（3）空速

空速指单位体积（或质量）的催化剂在单位时间内处理的原料量。空速和温度可以关联。法国石油研究院（IFP）曾经计算过这种关联关系。催化剂为 R-432，原料为 80～163℃的北非原油（含烷烃 65%），产品 RONC100，反应压力 20kgf/cm^2（表压），氢油比为 6，结果见表 8-2。

表 8-2　空速和温度的互换关系

质量空速/h^{-1}	2.5	1.5	氢产率(质量分数)/%	2.05	2.05
反应温度/℃	49.0	480	C_6^+ 产率(质量分数)/%	78.9	78.9

表 8-3 中，C_6^+ 芳烃产率不变，实际上高空速时 C_6^+ 收率还能稍有提高。工业上常用空速为 1.5～3.0h^{-1}。处理贫原料时，空速以稍高为好。

（4）氢油比

氢油比对催化剂积炭和运转周期有直接影响。氢气又是供给芳构化反应所需热量的热载体，还起到减少催化剂-烃类界面上传质阻力的作用。最低氢油比是原料、反应条件、开工率以及水、电、蒸汽等生产费用的直接函数，需要综合考虑确定。目前实际采用的最低氢油比为 3～3.5，最高氢油比对单铂催化剂为 7.5～10，对双（多）金属催化剂为 5～6。氢油比过大，不仅浪费了能量且对催化剂寿命也无明显好处。

8.2.4　芳烃生产工艺流程

重整工艺分为三部分，即原料预处理（包括预脱砷、预分馏、预加氢等）、反应与催化剂再生及产物分离。原料预处理与产物分离的工艺大体相同。由于催化剂特性、反应器结构和催化剂再生方式不同，形成了各具特色的重整工艺。重整装置各单元的组合如图 8-4 所示。

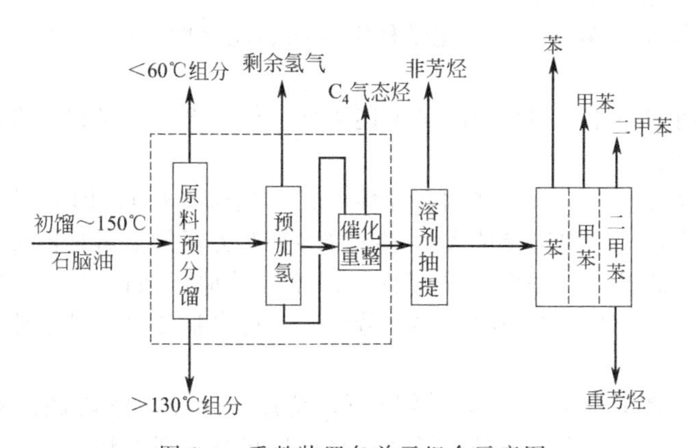

图 8-4　重整装置各单元组合示意图

重整原料预处理的目的是脱除原料中的杂质，从而保证催化剂的寿命、活性与选择性。当重整原料中砷含量超过 100ppb（1ppb=10^{-9}，下同）时，就要用脱砷剂（常用硫酸铜-硅铝或硫酸铜-氯化汞-硅铝）将砷化物脱除。此外，还可采用预加氢法脱除原料中的氮、硫、氧、烯烃及重金属。为了提高重整装置的效率，对重整原料要进行预分馏，将难以转化为芳烃的 C_6 烷烃尽可能切除。移动床连续再生铂-锡双金属催化剂重整工艺的特点是采用了四台轴向重叠的径向移动床反应器，并由计算机程序控制连续再生系统，使催化剂得以连续循环再生。因此，催化剂始终保持了较高的活性和较好的选择性，能在较低压力下长周期连续操作，有利于提高芳烃产品的收率。

反应器由四段反应部分上下构成，催化剂靠重力由上而下流动，连续经过反应器。反应后待再生的催化剂连续地送到催化剂再生系统，再生后又连续返回最上一个反应器。

由于芳构化反应需大量热量，所以在反应系统设置了进料加热炉及中间加热炉数台。反应器送出的生成物经冷却进入分离系统，进行气液相分离，分离成冷凝液态烃和富氢气体。大部分富氢通过循环压缩机加压后返回重整反应器，剩余富氢送用氢部门。液态烃物料送到稳定塔，分离成轻烃与重整油。轻烃回收后直接作为液化气副产物外供，重整油送分馏部分。

分馏部分除设有脱戊烷塔外，还设置有脱庚烷塔，目的是把 C_6～C_{10} 组分分离成 C_6～C_7 和 C_8～C_{10} 两部分。由于采用双金属催化剂，C_8 馏分中的芳烃含量可达 99%以上，所以不用经过抽提装置分离。C_8～C_{10} 馏分可直接送到二甲苯精馏装置，分离出 C_8 芳烃。

8.2.5 石油芳烃抽提

催化重整油和加氢裂解汽油都是芳烃与非芳烃的混合物，故存在芳烃分离问题。由于相同碳原子数的烷烃、环烷烃和芳烃间沸点十分相近，芳烃与许多非芳烃又易形成低沸共沸物，所以用一般精馏法难以获得纯芳烃。在工业生产中，主要采用溶剂抽提（液-液萃取）法。

8.2.5.1 芳烃抽提溶剂

芳烃抽提是利用某种溶剂对芳烃和非芳烃溶解能力的差异，将芳烃抽提出来的一种工艺。因此，溶剂性能的好坏直接影响抽提效果，如芳烃的收率、纯度，设备容积以及操作费用。芳烃抽提用溶剂的基本性能要求如下：

① 溶剂对芳烃选择性高，对芳烃的溶解能力大；

② 与抽提原料的密度差大、与抽出物沸点差大；

③ 表面张力大；

④ 溶剂本身气化潜热小，热容小；

⑤ 凝点低，毒性小，腐蚀性小，化学稳定性和热稳定性高；

⑥ 溶剂价廉易得。

事实上，不能期望一种溶剂完全满足上述条件，但溶剂应具备最主要的性能，如高选择性和对芳烃溶解能力强等。

溶剂的选择性含义有二，一是结构选择性（又称族选择性），即芳烃与非芳烃在溶剂中应有明显的溶解度差异。结构选择性大，意味着溶剂对芳烃的溶解性能强，对非芳烃的溶解能力小，有利于芳烃抽提。二是轻重选择性，即不同碳原子数的芳烃在溶剂中溶解度的差异。轻重选择性小，意味着可以回收更多的芳烃，可提高抽提过程芳烃收率，也有利于芳烃抽提。

烃在溶剂中的溶解度差异一般是：芳烃＞环烷烃、烯烃＞链烷烃；苯＞甲苯＞重质芳烃；轻质环烷烃、烯烃＞重质环烷烃、烯烃；轻质烷烃＞重质烷烃。

溶剂中加入适量的水，能提高溶剂对芳烃的选择性，但影响其溶解芳烃的能力。溶剂对芳烃的溶解能力强，不仅溶剂用量减小、动力消耗降低、设备效率提高，而且可使抽提过程在较低温度下进行，并相应降低了操作压力。因此，采用对芳烃溶解能力越强的溶剂，经济效益越好。溶剂对芳烃的溶解能力与温度、溶剂含水量等因素有关。温度越高，溶解能力越强；溶剂含水越多，溶解能力降低。工业上目前用于芳烃抽提的主要溶剂有环丁砜、*N*-甲基吡咯烷酮、二甲基亚砜、三甘醇、*N*-甲酰基吗啉等。

环丁砜是普遍采用的一种芳烃抽提溶剂，与其他溶剂相比，它具有选择性高、溶解能力强、沸点高、热稳定性好、密度大、热容小、对碳钢腐蚀性小等优点。必须指出，环丁砜虽选择性较高，但也能或多或少溶解一些非芳烃，其溶解能力顺序是：轻质芳烃＞重质芳烃≫

轻质烷烃>重质烷烃。所以，抽提相纯度不够高。工业上利用这一溶解度的差别，以轻质烷烃从抽提塔底回入抽提塔进行回流反洗（或称回洗），以便与溶剂中已溶解的重质烷烃进行置换，再进一步分离芳烃与轻质烷烃，从而提高所得芳烃纯度。

8.2.5.2　环丁砜法芳烃抽提工艺

环丁砜法芳烃抽提工艺流程如图 8-5 所示。来自重整装置或裂解汽油加氢装置的芳烃抽提原料油，从抽提塔 1 中下部送入，与贫环丁砜溶剂逆流接触进行液-液抽提。贫溶剂来自溶剂回收塔 5，由抽提塔顶注入。大部分非芳烃作为抽余油由抽提塔顶去抽余液分馏塔 2，而溶解在溶剂中的芳烃和少量非芳烃作为抽提液（又称富溶剂）由抽提塔底抽出，送往抽提液提馏塔 4。为提高芳烃纯度，在抽提塔进料段下部引入反洗液（轻质非芳烃）以置换溶解在富溶剂中的重质非芳烃。抽余液分馏塔 2 的作用是从塔顶分离出轻质非芳烃，作为反洗液返回抽提塔；塔底的抽余液因含有少量溶剂，送抽余液水洗塔 3 回收。水洗塔利用环丁砜与水互溶性质，将含水溶剂从塔底送入水蒸出塔 6（或称水汽提塔）。

在抽提液提馏塔 4 内，也有部分贫溶剂液送入，目的是降低烃浓度，改善芳烃与非芳烃的相对挥发度，并可节能与降低设备负荷，提高芳烃纯度。在该塔富溶剂中轻质非芳烃从塔顶蒸出，与水蒸出塔顶蒸出的非芳烃蒸气汇合，冷凝后在油水分离器中分离。轻质非芳烃作为反洗液返回抽提塔 1，水层进入水蒸出塔 6 以回收溶剂。抽提液提馏塔底富溶剂送入溶剂回收塔使芳烃与溶剂分离。为了避免溶剂在高温下分解，溶剂回收塔采用减压操作。溶剂回收塔顶为混合芳烃，经水洗涤除去溶剂等有害杂质后，在油水分离器中分离，水层送往抽余液水洗塔 3，油层即混合芳烃进行再分离。溶剂回收塔 5 釜液为贫溶剂，大部分送到前流程中循环使用，一小部分进入溶剂再生塔 7。

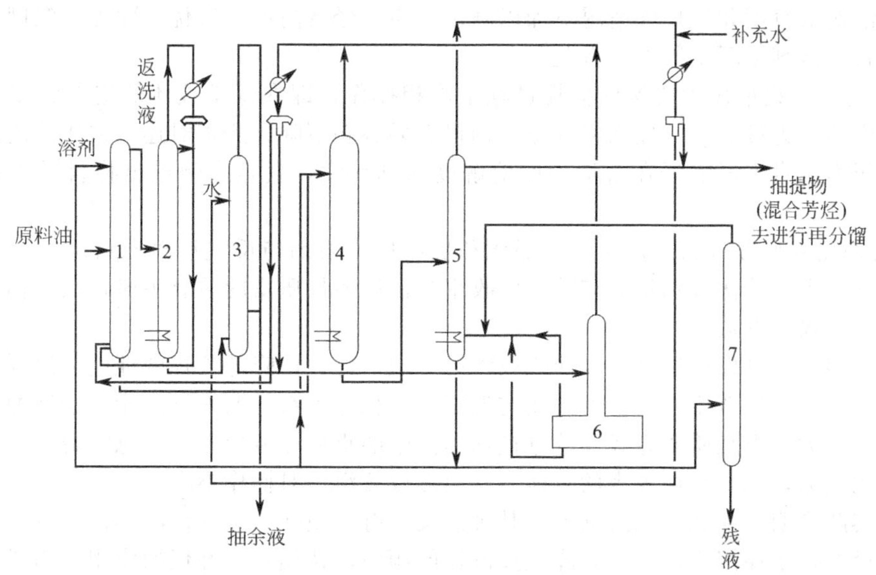

图 8-5　环丁砜法芳烃抽提工艺流程

1—抽提塔；2—抽余液分馏塔；3—抽余液水洗塔；4—抽提液提馏塔；5—溶剂回收塔；
6—水蒸出塔；7—溶剂再生塔

因为抽余液进行水洗，并在回收溶剂时采用了汽提回收，所以在装置内有一部分含水溶剂，需要将溶剂进行再回收。这步分离是在水蒸出塔中进行的，塔顶部导出的水和非芳烃返回前流程的油水分离器，并使水形成闭路循环；塔釜含溶剂的水返回溶剂回收塔 5 作汽提用。

溶剂在循环使用过程中，环丁砜可分解与聚合生成某些杂质，所以需在溶剂再生塔中进

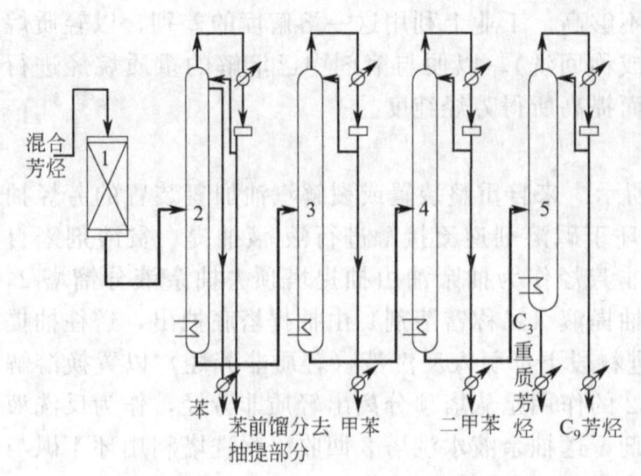

图 8-6 芳烃抽提后蒸馏工艺流程

1—白土塔；2—苯塔；3—甲苯塔；4—二甲苯塔；5—C_9 芳烃塔

行挥发物与非挥发物的分离。从溶剂再生塔顶采出的再生过的溶剂送至溶剂回收塔，塔釜残渣定期清除。目前，抽提塔、抽余油水洗塔、抽提液提馏塔均采用了筛板塔，取代了结构复杂、能耗高、维修困难的转盘塔。

从溶剂回收塔顶得到的经水洗后的混合芳烃，还需进一步分馏，以便得到单一芳烃。按抽提进料中芳烃组分，以及对单一芳径的质量要求，有不同的分馏方法。当对芳烃产品要求高时，混合芳烃在进行分馏前需在白土塔中用白土处理，以便微量烯烃被白土化学吸附除去。图 8-6 为芳烃抽提后蒸馏工艺流程示意。

若提抽原料主要是 C_6、C_7 芳烃混合物，则苯从苯塔侧线出料，可省去甲苯塔、二甲苯塔及 C_9 芳烃塔。

8.2.5.3 环丁砜法芳烃抽提影响因素

在原料已确定的条件下，影响芳烃抽提的主要因素有以下几个方面。

① 温度　温度对溶剂的溶解度和选择性均有较大影响，高温虽有利于提高溶剂的溶解能力，可提高芳烃回收率，但却使溶剂选择性变差，芳烃的纯度相应降低。所以，抽提温度应在兼顾溶剂溶解度和选择性情况下加以确定，使芳烃既高产又质优。此外，温度的确定也与抽提原料、溶剂循环量等因素有关。

② 压力　抽提塔压力要保证抽提过程呈液相操作，即在低于液体的泡点温度条件下操作。抽提塔内压力过低，抽提物料气化，抽提效果势必下降，严重时还会造成液泛，破坏抽提过程。压力本身不影响烃在溶液中的溶解度和选择性，只是影响进出物料平衡和操作的平稳。

③ 溶剂比和反洗（回流）比　溶剂比和反洗比指溶剂与反洗液对原料液的质量比或体积比。溶剂比和反洗比分别是调节芳烃回收率与保证芳烃质量的重要手段，均是抽提过程中最重要的工艺操作参数。

较高的溶剂比可以从抽余液中回收较多的芳烃，但往往降低芳烃的纯度。溶剂比过大意味着设备投资和操作费用增加。溶剂比与温度也有相应关系，温度升高相当于增加溶剂比。

反洗比越大，由轻质非芳烃反洗置换抽提液中的重质非芳烃越多，意味着芳烃的纯度越高。反洗比过大，能影响抽提塔的负荷，甚至形成液泛，对操作不利。

操作实践表明，反洗比和溶剂比在某种意义上有互换性，即降低溶剂比具有增大反洗比的作用。反之，增加溶剂比又具有降低反洗比的倾向，达到互相补偿的作用。为了保证芳烃质量，必须在提高溶剂比的同时，适当增大反洗比。

以环丁砜为溶剂的抽提塔的典型操作条件是：抽提塔顶温度为 94℃，塔顶压力为 0.55MPa，溶剂比为 2～3.5（体积），反洗比为 0.72（体积）。

8.3 芳烃歧化与烷基转移生产芳烃

芳烃歧化与烷基转移是一项重要的芳烃转化工艺，它较好地解决了芳烃的品种和数量供需不平衡的矛盾，芳烃歧化与烷基转移工艺就是利用过剩的甲苯和 C_9 芳烃可制得苯和对二甲苯，质量分配见图 8-7。

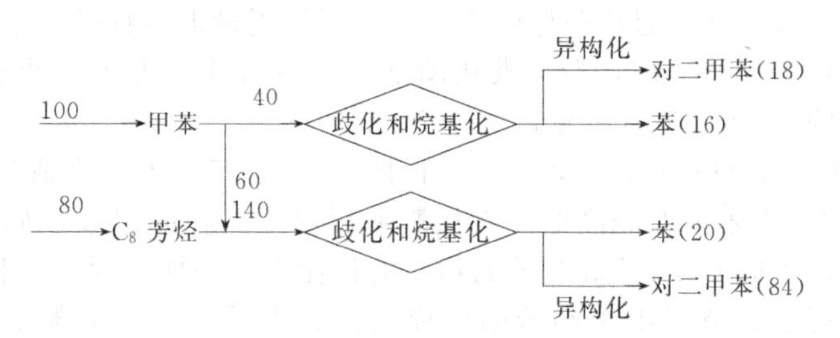

图 8-7　歧化和烷基转移生成苯和对二甲苯物料平衡示意

8.3.1　反应原理

芳烃的歧化反应是指两个相同芳烃分子在催化剂作用下，一个芳烃分子的侧链烷基转移到另一个芳烃分子上去的过程；烷基转移反应是指两个不同芳烃分子间发生烷基转移的过程。以生产对二甲苯为目的的甲苯歧化和甲苯与 C_9 芳烃的烷基转移工艺过程，发生的化学反应有以下几种。

歧化反应：

$$2\,C_6H_5CH_3 \rightleftharpoons C_6H_6 + C_6H_4(CH_3)_2$$

烷基转移反应：

$$C_6H_5CH_3 + C_6H_3(CH_3)_3 \rightleftharpoons 2\,C_6H_4(CH_3)_2$$

在歧化和烷基转移过程中，除发生上述反应外，同时还有生成甲烷、乙烷、乙苯的其他副反应，以及芳烃加氢、烃类裂解、苯环缩聚等反应。

从上面反应总结得出结论：①原料甲苯和 C_9 芳烃中的三甲苯是歧化和烷基转移的有效成分；②从理论上看，主反应不消耗氢气，但氢气的存在可抑制催化剂的结焦；③在副反应中，消耗氢气；④产物中的二甲苯是各种异构体的混合物；⑤在反应过程中，原料和产物均参加歧化和烷基转移反应，所以，产物的组成相当复杂。

8.3.2　影响因素

① 催化剂　甲苯歧化反应的催化剂大多数是以固体酸为基础的含金属或金属氧化物的物质。根据载体不同可分为硅酸系（天然沸石）和分子筛系（合成沸石）两类，其中以分子筛作载体的催化剂活性较高。用于甲苯歧化反应的催化剂主要有 X 型分子筛、Y 型分子筛、丝光沸石和 ZSM 系列分子筛。

② 反应温度　歧化和烷基转移反应都是可逆反应。由于热效应较小，温度对化学平衡影响不大。但催化剂的活性一般随反应温度的升高而升高，而且温度升高，反应速率加快，所以，提高温度有利于加快反应速率。但是，升高温度会带来不利因素：一是苯环裂解等副反应增加，造成目的产物收率降低；二是催化剂积炭加速，使用寿命降低。温度低，虽然副反应少、原料损失少，但转化率低，造成循环量大、运转费用高。综合考虑各方面的因素，歧化和烷基化反应的温度应控制在合适的范围，以确保甲苯有较高的转化率，一般，当温度为 400～500℃时，相应的转化率为 40%～45%。

③ 反应压力　由于反应体系体积变化不大，所以压力对平衡组成影响不明显。但是，压力增加既可使反应速率加快，又可提高氢分压，有利于抑制积炭，从而提高催化剂的稳定性。一般选取压力为 2.94MPa 左右。

④ 氢油比　甲苯歧化等主反应虽然不需要氢，但氢气存在能减少催化剂表面积炭，延长使用周期；同时，氢气又能起热载体的作用。但氢气用量也不宜过大，过大会使反应速率下降，同时由于循环氢气量增加，造成费用增加。一般氢油比为10，即循环氢气量（物质的量）为加料液量的10倍，氢气的浓度大于80%。

⑤ 原料的组成　从反应原理可知，原料中的C_9只有三甲苯是生成二甲苯的有效成分，所以C_9芳烃原料中三甲苯浓度的高低，直接影响反应生成物的组成，如表8-3所示原料中三甲苯的浓度不同，生成的C_9芳烃与苯的物质的量比也不一样。因此，利用加入原料中C_9芳烃含量的不同，可以调节二甲苯和苯的生成比例。当原料中三甲苯浓度在50%左右时，生成物中C_8芳烃的浓度最大。为此，工业上常采用三甲苯含量较高的C_9芳烃作为生产对二甲苯的原料。

表8-3　原料组成对产品组成的影响　　单位：%

序号	原料组成		产品组成			
	甲苯	三甲苯	轻质非芳烃	苯	二甲苯	其他重质芳烃
1	100	0	3.5	37	55	4.5
2	66.7	33.3	5	12	83	0
3	50	50	3.9	8.7	87.4	0

8.3.3　工艺流程

以甲苯和C_9芳烃为原料的歧化和烷基化转移生产苯和二甲苯的工艺流程（临氢法）如图8-8所示。原料甲苯、循环的甲苯、C_9芳烃、循环C_9和氢气混合后，经过换热器1预热后进入加热炉2，在加热炉中被加热到反应温度400～500℃。之后，进入反应器3，各种物料在此反应器中发生歧化和烷基转移反应，由于反应热效应很小，所以反应器一般采用绝热式固定床。反应产物与进料换热后经过空气冷凝器6，然后进入气液分离器4，在此分出循环氢气，氢气经氢气压缩机13加压后重新回到反应系统。为了保持氢气的纯度，将部分循环氢排放到燃料系统或异构化装置，并补充新鲜氢气。自气液分离器4底部排出的液体，换热后进入汽提塔7，脱除轻馏分。轻馏分经空气冷凝器后出装置。塔底的釜液经换热后，进

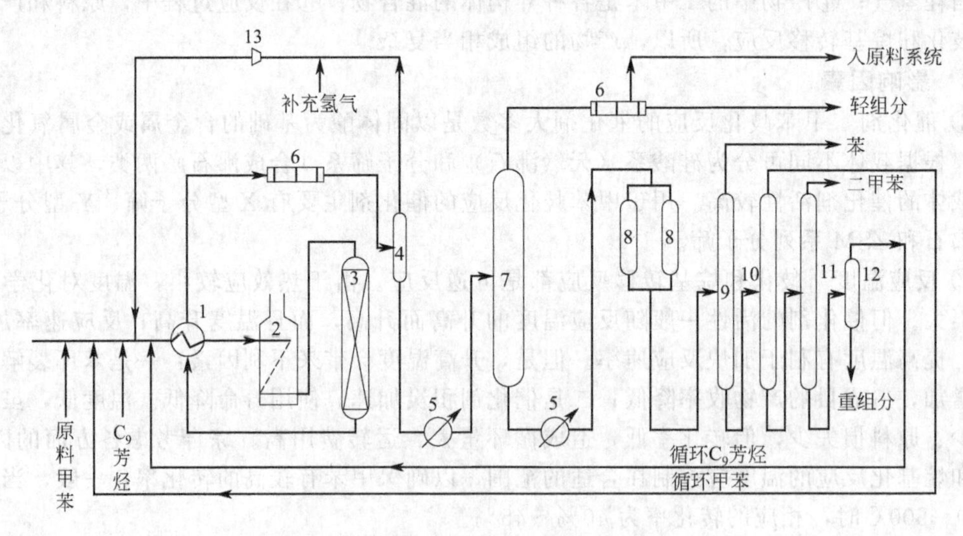

图8-8　甲苯歧化、烷基转移工艺流程

1,5—换热器；2—加热炉；3—反应器；4—气液分离器；6—空气冷凝器；7—汽提塔；8—白土塔；9—苯塔；10—甲苯塔；11—二甲苯塔；12—脱芳烃重组分塔；13—氢气压缩机

入白土塔 8。物料经白土吸附除去少量的烯烃。随后，进入苯塔 9，从塔顶可得到 99.8%的苯，苯塔 9 釜液进入甲苯塔 10，塔顶产物为甲苯，循环回反应系统。甲苯塔釜液去二甲苯塔 11，塔顶得到混合二甲苯，送到 C_9 分离系统进一步分离，二甲苯塔釜液去脱芳烃重组分塔 12，塔顶得到 C_9 芳烃可循环使用，塔底得重馏分 C_{12} 以上重芳烃。

甲苯歧化反应芳烃的收率为 97%，所得到的混合二甲苯含对二甲苯 24%～25%、邻二甲苯 23%～25%、间二甲苯 48%～50%、乙苯 0.5%～2%。

8.4 芳烃烷基化生产烷基苯

芳烃烷基化是指芳烃分子中，苯环上的一个或多个氢原子被烷基取代而生成烷基苯的反应。目前，工业上乙苯、异丙苯和高级烷基苯的生产均属于烷基化反应。

芳烃烷基化反应是放热可逆反应，参加反应的物质由原料芳烃和能提供烷基的烷基化剂组成。在石油化工中普遍采用苯与烯烃（如乙烯、丙烯、十二烯等）进行烷基化反应，也可用其他的烷基化剂，如卤代烷、醇、醚等。

8.4.1 烷基化过程的基本原理

8.4.1.1 烷基化反应

（1）苯烷基化反应生成单烷基苯

芳烃烷基化反应是强烈的放热反应，热力学趋势较大。常见的反应有：

$$C_6H_6 + CH_2=CH_2 \rightleftharpoons C_6H_5C_2H_5$$

$$C_6H_6 + CH_3CH=CH_2 \rightleftharpoons C_6H_5C_3H_7$$

上述反应均为可逆反应，由于反应时放热，较高的反应温度不利于烷基化反应的进行。所以，在生产中适当地降低反应温度，及时移出反应热，对烷基化反应是有利的。

（2）单烷基苯继续生成多烷基苯

在芳烃烷基化过程中，由于烷基使苯环变得更为活泼，所以反应并不停止在生成单烷基苯上，还会继续生成二烷基苯和多烷基苯。常见的反应有：

$$C_6H_6 + C_nH_{2n} \rightleftharpoons C_6H_5(C_nH_{2n+1})$$

$$C_6H_5(C_nH_{2n+1}) + C_nH_{2n} \rightleftharpoons C_6H_4(C_nH_{2n+1})_2$$

$$C_6H_4(C_nH_{2n+1})_2 + C_nH_{2n} \rightleftharpoons C_6H_3(C_nH_{2n+1})_3$$

这些多烷基苯的生成给单烷基苯的生产带来的影响是：①增加原料的消耗，降低单烷基苯的收率和设备利用能力；②给产品分离与提纯带来困难，致使烷基苯生产成本增加。在石油化工生产中抑制多烷基苯生成的通常方法是：原料中加入过量的苯。

（3）多烷基苯发生烷基转移反应

烷基化反应是可逆反应，即在烷基化反应过程中同时进行着脱烷基的反应。通常称烷基化反应为烃化反应，称脱烷基反应为反烃化反应。常见的化学反应如下：

$$C_6H_6 + C_6H_4(C_nH_{2n+1})_2 \rightleftharpoons 2C_6H_5(C_nH_{2n+1})$$

$$2C_6H_6 + C_6H_3(C_nH_{2n+1})_3 \rightleftharpoons 3C_6H_5(C_nH_{2n+1})$$

从上述反应可知，多烷基苯发生烷基转移反应是有利的。可以利用烷基化反应的可逆性，也就是让生成的多烷基苯再与未反应的苯进行烷基转移反应，多烷基苯脱烷基，再转化为单烷基苯，从而提高原料芳烃和烯烃的利用率。

必须注意的是，在芳烃烷基化过程中，还存在着其他形式的芳烃转化反应，如异构化反应、歧化反应、烯烃聚合反应等，所以芳烃烷基化的产物是复杂的混合物。

8.4.1.2　烷基化催化剂

芳烃的烷基化催化剂均属酸性催化剂，大体可分为以下三类。

(1) 酸性卤化物类催化剂

从活性由高至低排列，该类催化剂主要有 $AlBr_3$、$AlCl_3$、$FeCl_3$、BF_3、$ZnCl_2$ 等。目前普遍采用的是氯化铝催化剂。这种催化剂的优点是：催化剂活性高，可在较低温度（90～100℃）、较低压力下进行反应，在烷基化反应的同时可使副产物多烷基苯进行脱烷基反应。氯化铝催化剂的主要缺点是对设备有较强的腐蚀性，消耗量较大，对原料的水分含量要求严格。但是，因其价廉易得，催化活性高，仍被广泛应用。

(2) 质子酸类催化剂

从活性由高至低排列，质子酸类催化剂主要有 H_2SO_4、H_3PO_4、HF 等，最常采用的是磷酸/硅藻土固体催化剂。这种催化剂的优点是：选择性高，腐蚀性小，三废排放量小。缺点是反应温度和压力较高，多烷基苯不能在烷基化条件下进行脱烷基反应。

(3) 分子筛类催化剂

烷基化反应中，分子筛催化剂的优点是：活性高，反应选择性高，烯烃转化率高，反应可在较低压力下进行，过程三废排放量极少，对设备无腐蚀等。但分子筛催化剂也有一定的缺陷：副反应生成的聚合物分子易在分子筛孔道聚集，造成堵塞，使催化剂失活，故分子筛催化剂寿命短、需频繁再生。

工业上，根据所使用的催化剂的不同，烷基化方法可分为液相法和气固相法两种。如乙苯生产多采用以三氯化铝为催化剂的液相烷基化法，而异丙苯生产多采用以固体磷酸作催化剂的气固相烷基化方法。

8.4.2　烷基化反应的影响因素

① 温度　烷基化反应为放热反应，虽然温度较低时就有很好的转化率，但反应因温度低而速率很慢。提高反应温度，可以加快烃化反应的速率，但不利于烯烃的吸收。对于乙基化反应，当温度超过 120℃时，三氯化铝配合物因树脂化而失去活性，此外，反应温度过高，腐蚀会变得严重。所以，苯乙基化反应的温度一般控制为 90～120℃。

② 压力　三氯化铝配合物在常压下就具有很高的催化活性，烯烃几乎全部转化，所以，通常均为常压操作。但当使用低浓度烯烃原料时，为提高反应速率，加快烯烃的吸收，也可适当提高反应压力。如苯乙基化反应在 0.5～0.6MPa 下进行。

③ 烯烃和苯的物质的量的比　原料中烯烃和苯的物质的量比对产物组成有很大影响。如图 8-9 是乙烯与苯物质的量的比对产物的影响。从图 8-9 中可以看到：原料中乙烯含量增加，即增加烷基化剂的量，多乙苯产率增加，原料消耗增加，苯收率下降。所以在生产中要严格控制两者的物质的量比，通常选用乙烯与苯的物质的量比为 0.5∶1。因为，当乙烯与苯的物质的量比较大时，增大物质的量比，乙苯的收率增加不大，而多乙苯的产率却明显增加，所以通过控制乙烯的用量来控制乙苯的产率。

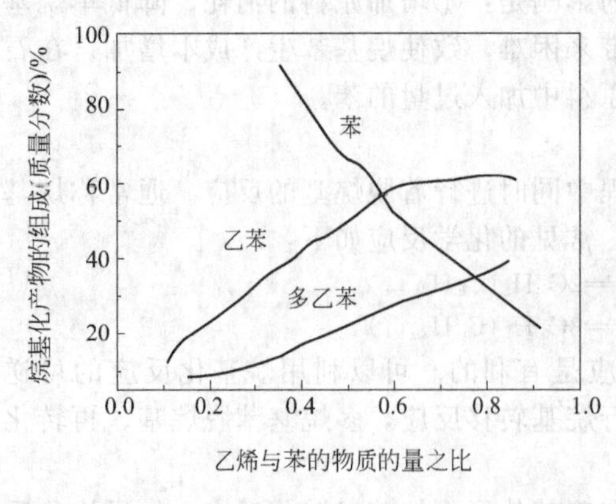

图 8-9　乙烯与苯的物质的量比对产物的影响

④ 催化剂　乙基化反应中使用的 $AlCl_3$ 催化剂的纯度要求在 97.5%～98.5%以上，而且必须无水。催化剂用量主要与烷基化温度有关。在 80℃时，$AlCl_3$ 催化剂用量为 9%～12%为宜，在温度为 100℃时，$AlCl_3$ 催化剂用量只需 7%～8%即可。

原料中一些杂质对催化剂有很大的影响。原料烯烃中硫化氢、乙炔、一氧化碳及含氧化合物（如乙醛、乙醚）等能破坏三氯化铝配合物结构或使其钝化，引起催化剂的中毒与失活。原料苯中的硫化物同样是烷基化反应的催化毒物，直接影响生产的正常进行。

8.4.3　苯烷基化生产乙苯

苯烷基化生产乙苯的方法较多，但在石油化工生产中占主流的方法是液相烷基化法。这种方法是以乙烯和苯为原料，用三氯化铝作催化剂，氯化氢为助催化剂，通过烷基化反应进行的。

液相法生产乙苯过程中发生的主要反应有：

$$C_6H_6 + C_2H_4 \rightleftharpoons C_6H_5C_2H_5 \qquad C_6H_5C_2H_5 + C_2H_4 \rightleftharpoons C_6H_4(C_2H_5)_2$$

$$C_6H_4(C_2H_5)_2 + C_6H_6 \rightleftharpoons 2C_6H_5C_2H_5$$

在苯乙基化反应的过程中，使用的催化剂是三氯化铝，但反应中真正起催化作用的是苯、乙烯、三氯化铝以及氯化氢生成的油状红棕色的三元配合物，俗称红油，所以采用三氯化铝催化剂时，必须有助催化剂氯化氢存在才能起催化作用。

在生产中，氯化氢的来源可通过以下两种方法来获得。

① 加入一定量的水或靠原料中带入的微量水分，使三氯化铝水解放出氯化氢。

$$AlCl_3 + 3H_2O \longrightarrow 3HCl + Al(OH)_3$$

② 加入一定量的氯乙烷或氯丙烷，使它与苯反应生成氯化氢。

$$C_2H_5Cl + C_6H_6 \longrightarrow C_6H_5C_2H_5 + HCl$$

三氯化铝配合物与有机液体的互溶性较差，所以可利用三氯化铝的这一性质使其从反应产物中脱除下来，这样，配合物可始终留在反应系统中循环使用。

乙烯与苯烷基化反应生产乙苯的工艺流程由催化剂配合物的配制、烷基化反应、配合物的沉降分离、中和除酸和乙苯精制等工序组成。其工艺流程如图 8-10 所示。

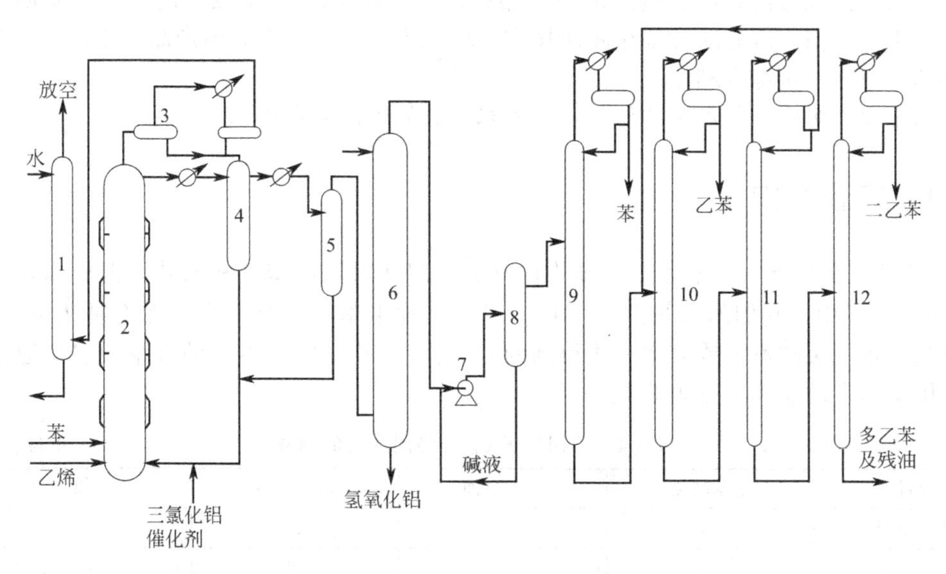

图 8-10　乙烯与苯烷基化生产乙苯工艺流程

1—尾气吸收塔；2—烃化塔；3—气液分离器；4，5—烃化液沉降槽；6—水洗塔；7—中和泵；8—分离器；9—苯回收塔；10—乙苯蒸出塔；11—乙苯回收塔；12—二乙苯回收塔

烃化塔 2 是典型的鼓泡式反应器，由于反应具有酸性，对设备具有强烈的腐蚀作用，所以塔内衬有石墨砖，作为防腐层。由于反应是放热反应，因此在塔外壁设有夹套装置，夹套装置一般分为四节，通入冷却水调节塔内温度。

苯与三氯化铝催化剂从烃化塔 2 的塔底进入，装满全塔的 80%，然后乙烯再从烃化塔 2 的底部进入，以鼓泡形式通过反应床层。乙烯与苯的物质的量比为（0.5～0.6）∶1。烃化塔的温度控制在 90～100℃，反应产生的热由夹套中的冷却水带走。未反应的乙烯、苯蒸气、氯化氢、原料中的惰性气及夹带出去的烃化液一起从烃化塔的顶部排出，进入气液分离器 3。在气液分离器 3 中，将烃化液回收，其余气体经冷凝器部分冷凝后进入气液分离器，在此分离出液态苯，其余的不凝气体从尾气吸收塔 1 的底部进入，通过水洗回收其中的氯化氢，而后排放。

烃化塔 2 内烷基化反应形成的烃液，包括乙苯、多乙苯及未反应的苯等与三氯化铝催化剂一起从烃化塔 2 顶部溢流出塔，冷却后连续进入烃化液沉降槽 4 和 5 进行沉降分离。由于三氯化铝配合物与烃化液不溶且密度不同，所以三氯化铝配合物将沉于分离槽底部，出槽后流回烃化塔 2 循环使用。烃化液溢流出槽，经冷却后进入二级沉降槽，进一步分离出三氯化铝配合物。经二级沉降分离后的烃化液中仍含有少量的三氯化铝配合物。这些配合物的存在使烃化液显酸性，加剧对设备和管道的腐蚀。所以，含少量配合物的烃化液送到水洗塔 6，进一步除去其中的三氯化铝配合物。水从水洗塔 6 的顶部进入，在塔内，三氯化铝配合物被水解为氢氧化铝和氯化氢，大部分氯化氢被水洗去，但仍有少量的氯化氢存在于烃化液中。为了使烃化液呈中性，水洗后的烃化液需进一步碱洗，以除去其中含有的氯化氢，烃化液从水洗塔 6 的顶部出塔，与 20%（质量分数）的碱液混合，经中和泵 7 打入油碱分离器 8，使烃化液与碱分离。碱循环使用，烃化液送精馏装置进行分离。

烃化液的分离采用顺序分离流程。烃化液经加热后首先进入苯回收塔 9，将烃化液中的苯从塔顶蒸出，返回烃化塔 2 作为原料，塔釜液经加热后进入乙苯蒸出塔 10。乙苯蒸出塔的塔顶出少量纯乙苯。为了保障塔顶乙苯的纯度，大部分乙苯进入塔底釜液中，乙苯蒸出塔的釜液出塔加热后进入乙苯回收塔 11。此塔的目的是回收全部的乙苯。塔顶馏出全部乙苯和少量二乙苯的混合液，塔底釜液出塔加热后进入二乙苯回收塔 12。由于二乙苯回收塔处理的烃液沸点较高，因此通常采用减压操作。塔顶得二乙苯，作为副产品，釜液主要是多乙苯和焦油，可进一步综合利用。

乙苯主要作为生产苯乙烯的原料，关于苯乙烯的生产见本章 8.7。

8.5 C_8 芳烃异构化

C_8 芳烃通常是指二甲苯的三个异构体（邻、间和对二甲苯）和乙苯的混合物，在不同来源的 C_8 芳烃中，它们的含量并不一样。但在三种甲苯的混合物中，无论是从甲苯歧化、催化重整、加氢裂解汽油或其他方法得到的 C_8 芳烃，均以间二甲苯的含量最多，通常是邻和对二甲苯两者的总和。见表 8-4。

表 8-4 不同来源 C_8 芳烃混合物的组成 单位：%

项目	甲苯歧化	裂解汽油	催化重整	煤焦油
邻二甲苯	24	12	22	14～20
间二甲苯	50	25	39	42～44
对二甲苯	26	10	18	15～17
乙苯	极少	53	21	15～23

含量最多的间二甲苯，但直接作为原料使用用量极少，邻二甲苯目前是苯酐生产的主要原料，对二甲苯的需求量最大，它是生产聚酯纤维工程塑料不可缺少的原料。为了实现二甲苯异构体的供需平衡，增产对二甲苯和邻二甲苯，最有效的方法是通过异构化反应，将间二甲苯转化为对和邻二甲苯。可见，C_8 芳烃异构化技术是在合成纤维以及合成塑料迅猛发展的推动下而出现的。进行异构化之前，通常是先分离出对和邻二甲苯，然后使余下的 C_8 芳烃非平衡物料通过异构化方法转化为邻、间和对二甲苯的平衡混合物，如此重复循环，以获得需要的目的产物。

异构化反应常用的催化剂有两类：一类只是二甲苯进行异构化反应，而乙苯不发生异构化；另一类是双功能催化剂，它不仅能使二甲苯发生异构化，而且也能使乙苯异构化。当采用不使乙苯转化的催化剂时，必须先将乙苯除去或用歧化二甲苯稀释，以免乙苯循环量太大。歧化得来的二甲苯含乙苯极少，可在不采用贵金属催化剂的异构化装置上加工，且成本也较低。若采用非贵金属或 ZSM-5 沸石催化剂，可免除乙苯预分离工序，因为它们能使乙苯进行汽化和烷基转移反应，进而减少循环过程中的积炭，但原料中乙苯含量需要有一定的限制。

C_8 芳烃异构化工艺有液相法和气相法，可以临氢或不临氢，主要取决于催化体系和原料组成。二甲苯异构化反应是可逆过程，其热效应不大，体积变化也很小。得到的产物仍是接近于平衡组成的三种异构体混合物，所以实际生产中异构化反应必须与异构体分离的装置配合。C_8 芳烃达到平衡时，其平衡混合物组成与温度的关系如表 8-5 所示。

表 8-5　C_8 芳烃平衡混合物组成（%）与温度的关系

温度/K	邻二甲苯	间二甲苯	对二甲苯	乙苯
350	17.60	51.54	29.78	1.08
600	21.58	50.12	22.38	5.92
800	22.85	45.75	20.60	10.80

对二甲苯和间二甲苯的平衡组成均随温度升高而降低，其中对二甲苯的含量相对地降低更多；间二甲苯和乙苯则相反，其平衡组成均随温度升高而增加，可见低温异构化有利于生产对二甲苯。

8.5.1　二甲苯异构化反应

酸性催化剂上，二甲苯异构化反应为：

间二甲苯 ⇌ 邻二甲苯 ⇌ 对二甲苯（结构式：CH_3 取代苯环）

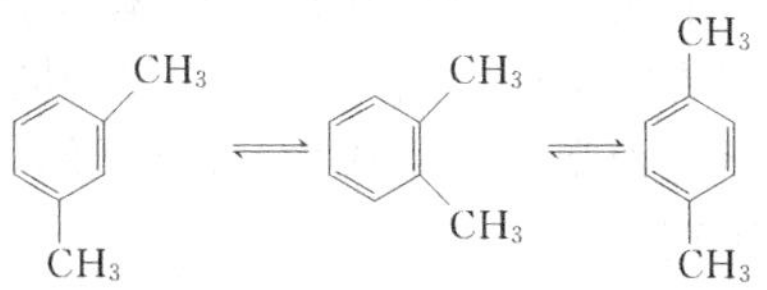

在双功能催化剂上，二甲苯异构化反应为：

邻二甲苯、间二甲苯、对二甲苯（结构式：CH_3 取代苯环）

⇅ Pt　　⇅ Pt　　⇅ Pt

1,2-二甲基环己烯 $\underset{}{\overset{H^+}{\rightleftharpoons}}$ 1,3-二甲基环己烯 $\overset{H^+}{\rightleftharpoons}$ 1,4-二甲基环己烯（结构式：CH_3 取代环己烯）

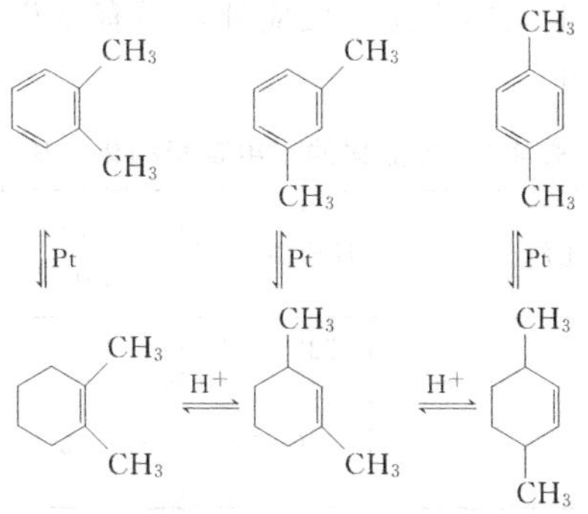

即邻二甲苯在氢存在下，通过催化剂对氢组分作用，形成加氢中间体，然后在酸性组分上进行甲基异构化，再脱氢为间二甲苯，完成由邻位转变为间位的异构化过程。其他异构体的转变也类似进行，而且过程可逆。原料中的乙苯也按同样的方式通过“环烷桥”部分地转化为附加的二甲苯。

C_2H_5　　CH_3　CH_3

Pt　　Pt

C_2H_5　$\underset{H^+}{\rightleftharpoons}$　C_2H_5　CH_3　$\underset{H^+}{\rightleftharpoons}$　CH_3　CH_3

C_2-C_3　　链烷烃＋环烷烃

最后也生成邻、间和对位混合物，并且由于非芳烃中间体的加氢裂解敏感性，会有相当量的低碳烷烃和环烷烃生成，此外还有歧化、加氢脱烷基等副反应，从而导致二甲苯收率和纯度的降低。

8.5.2　二甲苯异构化催化剂

二甲苯异构化的主要目的是增产对二甲苯，使非平衡混合物转化为接近平衡组成。其工艺比较简单，关键的问题是催化剂的选择，为了减少歧化和芳烃加氢等副反应，工业上采用各种催化剂来提高异构化过程的选择性。有时还特意向原料中加入芳烃的副反应产物，如加入甲苯以抑制歧化反应，加入 C_8 环烷烃以抑制 C_8 芳烃的加氢反应等。工业上用于 C_8 芳烃异构化的催化剂有：黏土催化剂、双功能催化剂、ZSM 型沸石催化剂、卤化物催化剂等。

黏土催化剂是一类氧化硅、氧化铝型催化剂，在 623～773K 下能使二甲苯发生显著的异构化反应，有机氯化物、氯化氢或水蒸气的存在，更能增强其异构化活性，但二甲苯在硅铝催化剂上的异构化常伴有乙苯的歧化反应，它还会促使乙苯分解为苯和乙烯。防止的办法是对催化剂进行水蒸气预处理或加氢气予以抑制。乙苯在硅铝催化剂上虽然不能异构化，但能发生歧化和裂解反应，所以原料中不宜含有大量的乙苯。

对于双功能催化剂，常用的是铂催化剂，按载体不同，可分为硅铝-铂、铝-铂、沸石-铂催化剂等，这类催化剂的特点是能使乙苯异构化成二甲苯。催化作用过程是 C_8 芳烃先加氢生成环烷烃，然后进行异构化和脱氢反应，所以这类催化剂同时兼有加氢（脱氢）和异构化功能，这几种功能必须配合恰当，否则可能生成大量环烷烃，降低芳烃收率。

8.5.3　二甲苯异构化的生产工艺

二甲苯异构化是聚酯工业的主要工艺之一，国内外都很重要。生产上所用二甲苯混合物原料常含有乙苯，在生产过程中除异构化主反应外，还有歧化、脱烷基等副反应，目前主要的工业化生产及其特点见表 8-6。

表 8-6　工业化的二甲苯异构化方法

方法名称(所属公司)	催化剂	反应温度/K	反应压力/MPa	乙苯能否异构化	氢耗/%	再生频率
XIS 法(丸善公司)	SiO_2-Al_2O_3	723～833	常压	否	—	高
Isoforming(美国 Esso 公司)	结晶沸石	589～727	1.4～3.5	否	临氢	较低

续表

方法名称(所属公司)	催化剂	反应温度/K	反应压力/MPa	乙苯能否异构化	氢耗/%	再生频率
Octafining 法(美国 Embar 公司)	第一代：$Pt-Al_2O_3/SiO_2-Al_2O_3$；第二代：Pt/Al_2O_3+HM	673～783	1.0～2.5	能	1.5	低
Isomart 法	Pt/Al_2O_3+HM(连续补氯)	673～723	1.1～2.3	能	0.6	低

目前 C_8 芳烃异构化装置大都采用双功能催化剂，在氢压下进行异构化反应。工艺流程如图 8-11 所示。

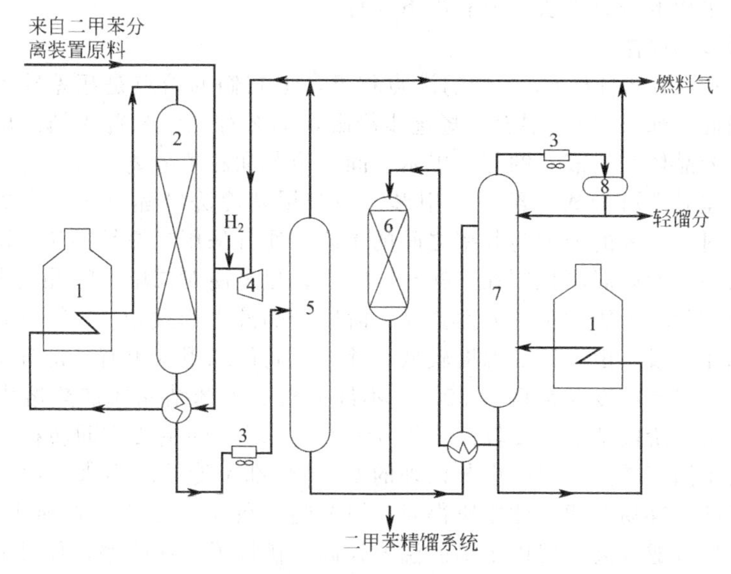

图 8-11　C_8 芳烃异构化工艺流程

1—进料加热炉；2—异构化反应器；3—空冷器；4—循环氢压缩机；5—产品分离器；6—白土塔；7—脱庚烷塔；8—分离器

来自二甲苯分离装置的 C_8 芳烃与由重整装置或歧化装置来的补充氢气、循环氢混合，经换热全部气化后进入进料加热炉 1。物料加热到反应温度后进入异构化反应器 2（反应器为绝热式固定床）。原料在催化剂作用下发生异构化，反应产物从反应器底部流出，与进料换热后进入空冷器 3，冷凝冷却到 40℃后再进入产品分离器 5 进行气液分离。气相部分为富氢，从产品分离器顶部流出，大部分经循环氢压缩机 4 返回反应器，少部分适当处理后作为燃料。产品分离器底部的液相物料经换热后进入脱庚烷塔 7。

脱庚烷塔主要作用是脱除 C_7 以下轻组分，轻组分从塔顶蒸出后一部分作回流，另一部分进入重整装置脱戊烷塔，不凝性气体则作为燃料。脱庚烷塔底物料是除去轻组分后的 C_8 芳烃，为防止反应生成的微量烯烃带入分离装置，C_8 芳烃进入白土塔除去烯烃。最后，用精馏方法除去 C_9 以上芳烃，将所得混合二甲苯送二甲苯分离装置分离。

8.6　C_8 混合芳烃的分离

各种来源的 C_8 芳烃都是混合物，由乙苯、对二甲苯、间二甲苯和邻二甲苯组成。其含量根据来源而不同。因此 C_8 混合芳烃中分离出纯对二甲苯，是生产上的一个重要步骤。C_8

芳烃中各组分的沸点十分接近（表 8-7）。尤其是对位与间位二甲苯的沸点差只有 0.753℃。因此，工业上用普通精馏法从 C_8 芳烃中分离出纯对二甲苯是非常困难的，必须采用其他分离方法。

表 8-7 芳烃的沸点与熔点

项目	乙苯	对二甲苯	间二甲苯	邻二甲苯
沸点 /℃	136.186	138.351	139.104	144.411
熔点/℃	−94.975	13.263	−47.872	−25.173

8.6.1 C_8 芳烃混合物的分离方法

目前工业上采用的分离方法主要有以下几种。

(1) 冷冻分步结晶法

从表 8-7 可见，虽然各种 C_8 芳烃的沸点相近，但它们的熔点是相差较大的，对二甲苯的熔点最高。因此，如果将 C_8 混合芳烃逐步冷凝，那么对二甲苯首先结晶出来，再用过滤的方法将对二甲苯晶体与呈液态的邻二甲苯、间二甲苯和乙苯分离。

利用熔点的差异即可分离出纯对二甲苯。对二甲苯冷冻结晶分离示意如图 8-12 所示。工业上为了解决对二甲苯的纯度与收率之间的矛盾，通常采用二级结晶法，即把冷冻结晶分成两个阶段。第一个阶段温度控制在−60～−80℃，尽量使对二甲苯结晶出来，提高对二甲苯的收率作为这一阶段矛盾的主要方面。这一阶段结晶液中尚残留 10%～15%的对二甲苯，返回二甲苯异构化工段。由于结晶温度较低，邻位、间位二甲苯也有一部分呈结晶析出。因此，结晶体中对二甲苯纯度通常低于 90%。不纯的对二甲苯结晶经加热熔化后再冷冻进行第二阶段结晶，第二阶段结晶温度较高，为 0～20℃。矛盾的主要方面转移到提高对二甲苯晶体的纯度。由于温度较高，对二甲苯以外的 C_8 芳烃都不能结晶出来。对二甲苯晶体颗粒较大，母液黏度低，容易过滤。此段所得对二甲苯纯度在 98%以上。此时于结晶颗粒较大，母液黏度低，容易过滤分离。但由于结晶温度较高，牺牲了一些收率，使母液中残留的对二甲苯量较大。母液返回第一段结晶，再回收对二甲苯。

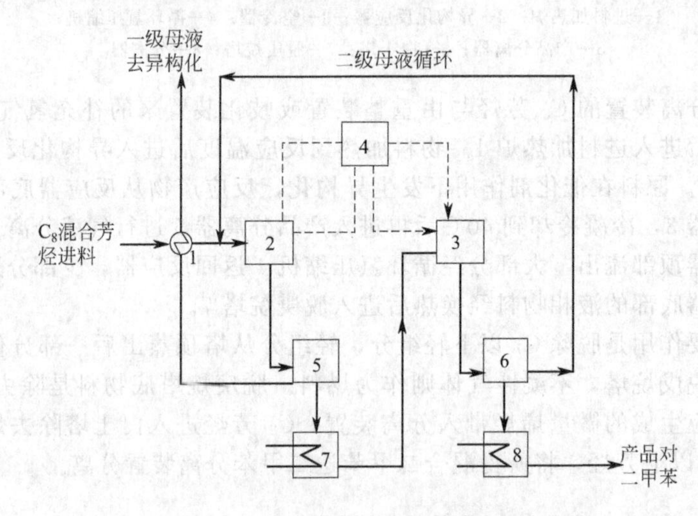

图 8-12 对二甲苯冷冻结晶分离示意

1—换热器；2—第一级结晶器；3—第二级结晶器；4—冷冻系统；5，6—固液分离器；7，8—烃化器

(2) 吸附分离法

所谓吸附分离法，就是利用某种固体吸附剂，有选择性地吸附混合物中某一组分，随后

再使之从吸附剂上解吸出来，从而达到分离的目的。针对二甲苯的各异构体混合物，用对于对二甲苯吸附力较强，而对其他异构体吸附能力较弱的一种固体吸附剂，把对二甲苯有选择地吸附，随后再用一种解吸附剂使对二甲苯从固体吸附剂上解吸出来，从而达到分离对二甲苯与其他异构体的目的。

吸附分离法比结晶法有较大的优点，它可以进一步将原料中 98.4%的对二甲苯以 99.5%的纯度分离出。吸附法避免了结晶法采用的深度冷冻和固体处理，既简化了操作，又不需要特殊钢材，所以其成本较结晶法便宜。但是吸附法也有缺点，它需耗费价格贵的特殊固体吸附剂，以及间断性的生产操作或者必须配以比较复杂的自动控制才能进行连续生产。

8.6.2　吸附法分离 C_8 混合芳烃

用吸附法分离 C_8 混合芳烃，必须解决下述三个问题：一是找到一种对 C_8 芳烃中的对二甲苯具有较高选择性的固体吸附剂；二是找到一种与对二甲苯相比，吸附性能既不太强，也不太弱的解吸剂（或称脱附剂），使对二甲苯和脱附剂相互进行可逆的吸附交换；三是在 C_8 芳烃的吸附分离中实现连续操作。

（1）固体吸附剂

固体吸附剂是一种多孔性的具有极大表面的物质，它必须具有足够大的孔径，使被吸附物质的分子能进入微孔的吸附位置上去，但是对各种异构体的吸附力却有微小的差异，对于所选用的吸附剂来说必须具有以下特点：①有良好的选择性，即对被吸附分离的各物质之间的吸附能力差别大；②具有较大的吸附容量；③有良好的热稳定性和化学稳定性；④有足够的机械强度，价格低廉，来源充足等。此外，还必须考虑到容易解吸等其他因素。常用的固体吸附剂有硅胶、活性氧化铝、活性炭、分子筛等。其中以分子筛固体吸附剂由于有许多优异的性能而被广泛应用。

（2）解吸剂（脱附剂）

解吸剂是被分离物质从吸附剂上脱附下来的溶剂，称为解吸剂或脱附剂。在吸附开始时，对二甲苯首先被吸附剂所吸附，然后开始解吸，解吸剂将对二甲苯从吸附剂置换下来，而其本身则被吸附。当随后继续进行吸附时，新来的对二甲苯须能将解吸剂从吸附剂上再置换下来，方能达到连续吸附分离对二甲苯的效果。因此，对解吸剂的要求是：①对于给定的吸附剂，解吸剂的吸附能力要比被解析下来的成分（对二甲苯）的吸附能力稍弱或相近，以便有利于解吸剂与被解吸物二者在吸附剂上进行可逆的吸附交换，而比其他组分（间、邻二甲苯、乙苯）的吸附能力要强，以利于它们之间的分离；②解吸剂与被解吸物必须能互溶；③解吸剂与被解吸物之间沸点差要大；④有较高的纯度，以免杂质存在影响吸附剂的吸附性能；⑤价廉，易得，热稳定性及化学稳定性好。

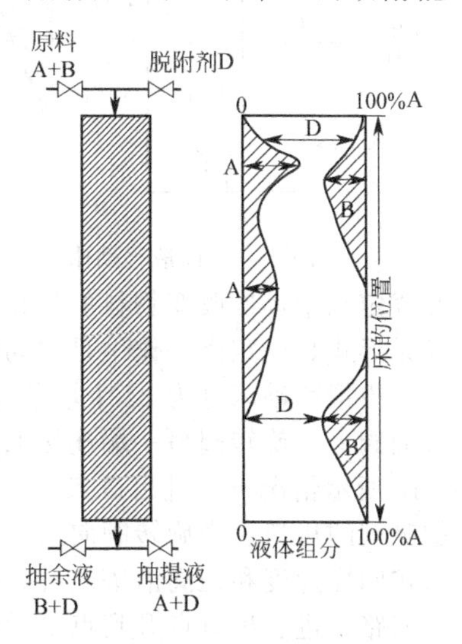

图 8-13　固定床间歇吸附示意及在吸附剂中的浓度分布

此外，还应考虑不因为解吸剂的存在，改变吸附剂对 C_8 芳烃的吸附平衡，保证在解吸剂存在的情况下，吸附剂仍对于对二甲苯保持高的吸附选择性。根据上述选择解吸剂的要求，用于对二甲苯的解吸剂一般是采用芳香族烃类，如甲苯、二乙基苯等。

（3）实现连续操作

吸附分离的连续操作是通过模拟移动床来实现的，为了说明模拟移动床的作用原理，首先介绍吸附分离操作最简单的设备——固定床，见图 8-13 所示。固定床是间歇吸附操作，它是向一个填充吸附剂的吸附塔的塔顶交换加入含 A 和 B 组分的混合液及解吸剂 D。抽提液 A 与 D 和抽余液 B 与 D 交换从塔底排出。当原料组分通过固定床，首先发生吸附过程，A 与 B 分别在床中不同区域集中，在下部（接近出口）是弱吸附组分 B，在上部（接近入口）是强吸附组分 A。当用大量解吸剂 D 冲洗，进行解吸过程时，首先出来的是 B+D，然后是 A+D。从而使 A 与 B 分离。这样的固定床间歇操作需用大量的解吸剂（为模拟移动床的 25 倍），另外为避免轴向混合，不允许吸附液通过吸附床时速度很大，故处理能力是很低的。

为了从根本上解决间歇操作中的问题，最好像在精馏、吸收等操作中那样，实现逆流连续操作。逆流吸附连续操作就要求吸附剂和液体逆向流动，像固液移动床那样。图 8-14 就是一个固体吸附剂和解吸剂 D 分离 A 和 B 混合物的移动床示意和床内的物料分布情况。A 仍为强吸附组分，相当于对二甲苯；B 为弱吸附组分，相当于间二甲苯、邻二甲苯及乙苯。固体吸附剂从上往下经过塔内与由下而上的物料逆流接触，落入塔底的固体吸附剂在塔外经提升器送至塔顶再循环使用。

物料的进出口把塔体划分为四个区域。Ⅰ区——A 吸附区，由Ⅳ区落下仅吸附 B 和 D 的吸附剂与从Ⅰ区底部上升的原料 A+B 逆流接触，A 被全部吸附，吸附剂中 B 和 D 被部分置换出来，不含 A、B、D 的吸附剂和从Ⅲ区中上升的仅含 A 和 D 的液体逆流接触，由于 B 的吸附能力较弱，B 被 A 和 D 全部置换。并随上升液流到Ⅰ区。不含 B 的抽提液 A 和 D 从Ⅱ区底部放出。Ⅲ区——A 脱附区，在Ⅲ区仅吸附 A 和 D 的固体吸附剂和Ⅲ区底部通入的解吸剂 D 逆流接触，D 与 A 完全置换，并从该区顶部（即Ⅱ区底部通入）的解吸剂 D 逆流接触，D 将 A 完全置换，并从该区顶部（即Ⅱ区底部）放出抽提液 A 与 D。Ⅳ区——D 部分吸附段，也称第二精馏区。在Ⅳ区内，从顶部下来的仅吸附有 D 的吸附剂和从Ⅰ区上升的含 B 与 D 的液体逆流接触，B 置换出一部分 D，而自己被全部吸附，置换出来的 D 送到Ⅲ区脱附 A。从图 8-14 右侧可看到，在Ⅳ区仅含有 B 与 D，在Ⅲ区只含有 A 与 D，在Ⅳ区底和Ⅲ区顶分别出料，即可得分离的 A 和 B 的解吸剂溶液。

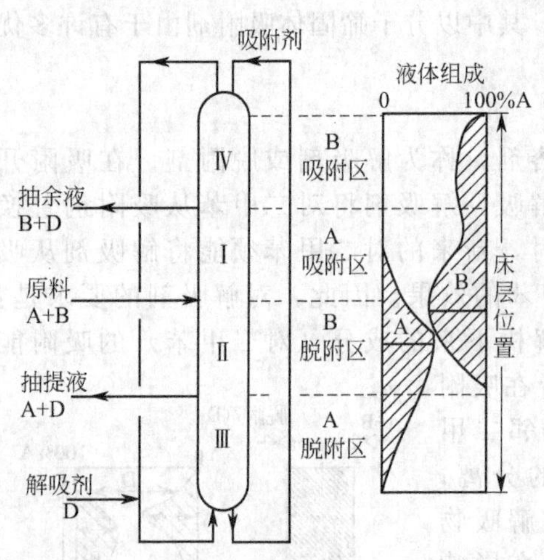

图 8-14　固液移动床示意

这样的固液移动床操作存在吸附剂的磨损问题，吸附剂粉尘还要堵塞管道。另外液固相在一个直径较大设备中逆流流动，要避免吸附剂产生裂缝是很困难的，这些裂缝就要产生沟流，降低效率。为了解决这一问题，可采用模拟移动床方法，就是在固定床中逐次改变物料的进出口位置来模仿移动床的作用（图 8-15）。用通俗的话来说，就是形式是固定床，作用是移动床。

模拟移动床分为 24 个塔节，每个塔节有一个进口点或出口点，并全部连接于一个旋转多向阀上。旋转阀另一端连接抽余液、原料、抽提液及解吸剂四个固定的进、出口点。在图 8-15 所示情况下，进出口点：2、11、20、24 分别为抽余液出口、原料进口、抽提液出口、解吸剂的进口。当旋转阀向前转动时，1、10、19、23 即为新的进出口，就是说四个进、出口按同样速度和距离沿塔上升，用泵将塔顶和塔底连接起来，塔内流体的移动变成了一个闭合回路，进、出口点升到点 1 后，即可再回到点 24，从而操作可连续进行。但不管旋转处于什么位置，不与塔直接连接的四个进、出口，其物料都是固定不变的。

由于整个区间的流率不一样，循环泵在进、出口点移动时，要处于四个不同的区间，相应地也要改变流率。因此，泵必须是自动变速的。循环泵必须保证整个塔内的流体始终进行自下而上流动，否则操作无法进行，自下而上流动的流速大约为进、出口移动速度的1%～2%。

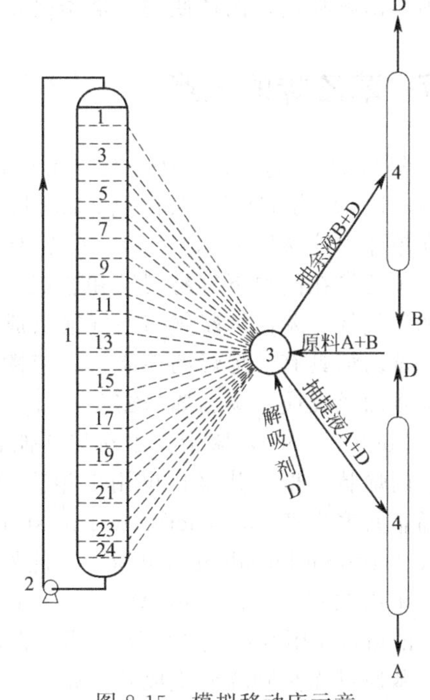

图 8-15　模拟移动床示意

1—吸附塔；2—循环泵；3—旋转阀；4—蒸馏塔

除了上述方法外，根据模拟移动床的基本原理，也可采用阀门的自动切换来改变进、出口位置，实现连续操作的目的。吸附分离工艺流程如图 8-16 所示。

来自异构化工段脱 C_8 塔顶的 C_8 混合芳烃，先经脱水塔（两塔交替使用）脱除水分，避免水分对吸附剂的影响。再经换热，并用蒸汽加热到规定温度进入吸附塔 2，同时在塔的不同部位通入解吸剂及回流对二甲苯液体，在塔内进行吸附分离，抽提液与抽余液在塔的适当部位导出。这些进、出料口均随时间在逐级改变着。抽提液部分入回流液储槽 4，作回流用，部分经中间储槽 5，去抽提液蒸馏塔 7，分离出解吸剂到解吸剂中间储槽 3，循环使用。塔顶馏分部分入槽 4，也作回流用，其余进入轻馏分蒸出塔 8，分离对二甲苯与低沸物。吸附塔 2 抽余液经中间储槽 6，进入抽余液蒸馏塔 9，塔顶馏分 C_8 混合芳烃（无对二甲苯），作为二甲苯异构化的原料。塔底馏分进入重馏分分离塔 10，

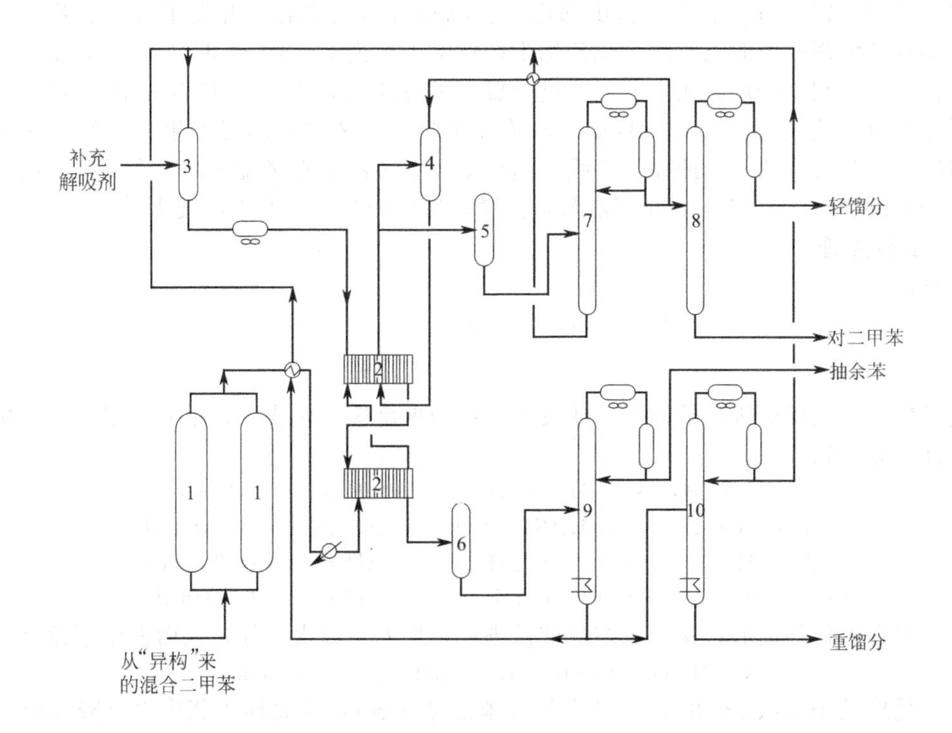

图 8-16　吸附分离工艺流程示意

1—脱水塔；2—吸附塔；3—解吸剂中间储槽；4—回流液储槽；5—抽提液中间储槽；
6—抽余液中间储槽；7—抽提液蒸馏塔；8—轻馏分蒸出塔；9—抽余液蒸馏塔；10—重馏分分离塔

塔顶分出解吸剂，循环使用，塔釜是重馏分。

8.7 苯乙烯的生产

苯乙烯（styrene；styrol；vinyl benzene）又名乙烯基苯，是无色油状液体，沸点（101.3kPa）为418K，凝固点242.6K，难溶于水（298K时单体在水中溶解度为0.032%，水在单体中溶解度为0.07%），难溶于甲醇、乙醇及乙醚等溶剂。

苯乙烯在高温下容易裂解和燃烧，生成苯、甲苯、甲烷、乙烷、碳、一氧化碳、二氧化碳和氢气等。苯乙烯凝气与空气能形成爆炸混合物，其爆炸范围为1.1%～6.01%。

苯乙烯具有乙烯烃的性质，反应性能极强，如氧化、还原等反应均可进行。并能与卤化物发生加成反应。苯乙烯暴露于空气中，易被氧化成醛、酮类。苯乙烯易自聚生成聚苯乙烯（PS，polystyrene）树脂。也易与其他含双键的不饱和化合物发生共聚，如苯乙烯与丁二烯、丙烯腈共聚。共聚物可用以生产ABS（acrylonitrile butadiene styrene）工程塑料；与丙烯腈共聚生产AS（acrylonitrile styrene）树脂；与丁二烯共聚可生成乳胶或合成橡胶SBR（styrene butadiene rubber）。此外，苯乙烯还被广泛用于制药、涂料、纺织等工业。

苯乙烯是1827年由M. Bonastre蒸馏一种天然香脂——苏合香时发现的。1839年E. Simon同样用水蒸气蒸馏法由苏合香得到该化合物并命名为苯乙烯。1867年Berthelor发现乙苯通过赤热陶罐能生成苯乙烯，这一发现被视为现在苯乙烯生产的起源。1930年美国道化学公司（Dow Chemical Company）首创由乙苯热脱氢法生产苯乙烯工艺，但因当时精馏技术问题而未能实现工业化。直至1937年道化学公司和BASF（Badische Anilinund Sodafabrik）公司解决了精馏技术问题，获得高纯苯乙烯单体，并共聚合成稳定、透明、无色塑料。1941～1945年道化学、孟山都化学、Farben等公司各自开发了自己的苯乙烯生产技术，实现了大规模工业化生产，苯乙烯生产技术不断进步，到20世纪50～60年代已经成熟。除传统的苯和乙烯烷基化生成乙苯进而脱氢的方法外，出现了Halcon乙苯共氧化联产苯乙烯和环氧丙烷工艺、Mobil/Badger乙苯气相脱氢工艺等新的工业生产路线，同时积极探索以甲苯和裂解汽油等新的原料路线。迄今工业上用乙苯直接脱氢法生产的苯乙烯占世界总生产能力的90%。本节主要介绍乙苯直接脱氢法生产苯乙烯的生产技术。

8.7.1 反应原理

主反应：

$$C_6H_5C_2H_5 \rightleftharpoons C_6H_5CH{=\!=}CH_2 + H_2 \qquad \Delta H_{873K}=125kJ/mol$$

副反应：在主反应进行的同时，还发生一系列副反应，生成苯、甲苯、甲烷、乙烷、烯烃、焦油等副产物。

$$C_6H_5C_2H_5 \longrightarrow C_6H_6+C_2H_4 \qquad \Delta H_{837K}=102kJ/mol$$

$$C_6H_5C_2H_5+H_2 \longrightarrow C_6H_5CH_3+CH_4 \qquad \Delta H_{837K}=-64.5kJ/mol$$

$$C_6H_5C_2H_5+H_2 \longrightarrow C_6H_6+C_2H_6 \qquad \Delta H_{837K}=-41.8kJ/mol$$

$$C_6H_5C_2H_5+16H_2O \longrightarrow 8CO_2+21H_2 \qquad \Delta H_{837K}=793.4kJ/mol$$

为减少在催化剂上的积炭，需在反应器进料中加入高温水蒸气，从而发生下述反应：

$$C+2H_2O \longrightarrow CO_2+2H_2 \qquad \Delta H_{873K}=99.48kJ/mol$$

脱氢反应是1mol乙苯生成2mol产品（苯乙烯和氢），因此加入蒸汽也可降低苯乙烯在系统中的分压，有利于提高乙苯的转化率。

乙苯脱氢工艺过程的关键技术是催化剂。可以说催化剂的性能决定了乙苯的转化率和生成苯乙烯的选择性、蒸汽/烃比、液体时空速（LHSV，liquid hourly space velocity）、运转周期等，也就是说催化剂的性能决定了脱氢过程的经济性。

国外许多公司对脱氢催化剂进行了深入研究。早期，美国采用 Standard 石油公司的 1707 催化剂（Fe_2O_3-CuO-K_2O/MgO），德国采用 Farben 公司的 Lu-114G 催化剂（ZnO-K_2CrO_4-K_2SO_4-MgO-CaO-Al_2O_3）。之后脱氢催化剂都发展成为以铁为基础的多组分催化剂。美国壳牌公司开发了以钾、铬为助催化剂的铁系催化剂 Shell 105（Fe_2O_3-K_2O-Cr_2O_3），为世界所广泛采用。由于铁化合物 Fe_2O_3 在反应过程的高温下还原成低价氧化铁，导致催化剂因结炭而失活，可加入 Cr_2O_3 起稳定作用，K_2O（以 K_2CO_3 形式加入）具有抑制结炭的作用。

催化剂的研发主要有三条途径：第一条途径是选择助催化剂，Shell 105 催化剂可使乙苯转化率达到 60%，苯乙烯选择性约 87%，通过选择多组分的催化剂，使性能有明显改进；第二条途径是通过改变催化剂粒径和形状，以提高催化剂选择性，研究发现，小粒径、低比表面积有利于提高选择性，催化剂颗粒采用异型截面（星形、十字形）以及大孔隙率等都有利于提高催化剂的选择性；第三条途径是改进催化剂使用方法。孟山都化学公司在多段反应中填充不同的催化剂，进口段装填高选择性、低活性催化剂，出口段装填高活性、低选择性催化剂，这样比装填任何一种单一催化剂的收率都高。道化学公司采用周期性开停反应器不同部位的水蒸气插入管的方法使催化剂在各区域轮流活化从而解决了因活化引起的温度和压力波动。

8.7.2　工艺条件

（1）反应温度

由反应原理的主、副反应知道，乙苯脱氢反应为可逆吸热反应。从热力学方面分析可知，升高反应温度，反应平衡常数增大，乙苯平衡转化率提高，苯乙烯平衡收率提高；从动力学上分析，反应温度升高，反应速率加快，乙苯转化率提高，当反应温度为 873K 时，基本上没有裂解副产物生成；当温度超过 873K，随着温度升高，裂解副反应速率增加更快，副产物苯、甲苯、苯乙炔、聚合物等生成量增多，苯乙烯产率下降。适宜的反应温度还应根据催化剂活性温度范围来确定。一般采用 853～893K。催化剂使用温度初期控制在 853K 左右，中期 873K 左右，后期可提高到 888～893K。

（2）反应压力和水蒸气用量

乙苯脱氢反应是一个气体分子数增多的可逆反应。理论上，低压有利于乙苯平衡转化及苯乙烯平衡收率的提高。但是，真空条件下体系容易有空气进入，高温操作条件易燃易爆，在工业生产中不安全。为了解决这一矛盾，工业上通常采用通入过热水蒸气的办法。这样，既降低了反应组分的分压，推动了平衡向生成目的产物方向移动，又避免了真空操作，保证了生产的安全运行。同时水蒸气还有如下作用：①水蒸气的热容比较大，通入过热水蒸气，可以供给脱氢反应所需的部分热量，有利于反应温度稳定；②水蒸气可以脱除催化剂表面的积炭，恢复催化剂的活性，延长催化剂再生的周期；③水蒸气能将吸附在催化剂表面的产物置换，有利于产物脱离催化剂表面，加快产品生成速率；④主催化剂氧化铁在氢气中，会被还原成低价氧化态，甚至被还原成金属铁，而金属铁对深度分解副反应具有催化作用，通入水蒸气可以阻碍氧化铁被过度还原，以获得较高的选择性。

随着水蒸气用量增多，乙苯平衡转化率提高。而当水蒸气与乙苯的用量摩尔比超过 9 时，乙苯转化率已无明显提高，而能量消耗增大，设备生产能力降低。根据生产实践，采用水蒸气∶乙苯＝(6～9)∶1(物质的量) 左右。

8.7.3　工艺流程

乙苯脱氢生产苯乙烯的工艺流程主要包括乙苯脱氢、苯乙烯回收与精制两大部分。

乙苯脱氢反应是强烈吸热反应，反应不仅要在高温下进行，而且需在高温条件下向反应系统供给大量的热量。根据供热方式及所采用的脱氢反应器形式的不同，相应的生产工艺流程也有差异。目前工业上采用的反应器型式主要有两种：一是美国道化学公司的绝热式脱氢反应器；二是德国巴斯夫公司的等温式脱氢反应器。这两种不同型式反应器的工艺流程的主要差别在于脱氢部分的水蒸气用量不同，热量的供给和回收利用不同。目前，国内新建装置大多采用绝热式反应器脱氢部分工艺流程。乙苯脱氢反应流程见图 8-17。

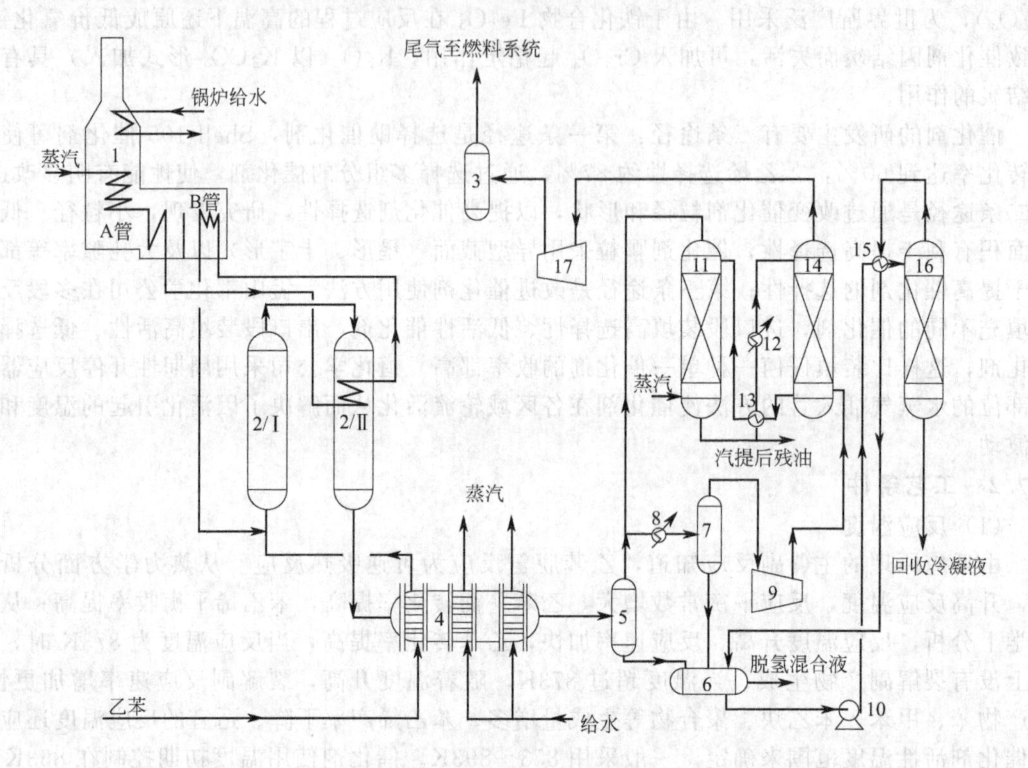

图 8-17 乙苯脱氢反应流程

1—蒸汽过热炉；2—脱氢绝热径向反应器；3,5,7—分离罐；4—废热锅炉；6—液相分离器；8,12,13,15—冷凝器；9,17—压缩机；10—泵；11—残油汽提罐；14—残油洗涤塔；16—冷凝汽提塔

乙苯在水蒸气存在下催化脱氢生成苯乙烯，是在段间带有蒸汽再热器的两个串联的绝热径向反应器内进行，反应所需热量由来自蒸汽过热炉的过热蒸汽提供。在蒸汽过热炉内，水蒸气在对流段内预热，然后在辐射段的 A 组管内过热到 880℃。此过热蒸汽首先与反应混合物换热，将反应混合物加热到反应温度，然后再去蒸汽过热炉辐射段的 B 管，被加热到 815℃后进入一段脱氢反应器。过热的水蒸气与被加热的乙苯在一段反应器的入口处混合，由中心管沿径向进入催化剂床层。混合物经反应器段间加热器被加热到 631℃，然后进入二段脱氢反应器。反应器流出物经换热被冷却回收热量，同时分别产生 3.1MPa 和 0.039MPa 蒸汽。

反应产物经冷凝冷却降温后，不凝气体（主要是氢气和二氧化碳）经压缩去残油洗涤塔用残油进行洗涤，并在残油汽提塔中用蒸汽汽提，进一步回收苯乙烯等产物。洗涤后的尾气经变压吸附提取氢气，可作为氢源或燃料。反应器流出物的冷凝液进入液相分离器，分为烃相和水相。烃相即脱氢混合液（粗苯乙烯）送至分离精馏部分，水相送工艺冷凝汽提塔，将微量有机物除去，分离出的水循环使用。

苯乙烯的分离与精制部分由四台精馏塔和一台薄膜蒸发器组成。其目的是将脱氢混合液分馏成乙苯和苯循环回脱氢反应系统，并得到高纯度的苯乙烯产品以及甲苯和苯乙烯焦油副产品。本部分的工艺流程如图 8-18 所示。

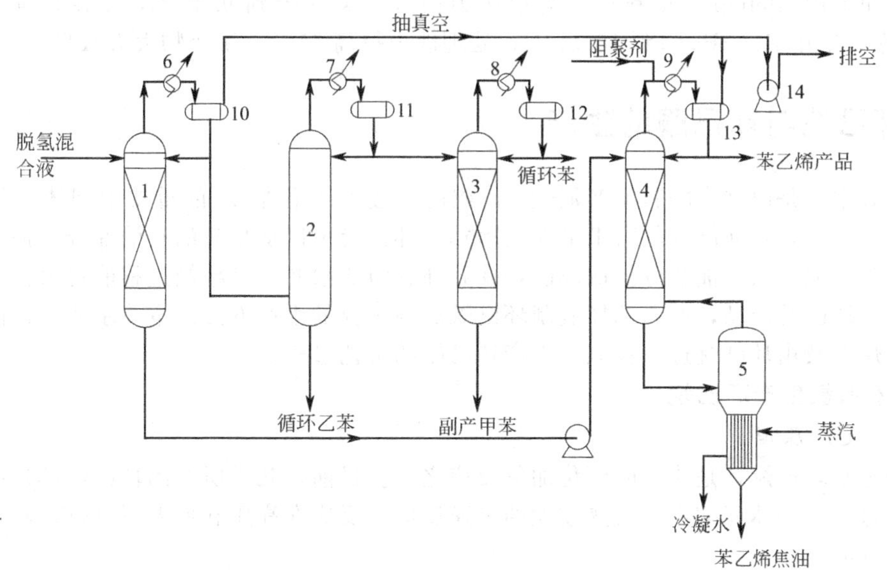

图 8-18　苯乙烯的分离与精制工艺流程

1—乙苯-苯乙烯分馏塔；2—乙苯回收塔；3—苯-甲苯分离塔；4—苯乙烯塔；
5—薄膜蒸发器；6～9—冷凝器；10～13—回流罐；14—真空泵

脱氢混合液送入乙苯-苯乙烯分馏塔，经精馏后塔顶得到未反应的乙苯和更轻的组分，作为乙苯回收塔的加料。该分馏塔为填料塔，系减压操作，同时加入一定量的高效无硫阻聚剂，使苯乙烯自聚物的生成量减少到最低。分馏塔底物料主要为苯乙烯及少量焦油，送到苯乙烯塔。苯乙烯塔也是填料塔，它在减压下操作。塔顶为产品精苯乙烯，塔底产物经薄膜蒸发器蒸发，回收焦油中的苯乙烯，而残油和焦油作为燃料。乙苯-苯乙烯塔与苯乙烯塔共用一台水环真空泵，维持两塔的减压操作。

在乙苯回收塔中，塔底得到循环脱氢用的乙苯，塔顶为苯-甲苯，经热量回收后，进入苯-甲苯分离塔将两者分离。本流程的特点主要是采用了带有蒸汽再热器的两段径向流动绝热反应器，在减压下操作，单程转化率和选择性都很高；流程没有尾气处理系统，用残油洗涤尾气以回收芳烃，可保证尾气中不含芳烃；残油和焦油的处理采用了薄膜蒸发器，使苯乙烯回收率大大提高。在节能方面采取了一些有效措施，例如进入反应器的原料（乙苯和水蒸气的混合物）先与乙苯-苯乙烯分馏塔顶冷凝液换热，这样既回收了塔顶物料的冷凝潜热，又节省了冷却水用量。

精制苯乙烯生产技术关键有两个：一是采用高效阻聚剂以减少苯乙烯的损失；二是对沸点接近的乙苯、苯乙烯的分离塔的改进。

传统生产工艺中长期用硫磺作阻聚剂，但由于硫在苯乙烯中溶解度不大，大量硫磺的使用使蒸馏过程产生较多焦油。含硫焦油残渣的处理在环境要求愈来愈苛刻情况下成了难题。积极开发非硫阻聚剂是各生产商近年不断探索的课题。作为工业用高效阻聚剂，对乙苯和苯乙烯应具有良好的溶解性和热稳定性，在 353～403K 下具有高的阻聚能力、用量少、性质稳定、易于脱除、价廉、易得、无毒无污染等特点。

苯乙烯工业生产初期，乙苯-苯乙烯精馏采用金属丝网填料塔。随着生产规模的扩大，因填料塔分离效果较差，到 20 世纪 60 年代出现了板式塔工艺。近年来，国外又开发出板效高、阻力小的新型填料，各生产厂均相继改用新型填料塔，节能效果显著。如采用 Intalox 填料的一个 550kt/a 乙苯-苯乙烯分馏塔装置，与原用板式塔相比，塔釜温度由 379K 降到

356K，塔釜压力由30.9kPa降到13.7kPa，苯乙烯聚合损失由1.42%降到0.024%。再如，孟山都公司采用Mellapak填料后，塔顶压力由32.3kPa降到9.3kPa，釜温由449K降到356K，塔压力由41.2kPa降到18.3kPa，处理能力提高55%，聚合物大大减少。

8.8 环己烷与环己酮的生产

环己烷主要是由己内酰胺生产尼龙6，或己二酸生产尼龙66的重要中间体。随着尼龙纤维生产的发展，对环己烷的需求量大大增加。环已烷可以从相应的石油馏分中提取，也可以从苯加氢制取。从石油馏分提取环已烷受石油族组成限制，且精馏过程能耗大，不易得到纯度很高的环已烷产品，所以苯加氢制环已烷成为主要的生产方法。本节主要讲述由苯加氢生产环已烷以及由环已烷进一步氧化生产环已酮的工艺过程。

8.8.1 苯加氢生产环已烷

8.8.1.1 反应原理

苯加氢制环已烷，是典型的催化加氢反应之一。目前，几乎所有的环已烷都是由苯加氢制得的。这是一个体积缩小和放热较大的可逆反应。反应在高压和低温下进行，对转化为环已烷是有利的。

$$C_6H_6 + 3H_2 \xrightarrow[400K]{Ni\text{-}Al_2O_3} C_6H_{12} \qquad \Delta H_{298} = -206\text{kJ/mol}$$

8.8.1.2 工艺条件

影响苯加氢生产环已烷的主要因素有反应温度、反应压力及氢苯比等。

(1) 反应温度

苯加氢反应的平衡常数随反应温度升高而明显变小。温度过高，产物环已烷还会进一步加氢裂解，并引起催化剂烧结、活性急剧下降、系统阻力剧增，导致无法正常生产。所以，苯加氢的反应温度必须严格控制在260℃以下。

苯加氢是强放热反应，因此迅速及时地将反应热移出反应区，使反应温度保持稳定是工艺控制的关键。苯气相加氢反应在列管式固定床反应器中进行，由于催化剂导热性能与床层传热性能较差，致使反应床层内温度分布较为复杂，造成反应器中轴向和径向温度不均现象。目前，主要采用铝粒、废催化剂稀释催化剂，或采用稀释反应物浓度等措施，来改善反应管内轴向及径向温度分布。

(2) 反应压力

苯加氢是体积缩小反应，因此加压（提高氢分压）有利于加氢反应的进行。加压不仅可以提高设备的生产能力，还可减少排放尾气中产物环已烷的损失量。当反应压力提高到0.9～1.0MPa时，环已烷收率可高达98.5%以上，反应压力一般为0.6～1.0MPa。为了保证反应平稳进行，反应压力必须保持稳定，不宜有较大波动。

(3) 氢苯比

从化学平衡分析提高氢气量即提高氢苯比，可增加苯的平衡转化率，还可移走部分反应热。但氢苯比过高［如（10～20）∶1］也会给生产带来不利的影响，如产物环已烷浓度降低，产物分离更加困难，需多耗冷量和动力等。所以，在满足产品环已烷质量指标的前提下，反应尽可能采用适宜的氢苯比，降低装置的生产费用。

(4) 溶剂的影响

当液相加氢时，有时需采用溶剂作稀释剂，便于移走反应热。催化加氢常用的溶剂有乙醇、甲醇、乙酸、乙醚、四氢呋喃、乙酸乙酯等。在本工艺流程中，采用环已烷为苯加氢反应的溶剂。在溶剂加氢的液相反应中，一般反应的最高温度要比溶剂的临界温度低

20～40℃，否则溶剂不呈液态存在，失掉溶剂的作用。

8.8.1.3　工艺流程

苯加氢生产环己烷，有气相催化法和液相催化法。目前广泛采用的流程为液相反应流程，如图 8-19 所示。催化剂为骨架镍悬浮在液体环己烷中，反应热借悬浮液与外部热交换器循环移除。苯和氢不经预热直接进入反应器中。

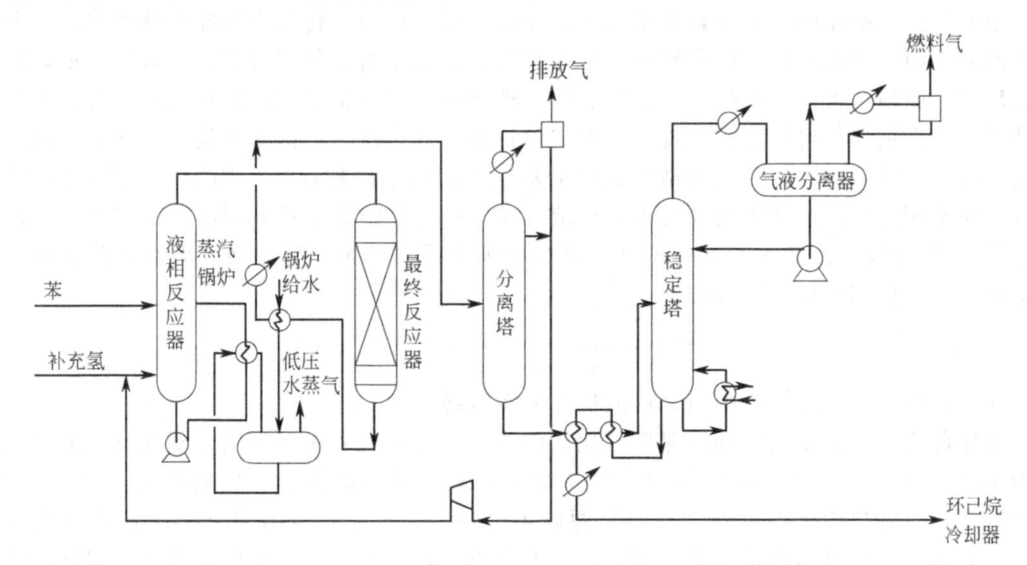

图 8-19　苯加氢液相生产环己烷工艺流程

反应压力为 2.5～3.0MPa，反应温度为 220℃，配料比为 $H_2/C_6H_6=3/1$。在加氢反应液相中，必须通入氢气造成湍动，并对环己烷强制循环，以使催化剂在液体中保持悬浮状态。使气、液、固三相充分接触，有利于加氢反应的进行。主反应器以鼓泡塔原理操作，生成的环己烷以蒸气的状态随惰性气体以及过量的氢一起进入后加氢反应器中。该反应器是固定床反应器，床层为催化剂（又称最终反应器），使未反应的苯继续与氢作用。从最终反应器出来的反应气体，经与冷却水换热并冷凝后进入分离塔，分出的溶解气体（由氢气和少量惰性气体组成），一部分放空，其余部分经压缩后返回反应系统循环使用。

分离塔底部出来的液体产物经换热后进入稳定塔，在此分出的气体送至气液分离器，液体返回稳定塔作回流，气体作燃料用。稳定塔中的釜液，一部分循环回到稳定塔，其余部分与分离塔釜液换热后，引出塔外作为环己烷产品。为了避免副反应的发生，必须将最高温度限制在 230℃左右，反应收率为 99.8%。

由于骨架镍催化剂具有自燃性，在制备和使用过程中非常不安全、不方便，这是它的主要缺点。目前，已成功地制得不会自燃的骨架镍催化剂。在运输和储存时，可将骨架镍部分氧化成稳定形态，在空气中不自燃，当加到装置中后再将它还原为催化剂。

8.8.2　环己烷氧化生产环己酮

环己酮主要由环己烷氧化和环己醇脱氢制得。环己烷在催化剂存在条件下，可用空气液相氧化制得环己醇和环己酮的混合物（俗称混合油）。过程反应方式如下：

$$C_6H_{12}+\frac{1}{2}O_2 \longrightarrow C_6H_{11}OH \quad , \quad C_6H_{12}+O_2 \longrightarrow C_6H_{10}O + H_2O$$

环己烷氧化反应全过程分为诱导期和反应期。氧化前的诱导期指从向环己烷通入空气开始，氧气几乎不被吸收（约 5～30min）的时间。诱导期的长短随反应温度、原料组成、有无催化剂等条件不同而不同。在诱导期内，物料并不是不变化的，而是逐步形成反应所需的自由基。随着诱导期的结束，吸氧速率迅速上升，即转入正常反应期。空气中的氧大部分被吸收，反应介质中形成了许多含氧有机化合物。当反应开始时，过氧化物与酮醇几乎同时生成。随着转化率升高，开始出现酸和酯，并以较快的速度上升。当醇酮含量达到某一最大值后开始下降，这说明醇、酮只是中间产物，酸才是最终产物。因此，要获得较多的醇、酮，必须控制转化率、抑制酸的生产。

影响环己烷氧化的主要因素有催化剂、反应温度、压力、转化率与原料纯度等。工业上常用的催化剂有环烷酸钴、硬脂酸钴、辛酸钴等。这类钴盐催化剂可缩短反应诱导期，加速氧化反应，提高烃类过氧化物分解为醇、酮的选择性。这些钴盐中的钴均为正二价，在适当条件下，二价钴遇氧可氧化成三价，随着二价钴氧化成三价，自由基也逐渐增加，反应速率加快，此时部分氧化物经过二价钴生成自由基。当介质中出现还原性物质，三价钴便还原。随着反应不断进行，溶液中出现酸类，可溶性钴不断与酸结合生成不可溶的有机酸钴（己二酸钴等），退出反应。适量的钴离子对反应有加速作用，但加入量过多，来不及转化的二价钴将对反应起抑制作用。反应如下：

$$Co^{2+} + C_6H_{11}OO\cdot \longrightarrow C_6H_{11} + \gt Co—O—OH$$

此时，自由基链式反应中断，造成反应速率减缓。

选择合适反应温度的原则是保证氧化反应的速率与氧气的充分利用，氧化反应的温度通常为150～160℃。为使反应在反应条件下处于液相，反应需加压，同时受反应温度制约。压力越高，蒸发的环己烷越少，外供热源就可少一些。但是，压力过高，设备投资费用增加，压力过低，反应温度接近沸腾温度，蒸发带出的热量大于反应放出的热量。因此，必须外加热量，适合的反应压力一般采用0.98MPa。

由于氧化阶段的各类中间产物比环己烷易于氧化，因此反应转化率的大小对反应选择性有显著的影响。实践表明，采用低转化率，反应选择性较高，即环己醇在总产物中的比例较高。但是，转化率太低，物料循环量增加，设备生产能力降低，各种能耗增加。综合收率、能耗及投资等因素，钴盐氧化法的单程转化率为4%～6%时，产率为76%～78%。所以，低转化率、大循环量是环己烷氧化反应的最大特点。

原料环己烷中杂质（如苯、醇、酮、水和庚烷等）的存在，影响反应的正常进行。苯的存在将导致苯氧化成焦油，苯还具有抑制环己烷氧化的作用。加氢生成环己烷时应控制苯转化率在99.4%以下。醇和酮是氧化反应的引发剂，少量醇、酮存在可以缩短反应的诱导期。但是，由于醇、酮在被氧化成酸之前也会形成自由基，从而引起加快环己烷的氧化反应，且醇、酮本身可进一步氧化生成酸。为了防止这些不利现象的出现，规定来自氧化液精馏工序的环己烷及循环环己烷，其酮含量在0.05%以下。环己烷中带入的水，在氧化系统中会出现严重结渣现象，为了延长设备运转周期，减少结渣，应严格控制环己烷中的水含量。

环己烷在氧化过程中可产生大小不等的气泡，这些气泡也影响反应的进行。低浓度氧气与大气泡，有助于提高醇、酮的产率。由于小气泡在液体中的运动速度慢，造成气泡外膜的更新速度慢，处于界面上液体中的醇、酮浓度就高，增加了再接触氧发生深度氧化的可能性，使酸的产率上升。反之，大气泡能够迅速在液体中运动，使界面不断更新，反应生成物迅速转入液相，气泡界面上醇、酮浓度不会高出整个液体中的浓度，氧化收率可提高。但是，气泡过大，将导致尾气含氧量高，吸收不完全。若气泡中氧浓度较高，也会增加深度氧化的可能性。在生产中一般选用含氧5%～10%的气体（即贫氧空气）为原料。

环己烷氧化生产环己酮，按选用催化剂不同分为钴盐法和硼酸法。钴氧化法按催化剂加入时间的先后不同，又分为无催化氧化和有催化氧化两种。不管哪种生产工艺，包括催化剂制备、环己烷氧化、过氧化物分解、皂化、水洗及环己烷精制等工序。

8.9 对二甲苯氧化生产对苯二甲酸

对苯二甲酸主要是用以生产聚酯树脂，进而制造聚酯纤维和薄膜等。此外，还可用作染料中间体和绝缘漆以及家禽饲料添加剂等。目前，工业上制造对苯二甲酸的方法主要有对二甲苯高温氧化法、对二甲苯分段氧化法、对二甲苯低温氧化法、对二甲苯硝酸氧化法等。由于对二甲苯硝酸氧化法设备腐蚀严重，产品精制困难，而且流程长，难以连续化生产，因此先后在 20 世纪 60 年代后期终止生产。目前，工业上大多采用以对二甲苯为原料的高温氧化法和分段氧化法以及低温氧化法生产。反应过程如下：

$$CH_3-C_6H_4-CH_3 + 3O_2 \longrightarrow HOOC-C_6H_4-COOH + 2H_2O$$

副产物主要是氧化中间产物对羧基苯甲醛，而在高温氧化时，副产物 p，p-二羧基二苯甲酮和 3,6-二羧基芴酮会大大增加。

8.9.1 对二甲苯高温氧化法工艺流程

对二甲苯高温氧化法采用钴、锰等重金属盐和溴化物为催化剂，以乙酸为溶剂，经液相空气氧化制对苯二甲酸。其操作温度为 200℃，压力为 2.76MPa。每生产 1t 聚合级的对苯二甲酸，需对二甲苯 680kg。其工艺流程如图 8-20 所示。

将预热的乙酸、对二甲苯、以溴化物为促进剂的重金属氧化物催化剂（如锰和钴）和压缩空气送入带有良好搅拌的反应器中，在规定的反应温度和压力条件下进行反应。反应流出物（呈热的浆状物）连续地从反应器导入结晶器。反应物在结晶器中被闪蒸的乙酸、未反应的二甲苯和水所冷却，经离心分离，除去附加的乙酸和二甲苯，再经进一步分离和干燥后，可得到纯度高于 99% 的粗对苯二甲酸。反应收率为 90%～95%。废反应液和结晶母液在蒸发器内经蒸馏除去水和副产物，并回收未反应的乙酸和二甲苯，乙酸循环使用。

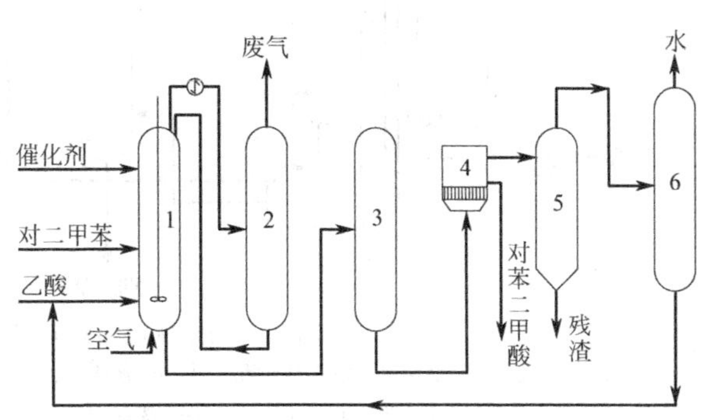

图 8-20　对二甲苯高温氧化法工艺流程

1—反应器；2—气液分离器；3—结晶器；4—固液分离器；5—蒸发器；6—乙酸回收塔

此法工艺简单，反应速率快，设备利用率高，产品收率也较高，灵活性大，适用于生产多种产品。但是设备腐蚀较严重，需要钛等特殊材质，产品精制较困难。聚合级对苯二甲酸的纯度为 99.9%，因此必须将粗对苯二甲酸进行精制。工业上精制对苯二甲酸的方法有湿法（分为还原精制法、氧化精制法、抽取或浸出精制法）和干法（升华法）两种。由于粗对苯二甲酸的制取方法不同，其所含的不纯物也有所不同，因此选用的精制方法也各不相同。在对二甲苯高温氧化法所生产的粗对苯二甲酸中，所含的不纯物是 4-羧基苯甲醛、苯甲酸和属于芴酮系化合物类的着色物，故采用阿莫柯精制法。其过程是先把粗对苯二甲酸用热水洗涤，以除去微量的催化剂和乙酸。热水浆状物进入到加氢反应器中进行加氢反应，使 4-羧基苯甲醛及其他不纯物被还原而除去。加氢反应温度为 225～275℃，催化剂为钯。产品经结晶和干燥后，即可得到纤维级的对苯二甲酸，此法每吨纤维级对苯二甲酸约需 1.03t 粗对苯二甲酸。

随着对苯二甲酸和乙二醇直接酯化工艺的发展需要，日本三菱等公司开发了不经精制，而用高温法直接制取纤维级对苯二甲酸的方法。

8.9.2 对二甲苯低温氧化法工艺流程

对二甲苯低温氧化法是采用某些羧酸、酯、酮以及环氧化合物等作为氧化促进剂，进行氧化反应。目前已工业生产的有莫比尔法、伊斯曼法、东丽法。莫比尔法是以甲乙酮为氧化促进剂，反应温度为120～145℃，压力为1.47MPa，收率为98%左右。伊斯曼法是以乙醛为氧化促进剂，反应温度为80～150℃，压力为0.98MPa，收率为98%。东丽法是以三聚乙醛为氧化促进剂，反应温度为100～150℃，压力为1.96～2.94MPa。这些方法的共同特点是以乙酸为溶剂，钴为催化剂，在较低的温度下进行氧化反应，产品收率高，而且不用钛等特殊材质。东丽法工艺流程如图8-21所示。

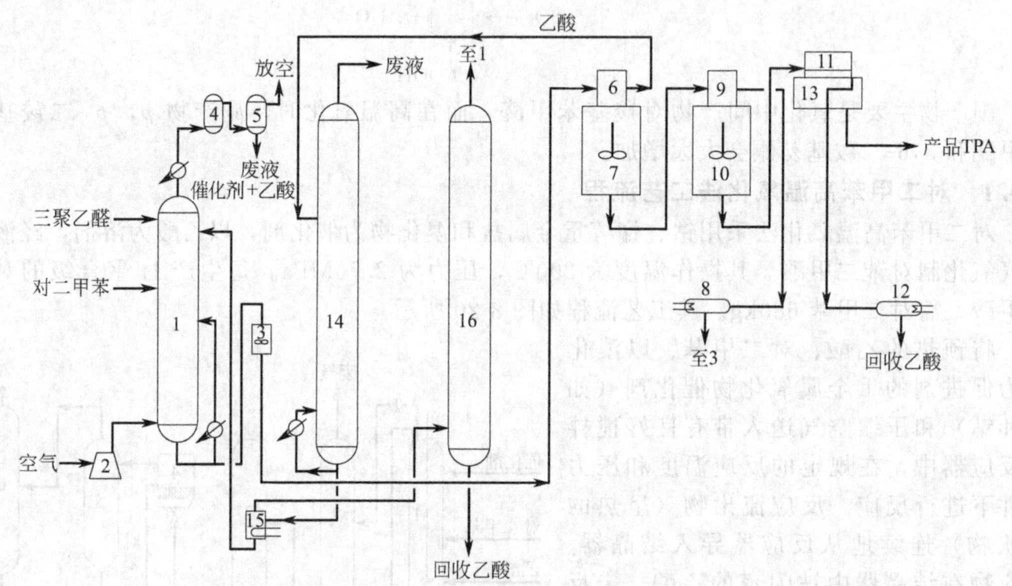

图8-21 东丽法生产对苯二甲酸工艺流程

1—反应器；2—空气压缩机；3—闪蒸槽，4—第一高压洗涤器；5—第二高压洗涤器；6—第一倾析器；7—第一洗涤槽；8—第一蒸发罐；9—第二倾析器；10—第二洗涤槽；11—第三倾析器；12—第二蒸发罐；13—干燥器；14—脱水塔；15—循环液浓缩槽；16—乙酸回收塔

将对二甲苯、三聚乙醛（用量小于对二甲苯质量的50%）和含有乙酸钴催化剂的循环乙酸溶剂分别导入反应器1，再将作为氧化剂的压缩空气从反应器底部通入反应液内，边鼓泡搅拌边上升。反应温度维持在100～150℃之间，压力1.96～2.94MPa。反应生成的对苯二甲酸几乎不溶于乙酸中，而在反应液中析出微小颗粒，呈浆状物。将此浆状物通过闪蒸槽送到对苯二甲酸精制工段。二聚乙醛随着反应转化成乙酸，经精制加工作为副产品。为除去反应热，用浆液泵将反应液循环通过温水冷却的反应液冷却器。从反应器排出的废气，首先经冷凝器冷却，再到第一高压洗涤器4内回收乙酸，最后通过第二高压洗涤器5将废气排出循环系统。

对苯二甲酸的精制过程是将从闪蒸槽送来的对苯二甲酸与乙酸混合浆状物，通过第一倾析器6，使两者分离。分离出的乙酸送到乙酸精制工段，对苯二甲酸送到第一洗涤槽7内，用乙酸洗涤，以除去对苯二甲酸内含有的对甲基苯甲酸和催化剂（洗涤用的乙酸是从第一蒸发罐经除去高沸点物后送来的）。然后，再将对苯二甲酸和乙酸浆状物送到第二倾析器9进行分离，分离出的乙酸送到第一蒸发罐 8，对苯二甲酸送到第二洗涤槽 10 进一步洗涤。最后，再通过第三倾析器 11 进行分离，将分离出的对苯二甲酸送到干燥器干燥，即可得到精制的对苯二甲酸。从第三倾析器 11 分离出的乙酸溶液送到第二蒸发罐 12 回收乙酸。

思考题与习题

8-1　在石油化工领域中用量最大的芳烃都是哪三种？制备途径有哪些？

8-2　选择芳烃溶剂时主要考虑哪些因素？常用芳烃抽提溶剂有哪些？

8-3　简述苯的下游产品及化工利用途径。

8-4　简述对苯二甲酸的生产过程和主要下游产品利用途径。

8-5　简述苯乙烯的生产过程和主要下游产品利用途径。

8-6　简述环己烷的生产过程和主要下游产品利用途径。

8-7　针对氧化反应的特点阐述氧化反应在催化剂选择和工艺流程组织时应注意哪些事项？

第9章　车间生产管理与绿色化学工艺

任何一个石油化工生产装置都是由若干个生产工序组合而成，要充分发挥生产装置的作用，达到安全、稳定、长周期、满负荷、节能和低排放等生产操作，关键是科学的生产管理。

9.1　工艺流程组合原则

9.1.1　石油化工装置规划与设计的指导思想

发展循环经济、建设资源节约型社会、坚持可持续的科学发展观是我们进行现代化建设的指导思想。石油化工产业发展规划必须坚持树立和落实科学发展观，不能单纯地追求经济效益，更看重的是增长方式的转变和资源的节约、环境的保护，更看重的是民生的改善。

① 坚持生产与节约并重、节约优先，按照减量化、再利用、资源化的原则落实节约资源和保护环境的基本国策，以提高资源利用效率为核心，加快结构调整，推进技术进步，强化节约意识，建设低投入、高产出，低消耗、少排放，能循环、可持续的国民经济体系和资源节约型、环境友好型社会。

② 在国家石油化学工业总体发展战略、产业政策和资源开发政策的指导下，立足于国内外两个市场，充分利用当地资源，以市场为导向、效益为中心，坚持走科技含量高、经济效益好、资源消耗低、环境污染少、人力资源优势得到充分发挥的新型工业化道路，大力发展油气化工。

③ 紧紧围绕实现经济增长方式的根本性转变，重视环境协调发展，摆脱或改善传统化工高耗能、高污染的模式，注重装置建设的环境保护问题。集中发展、集中治污、废物利用，实现资源、经济、环境可持续协调发展。

④ 将循环经济和低碳发展理念贯穿到石油化工产业中，充分利用资源，延长产业链，最大限度地减少废弃物排放；对产生的废弃物通过技术处理进行多次的循环利用。通过企业之间和产业之间的“链接”和“代谢”关系，最有效地推进循环经济的发展，以其独特的集聚优势、产业优势、资源开发优势、政策优势以及示范效应加快石油化工产业发展。

⑤ 强化化工产业基地化布局和集约化的建设，坚持“大型、先进、深度、系列、集约”的发展战略，采用先进技术，达到合理经济规模，发展深度加工，充分利用有限资源和先进技术生产品种新颖、附加值高和适应市场需求的高质量升级换代产品。以循环经济理论为指导，采用先进、高效、清洁的生产工艺，遵循由初级产品到高级产品的原则，逐步开发下游

产品，打造产业群，走出一条市场潜力大、科技含量高、经济效益好、资源消耗低、环境污染少、资源优势得到充分发挥的新型工业化路子。

⑥ 规划应有利于逐步优化基地的综合环境、政府服务环境、区域市场环境和社区人文环境，有利于营造一个良好的投资环境。

9.1.2　石油化工生产工艺路线的选择

近年来石油化工生产技术发展十分迅速，产品愈来愈多，技术愈来愈先进、成熟，同样一种原材料可以生产出各种不同的产品，同一种产品又可以用不同的技术路线与不同的生产工艺。要确定一种较理想的生产工艺路线，必须经过全面分析比较。

（1）生产方法的技术经济指标

技术经济指标包括产品产量、质量、劳动生产率、原材料与能量消耗、资金占用、资金利税率、产值利税率、主要技术装备的更新周期以及先进设备的自给率等。

（2）技术的先进性与可靠性

要考虑采用比较先进的生产工艺路线，但同时必须保证先进技术的可靠性，先进与可靠两者必须同时考虑、不可偏废。石油化工生产要尽量采用连续性生产，使产品质量稳定、流程简单、设备紧凑、便于自控、节省投资、降低成本。

（3）经济技术比较

经济指标包括设备投资、消耗定额、产品成本等。一条好的工艺路线，不但要技术上先进，而且经济上也要合理，即尽量做到投资少，原材料、动力消耗少，物料循环量少，能量综合利用好。

（4）三废处理措施是否具体可行，能否达到国家标准

再好的生产工艺路线都不可能十全十美，因此要根据具体情况，抓住主要矛盾和主要问题。

9.1.3　原材料来源与生产规模确定

生产所用的主要原材料都应尽量做到立足国内，立足本地区，努力达到自给。如能利用本厂联副产品或其他装置的废料，则应首先考虑利用。在对各种原材料的经济指标进行比较时，还要考虑运输等条件。

生产规模包括主产品和各种副产品的年产量。一个装置生产规模的大小，一方面要考虑原材料资源情况、国家计划安排以及市场容量，同时还要考虑单位产品成本和能耗、企业经营管理水平等。

确定石油化工生产装置经济合理最优规模的方法，主要有总费用最低法（即达到一定产量规模支付的总费用最低）和利税最大法（即达到一定产量规模获利税最大）两种。总费用计算公式为

$$F(V)=C(V)+S(V)+Q(V)E(V) \tag{9-1}$$

式中　$F(V)$——年产量为 V 的总费用，元；

$C(V)$——年产量为 V 的生产费用，元；

$S(V)$——年产量为 V 的流通费用，元；

$Q(V)$——新建（改建）装置所必需的直接和相关的基建投资额，元；

$E(V)$——基本建设投资效益系数。

9.1.4　能量回收与利用

石油化工生产一般能量消耗都较大，做好能量回收和利用，不仅可以节约大量燃料、动力和投资，还可减少生产费用，降低生产成本。能量回收包括热量和动力两部分，在石油化工生产中，主要是热量的回收和利用。

(1) 废蒸汽的利用

可将高压蒸汽供压力较低的设备使用，或去加热其他冷介质，形成二次蒸汽、三次蒸汽阶梯形分级使用，可合理利用热量。

(2) 冷热物料交叉换热

可充分利用冷热物料本身相互换热，以节约蒸汽和冷却水。

(3) 废热利用

对乙烯装置，裂解炉产生的高温裂解气，可通过废热锅炉生产高压蒸汽，再进入蒸汽透平机带动大型压缩机，节约大量电力。同时，利用工艺过程的热能，通过废热锅炉产生蒸汽，作为工艺生产需要的能源，可使能量得到合理利用。氧化反应的废热锅炉设置就是为了实现废热利用目的。

总之，在石油化工生产中，能量的回收利用是很重要的一项内容，但在能量回收利用时，必须与投资、操作费用平衡考虑。不能为了利用一些热量，使工艺操作复杂化、动力消耗增大、投资过大得不偿失。

9.1.5 三废处理与综合利用

在生产石油化工产品，通常都产生大量的三废，即固体废物、悬浮液和渣浆、排放水、废气、粉尘等有害物质。三废治理首先应改革不合理工艺，使三废少产生或不产生，把三废消灭在生产过程中。因此，选择工艺路线时，不仅要对几种不同的生产方法进行技术经济上的比较，还要重点考虑有没有三废，或三废处理措施是否得当，处理结果能否达到国家规定的排放标准。

对于生产工艺中不能解决的三废问题，要开展综合利用，变废为宝。对不能综合利用的三废，也要有切实可行的治理措施。三废的处理方法主要有化学法、生物法和物理法等。在进行石油化工生产的同时，结合开展综合利用与回收利用，不仅可以减少污染，还可以降低成本、减少消耗，所以有人称三废是资源的第二次开发。

9.2 车间生产管理方法

9.2.1 生产过程的组织与管理

石油化工生产过程是指从原材料到生产出产品所经过的各个生产阶段或工序，如原材料准备、产品加工，以及检验等有规律地依次交替的生产过程。同时又是劳动者使用劳动工具，作用于劳动对象以引起其性质和形态变化来获得所需要的产品的劳动过程。故生产过程是劳动过程（包括工艺过程和非工艺过程）和自然过程（如冷却、库存等）的总和。石油化工的生产过程，可按其在企业生产任务中所起的作用分类。

9.2.1.1 基本生产过程

基本生产过程是指直接把原材料、半成品加工成本企业主要产品的过程，在企业中居于首要地位。图 9-1 是从石油加工可得到基本有机化学工业原料的主要途径，从图 9-1 可以看出石油化工的生产是一系列纵横交叉的过程。

9.2.1.2 辅助生产过程

辅助生产过程是指为完成基本生产过程所必需的辅助性工作过程。如：

① 水、电、汽、压缩空气等的生产及供应过程；

② 仪表、电气等的供应及维修过程；

③ 机器设备、建筑物等的维护及修理过程。

9.2.1.3 附属生产过程

附属生产过程虽然在整个生产中不是主要的过程，但它是为主要生产过程服务，而且是

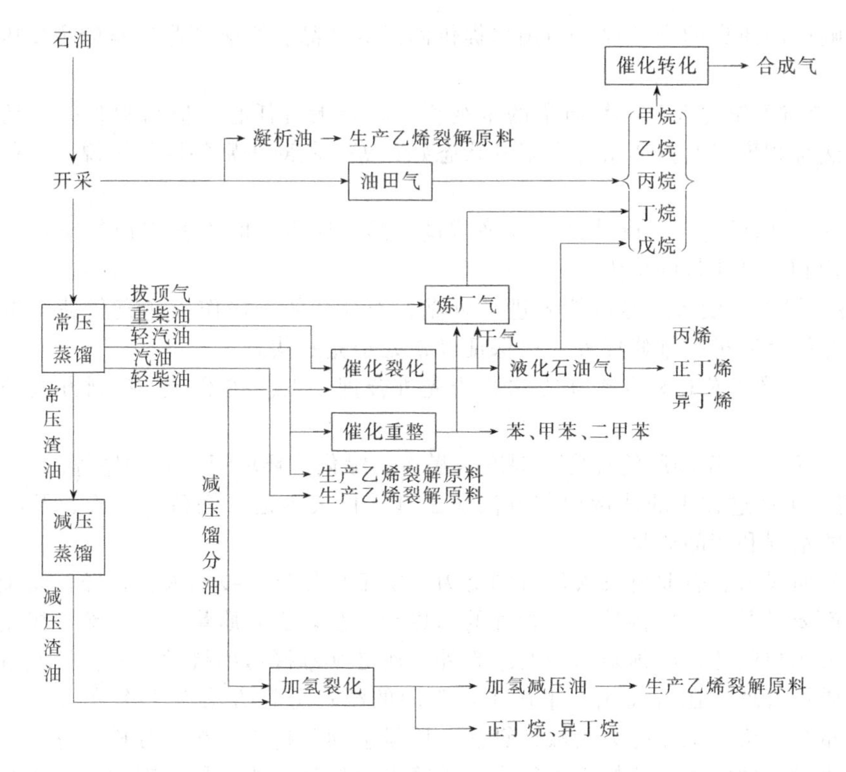

图 9-1　石油加工可得到基本有机化学工业原料的主要途径

不可缺少的，如包装材料的制造、废料的回收利用等生产过程。

石油化工产品的生产过程比较复杂，其产品生产可由若干阶段组成，每个阶段又可分为若干工序。工序是生产过程的基本组成单元，对较复杂的工序，还可分若干岗位。

合理而先进的生产过程组织形式，是完成生产任务的有力保证。合理组织生产过程应具备如下特点：

① 各基本生产过程能有机配合且协调一致，随时克服生产过程中出现的薄弱环节，保证生产连续而高效地进行；

② 生产过程保持连续性；

③ 生产过程保持均衡性。

虽然在石油化工生产中，技术越来越先进，但是作为劳动者这一要素，仍是占最主要的地位，因为任何完善的先进技术，只有当它掌握在具有高度责任心、积极性，以及技术熟练程度较高的劳动者手中时，才能发挥最大的作用。因此，在组织生产过程时，必须注意不断提高劳动者的思想觉悟和技术素质，不断改进劳动过程。

9.2.2　产品质量管理

产品质量是指产品的适用性，即产品的使用价值，也是指产品适合一定的用途，能满足国民经济一定需要所具备的特性。

提高产品质量是企业常抓不懈的根本任务，是提高社会经济效益的基础，是增强产品的竞争能力、企业生存和发展的前提条件。因此，各企业都应把加强产品质量管理，不断提高质量放在头等重要的地位。

产品质量受企业生产管理多种因素的影响，是企业各项工作的综合表现。对产品进行全面质量管理，是企业保证和提高产品质量，综合运用质量管理体系、手段和方法而进行的系统管理活动。系统管理活动是组织企业全体职工和有关部门，综合运用现代科学和管理技术，控制影响产品质量的全过程，为用户提供满意的产品。影响产品质量的主要因素有如下几方面。

① 人　参与工作的人对产品质量的重视程度，有无责任心，提高和改进产品质量的积极性，技术熟练程度以及身体条件和精神状态好坏等，相对于别的因素来说，人的因素是第一位的。

② 原材料　原材料、半成品是否合乎质量标准，能否及时而稳定地供应，都会影响生产的正常进行和产品质量的优劣。

③ 设备　机器、设备应尽可能先进、可靠、安全和便于操作，能充分满足生产工序的技术要求，并能及时进行维修保养，以保证经常处于完好状态。

④ 方法　生产工艺过程和操作方法是否先进合理、工艺技术指标控制方法是否准确可靠等。

⑤ 环境　包括工作场所的温度、湿度、噪声、绿化、环境卫生和秩序等。

⑥ 检测　生产过程中的计量检测方法、工具和仪表等是否完备、准确、及时。直接给出反应过程的情况和产品质量。

提高产品质量需要企业所有人员共同努力，从工厂领导、技术人员、经营管理人员到每个操作工，都要学习、运用科学质量管理的思想和方法，提高质量意识。除了树立把质量放在第一位，为用户服务，以预防为主的思想外，还必须掌握运用科学方法。按照事物的客观规律，进行质量管理。在石油化工生产中，常用的统计分析方法有主次分析法、因果分析法、质量分布分析法、工序能力指数计算法、质量被动分析法、相关分析法等。

总之，质量管理的统计分析方法很多，不管采用哪种方法，最关键的是需要有针对性地收集必要的数据。要从大量的客观数据中筛选出一部分近似地能代表总体规律的数据，也就是取样是随机的（不加挑选、没有倾向性），数据是足够的（不是最大量、也不是最小量，但必须是最真实、客观）。

9.2.3 成本、物耗与能耗计算和管理

9.2.3.1 产品成本

产品成本指在进行生产产品过程中，有劳动消耗的货币表现，包括物化劳动和活劳动。它是表现企业生产经营活动成果的重要指标之一，同时也是反映企业生产技术、计划工作、生产组织、劳动组织、管理水平、劳动生产率，以及固定资产和流动资金利用情况等的综合性指标。产品成本与价格的构成及其各个项目之间的相互关系如图 9-2 所示。

(1) 原材料

指直接构成产品实体或有助于产品生产所耗用的物料。例如，在甲醇生产中所用的天然气、氧气、蒸汽及净化材料，以及用于产品包装的包装物等。

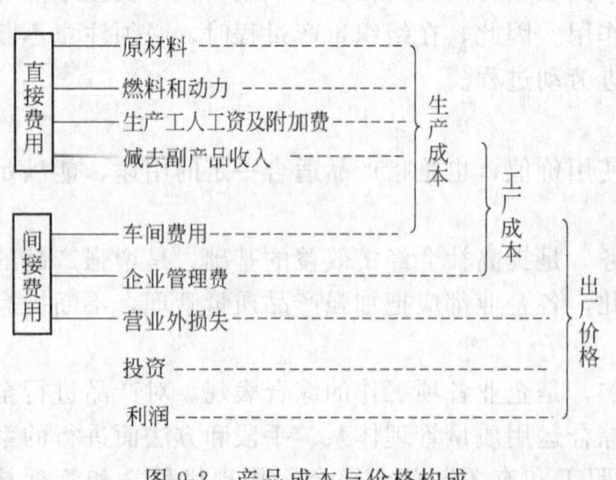

图 9-2　产品成本与价格构成

(2) 燃料和动力

指直接耗用于加工工艺过程的燃料。例如，加热炉用的重油、水、电、汽和冷气等。

(3) 生产工人工资及其附加费

指直接从事某一产品加工的生产工人的工资及附加费。附加费用于职工医药卫生、福利、劳保以及工会经费补助金等。

(4) 车间费用

指在车间范围内为保证正常生产而支出

的各项管理和业务费用，包括如下内容：①除车间生产工人以外的管理人员和其他人员的工资及其附加费；②固定资产折旧费；③维修费；④媒介物开销；⑤ 工具及低值易耗品开销；⑥消耗性材料；⑦劳动保护费；⑧室温调节费；⑨分析化验费；⑩办公费等。

（5）副产品及废料回收

从主要产品生产过程中回收的一些副产品和废料。例如，丙烯氨氧化法生产丙烯腈，在生产过程中副产氢氰酸、氰化钠、硫铵等。副产品及废料按规定价格及回收数量在主产品的成本中扣除。

（6）企业管理费

指在管理和组织全厂生产经营过程中所发生的，不包括上述车间成本中的其他各项费用。例如，各类管理人员（不包括托儿所、医务所等福利事业人员）的工资及其附加费、办公费、水电费、差旅费、折旧费、维修费、试验费、检验费、仓库管理费、取暖费、运输费、利息支出、职工教育经费等。

石油化工生产的特点是生产过程连续化，多工序，有些产品在本企业内部可以互为原料，而有些工序一套设备和装置可以同时生产许多种产品。因此，成本核算要根据不同的工艺特点采取不同的方法，当前在石化企业中采用的有分步法、比例法和定额法等。使用较多者为分步法，即按产品生产的工序和企业内部经济责任划分，汇集各种数据和费用计算成本。最终产品的成本是在车间成本的基础上，由财会部门按有关账目资料统一计算汇总而得。

企业管理的重要任务之一是要不断降低产品成本，成本降低意味着生产过程中活劳动和物化劳动消耗减少。产品成本越低，反映企业的生产技术和经营管理水平越高。降低产品成本的方法和途径主要有如下几种。

① 节约原材料、燃料和动力等物质的消耗、要尽量使用本地材料来减少运输费用和运输、装卸过程中的损耗。加强设备维修以减少跑、冒、滴、漏，合理组织修旧利废，综合利用等。

② 提高产品质量，减少以致不产生废次品。

③ 合理组织生产过程，提高设备的利用率并增加产品产量。

④ 采用合理的劳动组织和工资奖励制度。

⑤ 采用现代化管理技术，提高工作效率，提高干部、技术人员及工人的积极性和业务水平，加强费用定额管理和节省各种费用开支。

为了挖掘降低产品成本的潜力，应经常对产品成本构成进行分析，找出不合理的开支和浪费的原因，采取有效对策，节约开支，减少费用，降低成本。

9.2.3.2　物耗和能耗的计算

（1）物耗计算

物耗指生产某种产品消耗掉的原材料及辅助材料的数量。由于它在生产成本中占主要地位，因此企业在生产过程中都规定了物耗定额，作为控制企业合理使用和节约原材料的有力工具，作为提高企业技术水平、管理水平、工人操作水平的重要手段。对于车间生产管理，必须经常掌握和控制物耗指标。

物耗定额是工艺设计时的计算值。在生产中，根据实际消耗量又可计算出一个实际消耗定额，计算公式为：

$$\text{原材料消耗量}=\frac{\text{原材料消耗总量}}{\text{产品生产量}}$$

乙烯生产的物耗计算规定值是生产 1t 乙烯消耗原油 3.5t，某厂乙烯实际单耗为 3.6t 原油，即每生产 1t 乙烯实际消耗原料比设计计算值多 0.1t。物耗定额及消耗量要定期填表上报主管部门。

（2）能耗计算

能耗指的是生产某种产品所消耗的各种能量总和。如燃料、水、电、蒸汽、空气等动力消耗。燃料包括动力用燃料、工艺用燃料和取暖用燃料。由于燃料品种不同，物理状态（固体、液体、气体）和发热量也不同。在计算其消耗时，要先以每千克液体燃料发热量、每标准立方米气体燃料产生的热量为准，然后再换算成实际使用的燃料量。能耗计算公式为：

$$单位产品能力消耗=\frac{生产用能力总量}{产品生产量}$$

然后再将能量折算成燃料量，即生产 1t 产品需消耗多少标准立方米气体燃料或多少吨液体燃料。例如，乙烯能耗设计定额为 3.97MJ/t。某厂乙烯生产实际能量消耗为 4.5MJ/t，则每生产 1t 乙烯，实际消耗的能量比额定能耗多 0.53MJ。

由于石化工业迅速发展，对能量的需求量越来越大，因此国内外都十分重视节能问题，并把能耗高低作为评价生产装置、生产技术水平、管理水平的重要标志。因此，车间必须经常分析研究产品能耗情况，采用各种办法和措施降低能耗，要把不断降低能耗作为车间生产管理的主要内容之一。

为了加强管理，对动力部分还要进行分项（水、电、汽、气）核算和控制，计算方法同上。动力消耗也要定期分项填表上报主管部门。

9.2.4 技术革新、技术改造工作程序

技术革新、技术改造是企业用先进技术改造落后技术，以先进工艺和装备替代落后工艺和装备，达到提高质量、增加产量、节能降耗、改善环境的目的。从而实现安全高效、长周期、满负荷优化生产。技术革新、技术改造是企业走以内涵发展为主，不断提高技术水平和扩大再生产的主要途径，并具有投资少、时间短、收效快、收益大等特点。可形成的新的生产能力，进而提高经济效益。一般比新建同样生产规模的企业可少用三分之二的资金，可节省设备材料 60%左右，可缩短一半时间。因此，技术改造是实现企业升级，迅速改变落后面貌，提高企业素质，增强企业生存和发展能力的关键一环，也是提高企业经济效益，为生产发展提供积累的战略性措施。

技术革新、技术改造的重点和方向应是节约能源和原材料，合理利用资源；提高产品收率和产品质量；降低成本和消耗，综合利用副产物和废物；改善劳动环境，提高机械化、自动化水平。技术革新、技术改造是运用各种有效的技术经济手段和方法，优选施工方案，以最小的代价取得最大的经济效果。因此，技术改造决策就是选择和确定最佳方案，它是一个动态过程，要经过一系列相互联系的步骤，即要经过一个完整的决策程序。技术改造决策的基本程序如图 9-3 所示。由图 9-3 可知，技术改造决策一般要经过六个步骤。

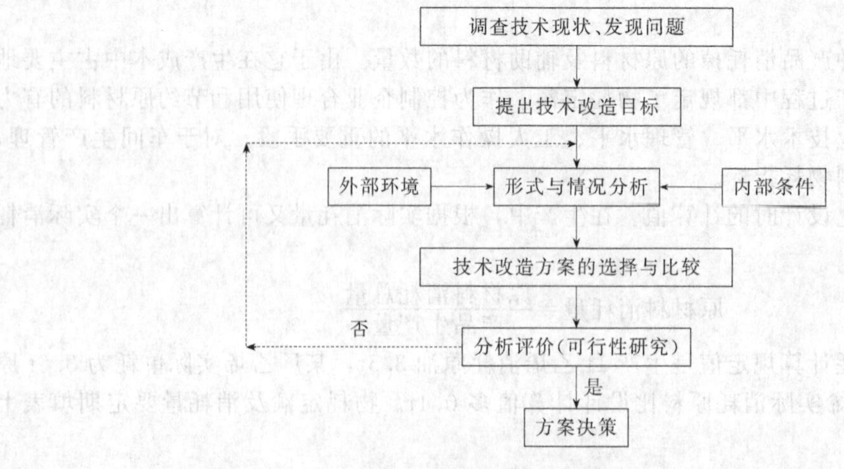

图 9-3 技术改造决策的基本程序

（1）调整研究

首先要掌握国内外本专业在产品、生产工艺、设备等方面的科学技术新成果，以及各项成果应用于生产的情况和效果；同时还要掌握本单位生产技术发展的历史和现状，剖析技术基础的构成，存在的优势和劣势，技术发展中的薄弱环节等。

（2）提出技术改造的目标

主要包括技术改造的方向、范围、项目、水平以及预期达到的产品、工艺改革、设备改造、能源、材料节约等具体目标要求。

（3）形势和情况分析

制定实现预定目标的具体方案，通过对外部环境、内部条件与目标三者进行综合分析，决定改造什么、先改什么、采用什么改造手段。

（4）技术改造方案的选择与比较

针对生产实际情况拟订出若干可供选择的技术改造方案，并对各方案的先进性做出评价，提出每种方案进行技术改造的可靠性（包括设备、操作、材料与仪表等），并进行技术经济分析，计算改造项目投资回收期。

（5）可行性研究

又称技术经济论证，即对各种可能采用的方案进行比较和评价。从技术和经济两个方面作全面分析、计算和预测，提出该项目是否值得改造，是否具备改造的主、客观条件，应该选用什么技术，如何改造等意见。以此作为技术改造项目投资决策，向银行申请贷款。并同有关部门签订协议，提供依据，并作为下一阶段项目设计和施工的基础。可行性研究报告一般包括如下内容：①项目改造的必要性和可能性；②项目改造的具体实施计划；③项目改造的财务分析和经济评价，包括投资、生产成本、资金筹集计划、可获得的经济效益等；④项目改造的主要优缺点，提出是否要改造的结论。

（6）实施方案

要严格检查并及时反馈信息，解决新出现的问题。每个技术改造项目的实施，都要建立明确的经济责任制，并把项目设计、工艺工程、制造、施工等方面的工作落实到有关单位和个人，在统一指挥下协同工作，做到有执行单位、有时间进度、有检查督促。将责任者的经济利益与经济责任状况紧密联系起来，充分调动执行者的责任心和积极性，保证技术改造顺利完成。

9.3 绿色化学工艺

9.3.1 绿色化学原则

2000 年，Paul T Anastas 概括了绿色化学的 12 条原则，得到国际化学界的公认。绿色化学的十二条原则是：

① 防止废物产生，而不是待废物产生后再处理；

② 合理地设计化学反应和过程，尽可能提高反应的原子经济性；

③ 尽可能少使用、不生成对人类健康和环境有毒有害的物质；

④ 设计高功效低毒害的化学品；

⑤ 尽可能不使用溶剂和助剂，必须使用时则采用安全的溶剂和助剂；

⑥ 采用低能耗的合成路线；

⑦ 采用可再生的物质为原料；

⑧ 尽可能避免不必要的衍生反应（如屏蔽基、保护/脱保护）；

⑨ 采用性能优良的催化剂；

⑩ 设计可降解为无害物质的化学品；

⑪ 开发在线分析监测和控制有毒有害物质的方法；

⑫ 采用性能安全的化学物质以尽可能减少化学事故的发生。

上述 12 条原则从化学加工角度出发，涵盖了产品设计、原料和路线选择、反应条件等方面，既反映了绿色化学领域所开展的各方面研究内容，同时也为绿色化学未来的发展指明了方向。

化学工艺过程既包括化学反应，也包括物理分离过程，更重要的是必须考虑传递过程对反应性能和分离效率的影响。因此，仅用原子经济性和收率指标评价化工过程显得过于简化，还必须考虑空时收率，即单位时间、单位设备体积生产的物质量。一个理想的化工过程，应该是设备简单、安全、环境友好和资源有效的操作，高效、定量地把廉价、易得的原料转化为目的产物。绿色化学工艺的任务就是在原料、过程和产品的各个环节体现绿色化学思想，运用绿色化学原则，开发、指导和组织化工生产，以创立技术上先进、经济上合理、生产上安全、环境上友好的化工生产工艺。这实际上也指出了实现绿色化工的原则和主要途径（见图 9-4）。

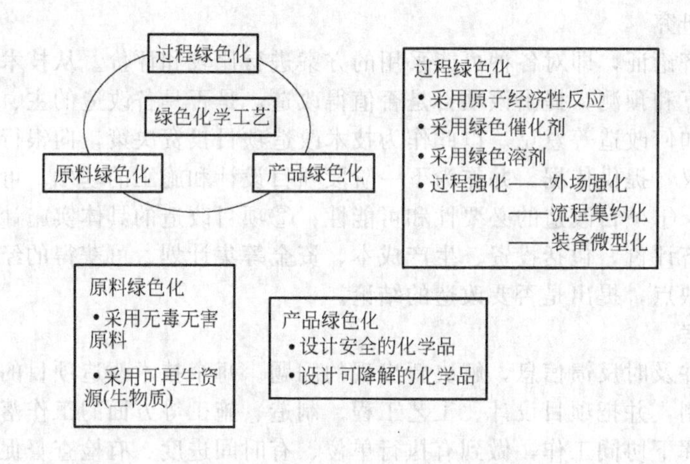

图 9-4　绿色化学工艺的原则和方法

9.3.2　绿色化学工艺原料

在化学品生产过程中，基础原料的费用一般占产品成本的 40%～70%，因而原料的选择和利用至关重要，它决定采用何种反应类型，选择什么样的工艺等诸多因素。从绿色化学思想分析认为在选择原料时不仅需要考虑生产过程的效率，还需要考虑它对人和环境是否无害，是否具有发生意外事故的可能性以及是否属于低碳等。有些物性，比如发生燃烧反应所需的条件、对臭氧层的影响等，可通过数据手册查到。如果找不到数据，可利用构效关系进行推测。

另外一点，选择原料时不能仅考虑原料本身的危害性和毒性以及可再生性，还要考虑原料对后续反应和下游产品的影响。从原料到最终产品的生产过程中，往往需要多个反应和分离步骤，如果所选原料需要用其他毒性很大的试剂来完成工艺路线中下一步的反应或分离，或者，采用该原料就可能产生一个中间产物，而该中间产物有可能对人类健康和环境造成损害，那么选择该原料就可能间接造成更大的危害。

目前，大约 98%的有机化学品都是以石油、煤炭和天然气为原料加工的，这些化石类原料储量有限，终将面临枯竭的危险。从绿色化学的角度看，以植物为主的生物质资源是很好的化石类资源的替代品。所谓生物质可理解为由光合作用产生的所有生物有机体的总称，包括农林产品及其废物、海产物及城市废物等。

研究表明，许多生物质及废物等均可作为化工原料转化为有用的化学品，见图 9-5。

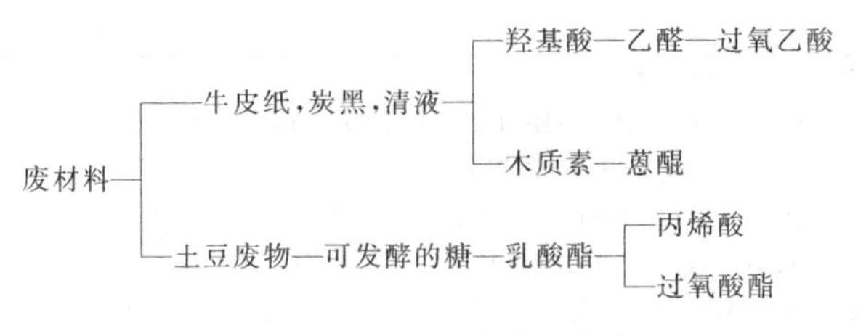

图 9-5　由废物生产化工原料

采用生物质原料具有如下优点。

① 由生物质衍生所得物质常常已是氧化产物，无需再通过氧化反应引入氧。而由煤炭、石油及天然气为原料要得到含氧产品，需经氧化反应引入含氧基团。由于具有含氧官能团的产物分子比原料烃要活泼得多，此类反应的选择性通常较低，还有一些反应需要经过多步骤才能完成，过程往往产生很多废物。

② 使用生物质可减少大气中二氧化碳浓度的增加，减缓温室效应，符合低碳发展要求。

③ 生物质的结构单元比原油的结构单元复杂，如能在最终产品中利用这种结构单元的复杂性，则可减少副产物的生成。

④ 可解决环境污染问题。例如以城市废物为原料，不仅生产有用产品，还可同时解决这些废物的处理问题。

从目前研究情况看，以生物质作为化工原料在经济上还不具备竞争力，是今后绿色工艺的一个发展方向。

9.3.3　绿色化学过程

提高反应的原子经济性和反应的选择性、提高分离过程效率及设备的生产能力是实现过程绿色化的途径。可采取的方法有：合理设计反应路线；尽量采用加成反应等高原子经济性反应、避免采用消除反应等原子经济性低的反应；采用高效绿色催化剂提高反应的选择性，减少副产物的生成量；采用绿色化溶剂，减少工艺过程中有毒有害物质对环境的影响；采用过程强化技术提高单位时间单位设备体积的物料处理能力；采用集约化的工艺流程和微型化的设备，使能量消耗最小化。

9.3.3.1　绿色催化剂

现代化学工业广泛使用各种各样的催化剂，可以说，化学工业的重大变革、技术进步大多是因为新的催化材料或催化技术。传统化学工业选择催化剂时，主要考虑其活性和对反应类型、反应方向和产物结构的选择性。按照绿色化学的观点，催化剂制备和使用过程中对环境的影响则是首先需要考虑的因素。下面介绍几种绿色催化剂和催化技术。

（1）固体酸催化剂

固体酸催化剂是针对工业上广泛使用的液体酸催化剂存在的问题提出的。所谓液体酸催化剂主要是指氢氟酸、硫酸、磷酸等无机酸，习惯上 $AlCl_3$ 也包括于此。这类催化剂具有确定的酸强度、酸度和酸类型，且在低温下就具有相当高的催化活性。但是，酸催化反应是在均相条件下进行，与非均相相比，存在许多问题，如催化剂不易与原料和产物分离，产生大量酸性废水废渣，设备腐蚀严重等。

固体酸的问世是酸催化剂研究的一大突破，解决了原料和产物的分离以及设备腐蚀问题。固体酸的种类有无机固体酸，包括简单和混合氧化物、杂多酸、分子筛、金属硫酸盐和磷酸盐、负载型无机酸等；有机酸，主要是离子交换树脂。已经用于催化反应的固体酸和近年开发的一些固体酸催化工艺见表 9-1 和表 9-2。

表 9-1 一些用于催化反应的固体酸

酸类型	举例
无机固体酸	简单氧化物：Al_2O_3、SiO_2、B_2O_3 等 混合氧化物：Al_2O_3/SiO_2、Al_2O_3/B_2O_3、ZrO_2/SiO_2、MgO/SiO_2 分子筛：硅铝分子筛、钛硅分子筛、磷铝分子筛 金属磷酸盐：$AlPO_4$、BPO_4、$LiPO_4$、$FePO_4$、$LaPO_4$ 等 金属硫酸盐：$FeSO_4$、$Al_2(SO_4)_3$、$CuSO_4$、$Cr_2(SO_4)_3$ 等 超强酸：ZrO_2-SO_4、WO_3-ZrO_2 等 层柱状化合物：黏土、水滑石、蒙脱土等
有机固体酸	离子交换树脂等

表 9-2 一些有代表性的固体酸催化工艺

反应类型	过程	催化剂	开发公司
烷基化	萘与甲醇合成甲基萘 酚(苯胺)与烷基苯合成烷基酚(烷基苯胺)	HZSM-5 分子筛 多种分子筛	Hoechst Mobil
异构化(歧化)	甲苯歧化生成苯和二甲苯 甲苯与 C_9 芳烃合成二甲苯	HZSM-5 DcH-7、DcH-9	Mobil UOP
加成/消除	环己烯水合生成苯酚甲醇与 C_5 混合醚化合成 TAME	分子筛 酸性树脂	旭化学 Exxon 化学
缩合/聚合/环化	乙醇缩合生成乙醚、乙醚与甲醇合成汽油 由 C_3、C_4 烯烃合成芳烃和烷烃	ZSM-5 DHCD-2，DHCD-3	Mobil UOP/BP
裂解	烃类裂解 重烃馏分裂解	UCCLZ-210 Flexicat ARTCAT 焙烧高岭土	UOP Exxon Engelhard Ashland 石油

(2) 两相催化技术

20 世纪 70 年代，过渡金属配位催化剂在有机反应中得到了深入研究。这类催化剂的特点是可与反应物均匀混合，因而催化活性高；可根据反应类型调变配体，因而催化剂的选择性高；反应条件温和。然而，与所有的均相催化反应一样，这类催化剂遇到的主要问题，是催化剂与产物分离困难。液液两相催化技术就是针对过渡金属配位催化剂的缺陷应运而生的。均相催化多相化的新概念一提出，立即得到学术界和工业界的高度重视，成为绿色化学的前沿研究领域之一。

两相催化主要指在某一液相或液液两相界面上发生的催化反应。在液液两相催化体系中，反应物和产物溶于一个液相，通过选择配体使催化剂溶解于另一个液相中，反应可在液液界面上进行，或通过温度变化调节催化剂在反应相中的溶解度使反应在一相中进行。由于催化剂与反应物和产物分别溶于不同的液相，因此易于分离回收。目前，广泛研究的两相催化体系包括水/有机两相催化体系和氟/有机两相体系。

① 水/有机两相催化体系　水/有机两相催化是指在水和有机两相体系中以不溶于有机相的水溶性过渡金属配位化合物为催化剂，发生在水相或两相界面的反应。其特点是，反应结束后产物和催化剂分别处于有机相和水相中，通过简单的相分离就可将催化剂与产物分开。同时，以水为反应介质，减少了有机溶剂的使用。图 9-6 为非温控型水/有机两相催化体系作用原理。在水/有机两相催化领域中，研究最多、成效最显著的是烯烃的羰基化过程。

从非温控型水/有机两相催化体系作用原理不难看出，反应物从有机相主体到有机/水两相界面的传质速率将对反应速率有很大影响。对于水溶性差或完全不溶于水的有机反应物，由于其传质推动力低，而使反应速率受传质速率控制。基于非离子表面活性剂膦配体的逆反

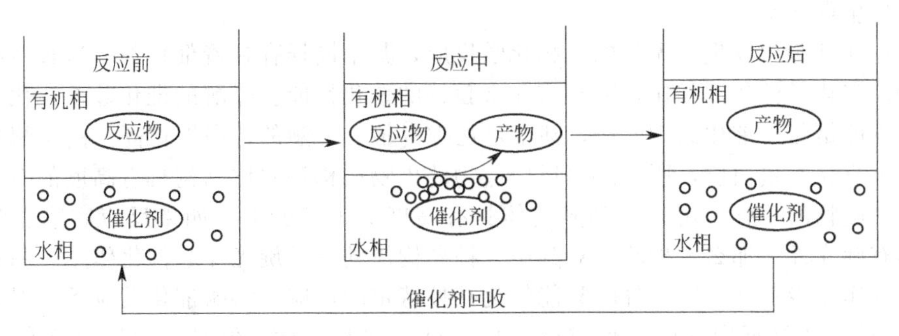

图 9-6 非温控型水/有机两相催化体系

“温度-水溶性”特性提出温控型水/有机两相催化概念，可解决反应速率受反应物水溶性限制的问题，其作用原理见图 9-7。

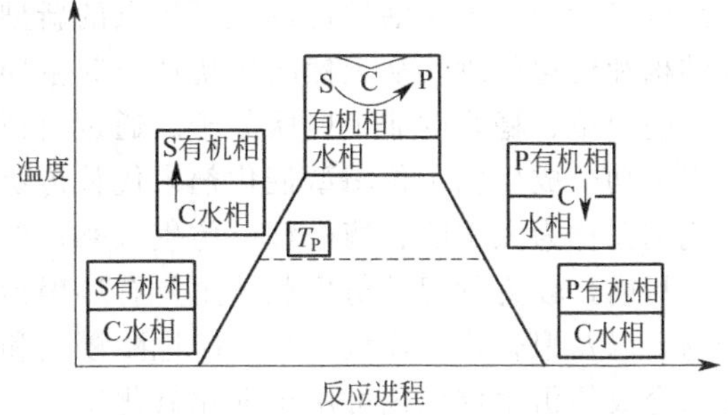

图 9-7 温控型水/有机两相催化体系

S—反应物；C—催化剂；P—产物；T_P—浊点

低温下具有良好水溶性的催化剂 C，当温度升高至浊点温度 T_P 时，从水中析出并转移到有机相中。结果，反应开始前分别处于水相和有机相的催化剂和反应物 S，在高于浊点时共处于有机相，反应在有机相中进行；待反应结束冷却至浊点以下时，催化剂恢复水溶性，从有机相返回水相。温控型水/有机两相催化体系和非温控型水/有机两相催化体系的根本区别是，前者反应发生在有机相；后者反应发生在相界面。因此，对于前者，反应不受反应物水溶性的限制，即使水溶性极小的反应物，也可采用水/有机两相催化技术实现化学反应。

② 氟/有机两相催化体系　前面提到，非水溶性反应物使水/有机两相催化技术的应用受到限制，另外，如果反应物是水敏感性化合物，也给这一技术的应用带来限制。对此问题的深入研究促使了氟/有机两相催化技术的产生。氟/有机两相催化体系由溶解催化剂的氟相和溶解反应物的有机相组成，图 9-8 为氟/有机两相催化作用原理。低温时，氟相物质难溶于甲苯、丙酮、醇等有机溶剂，当温度升高到一定值后能够与有机相混溶而形成均相反应体系；反应结束后降温，则均相体系又分为两相，从而可简单地实现催化剂与产物的分离。

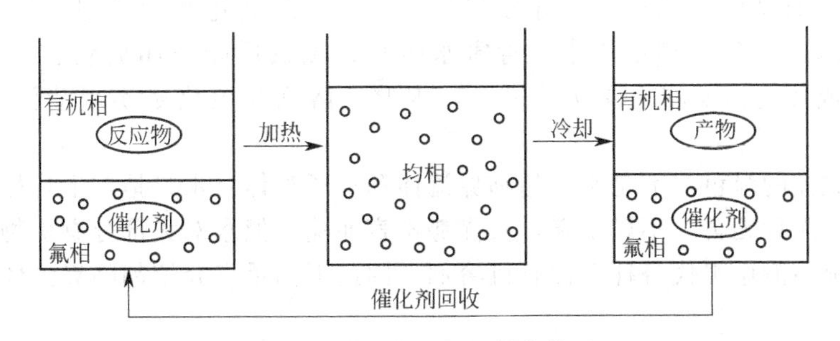

图 9-8 氟/有机两相催化体系

氟相物质可以是全氟溶剂，也可以是氟化的长烷基链烃。含氟溶剂具有密度高、热稳定性好、无毒和对气体溶解度高等特点，因此，特别适于有气体参与的化学反应，其中全氟溶剂性能更为优良，但价格较贵。

（3）仿生催化剂

在生物体细胞中发生着无数的生物化学反应，其中同样存在着催化剂，这种生物催化剂俗称为酶。与化学催化剂相比，酶具有非常独特的催化性能。①酶的催化效率比化学催化剂高得多，一般是化学催化的 10^7 倍，甚至可达 10^{14} 倍。②酶的选择性很高。由于酶具有生物活性，其本身又是蛋白质，所以酶对反应底物的生物结构和立体结构具有高度的专一性，特别是对反应底物的手性、旋光性和异构体具有高度的识别能力。如果反应底物有多种异构体，且具有旋光性，那么一种酶只对其中一种异构体的一种旋光体起催化作用。酶的另一种选择性称为作用专一性，即某种酶只能催化某种特定的反应。③酶催化反应条件温和，可在常温、常压、pH 接近中性的条件进行，且可自动调节活性。但是，酶催化剂存在分离困难，来源有限，耐热、耐光性及稳定性差等缺陷。

那么，如何制备既具有化学催化剂合成及分离简单、稳定性好的优点，又具有生物催化剂高效、专一、催化活性可调控等特点的新型催化剂呢？答案是仿生催化剂，即根据天然酶的结构和催化原理，从天然酶中挑选出起主导作用的一些因素来设计合成既能表现酶功能，又比酶简单、稳定的非蛋白质分子。通过模拟生物酶对反应底物的识别、结合及催化作用，人们成功合成生物了仿酶型催化剂来代替传统的催化剂。这种通过仿生化学手段获得的化学催化剂又称为人工酶、酶模型或仿生（酶）催化剂。

目前，较为理想的仿生载体主要有环糊精、冠醚、环番、环芳烃、钛箐和卟啉等大环化合物，以及聚合物酶模型、分子印记酶模型和胶束酶模型等大分子仿生体系。采用这些仿生体系合成的仿生催化剂可用于催化氧化反应、还原反应、羰基化反应、脱羧反应、脱卤反应等多种类型反应。其中金属卟啉化合物在以氧气（空气）为氧化剂的选择氧化反应中表现出优异性能，典型的如异丁烷氧化制异丁醇、环己烷氧化制己二酸、环己烷氧化制环己醇和环己酮等。特别成功的是中石化巴陵石化分公司与湖南大学合作开发的环己烷仿生催化氧化合成环己酮新工艺。该工艺与原有工艺比较：①环己烷单程转化率提高了两倍，从而大幅降低了环己烷的循环量；②选择性大大提高，环己醇、环己酮的选择性可达 90%，从而大大减少了废碱液和污染物的排放量。此外，金属卟啉化合物还可用于催化以过氧化氢为氧化剂的选择性氧化反应。

9.3.3.2 绿色化溶剂

在化工生产中，反应介质、分离过程和配方中都会大量使用挥发性有机溶剂（VOC），如石油醚、苯、醇、酮、卤代烃等。挥发性有机溶剂进入空气中后，在太阳光的照射下，容易在地面附近形成光化学烟雾。光化学烟雾能引起和加剧肺气肿、支气管炎等多种呼吸系统疾病，增加癌症的发病率；导致谷物减产、橡胶老化和织物褪色等。挥发性有机溶剂还会污染海洋、食品和饮用水；毒害水生物；氟氯烃能破坏臭氧层。总之，挥发性有机溶剂是造成环境污染的主要祸首之一，因此，溶剂绿色化是实现清洁生产的核心技术之一。

目前备受关注的绿色溶剂是水、超临界流体和离子液体。水是地球上自然丰度最高的溶剂，价廉易得，无毒无害，不燃不爆，其优势不言而喻。但水对大部分有机物的溶解能力较差，许多场合都不能用水代替挥发性有机溶剂，因此下面重点介绍超临界流体和离子液体的性能及应用。

（1）超临界流体反应特性

超临界流体兼有气体和液体两者的特点，表 9-3 列出了气体、液体和超临界流体的典型性质比较。超临界流体的密度接近于液体，具有与液体相当的溶解能力，可溶解大多数有机物；黏度和扩散系数类似于气体，可提高溶质的传递速率。

表 9-3　气体、液体和超临界流体的典型性质比较

性　质	气　体	超临界流体	液　体
密度/(g/cm^3)	$(0.6\sim2.0)\times10^{-3}$	$0.2\sim0.9$	$0.6\sim1.6$
扩散系数/$cm^{-2}\cdot s^{-1}$	$0.1\sim0.4$	$(0.2\sim0.7)\times10^{-3}$	$(0.2\sim2.0)\times10^{-5}$
黏度/$Pa\cdot s$	$(1\sim3)\times10^{-5}$	$(1\sim9)\times10^{-5}$	$(0.2\sim0.3)\times10^{-3}$

根据超临界流体是否参与反应的特点，将超临界化学反应分为反应介质处于超临界状态和反应物处于超临界状态两大类，前者占大多数，后者研究的较少。超临界流体反应具有常规条件下所不具备的许多特性：

① 超临界流体对有机物溶解度大，可使反应在均相条件下进行，从而减少或不受扩散对反应的限制；

② 超临界流体的溶解度、黏度和介电性能等性质主要取决于其密度，而超临界流体的密度是温度和压力的函数，因此可通过调节温度或压力改变反应的选择性，或改变反应体系的相态，使催化剂和反应产物的分离变得简单；

③ 对有机物的溶解能力强，可溶解导致催化剂失活的有机大分子，延长催化剂寿命；

④ 超临界流体的低黏度、高气体溶解度和高扩散系数特性，可改善传递性质，对快速反应，特别是扩散控制的反应和有气体反应物参与的反应及分离过程十分有利。

具有代表性的超临界流体有 CO_2、H_2O、CH_4、C_2H_6、CH_3OH 及 CHF_3。最理想的溶剂是超临界二氧化碳和水。

(2) 超临界二氧化碳

二氧化碳无味、无毒、不燃烧，化学性质稳定，既不会形成光化学烟雾，也不会破坏臭氧层，但气体二氧化碳对液体、固体物质无溶解能力。二氧化碳的临界温度为 31.06℃，是文献上所介绍过的超临界溶剂临界点最接近常温的，其临界压力为 7.39MPa，也比较适中。超临界二氧化碳的临界密度为 $448kg/m^3$，是常用超临界溶剂中最高的。超临界二氧化碳对有机物有较大的溶解度，如碳原子数小于 20 的烷烃、烯烃、芳烃、酮、醇等均可溶于其中，但水在超临界二氧化碳中的溶解度却很小，使得在近临界和超临界二氧化碳中分离有机物和水十分方便。超临界二氧化碳溶剂的另一个优点是：可以通过简单蒸发二氧化碳成为气体而被回收，重新作为溶剂循环使用，且其汽化热比水和大多数有机溶剂都小。这些性质决定了二氧化碳是理想的绿色超临界溶剂，事实上，超临界二氧化碳是目前技术最成熟、应用最广、使用最多的一种超临界流体。表 9-4 列出了超临界二氧化碳的一些应用实例。

表 9-4　超临界二氧化碳的应用实例

应用领域	举　例
化学反应	聚合反应：丙烯酸及氟代丙烯酸酯的聚合、异丁烯的聚合、丙烯酰胺的聚合 羰基化反应 Diel-Alder 反应 酶催化反应：油酸与乙醇的酯化、三乙酸甘油酯与(D,L)薄荷醇的酯交换 CO_2 参加的反应：CO_2 催化加氢合成甲酸及甲酸衍生物、CO_2 与甲醇合成 DMC、CO_2、H_2 和 $NH(CH_3)_2$ 合成 DMF
分离	天然产物中有效成分的萃取和微量杂质的脱除 超临界 CO_2 反胶团萃取，如蛋白质、氨基酸的分离提纯(牛血清蛋白的萃取) 金属离子萃取及选择性分离 油品回收 喷漆技术 环境废害物的去除

续表

应用领域	举 例
其他	清洗剂(机械、电子、医疗器械、干洗等行业用) 灭火剂哈龙的替代物 塑料发泡剂 细颗粒包覆,如药物、农药的微细化处理

从表 9-4 实例可知，超临界二氧化碳适于作亲电反应、氧化反应的溶剂，如烯烃的环氧化、长碳链催化脱氢、不对称催化加氢、不对称氢转移还原、Lewis 酸催化酰化和烷基化，也适于作高分子材料合成与加工的溶剂和萃取剂。但是，由于二氧化碳是亲电性的，会与一些 Lewis 碱发生化学反应，故不能用作 Lewis 碱反应物及其催化的反应。另外，由于盐类不溶于超临界二氧化碳，因此，不能用超临界二氧化碳作离子间反应的溶剂，或以离子催化的反应溶剂。

(3) 超临界水

在温度高于 647.3K、压力大于 22.1MPa 的超临界状态下，水表现出许多独特的性质，超临界水的扩散系数比常温水高近 100 倍；黏度大大低于常温水；密度大大高于过热水，而接近常温水。超临界水表现为较强的非极性，可与烃类等非极性有机物互溶；氧气、氢气、氮气、CO 等气体可以任意比例溶于超临界水；而无机物尤其是盐类在超临界水中的溶解度很小。传递性质和可混合性是决定反应速率和均一性的重要参数，超临界水的高溶解能力、高扩散性和低黏度，使超临界水中的反应具有均相、迅速且传递速率快的特点。目前，超临界水反应涉及重油加氢催化脱硫、纳米金属氧化物的制备、高效信息储备材料的制备、高分子材料的热降解、天然纤维素的水解、葡萄糖和淀粉的水解、有毒物质的氧化治理等领域，表 9-5 列出了超临界水中反应的实例。

表 9-5 超临界水中反应的实例

应用领域	实 例
烃类化合物的部分氧化	甲烷部分氧化制甲醇
Friedel-Crafts 反应	叔丁醇脱水反应 苯酚与叔丁醇的烷基化反应
超临界水氧化技术(SCWO)	城市污水、人类代谢污物、生物污泥的处理 二噁英类化合物、苯酚、氯苯、氯代苯酚等的分解
重质矿物资源的转化	煤的液化和萃取,重质油的热裂化和催化加氢脱硫
其他	纤维素、淀粉和葡萄糖的水解,高分子材料的热降解,纳米级金属氧化物的制备等

(4) 离子液体

由含氮、磷的有机正离子和大的无机负离子组成，在室温或低温下为液体。离子液体作溶剂的优点：

① 离子液体无味、不燃，其蒸气压极低，因此可用在高真空体系中，同时可减少因挥发而产生的环境污染问题；

② 离子液体对有机和无机物都有良好的溶解性能，可使反应在均相条件下进行，同时可减少设备体积；

③ 可操作温度范围宽（－40～300℃），具有良好的热稳定性和化学稳定性，易与其他物质分离，可循环利用；

④表现出 Brŏnsted、Lewis、Franklin 酸的酸性，且酸强度可调。

上述优点对许多有机化学反应，如聚合反应、烷基化反应、酰基化反应，离子液体都是良好的溶剂。

除上述绿色溶剂外，无溶剂固态和液态反应也得到了广泛重视。

9.3.3.3 过程强化

过程强化（process intensification）是在实现既定生产目标的前提下，通过大幅度减少生产设备的体积和装置的数目等方法来使工厂布局更加紧凑合理，单位能耗更低，废料、副产品更少，并最终达到提高生产效率、降低生产成本、增强安全性和减少环境污染的目的，过程强化是实现绿色化学工艺的关键技术。

化工过程强化可分为设备强化和方法强化两个方面，见图9-9。

化工过程方法强化主要是过程集成化，包括化学反应与物理分离集成技术；组合单元操作（吸附精馏、萃取精馏、熔融结晶、精馏结晶，以及膜分离技术与传统分离技术的组合，如膜吸收、膜精馏、膜萃取等）；替代能源和非定态（周期性）操作等新技术。本节将对反应分离集成技术和替代能源作简要介绍。

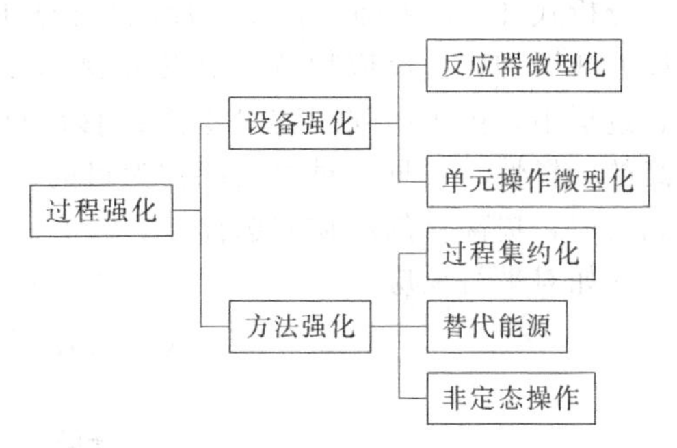

图9-9 过程强化结构

过程设备强化，即设备微型化，包括新型的反应器和单元操作设备。随着科学和技术的发展，近年来开发了很多新型的反应器和单元操作设备，且有很多已经应用在化工生产过程中，并取得了显著的效果。例如新型的反应器，包括旋转盘反应器（spinning disk reactor）、静态混合反应器（static mixer reactor）、微反应器（microreactor）等。新型强化混合、传热和传质的设备，包括静态混合器（static mixer）、紧凑式换热器（compact heat exchanger）、旋转填充床分离器（rotating packing bed）、离心吸附器（centrifugal absorber）等。

(1) 反应分离组合技术

将反应与分离组合在一个设备中，使一台设备同时具有反应和分离功能。反应分离组合技术是过程强化的重要方法，可使设备体积与产量比更小、过程更清洁、能量利用率更高。

反应精馏（催化精馏）是指在精馏塔内进行的反应与精馏相结合的过程，是最典型、最成熟和工业应用最广的反应与分离组合过程。此外，还有反应萃取、反应吸附、反应结晶、膜反应器等。与反应精馏一样，反应萃取、反应吸附、反应结晶也是将化学反应与传统的分离单元操作组合在分离设备中进行的过程，即分别在萃取塔、吸附设备和结晶器中进行反应。反应精馏和反应萃取所处理的物系是液相均相体系；反应吸附所处理的对象是气固或液固非均相体系；而反应结晶则处理产物在常温常压下为固体的体系。膜反应器为传统的固定床或流化床反应器与膜分离技术的组合。按照反应与分离结合的形式，固定床膜反应器又可分为两类，一类是反应与分离分开进行，膜只起分离产物或分配反应物的作用；另一类是反应与分离均在膜上进行，膜既有催化功能又有分离功能（称为活性膜）。由于目前在膜反应器中应用的膜均为选择性气体透过膜，因此仅适用于气相和含有气体的体系。

与传统的反应、分离分步进行的过程相比，反应与分离组合过程的优势在于如下几方面。

① 对可逆反应可打破热力学平衡限制，提高单程转化率，减少反应体积。由于借助分离手段能及时将反应产物移出反应区，因此，使化学平衡被破坏，反应不断地向反应产物的方向进行，最终可获得超过平衡转化率的高转化率。并且，由于反应产物的动态移出，可增加反应物浓度，加快反应速率，缩短反应时间。

② 通过分离效应造成有利于反应选择性的轴向浓度分布，可提高目的产物的选择性，增加原料利用率，减少废物排放量。

例如对连串反应 $A \xrightarrow{k_1} P \xrightarrow{k_2} Q$

假设反应物 A 的消耗速率和中间产物 P 的净生成速率分别为：

$$r_A = k_1 c_A^{\alpha}$$

$$r_P = k_1 c_A^{\alpha} - k_2 c_P^{\beta}$$

中间产物 P 的瞬时选择性为：

$$S_P = 1 - \frac{k_2}{k_1} \times \frac{c_P^{\beta}}{c_A^{\alpha}} \tag{9-2}$$

分析式(9-2) 可知，在传统反应与分离的分步操作过程中，随反应进行，中间产物 P 的浓度不断增加，而反应物 A 的浓度不断减少，结果使 P 的选择性不断下降。而在反应分离组合过程中，由于中间产物 P 被连续移出反应区，使 P 的浓度始终处于低水平，因此可获得高的选择性。可见，对中间产物为目的产物的连串反应，及时移出中间产物，可避免其后续副反应，提高目的产物的选择性。

又如对平行反应

$$A \xrightarrow{k_1} P \qquad r_P = k_1 c_A^{\alpha}$$

$$A \xrightarrow{k_2} Q \qquad r_Q = k_2 c_A^{\beta}$$

若生成 P 的反应为主反应，生成 Q 的反应为副反应，目的产物 P 的瞬时选择性为：

$$S_P = \frac{1}{1 + \frac{k_2}{k_1} \times c_A^{\beta-\alpha}} \tag{9-3}$$

由式(9-3) 可知，当主反应级数 α 大于副反应的级数 β，则高的反应物浓度对目的产物的选择性有利，此时若将目的产物 P 原位移出反应区，使反应物的浓度提高，则有利于提高产物的选择性；当主反应级数小于副反应级数时，则低的反应物浓度对目的产物的选择性有利，此时采用反应物分配型膜反应器可使反应物分布进料，从而维持低的反应物分压，有利于提高产物的选择性。

③ 反应对分离的强化。化学反应可使待分离物质间的物性差异变大，有利于实现分离。

④ 合理利用反应热，既可使反应区内的温度分布均匀，又可以节约能量。例如在反应精馏过程中，反应放出的热量可用于汽化物料，减少再沸器的负荷。

⑤ 将反应器和分离设备组合在一起，可减少主设备及辅助设备的数目，还可减少原料和辅助物料的循环量，节约设备投资和操作费用。

反应分离的实例很多，例如反应精馏生产醋酸甲酯、MTBE、ETBE 等；膜反应器中的烷烃脱氢反应；反应吸附合成甲醇；反应萃取生成醋酸丁酯、乳酸和过氧化氢等。

(2) 替代能源

是指进行化学反应或分离过程中采用非热能的能量，包括离心场、超声、太阳能、微波、电场和等离子体等，其中等离子体、微波和超声波技术得到了更为广泛的研究。

① 等离子体技术　等离子体是电离状态的气体物质，由电子、离子、原子、分子或自由基等粒子组成的非凝聚体系，具有宏观尺度内的电中性与高导电性。与物质的固态、液态、气态并列，被称为物质存在的第四态。

等离子体是由最清洁的高能粒子组成，对环境和生态系统无不良影响。由于等离子体中的离子、电子、激发态原子、自由基都是极活泼的反应性物种，因此等离子体反应速率快，原料的转化率高。

在自然界中，一些化学反应条件非常苛刻，在常规条件下难以进行或速率很慢，如温室气体的化学转化、空气中有害气体的净化等。采用等离子体技术可以有效地活化甲烷、二氧化碳等稳态分子，显著降低甲烷转化反应温度和压力，提高产物的收率。除甲烷化学转化这一领域外，等离子体技术在催化剂制备、高分子材料表面改性、接枝聚合等领域也得到了广泛的研究，表 9-6 列出了近年来等离子体在化学工程领域的一些应用实例。

表 9-6　等离子体在化工领域应用实例

应用领域	实　例	应用领域	实　例
甲烷转化	甲烷部分氧化制甲醇 甲烷重整 甲烷裂解制乙炔 甲烷转化合成烯烃	高分子材料处理	引发接枝聚合 表面改性
		分子筛催化剂	分子筛制备、活化、改性、再生

② 微波技术　微波在电磁波谱中介于红外和无线电波之间，波长在 1～1000mm（频率 300GHz～300MHz）的区域内，其中用于加热技术的微波波长一般固定在 122mm (2.45GHz) 处。微波作用在物质上，可产生电子极化、原子极化、界面极化和偶极转向极化。其中对物质起加热作用的主要是偶极转向极化，使物质分子高速摆动（每秒十亿次）而产生热能，因此，不同于传统的辐射、对流和热传导是由表及里的加热，而是“快速内部加热”，具有温度梯度小、加热无滞后的特点。

极性分子的介电常数较大，同微波有较强的耦合作用。非极性分子的介电常数小，同微波不产生或只产生较弱的耦合作用。在常见物质中，金属导体反射微波而极少吸收微波能，所以可用金属屏蔽微波辐射，减少微波对人体的危害。玻璃、陶瓷能透过微波，本身产生的热效应极小，可用作反应器材料。大多数有机化合物、极性无机盐和含水物质能很好地吸收微波，为微波介入化学反应提供了可能。

目前，微波主要用于液相合成、无溶剂反应和高分子化学及生物化学领域，其中无溶剂反应是微波促进有机化学反应研究的热点。利用微波进行液相反应，选择合适的溶剂作为微波的传递介质。乙酸、丙酮、低碳醇、乙酸乙酯等极性溶剂吸收微波能力较强，可作为反应溶剂；环己烷、乙醚等非极性溶剂不宜作微波场中的反应溶剂。在微波作用下，易发生溶剂的过热现象，因此选择高沸点溶剂可防止溶剂的大量挥发。

③ 超声波技术　频率为 $2\times10^4\sim2\times10^9$ Hz 的声波叫做超声波，超声波对化学反应和物理分离过程的强化作用是由液体的“超声空化”而产生的能量效应和机械效应引起的。当超声波的能量足够高时，就会使液体介质产生微小的气泡（空隙），这些小气泡瘪塌时产生内爆，引起局部能量释放，此即“超声空化”现象。空化气泡爆炸的瞬间可产生约 4000K 和 100MPa 的局部高温高压，这样的环境足以活化有机物，使有机物在空化气泡内发生化学键断裂、自由基形成等，并促进相界面间的扰动和更新、加速相界面间的传质和传热过程。

在化学反应方面，超声波主要用于氧化反应、还原反应、加成反应、偶合反应、纳米材料及催化剂的制备；在分离方面，则主要用于结晶和水体中有机污染物的降解。

9.3.4　绿色化工产品

以往，产品设计者的指导思想是“功能决定形式”，设计者所追求的是“功能最大化”。因此，虽然许多化学品，如化肥、农药、洗涤剂、化妆品、添加剂、涂料、制冷剂等，对人类的进步和生活质量的提高做出了巨大贡献，但同时也对人类的生存环境造成了危害。

产品绿色化包括两个层次，第一个层次是化学产品必须对人类健康和环境无毒害，这是对一个绿色化学产品最起码的要求；第二个层次是当化学产品的功能使命完成后，应以无毒害的降解物形式存在，而不应该“原封不动”地留在环境中。因此，按照绿色化学的原则，设计者应该在追求产品功能最大化的同时，使其内在危害最小化。

绿色化学品的设计需要在分子结构分析、分子构效关系和毒理学及毒性动态学研究基础上，遵照生物利用率最大化和辅助物质量最小化原则进行，这需要化学家、毒理学家和化学工程师的共同努力，并且需要专门的课程介绍相关的设计方法。

参 考 文 献

[1] 米镇涛主编．化学工艺学．第2版．北京：化学工业出版社，2006.

[2] 谢克昌，李忠等编．甲醇及其衍生物．北京：化学工业出版社，2002.

[3] 陈赓良，王开岳．天然气综合利用．北京：石油工业出版社，2004.

[4] 汪建寿．天然气综合利用技术．北京：化学工业出版社，2003.

[5] 家腾顺．碳一化学工业生产技术．金革译．北京：化学工业出版社，1990.

[6] 胡杰，朱博超，王建明．天然气化工技术及其利用．北京：化学工业出版社，2006.

[7] 高建兵．乙炔生产方法及技术进展．天然气化工，2005，30（1）：63-66.

[8] 杨朝富，卢玉中．天然气制乙炔工艺．聚氯乙烯，2005，12：7-12.

[9] Jan Harmsen. Process intensification in the petrochemicals industry: Drivers and hurdles for commercial implementation. Chemical Engineering and Processing，2010（49）：70-73.

[10] 王辅臣，代正华，刘海峰等．焦炉气非催化部分氧化与催化部分氧化制合成气工艺比较．煤化工，2006，4（2）：4-9.

[11] 曾毅，王公应．天然气制乙炔及下游产品研究开发与展望．石油与天然气化工，2005，34（2）：89-93.

[12] 何海军，王乃计，肖翠微，范玮．Lurgi公司MTP工艺的技术经济分析．甲醇与甲醛，2006（4）：35-38.

[13] 白尔铮，金国林．甲醇制烯烃（MTO）和MTP工艺．化学世界，2003，12.

[14] 黄禹忠，诸林，刘瑾，何红梅．天然气合成油技术．西南石油大学学报，2003，25（4）.

[15] 田霖．天然气化工利用现状及发展动向．化工技术，2006，14（3）：64-67.

[16] 朱庆云．天然气合成油发展分析．润滑油，2006，21（4）：60-64.

[17] 蔺华林，韩生，吴锡慧，高峰．天然气制合成油的发展前景．上海化工，2008，33（7）：16-19.

[18] 诸林．天然气加工工程．北京：石油工业出版社．2008.

[19] 魏文德主编．有机化工原料大全：上．第2版．北京：化学工业出版社，1999：271-355.

[20] 程义贵，茅文星，贺英侃．烃类催化裂解制烯烃技术进展．石油化工，2001（04）.

[21] Kalinin A A. Possible ways of Upgrading Oil Refinement in Russia. Studies on Russian Economic Development，2008，19（1）：46-58.

[22] 王松汉．我国乙烯工业存在的问题和建议//中型乙烯发展专题研讨会文集．天津：中国石油化工集团公司，1999.

[23] 侯典国，汪燮卿，谢朝钢，施至诚．催化热裂解工艺机理及影响因素．乙烯工业，2002（04）.

[24] 邹仁鋆编著．石油化工裂解原理与技术．北京：化学工业出版社，1988.

[25] 化工百科全书编委会．化工百科全书：第18卷．北京：化学工业出版社，1998：849-887.

[26] 谢朝钢．催化热裂解生产乙烯技术的研究及反应机理的探讨．石油炼制与化工，2000（07）.

[27] 吴指南主编．基本有机化工工业学．修订版．北京：化学工业出版社，1992.

[28] 戴厚良．烃类裂解制乙烯催化剂研究进展．当代石油石化，2003（09）.

[29] Kirk-Othmer. Encyclopedia of Chemical Technology: Vol. 9. 4th ed. New York: John Wiley & Sons Inc，1994：877-915.

[30] John J Mckitta. Encyclopedia of Chemical Processing and Design: Vol. 20. New York and Basel: Marcel Dekker Inc，1987：88-159.

[31] 蔡世干，王尔菲，李锐编．石油化工工艺学．北京：中国石化出版社，2006.

[32] Zakoshansky V M. The Cumene Process for Phenol-Acetone Production. Petroleum Chemistry，2007，47（4）：273-284.

[33] 张旭之，马润宇等．碳四碳五烯烃工学．北京：化学工业出版社，1998.

[34] 梁凤凯，舒均杰主编．有机化工生产技术．北京：化学工业出版社，2002.

[35] 洪仲苓．化工有机原料深加工．北京：化学工业出版社，1997.

[36] 应卫勇，曹发海等．碳一化工主要产品生产技术．北京：化学工业出版社，2004.

[37] 陈滨等．石油化工手册：第二分册，基础有机原料篇．北京：化学工业出版社，1993.
[38] 刘冲等．石油化工手册：第三分册，基本有机原料篇．北京：化学工业出版社，1993.
[39] 司航．化工产品手册：有机化工原料．第3版．北京：化学工业出版社，1999.
[40] 廖学品．化工过程危险性分析．北京：化学工业出版社，2000.
[41] 李东风，马立国．裂解碳五馏分分离技术的研究进展．石油化工，2007，36 (8)：. 755-762.
[42] 李涛．国内外碳五石油树脂的生产及应用．精细石油化工进展，2004，5 (3)：39-43.
[43] Igor Bulatov. Towards cleaner technologies：emissions reduction，energy and waste minimisation industrial implementation . Clean Technol Environ Policy，2009，11：1-6.
[44] 田春云主编．有机化工工艺学．北京：中国石化出版社，1998.
[45] 邬国英，李为民，单玉华主编．石油化工概论．第2版．北京：中国石化出版社，2006.
[46] 王焕梅主编．石油化工工艺基础．北京：中国石化出版社，2007.
[47] 潘祖仁主编．高分子化学．第3版．北京：化学工业出版社，2002.
[48] 陈性永，姚贵汉编．基本有机化工生产及工艺．北京：化学工业出版社，1985.
[49] 中国石油化工总公司生产部编．石油化工产品大全．北京：中国石化出版社，1999.
[50] 周敬思，梁光兴，王起斌编．环氧乙烷与乙二醇生产．北京：化学工业出版社，1979.
[51] 王基铭，袁晴棠主编．石油化工技术进展．北京：中国石化出版社，2002.
[52] 安钢主编．乙烯及其部分衍生物工业基础．北京：化学工业出版社，2007.
[53] 田铁牛主编．化学工艺．北京：化学工业出版社，2002.